矿山救援队应急救援人员培训教材

矿山救援队队员

应急管理部信息研究院　组织编写
王应德　刘　远　　　　主编

应急管理出版社
·北　京·

图书在版编目（CIP）数据

矿山救援队队员 / 应急管理部信息研究院组织编写；王应德，刘远主编. -- 北京：应急管理出版社，2024. （矿山救援队应急救援人员培训教材）. -- ISBN 978-7 -5237-0785-2

Ⅰ. TD77

中国国家版本馆 CIP 数据核字第 2024SC6509 号

矿山救援队队员（矿山救援队应急救援人员培训教材）

组织编写	应急管理部信息研究院
主　　编	王应德　刘　远
责任编辑	赵金园
责任校对	赵　盼
封面设计	解雅欣
出版发行	应急管理出版社（北京市朝阳区芍药居 35 号　100029）
电　　话	010 - 84657898（总编室）　010 - 84657880（读者服务部）
网　　址	www.cciph.com.cn
印　　刷	海森印刷（天津）有限公司
经　　销	全国新华书店
开　　本	787mm × 1092mm 1/16　**印张**　23 1/2　**字数**　555 千字
版　　次	2024 年 12 月第 1 版　2024 年 12 月第 1 次印刷
社内编号	20231441　　　　　　　**定价**　78.00 元

版权所有　违者必究

本书如有缺页、倒页、脱页等质量问题，本社负责调换，电话:010 - 84657880

编委会

主　　编　王应德　刘　远
副 主 编　王金波　张　举　刘　涛
参编人员（按姓氏笔画排序）
　　　　　　刁　琦　王立伟　王海宽　牛茹娜　冯则君
　　　　　　冯秋登　冯路叶　朱长征　刘红艳　刘晓强
　　　　　　安　华　李云婷　杨东锋　杨存章　宋洪涛
　　　　　　陈付清　陈永辉　陈晓江　陈新宇　尚姿辰
　　　　　　孟丽洁　侯向平　高玉忠　曹　淋　曹海明

前　言

为适应矿山救援培训工作的需要，应急管理出版社组织矿山应急救援方面的专家、教师、矿山救援队应急救援人员和工程技术人员等，编写了矿山救援队应急救援人员培训教材《矿山救援队队员》。

本书在编写过程中认真贯彻落实"安全第一、预防为主、综合治理"的方针，以人为本，坚持人民至上、生命至上，贯彻科学施救原则，遵循《矿山救援规程》，紧扣《矿山救援培训大纲及考核规范》，在继承的基础上发扬，在总结的基础上创新。从救援规范到组织管理，从救援措施到应急预案，从专业知识到救援决策，从理论技术到装备管理，认真总结和吸取矿山救援工作经验和教训，使矿山救援队员牢固树立"生命至上、科学救援"理念，熟练掌握救援知识和技能，从而达到快速、安全、有效处置矿山生产安全事故，保护矿山从业人员和应急救援人员生命安全的目的。

本书全面吸收、融汇了新的救援理念和技术，内容朴实，理念先进，措施规范，具有较强的系统性、科学性、专业性、指导性和实用性。

本书主要内容包括：矿山救援规程规范、矿山救援行动计划及安全措施、应急预案编制与管理、矿井通风理论与灾变通风技术、矿山灾害事故应急救援技术、矿山事故隐患排查与治理、地面火灾处理技术、自我防护技术、应急救援心理、医疗急救、矿山安全生产技术、矿山救援技术操作，以及矿山救援装备（仪器）的使用与管理。同时，为便于教师授课和学员课后复习，本书编写采用章、节、目的叙述形式，并附有复习题，微信扫描二维码可以进行随机答题。为增加学习的趣味性，部分章节还配有视频资料，读者可通过微信扫描书中的二维码免费获取。

本书主要由国家矿山救援平顶山培训中心和国家矿山应急救援开滦队负责编写，本书的编写工作得到了众多单位领导和专家的支持与帮助，编写中还参考整合了相关专著、教材、刊物及网络资源，在此，一并表示衷心感谢。

由于时间紧迫及水平所限，书中难免有疏漏和不足之处，敬请读者批评指正并提出宝贵意见,以便修订再版时予以完善和改进。

题库

目 录

第一章 矿山救援规程规范 ··· 1
第一节 矿山救援规程 ·· 1
第二节 矿山救护队标准化考核规范 ··································· 4

第二章 矿山救援行动计划及安全措施 ································· 6
第一节 先期处置、闻警出动、到达现场和返回驻地 ············ 6
第二节 矿山救援队在灾区行动中应遵守的原则 ·················· 9
第三节 灾区探察 ·· 10
第四节 救援工作的行动原则 ·· 12

第三章 应急预案编制与管理 ··· 21
第一节 应急救援的基本任务及特点 ·································· 21
第二节 应急预案概述 ·· 23
第三节 矿山事故应急预案编制与管理 ······························ 24
第四节 矿山救援队应急预案与企业应急预案的衔接 ········· 31
第五节 矿山事故应急预案演练与实施 ······························ 31

第四章 矿井通风理论与灾变通风技术 ································ 38
第一节 矿井通风基础知识 ··· 38
第二节 矿井通风系统 ·· 42
第三节 矿井通风流动理论基础 ·· 44
第四节 矿井通风阻力 ·· 46
第五节 矿井通风动力 ·· 47
第六节 局部通风 ·· 50
第七节 反风演习技术 ·· 61
第八节 矿井风量调节技术 ··· 68
第九节 常见通风事故及处置技术 ····································· 71
第十节 通风安全监控技术 ··· 74
第十一节 矿井灾变时期风流控制技术 ······························ 77

第五章　矿山灾害事故应急救援技术 · 83

第一节　矿井水灾事故应急救援技术 · 83
第二节　矿井火灾事故应急救援技术 · 94
第三节　矿井瓦斯事故应急救援技术 · 117
第四节　矿井粉尘事故应急救援技术 · 137
第五节　矿井顶板及冲击地压事故应急救援技术 · 145
第六节　爆破事故应急救援技术 · 158
第七节　提升、运输、机电和机械伤害事故应急救援技术 · 162
第八节　露天矿山灾害应急救援技术 · 172
第九节　尾矿库事故应急救援技术 · 192
第十节　地震灾害应急救援技术 · 202

第六章　矿山事故隐患排查与治理 · 211

第一节　矿山事故隐患的分级、分类及特点 · 211
第二节　隐患排查方法、内容与治理技术 · 214

第七章　地面火灾处理技术 · 225

第一节　地面及建筑物火灾的特点和演变规律 · 225
第二节　灭火器材 · 227
第三节　地面火灾扑灭技术 · 230

第八章　自我防护技术 · 232

第一节　矿山救援队自身伤亡原因及影响因素分析 · 232
第二节　违章指挥及预防措施 · 235
第三节　违章作业及预防措施 · 237

第九章　应急救援心理 · 240

第一节　心理应激基本理论 · 240
第二节　矿山救援队心理训练 · 242
第三节　心理素质培养 · 246

第十章　医疗急救 · 249

第一节　运动医学基本理论 · 249
第二节　医疗急救基本知识 · 250
第三节　急救技术及演练 · 252
第四节　自救、互救与避灾方法 · 266
第五节　急救器材的使用及维护 · 271

第十一章 矿山安全生产技术 274

第一节 矿山地质基础知识 274
第二节 矿图基础知识 276
第三节 矿山开采技术 282
第四节 巷道掘进与支护技术 284
第五节 矿山爆破安全技术 287
第六节 矿山粉尘防治技术 290
第七节 矿山机电安全技术 296
第八节 通风安全技术 298
第九节 尾矿库安全技术 303

第十二章 矿山救护技术操作 307

第一节 风障建造方法 307
第二节 木板密闭筑建 308
第三节 木棚架设方法 309
第四节 砖密闭筑建 311
第五节 局部通风机安装和接风筒 311
第六节 水管连接 312
第七节 矿山救援常用技术操作及演练 313

第十三章 矿山救援装备（仪器）的使用与管理 316

第一节 矿山救援个体防护装备（仪器） 316
第二节 矿山救援灭火装备 328
第三节 呼吸器校验装备 335
第四节 救援通信装备 345
第五节 矿山救援检测装备 349
第六节 其他救援装备的使用、保养和操作演练 360

第一章　矿山救援规程规范

《矿山救援规程》和《矿山救护队标准化考核规范》是全国安全生产应急救援工作的理论基础，是矿山救援（护）队伍建设、发展的依据，是应急救援人员开展学习、训练、救援等一切工作的标准，是党中央、国务院对应急救援工作的支持和重要部署。《矿山救援规程》和《矿山救护队标准化考核规范》的制定和实施从整体上提高了矿山救援队伍的战斗力，促进了矿山救援队伍的管理体系、体制、机制的不断完善，促进了矿山救援工作逐步实现规范化管理、科学化管理、制度化管理，保证了安全、快速、有效地实施矿山安全生产应急救援工作。

第一节　矿山救援规程

一、《矿山救援规程》的形成与历史沿革

随着我国煤炭企业由国家、地方所有向国家、集体、个人所有的转变，为保障矿工安全，各主要采煤地区、市县政府组建了矿山救援队伍，逐步形成地方矿山救援队和企业矿山救援队。1978年，在全国开展了创建矿山救护甲级队活动。1979年，在各省区管理的基础上，建立了东北、华北、华东、中南、西北、西南六个矿山救护协作网。1983年，建立了平顶山、大同、抚顺三大矿山救护中心，负责全国矿山重大事故的应急救援工作。1994年，建立了总队—支队—区域大队—独立中队—辅助队的矿山救援管理体制。1996年，在平顶山、大同、抚顺三个矿山救护中心的基础上，增加了淮南、六枝、靖远三个救护中心，形成了六大救护中心。2003年，国家安全生产监督管理局（国家煤矿安全监察局）制定了国家矿山应急救援体系建设方案，确定了14个国家级矿山救援基地。2006年，国家安全生产监督管理总局、国家安全生产应急救援指挥中心根据全国矿山灾害严重程度和矿山救援资源分布情况，将原有14个国家级矿山救援基地扩充至26个。

为使矿山应急救援管理逐步实现法治化，矿山应急救援主管部门高度重视应急救援法治建设，随着应急救援工作的不断发展，矿山应急救援有关法规陆续出台。

1956年，煤炭工业部颁布了《矿山救护队规程》和《矿山救护队战斗条例》。

1963年，煤炭工业部修订了《矿山救护队战斗条例》。

1978年，煤炭工业部颁发了《矿山救护队工作条例》和《矿山救护队战斗准备标准和检查办法》。

1987年，煤炭工业部颁发了《煤矿救护规程》《军事化矿山救护队战斗条例》和《军事化矿山救护队管理办法》。

1993年，发布实施的《矿山安全法》对矿山救护队的建立和应急救援工作作出了

规定。

　　1995年，煤炭工业部组织对《煤矿救护规程》《军事化矿山救护队战斗条例》和《军事化矿山救护队管理办法》三个文件进行修订合并，形成《煤矿救护规程》（1995年版）。

　　2002年，颁布实施的《安全生产法》对各级政府制定应急救援预案、建立应急救援体系和企业建立应急救援组织、配备应急救援装备作出明确规定。

　　2004年，国家安全生产监督管理局（国家煤矿安全监察局）颁发了《矿山救援工作指导意见》。

　　2005年，国家安全生产监督管理总局颁布了《矿山救护队资质认定管理规定》（于2015年7月1日废止）、《矿山救护队培训管理暂行规定》。

　　2006年1月，国务院发布了《国家突发公共事件总体应急预案》，7月出台了《国务院关于加强应急管理工作的意见》。

　　2007年8月30日，国家颁布了《中华人民共和国突发事件应对法》，于2007年11月1日起施行。

　　2007年10月22日，国家安全生产监督管理总局以第20号公告批准了《矿山救护规程》（AQ 1008—2007）安全生产行业标准，并明确自2008年1月1日起施行。

　　2024年5月8日，中华人民共和国应急管理部以第16号令发布《矿山救援规程》，明确自2024年7月1日起施行。

　　上述法律、法规的制定和实施对推进矿山应急救援事业的发展不仅奠定了法律基础，并且对强化矿山救援队伍建设、提高应急救援能力发挥了重大作用。如充实、调整人员，解决长期存在的队员不足和人员老化的问题；按照标准配置和更新必备的矿山应急救援装备；建立健全各项规章制度；按照防救结合的原则，积极开展预防性安全检查，切实做好安全技术工作和各项演练活动；实现了安全、及时、有效地抢救和处理各类矿山事故等。

二、《矿山救援规程》的内容

　　《矿山救援规程》共10章172条，明确了矿山救援工作的指导原则和基本要求，从矿山救援队伍、救援装备与设施、救援培训与训练、矿山救援一般规定、救援方法和行动原则、现场急救、预防性安全检查和安全技术工作、经费和职业保障等方面对矿山救援工作进行规范。《矿山救援规程》与《矿山救护规程》相比，主要修改内容如下：

　　一是践行"两个至上"的应急救援理念。明确矿山救援工作应当以人为本，坚持人民至上、生命至上，贯彻科学施救原则，全力以赴抢救遇险人员，确保应急救援人员安全，防范次生灾害事故，避免或者减少事故对环境造成的危害。

　　二是强化矿山企业应急救援工作责任。规定矿山企业应当建立健全应急值守、信息报告等规章制度，编制应急救援预案、组织应急救援演练、储备应急救援装备物资，对从业人员进行应急教育和培训，全力做好矿山救援及相关工作。矿山企业主要负责人对本单位的矿山救援工作全面负责。

　　三是加强矿山救援队伍建设管理。规定矿山救援队应当加强标准化建设，并明确标准化建设的主要内容。提出矿山救援队应当加强思想政治、职业作风和救援文化建设，强化职责使命教育，进一步规范队伍日常管理、建立24小时值班制度等要求。

四是加强现场指挥和救援保障。规定矿山救援队参加矿山救援工作，带队指挥员应当参与制定应急救援方案，在现场指挥部的统一调度指挥下具体负责指挥矿山救援队的救援行动，遇到危及应急救援人员生命安全的突发情况时有权带队撤出危险区域。提出了救援保障基本要求，鼓励队伍加强自我保障能力。

五是补充矿山事故救援方法和安全措施。新增冲击地压事故、矿井提升运输事故救援方法和行动原则，对救援联络信号和大口径救生钻孔措施进行规定。补充矿山救援队参加排放瓦斯、启封火区等安全技术工作以及封闭火区的安全措施，露天矿边坡坍塌事故救援相关规定，采用手机定位、车辆探测、无人机等技术和设备进行人员搜救和安全监测预警。

六是加强矿山救援队经费保障和应急救援人员职业保障。为保障矿山救援队持续、健康发展，进一步明确关于矿山救援队建设运行经费保障和应急救援人员职业保障方面的规定。

七是调整优化矿山救援基本装备配备要求。增加了技术成熟、先进适用的便携式气体分析化验设备、生命探测仪、泥沙泵、高压排水软管等新装备，删除了技术落后、适用性差的负压氧气呼吸器、高压脉冲灭火装置、爆炸三角形测定仪等老装备，鼓励采用新技术、新装备。

三、《矿山救援规程》制定背景和总体考虑

为了快速、安全、有效地处置矿山生产安全事故，保护矿山从业人员和应急救援人员的生命安全，应急管理部组织有关单位和专家，以强制性行业标准《矿山救护规程》（AQ 1008—2007）为基础，经过认真研究、征求各有关方面和社会公众意见、反复修改完善，形成《矿山救援规程》，以部门规章的形式公布施行。

制定《矿山救援规程》有3个方面的考虑：一是适应新时代提升矿山救援能力的需要。《矿山救护规程》是矿山事故灾害应急救援工作的基本规范，自2007年发布以来已有17年。进入新时代，党中央、国务院对加强应急救援能力建设提出了新理念、新要求，科技进步和应急产业发展推动救援技术装备达到新水平，近年来事故救援实践形成了一些更加科学的救援措施，有必要对现行规定作出相应改进，以适应当前和今后一个时期矿山救援工作需要。二是加强和规范矿山救援工作的需要。《矿山救护规程》作为行业标准，在规范矿山救援工作、保护矿山职工生命安全、减少事故损失等方面发挥了积极作用，但也存在偏重于技术性要求、矿山救援管理工作弱化、权威性不高、矿山企业和有关单位不够重视等问题，为进一步加强矿山救援工作，有必要将《矿山救援规程》从行业标准上升为部门规章管理，以更好地发挥其作用。三是完善应急救援法律法规体系的需要。《安全生产法》《矿山安全法》《生产安全事故应急条例》《煤矿安全生产条例》等法律法规对应急救援工作作了原则性规定，需要制定一部涵盖矿山救援各方面工作、细化落实和准确执行上位法有关规定的部门规章，为矿山救援工作提供基本、全面的制度遵循。

《矿山救援规程》是矿山救援工作的基本规范，各有关方面应当共同发力，切实抓好

《矿山救援规程》的贯彻落实。一是加强《矿山救援规程》的宣传培训。组织出版发行《矿山救援规程》单行本，组织专家编写《矿山救援规程》条文释义，推出矿山救援典型案例。各地区有关部门、安全生产培训机构、矿山企业和矿山救援队伍要结合实际，运用线上线下多种方法手段，组织开展专题培训、宣传教育、经验交流等活动，推动矿山救援工作相关人员准确掌握和全面落实《矿山救援规程》的要求。二是强化矿山企业责任落实。矿山企业要落实安全生产主体责任，主要负责人和安全生产管理人员负责贯彻落实《矿山救援规程》的要求，健全完善相关规章制度，加大应急投入，建强救援队伍，加强应急演练，做好应急准备，切实提升本单位事故灾害应急救援工作水平。三是强化救援队伍"学、用、行"。全国矿山救援队伍要结合典型救援案例，认真学习、主动运用、严格执行《矿山救援规程》，确保每一名应急救援人员精准掌握《矿山救援规程》的要求，将救援理念、原则、方法贯穿于救援工作中，作为开展事故灾害救援的基本遵循和行动指南，切实做到科学救援、安全救援、高效救援。四是强化执行效果检查评估。各级应急管理部门和矿山安全监察机构结合安全生产督查检查、明察暗访、各类专项行动和矿山救援队标准化定级考核等活动，检查评估《矿山救援规程》落实情况和效果，加强督促指导和服务，推动《矿山救援规程》落实落地和发挥作用。

第二节　矿山救护队标准化考核规范

一、《矿山救护队标准化考核规范》（AQ/T 1009—2021）修订背景

党的十八大以来，以习近平同志为核心的党中央站在全局和战略的高度，把安全生产和应急管理工作摆在治国理政的突出位置。2018年3月，第十三届全国人民代表大会第一次会议批准国务院机构改革方案，决定组建应急管理部，标志着我国应急管理事业迈入新的历史发展阶段。同年11月9日，习近平总书记向国家综合性消防救援队伍授旗并致"对党忠诚、纪律严明、赴汤蹈火、竭诚为民"训词。2019年11月29日，习近平总书记在主持中央政治局第十九次集体学习时发表重要讲话，就推进我国应急管理体系和能力现代化作出全面论述，充分体现了以习近平同志为核心的党中央对应急管理工作的高度重视和关心关怀，也是新形势下矿山救护队伍建设发展的方向引领和精神动力。

二、历史沿革

矿山救护是矿山企业安全生产工作的重要组成部分，在各类矿山生产安全事故救援中发挥着重要作用。新中国成立后，矿山救护队建设发展即进入新的历史发展时期。1956年煤炭工业部颁布了《煤矿军事化矿山救护队战斗条例》，是矿山救护队标准化建设的早期实践。1988年煤炭工业部安全监察局颁发了《军事化矿山救护队伍验收标准及评定办法》，标志着矿山救护队标准化建设已步入规范化轨道。2003年，国家安全生产监督管理局（国家煤矿安全监察局）矿山救援指挥中心（现为应急管理部矿山救援中心）成立，全面负责矿山救护队标准化建设工作。2007年10月22日，国家安全生产监督管理总局批准的《矿山救护队质量标准化考核规范》实施后，矿山救护队军事化、规范化建设水

平进一步提高。2021年12月24日，应急管理部发布修订的《矿山救护队标准化考核规范》（AQ/T 1009—2021）。该规范对队伍的等级条件、考核标准、评分办法、装备类型及相关技术指标等作出调整，较好地适应了矿山企业安全生产新形势，符合应急管理体制改革后应急救援队伍建设的新要求。

我国自然灾害种类多、分布地域广，矿山企业生产安全事故时有发生，局部地区甚至多发频发，且近年来出现的矿井顶板透水透砂、泥浆崩塌等新特点对队伍的应急救援能力提出了更高要求。此外，为适应"全灾种、大应急"的形势需要，矿山救护队在隧道工程、密闭空间、地震地质灾害等领域应急抢险救援作用发挥突出，队伍从单一矿山事故救援向综合应急救援拓展也是形势需要。

三、目的和意义

（一）目的

为适应我国矿山安全生产形势和应急救援体系建设的需要，加强矿山救护队的管理，全面促进矿山救护队的专业化、正规化、标准化建设，提高管理水平、技术水平、装备水平和整体素质，保证安全、迅速有效地处理矿山事故，最大限度地减少人员伤亡和财产损失，保护矿工生命和国家财产安全，依据国家有关法律法规的要求，在充分考虑矿山生产安全事故特点和救援工作实际的基础上，国家安全生产监督管理总局组织修订了《矿山救护队质量标准化考核规范》，形成了《矿山救护队标准化考核规范》（AQ/T 1009—2021）。

（二）意义

矿山救护队标准化考核是矿山救护队管理的一项重要内容，是矿山救护队开展队伍建设的基本要求，是检验和考核矿山救护工作的重要尺度，也是煤矿矿井质量标准化建设的重要组成部分。我国实施矿山救护队质量标准化达标活动20年来，对于推动矿山救护队建设，促进救护队发展发挥了重要作用。但由于矿山救护体制的变化、一些新法规和标准的颁布，以及矿山救援技术的发展，多年来一直沿用的《矿山救护队质量标准化考核规范》已不能满足矿山救护队质量标准化考核及规范矿山救护队管理的需要。

四、框架结构

《矿山救护队标准化考核规范》（AQ/T 1009—2021）是在总结矿山救护工作和救护队伍建设经验的基础上，融入先进的救护理念、技术措施和管理方法，对矿山救护队伍的人员、装备、设施、管理、训练、培训等方面提出的科学、全面的技术标准。《矿山救护队标准化考核规范》（AQ/T 1009—2021）定义了矿山救护标准化的基本术语，详尽地规定了矿山救护大、中队标准化考核的内容、标准、评分办法、标准化等级、组织和验收等，它是我国矿山救护队开展标准化达标考核、规范和指导矿山救护队伍标准化建设的统一权威性标准。

《矿山救护队标准化考核规范》（AQ/T 1009—2021）包括范围，规范性引用文件，术语和定义，一般规定，大队标准化考核标准及评分办法，以及大队所属中队、独立中队及所属小队标准化考核标准及评分办法6个部分。

第二章 矿山救援行动计划及安全措施

矿山发生灾害事故后,应全力组织开展救援工作,成立应急救援指挥部,制定救援方案。救援队作为主要执行者,在行动前必须制定队伍自身的行动计划及安全措施,从而提高救援效率,最大限度地降低救援人员的风险。

第一节 先期处置、闻警出动、到达现场和返回驻地

一、先期处置

《矿山救援规程》第三十九条规定:矿山发生生产安全事故后,涉险区域人员应当视现场情况,在安全条件下积极抢救人员和控制灾情,并立即上报;不具备条件的,应当立即撤离至安全地点。井下涉险人员在撤离时应当根据需要使用自救器,在撤离受阻的情况下紧急避险待救。矿山企业带班领导和涉险区域的区、队、班组长等应当组织人员抢救、撤离和避险。

第四十条规定:矿山值班调度员接到事故报告后,应当立即采取应急措施,通知涉险区域人员撤离险区,报告矿山企业负责人,通知矿山救援队、医疗急救机构和本企业有关人员等到现场救援。矿山企业负责人应当迅速采取有效措施组织抢救,并按照国家有关规定立即如实报告事故情况。

二、闻警出动

(一)闻警出动程序

矿井发生事故后,首先要召请驻矿救援队,驻矿救援队调度值班员接到事故通知后,应记录发生事故单位名称和事故地点、时间、类别、遇险人数,以及通知人姓名、单位、联系电话后,立即发出警报,并向值班指挥员报告。警报发出后值班小队在 1 min 内出动。出动后救援队调度员必须立即通知中队所有指挥员(通知顺序为中队长、技术员、副中队长、支部书记)并向大队调度室汇报。按照本队事故应急预案或中队指挥员命令,决定是否通知不在队人员归队。

当事故范围较大、遇险人数较多时,抢救指挥部要通知救援大队调动其他救援中队协助抢救,大队调度员接到事故通知后,立即发出警报,通知大队值班指挥员和中队值班指挥员,然后大队调度员按顺序通知总工程师、中队长、副大队长、技术科长、战训科长、后勤科长及有关人员到队待命。值班的大队、中队指挥员带领值班小队出动,并将出动人员和主要技术装备情况向大队调度室汇报。大队调度员将出动情况及时向大队长汇报。大队指挥员要根据事故性质和事故处理进展情况合理安排队伍。在值班小队出动后,待机小队在 2 min 内转为值班小队。接到矿井火灾、瓦斯和煤尘爆炸、煤(岩)与瓦斯(二氧化

碳）突出等事故通知，应当至少派 2 个救援小队同时赶赴事故地点。

（二）闻警出动注意事项

快速出动是矿山救援队迅速开展救援工作的保障。矿山应急救援人员在战备值班期间，要保持高度的警惕性，无论从事体育锻炼还是业务学习，都要在能听到报警信号的区域内，一旦听到警报（铃），必须在 1 min 内出动。不需要乘车出动的，不得超过 2 min。小队人员要养成站队报数上车的良好习惯，以便小队长掌握人员的到位情况，上车后，电话值班必须向领队指挥员和小队长报告事故地点、性质、遇险及遇难人员的数量，若事故矿井距离较近，小队长应命令全体人员更换战斗服，就绪后，人员保持临战状态。

若遇特殊情况，不能及时到达事故矿井（车坏、路坏、桥塌等），参战队员应根据领队指挥员的命令，以最快的速度到达事故矿井，短时间不能到达时，应用电话通知驻地和事故矿井，便于指挥部了解发生的情况并及时采取其他措施。

值班、待机（备班）司机，除具有熟练的驾驶技术外，还要保证车辆的油足、电足、水足，接到出动警报（铃）后，立即出车，把小队人员安全、迅速地送到事故矿井，为抢险救灾赢得时间。

小队出动后，在队指挥员根据事故性质做好提供物资保障准备工作和召集在队的其他小队处于临战状态。人员不足时，召集休息人员归队。

三、到达现场

（一）下井准备

矿山救援队到达事故矿井后，全小队人员应根据小队长命令检查各自的仪器和保管的装备，并按事故性质携带必要的装备，做好下井准备。小队长和领队指挥员到抢险救灾指挥部向指挥部成员简要汇报出动的人员数量和仪器装备情况，便于指挥部根据具体情况调集救援力量和仪器装备，以满足井下救灾工作的需要。参战队员应详细了解事故的性质、地点、有害气体含量、通风、巷道破坏情况、波及范围、遇险遇难人员的数量和大致位置，小队的行动路线、探察范围和灾区工作时的安全技术措施。每名队员按规定着装并携带好装备，保证自己的装备已进行了充分的准备并检测合格；小队按照事故抢救的要求带齐了所有的工具、设备和物品（包括队长本人的笔记本、笔、粉笔等）。然后，指挥员带领全小队下井。

（二）战前检查

小队在进入灾区前，要进行战前检查，这是防止进入灾区后出现仪器故障而采取的积极措施。因此，每名应急救援人员要本着为自己安全和大家安全负责的宗旨，正确进行氧气呼吸器战前检查（包括自检和互检），并做好入井准备，2 min 内完成。战前检查时小队呈一字形站开，小队长带头一项一项操作，并逐个汇报确认。小队指定专人记录应急救援人员氧气呼吸器的氧气压力。

四、返回基地

（一）地面基地

发生重特大灾害事故后，必须立即成立现场救援指挥部并设立地面基地。为及时供应救灾设备和器材，协助指挥部收集信息和合理调动救援力量，必须设立地面基地，以保证救灾工作的需要。

（1）地面基地应当设置在便于救援行动的安全地点。

（2）地面基地的救援装备、器材的数量，由矿山救援队指挥员根据事故性质、范围及参战救援队的人数确定；地面基地至少要存放能使用3昼夜的氧气、氢氧化钙和其他消耗物资。

（3）地面基地应安排有通信员以确保指挥部及井下工作小队信息的收集；安排有气体分析化验设备和化验员以确保按照指挥部的安排掌握灾区气体的成分和变化情况；安排有仪器维修人员以确保救援装备、仪器的修理和维护；还要安排一定数量的汽车司机和相关人员值班。

（4）为保证地面基地正常有效工作，矿山救援队要指定地面基地负责人，确保装备、器材、物资的补充和完好，建立装备、器材使用情况和物资消耗情况记录，为指挥部合理安排救援力量提供必要的信息。

（二）井下基地

为保证矿井事故抢救工作顺利进行，应在靠近灾区的安全地点设立井下基地。一般情况下，井下基地建立后再进行救援工作。但如果井下系统破坏严重，也有可能将初始的基地建立在地面。

1. 井下基地选择

井下基地是前线指挥所，是救灾人员与物资的集中地，是救援队进入灾区的出发点，也是遇险人员的临时救援站。因此，必须正确地选择基地。选择基地的原则是：

（1）不受灾变威胁或不因灾变进一步扩大而受到波及，距灾区尽可能近。

（2）在处理事故过程中，基地新鲜风流稳定。对冒顶、水灾等事故，基地选在贯穿风流地点即可。

（3）有一定的空间和面积，保证储备救灾物资和救灾活动能正常进行。

（4）方便运输，保证通风和照明。基地位置不是一成不变的，根据救灾进展情况，基地也可向灾区不断前移。

2. 井下基地要求

（1）有矿山救援队指挥员值班。

（2）有必要的矿山救援队待机小队及医护人员。

（3）有直通指挥部及灾区的通信设备。

（4）有必要的救援装备及器材。

3. 井下基地值班人员要求

（1）应专人看守电话并做好记录，必要时应在矿图上标注出灾区内通风设施、救灾相关材料、遇险人员的位置和状态，以及探察区域、小队所处的位置。

（2）与指挥部和灾区工作的救援小队经常保持联系。

（3）专人检测风流和有害气体浓度。

（4）灾情突然发生变化时，井下指挥员应采取紧急措施，并及时向指挥部报告。

4. 新鲜风流基地前移

一旦基地前方的区域勘探后并重新通风，基地就要向灾区方向前移。这样可以缩短基地与灾区工作小队之间的距离,尽可能近距离地指挥救灾行动和为灾区工作的救援小队提供安全保障。井下基地前移,必须经指挥部同意,且符合基地选择的条件。

(三)返回基地要求

在完成救援任务后或者根据基地命令救援队返回井下基地时,必须至少保留 5 MPa 气压的氧气余量。在某种特定因素下,如在高温作业巷道内空气升温梯度达到 0.5~1 ℃/min 时,小队应返回基地;灾区应急救援人员的氧气呼吸器或身体状况发生异常现象时,小队也应立即撤出灾区返回基地。

五、返回驻地

在处理事故过程中或处理事故结束后,领队指挥员只有取得现场指挥部同意后,才能整理装备带队返回驻地。否则,不能随意离开事故矿井。

返回驻地后,不论昼夜和疲劳程度如何,应急救援人员都应立即对所有救援装备、器材进行认真检查和维护,恢复到值班战备状态,这时指挥员才能酌情安排小队休息。

第二节 矿山救援队在灾区行动中应遵守的原则

为确保救援队灾区行动安全,必须遵守在灾区工作的基本原则。

一、进入灾区人数、携带装备的规定

进入灾区探察和作业的救援小队人员不得少于 6 人。进入灾区前必须检查氧气呼吸器是否完好,氧气压力不得低于 18 MPa,并按规定佩戴和使用;小队必须携带全面罩氧气呼吸器 1 台和压力不低于 18 MPa 的备用氧气瓶 2 个,以及氧气呼吸器工具和备件袋。在进入灾区抢救遇险人员时,要携带隔离式自救器。

二、佩戴氧气呼吸器的规定

如果不能确认井筒和井底车场有无有害气体,应在地面佩戴好氧气呼吸器。在任何情况下,禁止不佩戴氧气呼吸器的救援小队下井。

小队在井下基地及基地以外新鲜空气环境中工作时,只有经小队长同意才能将呼吸器从肩上脱下。脱下的呼吸器应放在附近的安全地点,离小队工作或休息的地点不应超过 5 m,而且要有队员看守。在事故波及区域,即使是新鲜风流,也不得将呼吸器从肩上卸下。

小队出发到窒息区时,佩戴氧气呼吸器的地点由指挥员确定,并应在该地点设明显标志。

三、灾区内的行动原则

(1)小队在窒息区内工作,小队长应使队员保持在彼此能看得见或听得到音响信号的范围以内。如果窒息区工作地点离新鲜风流处很近,并且在这一地点不能以全小队进行工作时,小队长可派不少于 2 名队员进入窒息区工作,并与他们利用显示信号或音响信号保持联系。

（2）在窒息区工作时，任何情况下都严禁应急救援人员单独行动，佩戴正压呼吸器时，严禁摘掉面罩。小队长应至少间隔 20 min 检查一次队员的氧气压力、身体状况，并根据氧气压力最低的一名队员确定整个小队的返回时间。如果小队乘电机车出发到窒息区时，其返回所需时间应按步行所需时间计算。

（3）小队重返灾区的规定。佩戴氧气呼吸器工作的小队经过 1 个呼吸器班（指佩戴 4 h 呼吸器在有效时间内工作 1 个呼吸器班，3~4 h）后，应至少休息 8 h。但在抢救人员和后继小队未到达的紧急情况下需要连续作战时，指挥员经清点人数、了解队员的身体状况，在补充氧气、更换药品和降温器并校验呼吸器合格后，可派小队重新进入灾区。

（4）抢救遇险人员的规定。抢救遇险人员是矿山救援队的首要任务，要创造条件以最快的速度、最短的路线，先将受伤、窒息人员运送到新鲜空气地点进行急救。抢救人员时的要求如下：

① 在引导及搬运遇险人员通过窒息区时，要给遇险人员佩戴全面罩氧气呼吸器和隔离式自救器。

② 对有外伤、骨折的遇险人员要作包扎、止血、固定等简单的处置，要按要求对人员实施搬运，防止对遇险人员造成更严重的伤害。

③ 搬运伤员时要尽量避免震动；注意防止伤员精神失常时打掉队员的面罩，而造成队员中毒。

④ 抢救长时间被困在井下的遇险人员时，应有医生配合。

⑤ 遇险人员不能一次全部抬出时，应给遇险者佩戴全面罩氧气呼吸器或隔离式自救器；多名遇险人员待救时，矿山救援队应根据"先活后死、先重后轻、先易后难"的原则进行抢救。

（5）氧气呼吸器氧气消耗量的规定。进入灾区探察和从事救援工作时，在任何情况下必须保留 5 MPa 气压氧气供返回途中发生故障时使用。在倾角小于 15°的巷道行进时，将 1/2 允许消耗的氧气量用于前进途中，1/2 允许消耗的氧气量用于返回途中；在倾角大于或等于 15°的巷道中行进时，将 2/3 允许消耗的氧气量用于上行途中，1/3 允许消耗的氧气量用于下行途中。

（6）撤出时携带技术装备的规定。在灾区发现有队员身体不适或氧气呼吸器发生故障难以排除时，全小队必须立即撤出。矿山救援队撤出灾区时，若无特殊情况，要将应携带的技术装备带出灾区。

第三节 灾区探察

一、探察工作的一般要求

为了查明事故发生地点、性质、原因和范围，寻找遇险遇难人员，并查清其位置、数量和分布，探明有害气体、通风、巷道支架及救灾材料的储备情况，需要对灾区进行探察。探察工作应由中队或中队以上指挥员亲自组织和参加。探察小队人员要整理好自己的仪器装备，小队长应根据平时掌握的情况，选择有一定实战经验、体格健壮、熟悉井下情况的队员负责探察工作。进入灾区前，指挥员要向探察小队讲明事故情况、行动路线、行动计划和安全措施，并约定小队返回井下基地的大致时间。探察小队不得少于6人，并携带1台全面罩氧气呼吸器、瓦斯检定器、一氧化碳检定器、担架、温度计、红外线热成像仪、2个备用氧气瓶（正压呼吸器最好配备氧气补给器）、呼吸器工具、备件袋、记录本、圆珠笔、粉笔、探险绳、灾区通信设备等，必要时，带上风障及其他设备。

矿山救援队指挥员在布置探察任务时，必须说明已了解到的各种情况，并保证探察小队所需的器材；说明探察的具体任务和注意事项，并给予探察小队足够的准备时间。

二、开展探察工作时的注意事项

（一）参战队员注意事项

(1) 明确探察任务。

(2) 清楚行进路线。

(3) 作好战前检查，按照分工检查仪器装备，必须100%完好。时刻观察自己的氧气呼吸器的氧气压力。

(4) 了解事故救援的行动计划和安全措施，按照指挥员的命令完成探察工作。

（二）灾区探察原则

每一次矿井事故探察都是不同的，都会面对未知的状态，都会遇到特有的问题，在探察过程中既要灵活，又要遵循一定的规律。

(1) 要定时进行休息和检查。探察工作是救援队第一次进入事故区域，队员的心理压力较大。如队员感觉体力消耗较大，应及时向带队指挥员汇报，酌情安排小队进行短暂的休息，以稳定队员的情绪，保持队员的体力。检查呼吸器的氧气压力和完好状态，确定所处的位置，明确下一步的方向。

(2) 要做好通信工作。用灾区电话时刻与待机小队或基地保持联系，汇报所处位置、灾区巷道情况和气体浓度；如果没有按时返回或通信中断，待机小队应立即进入进行救援。

(3) 要保持小队的行进顺序。进入灾区探察的小队要小队长在前、副小队长在后，退出时，要副小队长在前、小队长在后。小队长要比其他队员先进入未勘查区域，检查顶板和气体情况。在队尾的小队指挥员要观察行进中所有队员的情况，发现异常马上命令队伍停下。

(4) 要控制探察小队的行进速度及队员之间的间隔距离，小队长要根据探察巷道的障碍物情况、巷道的倾角和巷道的视线，合理调整行进速度，以保持队员的体力，确保安全返回和应对突发情况。

(5) 进入烟雾区或视线不清时，要用探险棍探测前进，队员之间要用联络绳联结。在烟雾中行进可以将安全帽上的矿灯拿在手中，降低灯光的位置，提高视线范围。另外一种方法是将矿灯接近地面，直接照着队伍沿着的钢轨、巷帮或底板。

(6) 进入灾区前应考虑退路被堵后应采取的措施。探察小队应按原路返回，如果不按原路返回，应经布置探察任务的指挥员同意。

(7) 如使用无线通信设备，探察小队在经过巷道岔口时，要挂灾区指路器、放置冷光管或设置其他明显的标记，也可以用粉笔画出前进方向的箭头，防止返回时走错巷道发生意外，确保探察小队原路返回和保证待机小队在进入时有路标。

（8）探察人员要有明确的分工，小队长要指定专人，记录好气体的浓度、温度、烟雾及巷道的支护情况（应根据不同的灾害性质有侧重点地探察）。对发现的遇难人员要进行检查，确定死亡后，要记清遇难者的具体位置、倒向及表面特征，以便为以后分析事故时提供依据，并在遇难者遇难地点用粉笔或其他物品做好标记。

（9）探察人员对到过的地点，要用粉笔在支架上留下此处的气体含量、温度、探察时间和小队的名称，以免浪费救援力量进行重复探察，特别是寻找遇险人员时，要在划定区域内，做到有巷必到，详细查找有生存条件的地方。

（10）在远距离和复杂巷道中探察，可以组织几个小队分区段进行探察。在探察中发现遇险人员要积极抢救，并将他们护送到进风巷道或井下基地，然后根据他们的身体状况和呼吸器的氧气压力，继续完成探察任务。

（11）若遇有高温、浓烟、塌落、爆炸、水淹等危险，威胁到探察小队人员安全时，要立即停止探察，采取措施，改善作业环境后，再实施探察。

（12）探察结束后，带队指挥员和小队长要立即向布置探察任务的指挥员汇报探察结果。

（13）在基地待机的人员，要精力集中，氧气呼吸器要佩戴整齐，做好一切抢救工作的准备，随时增援探察小队。

探察工作涉及面宽，探察内容主要与事故的性质和抢险救灾指挥部的命令有关，因此，小队长要熟练掌握、灵活运用。在布置任务时要充分考虑可能遇到的突发问题，预先制定应对措施，一旦发生，带队指挥员和小队长要沉着冷静，根据现场实际按照措施进行处置。特别是对于随着时间的推移容易扩大的事故，探察小队要携带必要的装备，通过建立临时通风设施、改变灾区系统等手段，控制事故扩大，有效抢救人员或创造有利于遇险人员生存的条件。

第四节　救援工作的行动原则

一、瓦斯燃烧与爆炸事故

（一）处理瓦斯燃烧事故救援队的行动原则

（1）在处理瓦斯燃烧事故时，不得使用震动性灭火手段，不得随意改变通风系统，必须严密监视瓦斯浓度的变化，尤其不能向燃烧的瓦斯源供风，防止高浓度的瓦斯降到爆炸上限以下，引起爆炸。

（2）瓦斯燃烧火势较大无法直接扑灭，进行封闭容易引起瓦斯爆炸时，可以先向燃烧区域注入惰性气体，降低氧含量，而后再实施局部封闭。对瓦斯涌出量大的采掘工作面发生瓦斯燃烧事故，采用直接灭火或局部封闭措施不安全时，可以在工作面的外边实施风流短路，减少向燃烧区域供氧，将救援人员撤到安全地点，待工作面瓦斯浓度超过爆炸上限后，再进入进行处理。

（二）瓦斯爆炸事故的类型及救援队的行动原则

瓦斯爆炸是煤矿生产中最严重的事故之一，它不但会造成大量的人员伤亡，还会破坏通风系统而引起火灾、巷道坍塌和连续爆炸，增加救灾难度，造成事故扩大。因此，在处理瓦斯爆炸时，如何采取正确措施，积极抢救人员，防止连续爆炸，并要保护救援人员的安全，就显得十分重要。

1. 瓦斯爆炸的类型

瓦斯爆炸根据其爆炸的特点及波及范围，一般可分为三类：局部爆炸、大型爆炸和连续爆炸。瓦斯爆炸的分类及特点见表2-1。

表2-1 瓦斯爆炸的分类及特点

序号	影响	局部爆炸	大型爆炸	连续爆炸
1	通风系统破坏	未破坏或不严重	破坏严重，恢复较难	破坏极严重，影响大，恢复难
2	支架破坏	破坏支架少，个别地点冒顶堵塞	损坏支架多，有大冒顶与较多堵塞区	受多次冲击波影响，破坏严重，并在扩大
3	瓦斯聚积	无大量瓦斯聚积与瓦斯来源	有瓦斯来源，但可以控制	有大量瓦斯来源且难以控制
4	引起火灾范围	未引起火灾或已扑灭	未引起火灾或火灾较易扑灭	火源火多、面广，火势大，难扑灭
5	冲击波影响	仅在总风压区内有点影响，但影响不大	冲击波引起风流逆转，影响范围较大	不断出现爆炸的冲击波
6	引起煤尘爆炸	可能引起煤尘爆炸	易引起煤尘爆炸	极易引起煤尘爆炸
7	人员伤害	人员无伤亡或伤亡少	人员伤亡较大	伤亡极大，并在抢救中威胁大

2. 处理瓦斯爆炸事故救援队的行动原则

处理瓦斯爆炸事故时，矿山救援队的主要任务是抢救遇险人员、恢复通风、清理堵塞物和扑灭因爆炸引起的火灾。

（1）迅速抢救遇险人员，原则是：先救出活人，特别是重伤人员，同时千方百计地帮助轻伤员，最后再将死亡人员运出。抢救中要做到有巷必查，有条件的应在查过的巷道做好标记，防止遗漏。遇特殊情况时应先易后难，应在保证救援人员安全的前提下迅速将遇险人员救出灾区。

（2）密切监视灾区瓦斯浓度及其变化，同时应认真检查有无残留火源，防止瓦斯再次聚积到爆炸浓度而引起二次爆炸，发现火源应彻底处理，防止在救灾中发生再次爆炸而扩大伤亡。

（3）在无火源、无爆炸危险的情况下，尽可能恢复通风，排除瓦斯，使灾区转变为安全区，以便保证不佩戴呼吸器的人员参加抢救工作。清除堵塞物，找寻堵塞区内人员。

（4）在探察中，应尽力查清现场情况，如爆炸后遇险人员的倒向、伤害部位与伤害程度，巷道、支架、设备的损坏与移动情况等，以确定爆炸源与爆炸波的传播方向及影响区。

（5）爆炸后巷道破坏严重，有害气体浓度高，探察距离长的事故矿井，在经过分析确认被困人员已无生还希望的情况下，可以逐步恢复通风。在恢复通风的过程中可以在通往灾区的主要风流路线上用临时风门实施风流短路，减少向灾区的供氧量，确保灾区的氧气浓度处于失爆浓度以下。而后组织救援队构筑临时通风设施，在通风设施构筑完毕后，关闭风门，人员迅速撤到安全地点，恢复灾区通风。救援队可以选择灾区气体流经路线的某个点进行连续的气体检查，通过观测 CO 气体的变化、烟雾的变化和温度的变化来确定灾区有无火源。如 CO 气体浓度逐步下降、烟雾逐步减少、温度逐步降低，就说明灾区内没有火源，可以派救援队直接进入实施探察和寻找遇难人员。否则必须采取控制火势和灭火措施。

（6）对复杂与极度复杂的爆炸事故要认真分析，将探察详情报告指挥部，再按指挥部下达的任务行动。

二、煤与瓦斯突出事故

处理煤与瓦斯突出事故救援队的行动原则如下：

（1）处理煤与瓦斯突出事故时，矿山救援队的主要任务是抢救人员和对充满瓦斯的巷道进行通风。

（2）救援队进入灾区探察时，应查清遇险遇难人员数量及分布情况、通风系统和通风设施的破坏情况、突出位置、突出堆积物状态、巷道堵塞情况、瓦斯浓度，以及波及范围，发现火源立即扑灭。

（3）采掘工作面发生煤与瓦斯突出事故时，一个小队应从回风侧、另一个小队应从进风侧进入事故地点救人。只有一个小队时，如突出事故发生在采煤工作面，应从回风侧进入救人。

（4）探察中发现遇险人员应及时抢救，为其佩戴隔绝式自救器或全面罩呼吸器，引导出灾区。对于被突出物堵在里面的人员，应立即用压风管路、打钻等输送新鲜空气救人，并组织力量清除阻塞物。如不易清除，可开掘绕道，救出人员。

（5）发生突出事故，不得停风和反风，防止风流紊乱扩大灾情。如果通风系统和通风设施被破坏，应设置临时风障、风门及安装局部通风机恢复通风。

（6）因突出造成风流逆转时，要在进风侧设置风障，并及时清理回风侧的堵塞物，使风流尽快恢复正常。

（7）发生突出事故，要慎重考虑灾区是否停电。如果灾区不会因停电造成被水淹的危险时，应远距离切断电源。如果灾区因停电有被水淹的危险时，应加强通风，特别要加强电气设备处的通风，做到送电的设备不停电，停电的设备不送电，防止产生火花引起爆炸。

（8）瓦斯突出引起火灾时，要采用综合灭火或惰气灭火。如果瓦斯突出引起回风井口瓦斯燃烧，应采取隔绝风量的措施。

（9）小队在处理突出事故时，必须做到：

① 进入灾区前，检查矿灯，并提醒队员在灾区不要扭动矿灯开关或灯盖。

② 在突出区要设专人定时定点用100%瓦斯检定器检查瓦斯浓度，并及时向指挥部报告。

③ 设立安全岗哨，禁止不佩戴氧气呼吸器的人员进入灾区，非救援队人员只能在新鲜风流中工作。

④ 当发现突出点有异常情况，可能发生二次突出时，要立即撤出人员。

（10）恢复突出地区通风时，要设法经最短路线将瓦斯引入回风巷。排风井口50 m范围内不得有火源，并设专人监视。

（11）处理岩石与二氧化碳突出事故时，除严格执行煤与瓦斯突出的各项规定外，还必须对灾区加大风量，迅速抢救遇险人员。

三、煤尘爆炸事故

处理煤尘爆炸事故救援队的行动原则如下：

（1）处理爆炸事故时，矿山救援队的主要任务是抢救遇险人员、对充满爆炸烟气的巷道恢复通风、清理堵塞物和扑灭因爆炸产生的火焰。

（2）抢救遇险遇难人员是矿山救援队的首要任务，应千方百计地创造条件，以最快的速度最短的路线，先将受伤的人员运到新鲜风流中进行急救，同时派人将受伤或轻伤的人员撤离灾区，然后派人陆续抬出已遇难人员。救援小队根据遇险人员的分布和数量携带足够的隔离式自救器，供遇险人员脱险之用。如确知人员已遇难，必须先恢复灾区通风，再进行处理。

（3）爆炸产生火灾时，应同时进行灭火和救人，并应采取防止再次发生爆炸的措施。

（4）井筒、井底车场或石门发生爆炸时，为了排除爆炸产生的有毒有害气体，应在查清确无火源的基础上，尽快恢复通风。如果有害气体严重威胁回风流方向的人员，为了紧急救人，在进风方向的人员已安全撤退的情况下，可采取区域反风。之后，矿山救援队应进入原回风侧引导人员撤离灾区。爆炸事故发生在采掘工作面时，派一个小队沿进风侧、另一个小队沿回风侧进入事故地点救人。

（5）首先到达事故矿井的小队应对灾区进行全面探察，查清遇险遇难人员数量及分布地点，发现幸存者应立即给其佩戴自救器救出灾区，发现火源立即扑灭。

（6）矿山救援队在探察中遇到冒顶无法通过时，探察小队要迅速退出，寻找其他通道进入灾区。在独头巷道较长、有害气体浓度大、支架损坏严重的情况下，确知无火源、人员已经遇难时，严禁冒险进入，要在恢复通风、保证通风、修复支架后方可进入。

（7）发生爆炸事故进行救援工作时，灾变通风管理正确与否，起着决定性的作用。处理事故时应把通风工作放在重要位置，正确选择通风方法，为抢救人员、消灭灾害、保证救援人员安全、防止事故扩大创造条件。对充满爆炸烟气的巷道要及时设置临时通风，尽快恢复通风，排除烟雾。

（8）小队在进入灾区前必须遵守下列规定：

① 进入前切断电源。在切断电源时，应远距离操作，不能在灾区直接断电，以免产生火花，引起爆炸。

② 注意检查灾区内各种有害气体的浓度，检查温度及通风设施的破坏情况。

③ 穿过支护破坏的冒落区，要采用长把工具敲帮问顶，要架好临时支架，要保证退路。

④ 通过支架不稳固的地点时，队员要保持一定距离按顺序通过，不要推拉支架。

⑤ 进入灾区后，行动要谨慎，防止碰撞产生电火花，引起爆炸。

四、矿井火灾事故

（一）处理矿井火灾事故风流控制原则

1. 处理矿井火灾常用的通风方法

处理矿井火灾常用的通风方法有正常通风、反风（包括全矿井反风和区域性反风）、火区零点通风。不论采用何种方法，都应满足以下要求：

（1）不使瓦斯聚积、煤尘飞扬，造成爆炸。

（2）不危及井下人员的安全。

（3）不使火源蔓延到瓦斯聚积的地方，也不使超限的瓦斯通过火源。

（4）有阻止火灾扩大、压制火势、创造接近火源的条件。

（5）防止再生火源的发生和火烟的逆退。

（6）防止火风压的形成，造成风流逆转。

2. 保持正常通风

抢险救灾时，必须首先稳定矿井通风。在总回风流中发生火灾时，只有保证正常的风流方向，才能将烟气排出井外。当火势较大、瓦斯涌出量较小时，为了减弱火势，可以采取减少风量的措施。在采区内发生火灾时，首先要注意保持正常风流，防止风流逆转。

3. 上行风流中发生火灾的风流控制

首先在向火源供风的风路中建立密闭墙，或关闭此风路中已有的防火门，并要选择一条畅通的风路让火烟自由排出矿井。密闭墙应建在与火源之间再没有可能逆转的旁侧风流的地方，当不能满足此条件时，则应先在旁侧风流建密闭墙，然后再建上述密闭墙，以防止密闭区内火灾气体发生爆炸。

4. 下行风流中发生火灾的风流控制

（1）改变某些风流方向，变下行风流火灾为上行风流火灾。

（2）必须在下行风流条件下进行灭火时，为保证主干风流不逆转，应在密闭某些旁侧风流之后，再在主干风流中设置密闭墙。建造密闭墙后，应考虑在漏风处很有可能逆着风流方向向外渗出火烟。为避免火灾气体扩大毒化井下区域，可把靠近火源的一条旁侧风流不密闭，并使其通过较大的风量，将漏出的烟气冲淡排出。

5. 分支风流中发生火灾的风流控制

应保持通风机原来的工作状况，特别在抢救人员、灭火阶段，不能减少通风机风量，更不能停风。在下行风流中发生火灾时，为保持主干风流不逆转，应增大通风机的风压。为了防止因风量过大而烧毁电动机，可在保持风流正常流向的情况下，适当增加有关风路的风阻值。

(二) 火区封闭原则

火区封闭过程中，火区内的温度、风量、风压，氧气、瓦斯、二氧化碳含量等不断变化，情况复杂，瞬息万变且变化莫测，危险甚大。在多风路的火区建造密闭时，应根据火区范围、火势大小、瓦斯涌出量等情况来决定封闭顺序。根据实际情况，一般采用如下封闭方案。

1. 先封进风后封回风（先进后回）

先进后回的封闭顺序，最应注意的是封闭到最后砌口时刻，由于火区压力急剧降低，引起瓦斯积聚和瓦斯爆炸。在密闭封口之前火区仍在通风，有风流通过瓦斯可随风排出，瓦斯浓度还达不到爆炸界限。当密闭口封严后，火区压力急剧降为火区巷道出口处的回风负压，瓦斯浓度可能较快地达到爆炸界限，在氧气还没有降低到12%以下的过程中就可能引起瓦斯爆炸。在高瓦斯矿井，特别是有瓦斯积聚的情况下发生瓦斯爆炸的可能性更大。

2. 先封回风后封进风（先回后进）

燃烧的生成物二氧化碳等惰性气体可反转流向火区，使火区中的瓦斯不致积聚到危险浓度，且有助于火灾熄灭。火区压力相对升高，瓦斯涌出量相对减少，火区巷道与采空区和裂缝相通时也不致使积存的瓦斯涌向火区，可以减少瓦斯爆炸危险；工作人员处在高温的回风流中工作，非常艰苦、困难、危险；在瓦斯涌出量较大的巷道中发生火灾时，在封闭截断风流之前，瓦斯浓度可以迅速上升，而氧气含量却缓慢下降，积聚的高浓度瓦斯可能比燃烧产生的惰性产物更早地流向火源而引起爆炸，一般不宜采用，只有在火势不大、温度不高、无瓦斯存在时，为了截断火源蔓延可采用先回后进。

3. 进回同时封闭（同时封闭）

进回同时封闭的特点：封闭时间短、能迅速封闭火区切断供氧条件；密闭墙完全封闭前还可保持风流通过火源，减少火区内瓦斯积聚，不易达到爆炸界限；兼有前两种方法的优点，为常用方法；井巷条件复杂时，不易做到确切的同时封闭。进风巷、回风巷的密闭墙同时封闭，必须在建造密闭墙时预留门孔，封堵门孔时，必须统一指挥，密切配合，以最快的速度做到同时封堵。

在非瓦斯矿井中或瓦斯涌出量较小达不到爆炸界限时，首先应考虑只封闭进风一侧密闭墙即可达到控制火势的目的，这与进回风同时封闭的意义相同。

应当指出，同时封闭的方法不是完全可靠的，采用这种方法也会发生爆炸。如果在同时封闭的过程中，边封闭边向密闭墙中注入二氧化碳等惰性气体，将会阻止爆炸或减弱爆炸威力。

4. 封闭火区应遵守的规定及注意事项

（1）保证安全的情况下，尽量缩小封闭范围。

（2）首先建筑临时密闭墙，然后建造永久密闭墙。

（3）有爆炸危险时，应先用砂土袋、石膏设置防爆墙，在防爆墙的掩护下建立永久密闭墙。

（4）在建筑密闭墙的过程中，必须设专人检查瓦斯、一氧化碳、煤尘和风流变化等。如瓦斯浓度上升到2%或有爆炸危险的瓦斯向火区移动时，应将人员撤到安全地点。

（5）应遵循封闭范围尽可能小、密闭墙数量尽可能少、人风侧密闭墙距离火源近和有利于快速施工的原则。

（6）密闭墙与火源之间严禁有旁侧风路，以免火区封闭后风流逆转，造成火区气体爆炸。

（三）建筑密闭墙的原则

（1）密闭墙的位置应选择在围岩稳定、无断层、无破碎带、巷道断面小的地点，距离巷道交叉口不小于10 m。

（2）拆掉压缩空气管路、电缆，使之不通过密闭墙。

（3）在密闭墙中装设注惰性气体、采气样、测量温度用的管子，并装上有阀门的放水管子。

（4）保证密闭墙的建筑质量，要保证进风密闭墙的质量。砌墙时，应先留好封闭门孔，将密闭墙用水泥或黄泥抹严，方可堵上封闭门孔。

（5）经常检查瓦斯，在火区瓦斯迅速增加时，为保证施工人员安全，可进行远距离、大面积封闭。当火区稳定后，再缩小火区。

（四）处理矿井火灾的行动原则

（1）采取通风措施限制火风压，通常采取控制风速、调节风量、减少回风巷风阻或设水幕洒水措施。要注意防止因风速过大造成煤尘飞扬，而引起的爆炸。

（2）在处理火灾事故的过程中，要注意顶板的变化情况，以防止因燃烧造成支架损坏，形成顶板垮落伤人，或者顶板垮落后造成风流方向、风量变化，而引起一系列不利于安全抢救的连锁反应。

（3）在矿井火灾的初起阶段，应根据现场的实际情况，积极组织人力、物力控制火势，用水、砂子、黄土、干粉、手雷、泡沫等直接灭火。

（4）在采用挖除火源的灭火措施时，应先将火源附近的巷道加强支护，以免燃烧的煤和矸石下落，截断应急救援人员的回路。

（5）扑灭瓦斯燃烧火灾时，可采用岩粉、砂子和泡沫、干粉、惰性气体灭火，并不得采用震动性的灭火手段。灭火时，多台灭火机要沿瓦斯的整个燃烧线一起喷射。

（6）火灾范围较大、火势发展较快和人员难以接近火源时，应采用高倍数泡沫灭火机和惰性气体发生装置等大型灭火设置直接灭火。

（7）在人力、物力不足或直接灭火无效时，为防止火势发展，应采取隔绝灭火和综合灭火措施。

（8）在倾斜巷道上行风流中发生的火灾，应保持正常风流方向，在不引起瓦斯积聚的前提下应减少供风量，不应停止通风机运转，以防发生局部或全矿井的风流逆转或烟气蔓延；应利用中间巷道、小顺槽、联络巷和行人巷接近火源，不能接近火源时可用发射高倍数泡沫、惰气进行远距离灭火。在倾斜巷道中需要从下方向上方灭火时，应采取措施防止冒落岩石和燃烧物掉落伤人。

（9）在倾斜巷道下行风流中发生的火灾，根据火灾发生的位置和地点不同，采取的措施也不相同。必须采取措施，防止风流逆转，增加出入风量，减少回风风阻，决不允许停止通风机运转。同时要注意角联风路的有害或有利作用。人风斜井的中、下部发生火灾时，救援人员不允许从井口沿新鲜风流入井，防止因火风压作用而使风流突然逆转方向。为防止由于火风压作用使风流突然逆转方向，不允许从进风斜井接近火源，为防止火灾气体侵入井下巷道和工作区，必须采取反风或停止通风机运行，也可以采取局部反风和缩短风流等措施。

（10）当矿井总进风的井底车场和硐室发生火灾时，可采用反风或缩短风流的措施，防止火灾烟气侵入井下工作地点；硐室位于一翼或采用总进风时，可采用短路风流或局部反风的措施。发生火灾时应关闭硐室防火门，无防火门时要用挂风障或打临时板闭的措施控制入风，进行直接灭火。当火灾危及火药库、变电所、水泵房时，应以主要人力、物力和技术措施保护这些关键地点。

（11）掘进巷道发生火灾的地点不同，处理方法各异，其基本行动原则如下：

① 在维持局部通风机正常通风的情况下，进行积极灭火，但到达火灾现场后，一定要注意保持原来的通风状态，即通风机停运的不要随便开启，运转中的通风机不要盲目停止，探察后再确定措施。

② 有爆炸危险的已着火巷道，在不需要救人时，不要冒险进入。在处理过程中，如果巷道中的瓦斯浓度达到2%以上，并继续增加有爆炸危险时，矿山救援队必须立即将全部人员撤到安全地点，然后采取措施，排除爆炸危险。

③ 在瓦斯浓度不超过2%时，要在通风的情况下直接灭火。

（12）处理采煤工作面火灾的行动原则是必须先妥善撤出人员，再采取措施进行灭火，并在灭火中注意以下事项：

① 一般要在正常通风的情况下进行灭火，当火源上风侧有瓦斯涌出源时，为避免瓦斯积聚引起瓦斯爆炸，应尽量保持正常通风状态。

② 工作面发生瓦斯燃烧时要增大工作面的风量，但应注意风量增大，负压降低，要防止采空区瓦斯涌出。

③ 处理瓦斯燃烧过程中，不要随意开闭回风侧的风门，以防止压力波动引起爆炸。

④ 为控制或减弱火势发展，接近火源灭火而必须采用短路风流或封闭火区等方法时，应尽量把瓦斯引向旁侧风路或隔绝在火区通道之外。

五、矿井水灾事故

处理矿井水灾事故救援队的行动原则如下：

（1）首先到达现场的救援小队应立即了解灾区情况，包括水源、突水点、事故前人员分布、井下人员生存条件及进入该地点的通道。依据井巷布置及出水标高，计算被堵人员地点的高程、空间容积、氧含量、瓦斯含量，推算救出人员所需的最长时间，供指挥部制定方案。

（2）矿山救援队应通过组织探察，判定遇险人员的位置、用水地点、水的流量、水的流动路线、巷道和水泵被水淹的程度、巷道的冲坏和堵塞情况，以及有害气体（CH_4、CO_2、H_2S）的含量、通风情况。根据水的特性，判断透水源，根据水位与用水量的情况，寻找通道迅速救出灾区遇险人员。进入灾区进行探察、抢救人员时，要时刻注意观察巷道围岩、支架情况，防止冒顶和掉底。救援小队沿逆水流方向前往上部没有出口的巷道时，应与在基地监视水情的待机队保持联系,当巷道有很快被淹的危险时,严禁冒险继续前进,应立即返回安全地点,并向基地报告。

(3) 当发生透水事故后,无法立即接近被困人员时,矿山救援队在组织人员强力排水期间要设专人观测水位的下降情况和有害气体的含量。要利用一切条件,向被困地点输送氧气,当井下水位降到人员可以通过时,救援队要采取措施,防止二次透水,组织人员并携带必要的装备,对灾区进行探察,检查巷道内的有害气体情况。如果条件许可,尽快接近遇险人员,将其搬到安全地点。

(4) 组织排水时,应特别注意通风工作,防止有害气体积聚和涌出,特别是水位下降时,积存在被淹井巷内的大量有害气体会涌出。要经常检查瓦斯,当瓦斯浓度达到1%时,应停止向井下供电排水。特别要检查 CO_2 和 H_2S 气体,防止发生窒息事故。

(5) 采掘工作面透水时,一个小队应逆水进入下部水平救人,另一个小队应进入上部水平救人。抢救被水困住的遇险人员时,在增大排水能力或采用泄水措施都不能在短期生效时,可利用打钻孔、开小巷的方法,向遇险人员供给新鲜空气、饮料、食物,如所在地点低于透水后的水位时,禁止打钻孔、泄压,防止井下水串通扩大灾情。

(6) 救援队员需要通过积水巷道时,应慎重,选择熟悉水性、了解巷道情况的队员通过,并做好标志,以便安全返回。禁止由下往上进入突水地点或被水、泥沙堵塞的小眼和上山,防止发生二次突水和淤泥冲击。从平巷通过这些小眼或上山口时,要加强支护或封闭上山小眼,防止泥沙下滑,并设专人监视。在清理巷道淤泥、碎煤时,要打防护墙,防止积水或泥沙突然冲下。

六、矿井冒顶事故

处理矿井冒顶事故救援队的行动原则如下:

(1) 井下发生冒顶事故后,救援队应配合有现场经验的人员救助遇险人员。如通风系统遭到破坏,应迅速恢复通风。当瓦斯和其他有害气体威胁抢救人员安全时,救援队应担负起抢救人员和恢复通风的工作。

(2) 救援队到达现场后首先应向现场人员了解发生事故的原因、冒落顶板特性、事故前人员分布、瓦斯浓度等情况,并实地查看支护和顶板,以及处理冒顶的材料数量、品种、堆放位置。必要时应加固附近支架,以保证退路安全。

(3) 处理冒顶事故时,应指定专人检查瓦斯和观察顶板情况,发现异常,应立即撤出人员。

第三章 应急预案编制与管理

编制应急预案是应急救援工作的核心内容之一,是开展应急救援工作的重要保障。编制应急预案必须以科学的态度,在全面调查的基础上,实行领导与专家相结合的方式,开展科学分析和论证,使应急预案真正具有科学性,并按规定进行演练和实施。同时,应加强应急预案的管理工作,及时修订完善应急预案,使其更加符合本单位的客观情况,更具有实用性和可操作性,更有利于高效、有序地组织开展抢险救援,准确、迅速地控制事故。

第一节 应急救援的基本任务及特点

一、应急救援的基本任务

应急救援的总目标是通过有效的应急救援行动,尽可能地降低灾害事故的后果,包括人员伤亡、财产损失和环境破坏等。因此,应急救援的基本任务主要包含以下几个方面:

(1) 立即组织营救受害人员,组织撤离或者采取其他措施保护危害区域内的其他人员。抢救受害人员是应急救援的首要任务,在应急救援行动中,快速、有序、有效地实施现场急救与安全转送伤员,是降低伤亡率、减少事故损失的关键。由于重大灾害事故发生突然、扩散迅速、涉及范围广、危害大,应及时指导和组织群众采取各种措施进行自身防护,必要时迅速撤离危险区或可能受到危害的区域,在撤离过程中,应积极组织群众开展自救和互救工作。

(2) 迅速控制事态,并对灾害事故造成的危害进行检测、监测,测定灾害事故的危害区域、危害性质及危害程度。及时控制危险源是应急救援工作的重要任务,只有及时控制住危险源,防止事故继续扩展,才能及时有效地进行救援。特别是对发生在城市或人口稠密地区的化学事故,应尽快组织工程抢险队与事故单位技术人员一起及时控制事故继续扩展。

(3) 消除危害后果,做好现场恢复。针对灾害事故对人体、动植物、土壤、空气等造成的现实危害和可能危害,迅速采取封闭、隔离、洗消、监测等措施,防止对人的继续危害和对环境的污染,及时清理废墟和恢复基本设施,将灾害事故现场恢复至相对稳定的状态。

(4) 分析事故原因,评估危害程度。灾害事故发生后应及时调查灾害事故的发生原因和灾害事故性质,评估灾害事故的危害范围和危险程度,查明人员伤亡情况,做好灾害事故原因调查,并总结救援工作中的经验和教训。

二、应急救援的特点

应急救援具有不确定性、突发性、复杂性和后果、影响易猝变、激化、放大等特点。

（一）不确定性和突发性

不确定性和突发性是各类灾害事故的共同特征。大部分灾害事故都是突然爆发的，爆发前基本没有明显征兆，而且一旦发生，发展蔓延迅速，甚至失控。因此，要求应急行动必须在极短的时间内、在事故的第一现场作出有效反应，在灾害事故产生重大灾难后果之前采取各种有效的防护、救助、疏散和控制事态等措施。

为保证迅速对灾害事故作出有效的初始响应，并及时控制住事态，应急救援工作应坚持属地为主的原则，强调地方的应急准备工作，包括建立全天候的 24 小时值班制度，确保报警、指挥通信系统始终保持完好状态，明确各部门的职责，确保各种应急救援的装备、技术器材、有关物资随时处于完好可用状态，制定科学有效的突发事件应急预案等措施。

（二）复杂性

应急救援工作的复杂性主要表现在：事故灾害影响因素与演变规律的不确定性和不可预见的多变性；众多来自不同部门参与应急救援活动的单位，在信息沟通、行动协调与指挥、授权与职责、通信等方面的有效组织和管理，以及应急响应过程中公众的反应、恐慌心理等突发行为的复杂性等。这些复杂因素的影响，给现场应急救援工作带来严峻的挑战，应对应急救援工作中各种复杂的情况作出足够的估计，制定随时应对各种复杂变化的相应方案。

（三）后果、影响易猝变、激化和放大

重大灾害事故的后果一般比较严重，可能造成广泛的社会影响，应急处理稍有不慎，就可能改变事故灾害的性质，使平稳、有序、和平的状态向动态、混乱和冲突的方面发展，引起事故灾害波及范围扩展，卷入的人群数量增加和人员伤亡与财产损失的加大。猝变、激化与放大造成的失控状态，不但迫使应急响应升级，甚至可导致社会性危机出现，使公众陷入巨大的恐慌之中。因此，重大灾害事故的处置必须坚决果断，而且越早越好，防止事态扩大。

因此，为尽可能降低重大灾害事故的后果及影响，减少重大灾害事故所造成的损失，要求应急救援行动必须迅速、准确和有效。迅速，就是要求建立快速的应急响应机制，能迅速准确地传递灾害事故信息，迅速地调集所需的大规模应急力量和设备、物资等资源，迅速地建立起统一指挥与协调系统，开展救援活动。准确，要求有相应的应急决策机制，能基于灾害事故的规模、性质、特点、现场环境等信息，正确地预测灾害事故的发展趋势，准确地对应急救援行动和战术进行决策。有效，主要指应急救援行动的有效性很大程度上取决于应急准备的充分性，包括应急队伍的建设与训练、应急设备（施）、物资的配备与维护、预案的制定与落实，以及有效的外部增援机制等。

第二节 应急预案概述

一、应急预案的概念

应急预案是针对可能发生的灾害事故,为最大限度地减少灾害事故损害而预先制定的应急准备工作方案。应急预案是在辨识和评估潜在重大危险、灾害事故类型、发生的可能性及发生的过程、灾害事故后果及影响严重程度的基础上,对应急机构职责、人员、技术、装备、设施、物资、救援行动及其指挥与协调方面预先作出的具体安排。

应急预案明确了在灾害事故发生前、灾害事故过程中和灾害事故发生后的各个进程中,谁负责、做什么、怎样做、何时做以及相应的资源和策略等的行动指南。

应急预案实际上是标准化的反应程序,使应急救援活动能快速、有序地根据方案和最有效的步骤来进行。

二、应急预案的目的和作用

(一) 应急预案的目的

应急预案的目的主要有以下两个方面:

(1) 采取预防措施使灾害事故控制在局部,消除蔓延条件,防止突发性重大或连锁灾害事故发生。

(2) 能在灾害事故发生后迅速控制和处理灾害事故,尽可能减轻灾害事故对人员和财产的影响,保障人员生命和财产安全。

(二) 应急预案的作用

编制应急预案是应急救援准备工作的核心内容,是及时、有序、有效地开展应急救援工作的重要保障。编制各项应急预案对于帮助指导突发事件的应急救援行动,提高人员应急能力,帮助灾后重建、恢复生产等具有重要的作用。应急预案的作用主要体现在以下几个方面:

(1) 制定应急预案有利于应急人员及时作出应急响应,降低突发事件后果。应急行动必须快速高效,不允许有任何拖延。应急预案预先明确了应急各方的职责和响应程序,在应急力量和应急资源等方面做了大量的准备,可以指导应急救援迅速、高效、有序地开展,将人员伤亡、财产损失和环境破坏降到最低限度。此外,预先制定了应急预案,有利于解决突发事件发生后必须快速解决的一些应急恢复问题。

(2) 应急预案是应对各种突发事件的响应基础。通过编制综合应急预案,可以对事先无法预料的突发事件,起到基本的应急指导作用,成为保证应急救援的"底线"。在此基础上,可以针对特定危害,编制专项应急预案和现场处置方案,并定期组织演练。

(3) 应急预案是应急管理工作的依据之一,使应急准备和应急管理工作不再是无据可依、无章可循。尤其是培训和演练,它们依赖于应急预案:培训可以促使应急响应人员熟悉自己的责任,具备完成指定任务所需的相应技能;演练可以检验预案和行动程序,并评估应急人员的技能和整体协调性。

（4）制定应急预案有利于提高企业员工的风险防范意识。应急预案的编制，实际上是辨识企业重大风险和防御决策的过程，强调各方面的共同参与。因此，预案的编制、评审、发布和宣传，有利于企业员工了解可能面临的重大风险及相应的应急措施，有利于提高员工的风险防范意识和能力。

针对不同的突发事件制定不同的、有针对性的应急预案，不仅可以指导应急人员的日常培训和应急演练，保证各种应急资源处于良好的备战状态，而且可以指导应急行动按计划有序地进行，防止因行动组织不力或现场救援工作混乱而延误事故应急，从而最大限度地减少人员伤亡和财产损失。

三、应急预案的基本要求

编制应急预案是应急准备工作的重要内容之一，编制应急预案不但要遵循一定的原则，而且应符合有关规定的基本要求。

《生产安全事故应急预案管理办法》相关规定如下：

第七条 应急预案的编制应当遵循以人为本、依法依规、符合实际、注重实效的原则，以应急处置为核心，明确应急职责、规范应急程序、细化保障措施。

第八条 应急预案的编制应当符合下列基本要求：

（1）有关法律、法规、规章和标准的规定。
（2）本地区、本部门、本单位的安全生产实际情况。
（3）本地区、本部门、本单位的危险性分析情况。
（4）应急组织和人员的职责分工明确，并有具体的落实措施。
（5）有明确、具体的应急程序和处置措施，并与其应急能力相适应。
（6）有明确的应急保障措施，满足本地区、本部门、本单位的应急工作需要。
（7）应急预案基本要素齐全、完整，应急预案附件提供的信息准确。
（8）应急预案内容与相关应急预案相互衔接。

第三节 矿山事故应急预案编制与管理

一、矿山事故应急预案编制

（一）概述

矿山事故应急预案编制程序包括成立应急预案编制工作组、资料收集、风险评估、应急资源调查、应急预案编制、桌面推演、应急预案评审和批准实施8个步骤。

1. 成立应急预案编制工作组

结合本矿部门职能和分工，成立以单位有关负责人为组长，单位相关部门人员（如生产、技术、设备、安全、行政、人事、财务人员）参加的应急预案编制工作组，明确工作职责和任务分工，制定工作计划，组织开展应急预案编制工作，应邀请相关救援队伍以及周边相关企业、单位或社区代表参加。

2. 资料收集

应急预案编制工作组应收集下列相关资料：
(1) 适用的法律法规、部门规章、地方性法规和政府规章、技术标准、规范性文件。
(2) 企业周边地质、地形、环境情况及气象、水文、交通资料。
(3) 企业现场功能区划分、建（构）筑物平面布置及安全距离资料。
(4) 企业工艺流程、工艺参数、作业条件、设备装置及风险评估资料。
(5) 本企业历史事故与隐患、国内外同行业事故资料。
(6) 属地政府及周边企业、单位应急预案。

3. 风险评估

开展生产安全事故风险评估，撰写评估报告，编制大纲参见本节（七）资料性附录，其内容包括但不限于：
(1) 辨识矿山企业存在的危险有害因素，确定可能发生的生产安全事故类别。
(2) 分析各种事故发生的可能性、危害后果和影响范围。
(3) 评估确定相应事故类别的风险等级。

4. 应急资源调查

全面调查和客观分析本单位及周边单位和政府部门可请求援助的应急资源状况，撰写应急资源调查报告，编制大纲参见本节（七）资料性附录，其内容包括但不限于：
(1) 本矿可调用的应急队伍、装备、物资、场所。
(2) 对生产过程及存在的风险可采取的监测、监控、报警手段。
(3) 上级单位、当地政府及周边企业可提供的应急资源。
(4) 可协调使用的医疗、消防、专业抢险救援机构及其他社会化应急救援力量。

5. 应急预案编制

应急预案编制应当遵循以人为本、依法依规、符合实际、注重实效的原则，以应急处置为核心，体现自救互救和先期处置的特点，做到职责明确、程序规范、措施科学，尽可能简明化、图表化、流程化。应急预案编制格式和要求参见本节（七）资料性附录。

应急预案编制工作包括但不限于下列内容：
(1) 依据事故风险评估及应急资源调查结果，结合本单位组织管理体系、生产规模及处置特点，合理确立本单位应急预案体系。
(2) 结合组织管理体系及部门业务职能划分，科学设定本单位应急组织机构及职责分工。
(3) 依据事故可能的危害程度和区域范围，结合应急处置权限及能力，清晰界定本单位的响应分级标准，制定相应层级的应急处置措施。
(4) 按照有关规定和要求，确定事故信息报告、响应分级与启动、指挥权移交、警戒疏散方面的内容，落实与相关部门和单位应急预案的衔接。

6. 桌面推演

按照应急预案明确的职责分工和应急响应程序，结合有关经验教训，相关部门及其人员可采取桌面演练的形式，模拟生产安全事故应对过程，逐步分析讨论并形成记录，检验应急预案的可行性，并进一步完善应急预案。桌面演练的相关要求参见《生产安全事故应急演练基本规范》（AQ/T 9007）。

7. 应急预案评审

（1）评审形式。应急预案编制完成后，矿山企业应按法律法规有关规定组织评审或论证。参加应急预案评审的人员可包括有关安全生产及应急管理方面的、有现场处置经验的专家。应急预案论证可通过推演的方式开展。

（2）评审内容。应急预案评审内容主要包括：风险评估和应急资源调查的全面性、应急预案体系设计的针对性、应急组织体系的合理性、应急响应程序和措施的科学性、应急保障措施的可行性和应急预案的衔接性。

（3）评审程序。应急预案评审程序包括以下步骤：

① 评审准备。成立应急预案评审工作组，落实参加评审的专家，将应急预案、编制说明、风险评估、应急资源调查报告及其他有关资料在评审前送达参加评审的单位或人员。

② 组织评审。评审采取会议审查形式，矿山企业主要负责人参加会议，会议由参加评审的专家共同推选出的组长主持，按照议程组织评审；表决时，应有不少于出席会议专家人数的2/3同意方为通过；评审会议应形成评审意见（经评审组组长签字），附参加评审会议的专家签字表。表决的投票情况应当以书面材料记录在案，并作为评审意见的附件。

③ 修改完善。矿山企业应认真分析研究，按照评审意见对应急预案进行修订和完善。评审表决不通过的，矿山企业应修改完善后按评审程序重新组织专家评审，矿山企业应写出根据专家评审意见的修改情况说明，并经专家组组长签字确认。

8. 批准实施

通过评审的应急预案，由矿山企业主要负责人签发实施。

（二）应急预案体系

1. 概述

矿山企业应急预案分为综合应急预案、专项应急预案和现场处置方案。矿山企业应当根据有关法律、法规和相关标准，结合本单位组织管理体系、生产规模和可能发生的事故特点，科学合理地确立本单位的应急预案体系，并注意与其他类别的应急预案相衔接。

2. 综合应急预案

综合应急预案是指矿山企业为应对各种生产安全事故而制定的综合性工作方案，是本单位应对生产安全事故的总体工作程序、措施和应急预案体系的总纲。

3. 专项应急预案

专项应急预案是指矿山企业为应对某一种或者多种类型的生产安全事故，或者针对重要生产设施、重大危险源、重大活动，防止发生生产安全事故而制定的专项工作方案。

专项应急预案与综合应急预案中的应急组织机构、应急响应程序相近时，可不编写专项应急预案，相应的应急处置措施并入综合应急预案。

4. 现场处置方案

现场处置方案是指矿山企业根据不同生产安全事故类型，针对具体场所、装置或者设施所制定的应急处置措施。现场处置方案重点规范事故风险描述、应急工作职责、应急处置措施和注意事项，应体现自救互救、信息报告和先期处置的特点。

事故风险单一、危险性小的矿山企业，可只编制现场处置方案。

（三）综合应急预案主要内容

1. 总则

1）适用范围

说明应急预案适用范围。

2）响应分级

依据事故危害程度、影响范围和矿山企业控制事态的能力，对事故应急响应进行分级，明确分级响应的基本原则。响应分级不必照搬事故分级。

2. 应急组织机构及职责

明确应急组织形式（可用图示）及构成单位（部门）的应急处置职责。应急组织机构可设置相应的工作小组，各小组具体构成、职责分工及行动任务以工作方案的形式作为附件。

3. 应急响应

（1）信息报告，又分为信息接报、信息处置与研判。

① 信息接报。明确应急值守电话、事故信息接收、内部通报的程序、方式和责任人，明确向上级主管部门、上级单位报告事故信息的流程、内容、时限和责任人，以及向本单位以外的有关部门或单位通报事故信息的方法、程序和责任人。

② 信息处置与研判。明确响应启动的程序和方式。根据事故性质、严重程度、影响范围和可控性，结合响应分级明确的条件，可由应急领导小组作出响应启动的决策并宣布，或者依据事故信息是否达到响应启动的条件自动启动。若未达到响应启动条件，应急领导小组可作出预警启动的决策，做好响应准备，实时跟踪事态发展。响应启动后，应注意跟踪事态发展，科学分析处置需求，及时调整响应级别，避免响应不足或过度响应。

（2）预警。

① 预警启动。明确预警信息发布渠道、方式和内容。

② 响应准备。明确作出预警启动后应开展的响应准备工作，包括队伍、物资、装备、后勤及通信。

③ 预警解除。明确预警解除的基本条件、要求及责任人。

（3）响应启动。确定响应级别，明确响应启动后的程序性工作，包括应急会议召开、信息上报、资源协调、信息公开、后勤及财力保障工作。

（4）应急处置。明确事故现场的警戒疏散、人员搜救、医疗救治、现场监测、技术支持、工程抢险和环境保护方面的应急处置措施，并明确人员防护的要求。

（5）应急支援。明确当事态无法控制的情况下，向外部（救援）力量请求支援的程序及要求、联动程序及要求，以及外部（救援）力量到达后的指挥关系。

（6）响应终止。明确响应终止的基本条件、要求和责任人。

4. 后期处置

明确污染物处理、生产秩序恢复、人员安置方面的内容。

5. 应急保障

（1）通信与信息保障。明确应急保障的相关单位及人员通信联系方式和方法，以及备用方案和保障责任人。

（2）应急队伍保障。明确相关的应急人力资源，包括专家、专兼职应急救援队伍及协议应急救援队伍。

（3）物资装备保障。明确本单位的应急物资和装备的类型、数量、性能、存放位置、运输及使用条件、更新及补充时限、管理责任人及其联系方式，并建立台账。

（4）其他保障。根据应急工作需求而确定的其他相关保障措施（如：能源保障、经费保障、交通运输保障、治安保障、技术保障、医疗保障及后勤保障）。

应急保障的相关内容，尽可能在应急预案的附件中体现。

（四）专项应急预案主要内容

1. 适用范围

说明专项应急预案适用范围，以及与综合应急预案的关系。

2. 应急组织机构及职责

明确应急组织形式（可用图示）及构成单位（部门）的应急处置职责，明确应急组织机构及各成员单位或人员的具体职责。应急组织机构可以设置相应的应急工作小组，各小组具体构成、职责分工及行动任务建议以工作方案的形式作为附件。

3. 响应启动

明确响应启动后的程序性工作，包括应急会议召开、信息上报、资源协调、信息公开、后勤及财力保障工作。

4. 处置措施

针对可能发生的事故风险、危害程度和影响范围，明确应急处置指导原则，制定相应的应急处置措施。

5. 应急保障

根据应急工作需求明确保障的内容。

专项应急预案包括但不限于上述1~4项内容。

（五）现场处置方案主要内容

1. 事故风险描述

简述事故风险评估的结果（可用列表的形式附在附件中）。

2. 应急工作职责

明确应急组织分工和职责。

3. 应急处置

应急处置主要包括以下内容：

（1）应急处置程序。根据可能发生的事故及现场情况，明确事故报警、各项应急措施启动、应急救援人员引导、事故扩大及同矿山企业应急预案的衔接程序。

（2）现场应急处置措施。针对可能发生的事故从人员救援、工艺操作、事故控制、消防、现场恢复等方面制定明确的应急处置措施。

（3）明确报警负责人、报警电话、上级管理部门、相关应急救援单位联络方式和联系人员，以及事故报告基本要求和内容。

4. 注意事项

注意人员防护和自救互救、装备使用、现场安全方面的内容。

(六) 附件

1. 矿山企业概况

简述本单位地址、从业人数、隶属关系、主要原材料、主要产品、产量,以及重点岗位、重点区域、周边重大危险源、重要设施、目标、场所和周边布局情况。

2. 风险评估的结果

简述本单位风险评估的结果。

3. 预案体系与衔接

简述本单位应急预案体系构成和分级情况,明确与地方政府及其有关部门、其他相关单位应急预案的衔接关系(可用图示)。

4. 应急物资装备的名录或清单

列出应急预案涉及的主要物资和装备名称、型号、性能、数量、存放地点、运输和使用条件、管理责任人和联系电话等。

5. 有关应急部门、机构或人员的联系方式

列出应急工作中需要联系的部门、机构或人员及其多种联系方式。

6. 格式化文本

列出信息接报、预案启动、信息发布等格式化文本。

7. 关键的路线、标识和图纸

关键的路线、标识和图纸包括但不限于:

(1) 警报系统分布及覆盖范围。

(2) 重要防护目标、风险清单及分布图。

(3) 应急指挥部(现场指挥部)位置及救援队伍行动路线。

(4) 疏散路线、集结点、警戒范围、重要地点的标识。

(5) 相关平面布置,应急资源分布的图纸。

(6) 矿山企业的地理位置图、周边关系图、附近交通图。

(7) 事故风险可能导致的影响范围图。

(8) 附近医院地理位置图及路线图。

8. 有关协议或者备忘录

列出与相关应急救援部门签订的应急救援协议或者备忘录。

(七) 资料性附录

1. 生产安全事故风险评估报告编制大纲

(1) 危险有害因素辨识。描述矿山企业危险有害因素辨识的情况(可用列表形式表述)。

(2) 事故风险分析。描述矿山企业事故风险的类型、事故发生的可能性、危害后果和影响范围(可用列表形式表述)。

(3) 事故风险评价。描述矿山企业事故风险的类别及风险等级(可用列表形式表述)。

（4）结论建议。得出矿山企业应急预案体系建设的计划建议。

2. 生产安全事故应急资源调查报告编制大纲

（1）单位内部应急资源。按照应急资源的分类，分别描述相关应急资源的基本现状、功能完善程度、受可能发生的事故的影响程度（可用列表形式表述）。

（2）单位外部应急资源。描述本单位能够调查或者掌握可用于参与事故处置的外部应急资源情况（可用列表形式表述）。

（3）应急资源差距分析。依据风险评估结果得出本单位的应急资源需求，与本单位现有内外部应急资源对比，提出本单位内外部应急资源补充建议。

3. 应急预案编制格式和要求

（1）封面。应急预案封面主要包括应急预案编号、应急预案版本号、矿山企业单位名称、应急预案名称和颁布日期。

（2）批准页。应急预案应经矿山企业主要负责人批准方可发布。

（3）目次。应急预案应设置目次，目次中所列的内容及次序如下：

① 批准页。

② 应急预案执行部门签署页。

③ 章的编号、标题。

④ 带有标题的条的编号、标题（需要时列出）。

⑤ 附件，用序号表明其顺序。

二、应急预案管理

应急预案管理工作是安全生产应急管理工作的重要组成部分，是迅速有效处置生产安全事故的一项基础性工作。做好应急预案管理工作是降低事故风险，及时有效地开展应急救援工作的重要保障，是促进安全生产形势稳定好转的重要措施。

《生产安全事故应急预案管理办法》相关规定如下：

第三条 应急预案的管理实行属地为主、分级负责、分类指导、综合协调、动态管理的原则。

第四条 应急管理部负责全国应急预案的综合协调管理工作。国务院其他负有安全生产监督管理职责的部门在各自职责范围内，负责相关行业、领域应急预案的管理工作。

县级以上地方各级人民政府应急管理部门负责本行政区域内应急预案的综合协调管理工作。县级以上地方各级人民政府其他负有安全生产监督管理职责的部门按照各自的职责负责有关行业、领域应急预案的管理工作。

第四十一条 各级人民政府应急管理部门和煤矿安全监察机构应当将生产经营单位应急预案工作纳入年度监督检查计划，明确检查的重点内容和标准，并严格按照计划开展执法检查。

第四十二条 地方各级人民政府应急管理部门应当每年对应急预案的监督管理工作情况进行总结，并报上一级人民政府应急管理部门。

第四十三条 对于在应急预案管理工作中做出显著成绩的单位和人员，各级人民政府应急管理部门、生产经营单位可以给予表彰和奖励。

第四节　矿山救援队应急预案与企业应急预案的衔接

矿山企业在正常生产过程中难免会发生各种突发事件和生产安全事故，面对这些突发事件和生产安全事故需要采取相应的措施来保护人民的生命、财产和环境的安全，因此，制定完善的应急预案和响应计划显得尤为重要。

矿山企业应急预案主要是指企业面对突发事件时的应急管理、指挥、救援预案等。一般以综合防灾预案为基础，重在谋划、提前防范。矿山救援队应急预案是指在遇到突发事件时矿山救援队采取的应急措施。一般在发生紧急情况时制定的应急措施，重点放在处理措施和处理方法上。

矿山事故的处理措施和处理方法包含在矿山企业应急预案中，是矿山企业应急预案的一部分。矿山企业应急预案主要包括矿山概况、矿山隐患、灾害预防、自救互救、灾害处理、人员分工等内容。矿山救援队应急预案则包括组织机构、出动程序、救援指挥、灾区探察、救灾行动计划等内容。因此，矿山救援队应急预案是矿山企业应急预案的延伸、细化和具体实施，是灾害处置的关键环节，必须予以全力保障。

当企业启动应急预案时，立即召请矿山救援队，救援队立即响应启动救援队应急预案，根据事故性质实施救援行动。当应急处置结束后，救援指挥部根据事故处置情况结束救援行动，救援队终止响应预案。

在企业应急预案的编制、宣传、贯彻、演练过程中救援队必须全程参与，并提出合理化建议，特别是在制定救援队应急预案和实施过程中必须以企业应急预案为基础，遵守企业应急预案的既定原则，快速抢救遇险遇难人员，有效控制并消灭事故，最大限度地减少人员伤亡、财产损失、环境污染和社会负面影响。

第五节　矿山事故应急预案演练与实施

一、应急预案演练

应急预案演练是应急准备的一个重要环节。通过演练，可以检验应急预案的可行性和应急反应情况；通过演练，可以发现应急预案存在的问题，完善应急工作机制，提高应急反应能力；通过演练，可以锻炼队伍，提高应急队伍的作战力，熟练操作技能；通过演练，可以教育广大干部和群众，增强危机意识，提高安全生产工作的自觉性。

（一）落实应急预案演练责任、建立应急预案演练制度

《生产安全事故应急预案管理办法》相关规定如下：

第三十二条　各级人民政府应急管理部门应当至少每两年组织一次应急预案演练，提高本部门、本地区生产安全事故应急处置能力。

第三十三条　生产经营单位应当制定本单位的应急预案演练计划，根据本单位的事故风险特点，每年至少组织一次综合应急预案演练或者专项应急预案演练，每半年至少组织一次现场处置方案演练。

易燃易爆物品、危险化学品等危险物品的生产、经营、储存、运输单位，矿山、金属冶炼、城市轨道交通运营、建筑施工单位，以及宾馆、商场、娱乐场所、旅游景区等人员密集场所经营单位，应当至少每半年组织一次生产安全事故应急预案演练，并将演练情况报送所在地县级以上地方人民政府负有安全生产监督管理职责的部门。

县级以上地方人民政府负有安全生产监督管理职责的部门应当对本行政区域内前款规定的重点生产经营单位的生产安全事故应急救援预案演练进行抽查；发现演练不符合要求的，应当责令限期改正。

《矿山救援规程》相关规定如下：

第三十五条　矿山企业应当至少每半年组织1次生产安全事故应急救援预案演练，服务矿山企业的矿山救援队应当参加演练。演练计划、方案、记录和总结评估报告等资料保存期限不少于2年。

第三十六条　矿山救援队应当按计划组织开展日常训练。训练应当包括综合体能、队列操练、心理素质、灾区环境适应性、救援专业技能、救援装备和仪器操作、现场急救、应急救援演练等主要内容。

第三十七条　矿山救援大队、独立中队应当每年至少开展1次综合性应急救援演练，内容包括应急响应、救援指挥、灾区探察、救援方案制定与实施、协同联动和突发情况应对等；中队应当每季度至少开展1次应急救援演练和高温浓烟训练，内容包括闻警出动、救援准备、灾区探察、事故处置、抢救遇险人员和高温浓烟环境作业等；小队应当每月至少开展1次佩用氧气呼吸器的单项训练，每次训练时间不少于3小时；兼职矿山救援队应当每半年至少进行1次矿山生产安全事故先期处置和遇险人员救助演练，每季度至少进行1次佩用氧气呼吸器的训练，时间不少于3小时。

（二）应急预案演练实施

1. 总则

（1）目的。

① 检验预案：发现应急预案中存在的问题，提高应急预案的针对性、实用性和可操作性。

② 完善准备：完善应急管理标准制度，改进应急处置技术，补充应急装备和物资，提高应急能力。

③ 磨合机制：完善应急管理部门、相关单位和人员的工作职责，提高协调配合能力。

④ 宣传教育：普及应急管理知识，提高参演和观摩人员的风险防范意识和自救互救能力。

⑤ 锻炼队伍：熟悉应急预案，提高应急人员在紧急情况下妥善处置事故的能力。

（2）分类。应急演练按照演练内容分为综合演练和单项演练，按照演练形式分为实战演练和桌面演练，按照演练目的与作用分为检验性演练、示范性演练和研究性演练，不同类型的演练可相互组合。

（3）工作原则。应急演练应遵循以下原则：

① 符合相关规定：按照国家相关法律法规、标准及有关规定组织开展演练。

② 依据预案演练：结合生产面临的风险及事故特点，依据应急预案组织开展演练。

③ 注重能力提高：突出以提高指挥协调能力、应急处置能力和应急准备能力组织开展演练。

④ 确保安全有序：在保证参演人员、设备设施及演练场所安全的条件下组织开展演练。

（4）基本流程。应急演练实施基本流程包括计划、准备、实施、评估总结、持续改进5个阶段。

2. 计划

（1）需求分析。全面分析和评估应急预案、应急职责、应急处置工作流程和指挥调度程序，以及应急技能、应急装备、物资的实际情况，提出需通过应急演练解决的内容，有针对性地确定应急演练目标，提出应急演练的初步内容和主要科目。

（2）明确任务。确定应急演练的事故情景类型、等级、发生地域、演练方式、参演单位、应急演练各阶段主要任务和应急演练实施的拟定日期。

（3）制订计划。根据需求分析及任务安排，组织人员编制演练计划文本。

3. 准备

（1）成立演练组织机构。综合演练通常应成立演练领导小组，负责演练活动筹备和实施过程中的组织领导工作，审定演练工作方案、演练工作经费、演练评估总结以及其他需要决定的重要事项。演练领导小组下设策划与导调组、宣传组、保障组、评估组。根据演练规模大小，其组织机构可以调整。

① 策划与导调组：负责编制演练工作方案、演练脚本、演练安全保障方案，负责演练活动筹备、事故场景布置、演练进程控制和参演人员调度，以及与相关单位、工作组的联络和协调。

② 宣传组：负责编制演练宣传方案，整理演练信息，组织新闻媒体和开展新闻发布。

③ 保障组：负责演练的物资装备、场地、经费、安全保卫及后勤保障。

④ 评估组：负责对演练准备、组织与实施进行全过程、全方位的跟踪评估；演练结束后，及时向演练单位或演练领导小组及其他相关专业组提出评估意见、建议，并撰写演练评估报告。

（2）编制文件。包括工作方案、脚本、评估方案、保障方案、观摩手册、宣传方案等。

① 工作方案。演练工作方案包括：目的及要求，事故情景，参与人员及范围，时间与地点，主要任务及职责，筹备工作内容，主要工作步骤，技术支撑及保障条件，评估与总结。

② 脚本。按照应急预案进行演练时，根据工作方案中设定的事故情景和应急预案中规定的程序开展演练工作。演练单位根据需要确定是否编制脚本，如编制脚本，一般采用表格形式。脚本主要内容包括：模拟事故情景，处置行动与执行人员，指令与对白、步骤及时间安排，视频背景与字幕，演练解说词，其他。

③ 评估方案。a. 演练信息：目的和目标、情景描述、应急行动与应对措施简介；b. 评估内容：各种准备、组织与实施、效果；c. 评估标准：各环节应达到的目标评判标

准；d. 评估程序：主要步骤及任务分工；e. 附件：需要用到的相关表格。

④ 保障方案。演练保障方案应包括应急演练可能发生的意外情况、应急处置措施及责任部门、应急演练意外情况中止条件与程序。

⑤ 观摩手册。根据演练规模和观摩需要，可编制演练观摩手册。演练观摩手册通常包括应急演练时间、地点、情景描述、主要环节及演练内容、安全注意事项。

⑥ 宣传方案。编制演练宣传方案，明确宣传目标、宣传方式、传播途径、主要任务及分工、技术支持。

（3）工作保障。根据演练工作需要，做好演练的组织与实施需要相关保障条件。保障条件主要内容：

① 人员保障：按照演练方案和有关要求，确定演练总指挥、策划导调、宣传、保障、评估、参演人员参加演练活动，必要时设置替补人员。

② 经费保障：明确演练工作经费及承担单位。

③ 物资和器材保障：明确各参演单位所准备的演练物资和器材。

④ 场地保障：根据演练方式和内容，选择合适的演练场地；演练场地应满足演练活动需要，应尽量避免影响企业和公众正常生产、生活。

⑤ 安全保障：采取必要安全防护措施，确保参演、观摩人员以及生产运行系统安全。

⑥ 通信保障：采用多种公用或专用通信系统，保证演练通信信息通畅。

⑦ 其他保障：提供其他保障措施。

4. 实施

（1）现场检查。确认演练所需的工具、设备、设施、技术资料以及参演人员到位。对应急演练安全设备、设施进行检查确认，确保安全保障方案可行，所有设备、设施完好，电力、通信系统正常。

（2）演练简介。应急演练正式开始前，应对参演人员进行情况说明，使其了解应急演练规则、场景及主要内容，岗位职责和注意事项。

（3）启动。应急演练总指挥宣布开始应急演练，参演单位及人员按照设定的事故情景，参与应急响应行动，直至完成全部演练工作。演练总指挥可根据演练现场情况，决定是否继续或中止演练活动。

（4）执行。包括桌面演练执行和实战演练执行。

① 桌面演练执行。在桌面演练过程中，演练执行人员按照应急预案或应急演练方案发出信息指令后，参演单位和人员依据接收到的信息，回答问题或模拟推演的形式，完成应急处置活动。通常按照四个环节循环往复进行。

注入信息：执行人员通过多媒体文件、沙盘、消息单等多种形式向参演单位和人员展示应急演练场景，展现生产安全事故发生发展情况。

提出问题：在每个演练场景中，由执行人员在场景展现完毕后根据应急演练方案提出一个或多个问题，或者在场景展现过程中自动呈现应急处置任务，供应急演练参与人员根据各自角色和职责分工展开讨论。

分析决策：根据执行人员提出的问题或所展现的应急决策处置任务及场景信息，参演单位和人员分组开展思考讨论，形成处置决策意见。

表达结果：在组内讨论结束后，各组代表按要求提交或口头阐述本组的分析决策结果，或者通过模拟操作与动作展示应急处置活动。

各组决策结果表达结束后，导调人员可对演练情况进行简要讲解，接着注入新的信息。

② 实战演练执行。按照应急演练工作方案，开始应急演练，有序推进各个场景，开展现场点评，完成各项应急演练活动，妥善处理各类突发情况，宣布结束与意外终止应急演练。实战演练执行主要按照以下步骤进行：

a. 演练策划与导调组对应急演练实施全过程的指挥控制。

b. 演练策划与导调组按照应急演练工作方案（脚本）向参演单位和人员发出信息指令，传递相关信息，控制演练进程；信息指令可由人工传递，也可以用对讲机、电话、手机、传真机、网络方式传送或者通过特定声音，标志与视频呈现。

c. 演练策划与导调组按照应急演练工作方案规定程序，熟练发布控制信息，调度参演单位和人员完成各项应急演练任务；应急演练过程中，执行人员应随时掌握应急演练进展情况，并向领导小组组长报告应急演练中出现的各种问题。

d. 各参演单位和人员，根据导调信息和指令，依据应急演练工作方案规定流程，按照发生真实事件时的应急处置程序，采取相应的应急处置行动。

e. 参演人员按照应急演练方案要求，作出信息反馈。

f. 演练评估组跟踪参演单位和人员的响应情况，进行成绩评定并做好记录。

（5）演练记录。演练实施过程中，安排专门人员采用文字、照片和音像手段记录演练过程。

（6）中断。在应急演练实施过程中，出现特殊或意外情况，短时间内不能妥善处理或解决时，应急演练总指挥按照事先规定的程序和指令中断应急演练。

（7）结束。完成各项演练内容后，参演人员进行人数清点和讲评，演练总指挥宣布演练结束。

5. 评估总结

（1）评估。按照《生产安全事故应急演练评估规范》（AQ/T 9009）中 7.1、7.2、7.3、7.4 要求执行。

（2）总结。包括撰写演练总结报告和演练资料归档。

① 撰写演练总结报告。应急演练结束后，演练组织单位应根据演练记录、演练评估报告、应急预案、现场总结材料，对演练进行全面总结，并形成演练书面总结报告。报告可对应急演练准备、策划工作进行简要总结分析。参与单位也可对本单位的演练情况进行总结。演练总结报告的主要内容：演练基本概要；演练发现的问题，取得的经验和教训；应急管理工作建议。

② 演练资料归档。应急演练活动结束后，演练组织单位应将应急演练工作方案、应急演练书面评估报告、应急演练总结报告文字资料，以及记录演练实施过程的相关图片、视频、音频资料归档保存。

6. 持续改进

（1）应急预案修订完善。根据演练评估报告中对应急预案的改进建议，按程序对预案进行修订完善。

（2）应急管理工作改进。应急演练结束后，演练组织单位应根据应急演练评估报告、总结报告提出的问题和建议，对应急管理工作（包括应急演练工作）进行持续改进。演练组织单位应督促相关部门和人员，制订整改计划，明确整改目标，制定整改措施，落实整改资金，并跟踪督查整改情况。

（三）加强应急预案的评估与修订工作

《生产安全事故应急预案管理办法》相关规定如下：

第三十四条　应急预案演练结束后，应急预案演练组织单位应当对应急预案演练效果进行评估，撰写应急预案演练评估报告，分析存在的问题，并对应急预案提出修订意见。

第三十五条　应急预案编制单位应当建立应急预案定期评估制度，对预案内容的针对性和实用性进行分析，并对应急预案是否需要修订作出结论。

矿山、金属冶炼、建筑施工企业和易燃易爆物品、危险化学品等危险物品的生产、经营、储存、运输企业、使用危险化学品达到国家规定数量的化工企业、烟花爆竹生产、批发经营企业和中型规模以上的其他生产经营单位，应当每三年进行一次应急预案评估。

应急预案评估可以邀请相关专业机构或者有关专家、有实际应急救援工作经验的人员参加，必要时可以委托安全生产技术服务机构实施。

第三十六条　有下列情形之一的，应急预案应当及时修订并归档：

（1）依据的法律、法规、规章、标准及上位预案中的有关规定发生重大变化的。

（2）应急指挥机构及其职责发生调整的。

（3）安全生产面临的风险发生重大变化的。

（4）重要应急资源发生重大变化的。

（5）在应急演练和事故应急救援中发现需要修订预案的重大问题的。

（6）编制单位认为应当修订的其他情况。

第三十七条　应急预案修订涉及组织指挥体系与职责、应急处置程序、主要处置措施、应急响应分级等内容变更的，修订工作应当参照本办法规定的应急预案编制程序进行，并按照有关应急预案报备程序重新备案。

第四十条　生产安全事故应急处置和应急救援结束后，事故发生单位应当对应急预案实施情况进行总结评估。

二、应急预案实施

《生产安全事故应急预案管理办法》相关规定如下：

第五条　生产经营单位主要负责人负责组织编制和实施本单位的应急预案，并对应急预案的真实性和实用性负责；各分管负责人应当按照职责分工落实应急预案规定的职责。

第三十八条　生产经营单位应当按照应急预案的规定，落实应急指挥体系、应急救援队伍、应急物资及装备，建立应急物资、装备配备及其使用档案，并对应急物资、装备进行定期检测和维护,使其处于适用状态。

第三十九条 生产经营单位发生事故时,应当第一时间启动应急响应,组织有关力量进行救援,并按照规定将事故信息及应急响应启动情况报告事故发生地县级以上人民政府应急管理部门和其他负有安全生产监督管理职责的部门。

第四章　矿井通风理论与灾变通风技术

矿井通风安全技术是保障矿井安全生产的重要技术手段之一，特别是在矿井发生火灾、瓦斯爆炸等灾害时，矿井通风系统合理与否至关重要。灾变时期，容易引起局部风流状态紊乱，甚至造成整个通风系统风流状态混乱。因此，矿山救援队员掌握矿井通风理论与灾变通风技术，对做好矿山事故应急救援工作十分重要。

第一节　矿井通风基础知识

一、矿井通风的基本任务

矿井通风是指以机械或者自然压差为通风动力，使地面新鲜空气定量进入井下，并在井巷中沿既定的通风线路流动，最后将污浊空气排出矿井的全过程。矿井通风的基本任务是：

（1）连续不断地供给井下各用风地点适量的新鲜风量，保证井下人员呼吸所需的氧气。

（2）稀释并排出井下各种有害气体和矿尘。

（3）调节井下气候条件，创造安全、适宜的工作环境，保障井下工作人员身体健康和生命安全，保证井下生产正常进行。

（4）发生灾变时，能够根据灾情变化，调节和控制风流的流动路线，提高矿井防灾、抗灾和救灾的能力。

二、矿井空气

1. 矿井空气的主要成分

地面空气进入矿井以后即称为矿井空气。地面空气进入井下后受井下各种自然因素和生产过程的影响，矿井空气与地面空气在成分和质量上均有区别。

一般情况下，地面空气的成分是固定的，主要由氧气、氮气、二氧化碳3种气体组成，其中氧气占20.96%、氮气占78%、二氧化碳占0.04%。此外，还有少量水蒸气和灰尘等。

地面空气进入井下后，由于受到污染，氧气浓度降低，二氧化碳浓度增加，混入各种有毒有害气体和矿尘，空气的温度、湿度、压力等状态发生改变。一般将井巷中经过用风地点以前受污染程度较轻的（如进风侧的井底车场、进风石门等）进风巷道内的风流，称为新鲜风流；而经过采掘工作面等用风地点后受污染程度较重的回风巷道内的风流，称为污浊风流。尽管矿井空气受到不同程度的污染，但风流的主要成分仍然是氧气、氮气和二氧化碳。

2. 矿井空气中的有害气体

矿井空气中含有的对人体健康及生命安全有威胁的一切气体，均称为有害气体。除了有瓦斯（CH_4）外，有害气体主要还有一氧化碳（CO）、硫化氢（H_2S）、二氧化氮（NO_2）、二氧化硫（SO_2）、氨气（NH_3）等。这些有害气体对煤矿井下作业人员的人身安全和健康有极大危害。

3. 《煤矿安全规程》对井下空气质量及有害气体浓度的要求

《煤矿安全规程》第一百三十五条规定，井下空气成分必须符合下列要求：

（1）采掘工作面的进风流中，氧气浓度不低于20%，二氧化碳浓度不超过0.5%。

（2）有害气体的浓度不超过表4-1规定。

表4-1 矿井有害气体最高允许浓度

名　称	最高允许浓度/%	名　称	最高允许浓度/%
一氧化碳 CO	0.0024	硫化氢 H_2S	0.00066
氧化氮（换算成 NO_2）	0.00025	氨 NH_3	0.004
二氧化硫 SO_2	0.0005		

4. 《煤矿安全规程》对井下不同地点甲烷和二氧化碳浓度的规定

甲烷和二氧化碳是对矿井安全生产威胁最大的气体，因此，《煤矿安全规程》对井下不同地点甲烷和二氧化碳浓度有如下规定：

第一百七十一条 矿井总回风巷或者一翼回风巷中甲烷或者二氧化碳浓度超过0.75%时，必须立即查明原因，进行处理。

第一百七十二条 采区回风巷、采掘工作面回风巷风流中甲烷浓度超过1.0%或者二氧化碳浓度超过1.5%时，必须停止工作，撤出人员，采取措施，进行处理。

第一百七十三条 采掘工作面及其他作业地点风流中甲烷浓度达到1.0%时，必须停止用电钻打眼；爆破地点附近20 m以内风流中甲烷浓度达到1.0%时，严禁爆破。

采掘工作面及其他作业地点风流中、电动机或者其开关安设地点附近20 m以内风流中的甲烷浓度达到1.5%时，必须停止工作，切断电源，撤出人员，进行处理。

采掘工作面及其他巷道内，体积大于0.5 m^3的空间内积聚的甲烷浓度达到2.0%时，附近20 m内必须停止工作，撤出人员，切断电源，进行处理。

对因甲烷浓度超过规定被切断电源的电气设备，必须在甲烷浓度降到1.0%以下时，方可通电开动。

第一百七十四条 采掘工作面风流中二氧化碳浓度达到1.5%时，必须停止工作，撤出人员，查明原因，制定措施，进行处理。

第一百七十五条 矿井必须从设计和采掘生产管理上采取措施，防止瓦斯积聚；当发生瓦斯积聚时，必须及时处理。当瓦斯超限达到断电浓度时，班组长、瓦斯检查工、矿调度员有权责令现场作业人员停止作业，停电撤人。

矿井必须有因停电和检修主要通风机停止运转或者通风系统遭到破坏以后恢复通风、排除瓦斯和送电的安全措施。恢复正常通风后，所有受到停风影响的地点，都必须经过通风、瓦斯检查人员检查，证实无危险后，方可恢复工作。所有安装电动机及其开关的地点附近20 m的巷道内，都必须检查瓦斯，只有甲烷浓度符合本规程规定时，方可开启。

临时停工的地点，不得停风；否则必须切断电源，设置栅栏、警标，禁止人员进入，并向矿调度室报告。停工区内甲烷或者二氧化碳浓度达到3.0%或者其他有害气体浓度超过本规程第一百三十五条的规定不能立即处理时，必须在24 h内封闭完毕。

恢复已封闭的停工区或者采掘工作接近这些地点时，必须事先排除其中积聚的瓦斯。排除瓦斯工作必须制定安全技术措施。

严禁在停风或者瓦斯超限的区域内作业。

第一百七十六条 局部通风机因故停止运转，在恢复通风前，必须首先检查瓦斯，只有停风区中最高甲烷浓度不超过1.0%和最高二氧化碳浓度不超过1.5%，且局部通风机及其开关附近10 m以内风流中的甲烷浓度都不超过0.5%时，方可人工开启局部通风机，恢复正常通风。

停风区中甲烷浓度超过1.0%或者二氧化碳浓度超过1.5%，最高甲烷浓度和二氧化碳浓度不超过3.0%时，必须采取安全措施，控制风流排放瓦斯。

停风区中甲烷浓度或者二氧化碳浓度超过3.0%时，必须制定安全排放瓦斯措施，报矿总工程师批准。

在排放瓦斯过程中，排出的瓦斯与全风压风流混合处的甲烷和二氧化碳浓度均不得超过1.5%，且混合风流经过的所有巷道内必须停电撤人，其他地点的停电撤人范围应当在措施中明确规定。只有恢复通风的巷道风流中甲烷浓度不超过1.0%和二氧化碳浓度不超过1.5%时，方可人工恢复局部通风机供风巷道内电气设备的供电和采区回风系统内的供电。

三、矿井气候条件

矿井气候条件是指矿井空气的温度、湿度和风速的综合作用状态。这3个参数的不同组合，构成了不同的矿井气候条件。

1. 矿井空气的温度

温度是构成井下气候条件的主要因素之一，最适宜于人们劳动的温度是15~20 ℃。《煤矿安全规程》对矿井空气的温度有如下规定：

第一百三十七条 进风井口以下的空气温度（干球温度，下同）必须在2 ℃以上。

第六百五十五条 当采掘工作面空气温度超过26 ℃、机电设备硐室超过30 ℃时，必须缩短超温地点工作人员的工作时间，并给予高温保健待遇。

当采掘工作面的空气温度超过30 ℃、机电设备硐室超过34 ℃时，必须停止作业。

新建、改扩建矿井设计时，必须进行矿井风温预测计算，超温地点必须有降温设施。

2. 矿井空气的湿度

空气湿度是指空气中水蒸气的含量,分为绝对湿度和相对湿度。绝对湿度是指每立方米空气中所含水蒸气的量(g/m^3);相对湿度是指空气中所含水蒸气的量与同温度下饱和水蒸气的量之间的百分比。矿井空气的湿度一般指相对湿度。相对湿度的大小直接影响水分蒸发的快慢,因此,能影响人体的出汗蒸发和对流散热。人体最适宜的相对湿度一般为50%~60%,但目前大多数矿井空气的相对湿度较大,高达80%~90%。要控制适宜的湿度是比较困难的,通常可从空气的温度和风速两个方面进行调节。

3. 矿井风速

风速除对人体散热有着明显影响外,还对矿井有毒有害气体积聚、粉尘飞扬有影响。风速过高或过低都会引起人的不良生理反应。《煤矿安全规程》第一百三十六条规定,井巷中的风流速度应当符合表4-2要求。

表4-2 井巷中的允许风流速度

井 巷 名 称	允许风速/$(m \cdot s^{-1})$	
	最低	最高
无提升设备的风井和风硐		15
专为升降物料的井筒		12
风桥		10
升降人员和物料的井筒		8
主要进、回风巷		8
架线电机车巷道	1.0	8
输送机巷,采区进、回风巷	0.25	6
采煤工作面、掘进中的煤巷和半煤岩巷	0.25	4
掘进中的岩巷	0.15	4
其他通风人行巷道	0.15	

设有梯子间的井筒或者修理中的井筒,风速不得超过8 m/s;梯子间四周经封闭后,井筒中的最高允许风速可以按表4-2规定执行。

无瓦斯涌出的架线电机车巷道中的最低风速可低于表4-2的规定值,但不得低于0.5 m/s。

综合机械化采煤工作面,在采取煤层注水和采煤机喷雾降尘等措施后,其最大风速可高于表4-2的规定值,但不得超过5 m/s。

第二节 矿井通风系统

一、矿井通风系统概述

矿井通风系统是指矿井主要通风机的工作方式、通风方式和通风网络的总称。矿井通风系统是否合理,对整个矿井的通风状况的好坏和能否保障矿井安全生产具有重要意义;同时,通风系统是否合理也直接影响矿井的经济效益。因此,稳定可靠的矿井通风系统是实现矿井安全生产的基本保证。

对矿井通风系统的基本要求是安全可靠、技术可行和经济合理,其主要表现为系统简单、网络结构合理;能保证保质保量稳定可靠地向用风地点供风;主要通风机与网络特性相匹配;风机能高效、经济地运行,具有较高的防灾抗灾能力;有利于矿井实现机械化和自动化;通风费用少;符合有关规定。

《煤矿安全规程》第一百四十二条规定,矿井必须有完整的独立通风系统。改变全矿井通风系统时,必须编制通风设计及安全措施,由企业技术负责人审批。

二、矿井主要通风机的工作方式

矿井主要通风机对井下供风的工作方式可分为抽出式(负压通风)、压入式(正压通风)和抽压混合式3种。

1. 抽出式通风

将风机安装在出风井口附近,风机工作时将污浊风流抽出,新鲜风流则由进风井流入并流经各用风地点,矿井井巷大气处在低于当地大气压力的负压状态。这种通风方法称为抽出式通风。

抽出式通风的特点是:

(1)在矿井主要通风机的作用下,矿井内空气处于低于当地大气压力的负压状态,当矿井与地面间存在漏风通道时,漏风从地面漏入井内。

(2)抽出式通风矿井在主要进风巷无须安设风门,便于运输、行人和通风管理。

(3)在瓦斯矿井采用抽出式通风,若主要通风机因故停止运转,井下风流压力提高,在短时间内可以防止瓦斯从采空区涌出,相对比较安全。

因此,我国大部分矿井一般采用抽出式通风。

2. 压入式通风

将风机安装在进风井口附近,在风机的作用下,风流由进风井压入,经各用风地点后由出风井排出,矿井井巷大气处在高于当地大气压力的正压状态。这种通风方法称为压入式通风。

压入式通风的特点是:

(1)在矿井主要通风机的作用下,矿井内空气处于高于当地大气压力的正压状态,当矿井与地面间存在漏风通道时,漏风从井内漏向地面。

(2)压入式通风矿井中,由于要在矿井的主要进风巷中安装风门,使运输、行人不便,漏风较大,通风管理工作较困难。

(3) 当矿井主要通风机因故停止运转时,井下风流压力降低,有可能使采空区瓦斯涌出量增加,造成瓦斯积聚,对安全不利。

因此,在瓦斯矿井中一般很少采用压入式通风。

3. 抽压混合式通风

在进风井和回风井一侧都安设矿井主要通风机,新鲜风流经压入式主要通风机送入井下,污风经抽出式主要通风机排出井外。这种通风方法称为抽压混合式通风。

抽压混合式通风的特点是:

(1) 进风井口地面附近安设压入式通风机,出风井口地面附近安设抽出式通风机。

(2) 井下空气压力与地面空气压力相比,进风系统一侧为正压,回风系统一侧为负压。一般适应较大的通风阻力,矿井内部漏风小。

(3) 通风设备多,动力消耗大,管理复杂。

因此,我国矿井一般很少采用混合式通风。

三、矿井通风方式

按矿井进风井与回风井之间相互位置关系的不同,矿井通风方式分为中央式通风、对角式通风、混合式通风和区域式通风4种。

(1) 中央式通风。中央式通风是指进风井和回风井大致位于井田走向中央的通风方式。中央式通风分为中央并列式和中央边界式(又称中央分列式)2种形式。

(2) 对角式通风。对角式通风是指进风井位于井田中央,回风井分别位于井田浅部走向两翼边界采区中央的通风方式。对角式通风分为两翼对角式和分区对角式2种形式。

(3) 混合式通风。混合式通风是指由中央式、分区式和对角式中的2种或2种以上混合布置的通风方式。混合式通风是大型矿井和老矿井进行深部开采时常用的一种通风方式。一般进风井和回风井由3个或3个以上井筒或斜井按(1)和(2)中的2种方式组合而成,分为中央分列与对角混合式、中央并列与对角混合式、中央并列与中央分列混合式3种形式。

(4) 区域式通风。区域式通风是指在井田的每一个生产区域开凿进、回风井,分别构成独立的通风系统的通风方式。该通风方式风流路线短,通风阻力小、能力大、漏风小,且互不影响;可用风井准备采区,缩短建井工期,还可以用进风井下料、排矸及升降人员;风路简单,风流易于控制,通风机选型方便。所以,井田面积大、储量丰富或高瓦斯的大型矿井多采用区域式通风。

四、矿井通风网络

矿井风流按照生产要求在井巷中流动时,风流分岔、汇合线路的连接形式叫作通风网络(风网)。矿井通风系统中风路的连接形式,通常用不按比例的单线条示意图来表示,叫作通风网络图,它是分析研究矿井通风系统合理性、解算网络、改善通风管理等的基础资料。

矿井通风网络的基本连接形式有串联、并联和角联3种。

（1）串联通风网络。串联通风是指风流经过用风地点或区域后，不直接排入回风系统而进入另一个用风地点的通风方法。2条或2条以上的风路依次首尾相连的通风网络称为串联通风网络。串联通风网络的特点是串联的通风井巷越多，风阻越大。

《煤矿安全规程》第一百五十条规定，采、掘工作面应当实行独立通风，严禁2个采煤工作面之间串联通风。

同一采区内1个采煤工作面与其相连接的1个掘进工作面、相邻的2个掘进工作面，布置独立通风有困难时，在制定措施后，可采用串联通风，但串联通风的次数不得超过1次。

采区内为构成新区段通风系统的掘进巷道或者采煤工作面遇地质构造而重新掘进的巷道，布置独立通风有困难时，其回风可以串入采煤工作面，但必须制定安全措施，且串联通风的次数不得超过1次；构成独立通风系统后，必须立即改为独立通风。

对于本条规定的串联通风，必须在进入被串联工作面的巷道中装设甲烷传感器，且甲烷和二氧化碳浓度都不得超过0.5%，其他有害气体浓度都应当符合《煤矿安全规程》第一百三十五条的要求。

开采有瓦斯喷出、有突出危险的煤层或者在距离突出煤层垂距小于10 m的区域掘进施工时，严禁任何2个工作面之间串联通风。

（2）并联通风网络。并联通风是指井下各用风地点的回风直接进入采区回风巷或总回风巷的通风方法。2条或2条以上的风路从某一点分开，到达另一点汇合的网络称为并联通风网络。并联通风网络的特点是风阻小，各井巷互不干扰，安全性好。但并联的通风井巷越多，各井巷分得的风量越少。

（3）角联通风网络。角联通风是指并联的2条风路之间，还有1条或者数条风路连通并联风路的通风方法。由1条或多条风路把2条并联风路连通的网络称为角联通风网络。角联通风网络的特点是对角风路中的风流方向不稳定。因此，在矿井设计中应尽量避免出现角联通风网络。

五、矿井通风设施

矿井通风设施是指引导、隔断和控制风流，保证风流按照需要定向、定量地流动的设施。根据矿井通风设施用途的不同，可分为引导通风风流的设施、隔断通风风流的设施和调节通风风流的设施。引导通风风流的设施主要有风硐、风桥等；隔断通风风流的设施主要有防爆门、风门、挡风墙等；调节通风风流的设施主要有调节风窗等。

第三节 矿井通风流动理论基础

一、矿井风流流动特征

1. 矿井风流流动形式

（1）稳定流动。稳定流动是指矿井风流质点通过井巷任意位置时，其运动参数（风量、风压、密度等）不随时间变化，只随巷道及其不同位置变化的流动形式。矿井正常通风时期，矿井井巷特征风流相关参数变化不大，井巷风流可视为稳定流动。风流稳定流动时，意味着矿井处于正常通风状态，风流流动受自然风压影响，但不受变化的火风压影响。

（2）不可压缩流动。不可压缩流动是指矿井风流质点通过井巷任意位置，其密度既不随时间变化，也不随巷道及其不同位置变化的流动形式。矿井正常通风时期，不考虑自然风压（密度变化）的影响，井巷风流可视为不可压缩流动。不可压缩流动是稳态流动的一种特殊形式，表现为风流在矿井各巷道流动时，空气密度都不变化。风流不可压缩流动意味着矿井通风不受正常通风的影响。

（3）非稳定流动。非稳定流动是指矿井风流质点通过井巷任意位置，其运动参数（风量、风压、密度等）既随时间变化又随巷道及其不同位置变化的流动形式。在矿井火灾、煤与瓦斯突出、煤尘与瓦斯爆炸等灾变时期，风流质点运动参数随时间和巷道及不同位置可能发生很大变化，此时的井巷风流属于非稳定流动。风流非稳定流动意味着矿井风流受自然风压及火风压综合影响。

2. 矿井风流流动状态

（1）层流状态。风流呈层流状态时，各层质点互不混合，质点流动为直线或规则的平滑曲线，且与井巷轴线基本平行。采空区、封闭火区、通风不良区域或微风区等局部区域内风流可能处于层流状态。风流呈层流流态时，容易形成瓦斯层，在缓慢流动过程中瓦斯不易被稀释。

（2）紊流状态。风流呈紊流状态时，风流质点的运动轨迹相互交错，非常紊乱。其速度、压力等参数在时间和空间上发生不规则脉动。矿井井巷风流一般处于紊流状态。火区救灾时，注入惰气流态也是紊流流态。紊流流态惰气进入火区，不可能很快与层流流态流动的瓦斯层混合，不断注入的惰气在与瓦斯层部分混合的同时，像活塞一样推动火区大气及瓦斯层运移，可能改变瓦斯层流向，而逆向进入火源，引起瓦斯爆炸。所以，注入惰气初期需要注意瓦斯爆炸危险，人员需立即撤离。

（3）过渡状态。风流处于层流与紊流之间的不稳定状态。

二、矿井风流呈现压力及测定仪表

1. 静压

静压是指单位体积空气具有的对外做功的机械能所呈现的压力，是风流质点热运动撞压器壁面而呈现的压力。静压包括绝对静压和相对静压。

绝对静压是指单位体积空气的压能以真空零压力为计量基准的静压值，常用空盒气压计、水银气压计、精密气压计测定，或用矿井通风综合参数检测仪等仪器测定。

相对静压是指井巷某点风流的绝对静压与该点（同标高）大气压力之差，常用皮托管和压差计配合测定，或用矿井通风综合参数检测仪测定。

2. 位压

位压是指单位体积空气在地球引力作用下，相对于某一基准而产生的重力位能所呈现的压力。水平巷道的风流流动无位压差；在非水平巷道，风流的位压差就是该区段垂直空气柱的重力压强。

3. 动压

动压是指单位体积空气风流定向流动动能所呈现的压力，又称速压。风流动压通常用皮托管配合压差计测定。

4. 全压

全压是指单位体积风流具有的（静）压能与动能所呈现的压力之和，分为绝对全压和相对全压。

风流中某测点的绝对全压为该测点的绝对静压和速压之和，可分别测定绝对静压和速压，求得绝对全压，或用皮托管和压差计直接测定。

风流中某测点的相对全压为该测点的全压与同标高大气压之差的绝对值，通常用皮托管配合压差计测定。

5. 总机械能（总压力）

矿井风流在井巷某断面具有的总机械能等于其具有的（静）压能、位能和动能的总和。

6. 风流总能量

矿井风流在井巷某断面具有的流动总能量为其总机械能及内能之和。内能是风流中以热的形式存在的一种能量，是风流温度的函数。

矿井风流在井巷中流动时，克服井巷阻力所损失的能量就是风流在始、末两断面上总能量之差。风流从总能量大的断面流向总能量小的断面。

《煤矿安全规程》第一百四十条规定，矿井必须建立测风制度，每10天至少进行1次全面测风。对采掘工作面和其他用风地点，应当根据实际需要随时测风，每次测风结果应当记录并写在测风地点的记录牌上。

应当根据测风结果采取措施，进行风量调节。

《煤矿安全规程》第一百四十一条规定，矿井必须有足够数量的通风安全检测仪表。仪表必须由具备相应资质的检验单位进行检验。

第四节 矿井通风阻力

空气在井巷中流动时，由于空气的黏滞性和惯性以及井巷壁对风流的阻滞、扰动作用，产生的风流能量损失，称为矿井通风阻力。矿井通风阻力包括摩擦阻力（沿程阻力）和局部阻力两大类，其中摩擦阻力是矿井通风总阻力的主要部分。

一、摩擦阻力（沿程阻力）

空气沿井巷流动时，造成空气与井巷壁之间、空气分子与分子之间的内外摩擦而产生的能量损失，称为摩擦阻力或沿程阻力。它与巷道断面大小、巷道壁粗糙程度、巷道长度、巷道支护形式及风量有关，其值可按式（4-1）计算：

$$h_f = R_f Q^2 \tag{4-1}$$

式中 h_f——巷道摩擦阻力，Pa；

R_f——巷道摩擦风阻，$R_f = \dfrac{\alpha L P}{S^3}$，$(N \cdot s^2)/m^8$；

α——空气阻力系数；

L——巷道长度，m；

P——巷道壁周边长度，m；

S——巷道断面面积，m^2；

Q——巷道通过风量，m^3/s。

二、局部阻力

由于井巷周壁条件变化，风流的均匀流动在局部地区因阻碍物（巷道断面突变、巷道弯曲、风流分合、断面阻塞等）的影响而被破坏，风流流速大小、方向或分布发生变化，产生涡流而造成的能量损失，称为局部阻力。

三、通风阻力定律

通风阻力定律表示井巷通风阻力与风阻、风量之间的关系。其中，井巷通风阻力与风量的平方成正比，见式（4-2）。

$$h = RQ^2 \tag{4-2}$$

式中 h——井巷通风阻力，Pa；

R——井巷风阻，系摩擦风阻与局部风阻之和，$(N \cdot s^2)/m^8$；

Q——井巷通过风量，m^3/s。

四、降低通风阻力的措施

降低通风阻力的措施主要包括：扩大巷道断面、开掘关联风路、减少风路长度、使矿井总进风早分开和总回风晚汇合、选用摩擦阻力系数小的支护方式、尽量避免巷道急拐弯和风道断面突然变化，以及主要风道内禁止堆放支架、木料等障碍物等。

第五节 矿井通风动力

一、自然通风

利用自然风压对矿井或井巷进行通风的方法称为自然通风。

由于完全依靠自然风压进行通风的矿井安全性、稳定性和可靠性很差，因此《煤矿安全规程》规定，矿井必须采用机械通风。主要通风机停止运转期间，必须打开井口防爆门和有关风门，利用自然风压通风。

1. 自然风压的产生

自然风压是由于进、回风两侧空气柱质量不同而产生的压差。空气柱质量的大小又取决于空气柱的温度和高度。所以，只要存在标高差和气温差的井下连通巷道之间必然存在自然风压。进、回风井温差越大，矿井越深，自然风压越大。冬季进风井风流温度低，回风井风流温度四季基本不变，自然风压方向往往与机械风压方向相同；夏季进风井风流温度高，自然风压作用方向往往与机械风压方向相反。

2. 自然风压的利用和控制

（1）新设计矿井在选择开拓方案、拟定通风系统时，应充分考虑利用地形和当地气候特点，使在全年大部分时间内自然风压作用的方向与机械通风风压的方向一致，以便利用自然风压。例如，在山区要尽量增大进、回风井井口的高差；进风井井口布置在背阳处等。

（2）根据自然风压随季节变化的规律，适时调整主要通风机的工况点，使其在满足矿井通风需要的同时，达到节约电能的目的。例如，在冬季自然风压帮助机械通风时，可采用减小风机叶片安装角度或调低转速降低机械风压。

（3）为了控制和利用自然风压，可人工调整进、回风井内空气的温差。有些矿井在进风井巷设置水幕或者淋水，以冷却空气，同时起到净化风流的作用。

（4）在多井口通风的山区，要掌握自然风压的变化规律，防止因自然风压作用，造成某些巷道无风或者反向而发生事故。

（5）当自然风压作用方向与机械风压相反时，个别边远区域自然风压大于机械风压，为了防止风流反向、停滞和瓦斯积聚，必须做好调查研究和现场实测工作，掌握矿井通风系统和各回路的自然风压及风阻，以便及时采取应对措施。

（6）利用自然风压做好非常时期的通风。主要通风机遭受破坏时，便可利用自然风压进行通风。这在矿井制定事故预防和处理计划时应予以考虑。

二、机械通风

利用通风机运转产生通风动力，使空气在井下巷道流动的通风方法称为机械通风。

（一）矿井通风机的类型

1. 按服务范围分类

（1）主要通风机。其服务于全矿或矿井的某一翼（或采区）。

（2）局部通风机。其服务于掘进工作面或局部通风地点，是矿井掘进通风的主要设备。

2. 按构造和工作原理分类

（1）离心式通风机。其主要由螺旋形外壳、进风道和扩散器等部件组成。其优点是结构简单、维护方便、噪声小、工作稳定性好；缺点是体积大，风机的风量调节不方便，必须有反风道才能反风。

（2）轴流式通风机。其主要由进风口、叶轮、整流器、风筒、扩散器和传动部件等部分组成。其优点是结构紧凑、体积小、质量轻、转速高，可直接与电动机相连，风量调节较为方便，反风措施较多等；缺点是噪声大、构造复杂。

（二）主要通风机的附属装置

1. 风硐

风硐是指连接主要通风机和井筒的一段巷道，用于引导风流。对于压入式通风矿井，风硐将主要通风机排出的风流引入进风井筒；对于抽出式通风矿井，风硐将回风井管中的风流导入主要通风机。风硐内通过的风量与主要通风机的工作风量几乎相同。由于风硐通过风量大，因此风硐是矿井中通风阻力较大而风速最大的一段巷道。

2. 扩散器

扩散器是指内接于主要通风机出口、外端与地表相通、具有一定长度、断面逐渐扩大的构筑物，用于降低主要通风机的出口动压，提高主要通风机的有效静压。扩散器的设计、构筑原则是阻力小，出口风速低。

3. 防爆门（防爆井盖）

防爆门是指安装于装有主要通风机的回风井口，保护主要通风机在井下发生瓦斯煤尘爆炸时免受爆炸高压气浪破坏的设施。防爆井盖安装于回风立井井口，防爆门安装于回风斜井井口。当井下发生瓦斯煤尘爆炸时，防爆门（防爆井盖）即被爆炸高压气浪掀开，爆炸高压气浪直接冲入大气而不冲击主要通风机，从而保护主要通风机。

4. 反风装置

反风装置是使煤矿井下风流反向的设施，用以防止矿井进风系统发生火灾时产生的有害气体进入作业地点，缩小灾害范围和配合井下灾变时期救灾反风需要。反风装置类型随主要通风机的类型和结构不同而异。

（1）专用反风道反风。反风道与风硐内侧相连，由反风导向门控制风流流向实现反风。

（2）通风机反转反风。通过调换轴流式通风机电动机电源的任意两相接线，使电动机改变转向，从而改变通风机叶（动）轮的旋转方向，实现井下风流反向（注意：离心式通风机反转，而风向不变）。此种方法基建费用少，反风方便，但反风量较小。

（3）利用备用主要通风机的风道反风。当两台轴流式主要通风机并排布置时，保持工作的主要通风机正常运转，利用另一台备用主要通风机的风道作为"反风道"实现井下反风。

（4）调整动叶安装角进行反风。对于设置动叶整体偏转装置的轴流式主要通风机，通过将所有叶片同时偏转一定角度（大约120°）而不必改变动叶转向实现井下反风。

（三）通风机个体特性曲线

1. 通风机个体特性曲线定义

当通风机以某一转速 n，在风阻为 R 的管网中工作时，通过多次改变管网风阻 R，可得到一系列工况参数。将这些参数对应描在以风量 Q 为横坐标，以风压 H、功率 N 和效率 η 为纵坐标的直角坐标系上，并用光滑曲线分别把同点参数点连接起来，即得风压 - 风量（$H-Q$）、功率 - 风量（$N-Q$）和效率 - 风量（$\eta-Q$）曲线。这些曲线称为通风机在转速 n 条件下的个体特性曲线。

2. 轴流式通风机风压特性曲线的特点

轴流式通风机风压特性曲线存在马鞍形驼峰，驼峰点以右的特性曲线单调下降是稳定工作段，以左是不稳定工作段。

3. 通风机功率曲线的特点和启动注意事项

（1）离心式通风机。其功率 N 随风量 Q 增加而增大，只有在接近风流完全短路时，功率才略有下降。因此，为保证通风机安全启动，避免因启动负荷过大而烧坏通风机，离心式通风机在启动时应将风硐中闸门全闭，待其达到正常工作转速后再将闸门逐渐打开。当供风量远大于需风量时，常利用闸门加阻减少工作风量，以节省电能。

（2）轴流式通风机。在叶片安装角不太大时，在其稳定工作段内，功率 N 随风量 Q 增加而减少。所以，轴流式通风机应在风阻最小时启动，以减少启动负荷。

（四）主要通风机工况点

1. 主要通风机工况点定义

主要通风机工况点是指主要通风机个体特性曲线与矿井风阻特性曲线在同一坐标图上的交点。即通风机在某一特定转速和工作风阻条件下的工作参数：风量 Q、风压 h、功率 N 和效率 η，一般指风压 h 和风量 Q 两个参数。

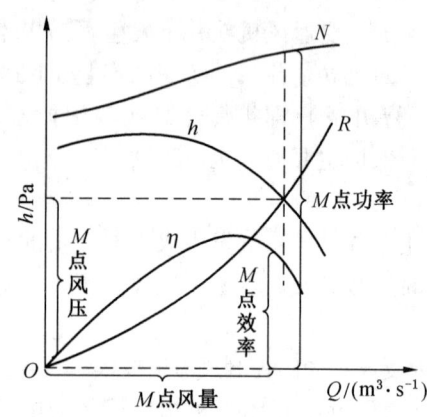

图 4-1 通风机工况点

通风机工况点（图 4-1）既应满足矿井安全生产的需要，又应保证通风机工作稳定和效率高，应处在合理工作范围内。

2. 主要通风机工况点的调节

1）改变风阻特性曲线（风机特性曲线不变）

（1）增风调节。①减少矿井风阻（降低矿井通风系统的阻力），技术措施有：实施并联通风、缩短风路、扩大巷道断面、减少巷壁摩擦风阻（更换支护类型）和减少局部阻力等；②堵塞地面的外部漏风，矿井风阻增加，通风机供风量减少，但有效风量增加。

（2）减风调节。矿井风量过大，应进行减风调节（增阻调节即增加矿井主要通风机工作风阻）。对于离心式通风机，其技术措施是减小进风口闸门开口面积，增大矿井风阻。

2）改变风机特性曲线（矿井风阻特性曲线不变）

（1）轴流式通风机，改变叶片安装角，改变风流转速。

（2）离心式通风机，改变前导器叶片转角，改变通风机转速。

第六节　局　部　通　风

一、局部通风的目的和意义

局部通风是利用局部通风机或主要通风机产生的风压对局部地点进行通风的方法。

局部通风的目的是将有害物质从产生处排出。工作面通风的好坏直接影响工作面的生产与人身安全，甚至威胁矿井安全。矿井通风系统中，常用局部通风机吹散掘进工作面的瓦斯等有害气体。因此，局部通风机安装必须符合《煤矿安全规程》要求，通风机安装地点到掘进巷道回风口之间巷道最低风速应符合《煤矿安全规程》规定，避免循环风和有害气体积聚。

采用局部通风机供风的掘进巷道应安设同等能力的备用局部通风机，实现自动切换。局部通风机的安装、使用符合《煤矿安全规程》规定，实行挂牌管理，由指定人员上岗签字并进行切换试验，有记录；不发生循环风，不出现无计划停风，有计划停风前制定专项通风安全技术措施。

二、局部通风的技术管理和主要安全措施

1. 保证工作面有足够的新鲜风量

（1）不准随意停风和减少风量。

（2）提高有效风量。①减少通风构筑物和风筒漏风；②降低风筒风阻，吊挂平直，选用大直径风筒，保证风筒完好。

2. 保证局部通风机连续安全运转

（1）局部通风机吸风量必须小于全风压供给该处风量，以免发生循环风。

（2）保证通风机连续安全运转。

（3）局部通风机供风的地点必须实行风电闭锁和甲烷电闭锁。

（4）具备通风机停风断电撤人及恢复通风的安全保障措施。

三、局部通风方法

（一）局部通风机通风

利用局部通风机作动力，通过风筒导风的通风方法称为局部通风机通风，它是目前局部通风最主要的方法。

根据风机和风筒在巷道内安放的位置和方式，局部通风方法分为压入式、抽出式和混合式3种，如图4-2所示。

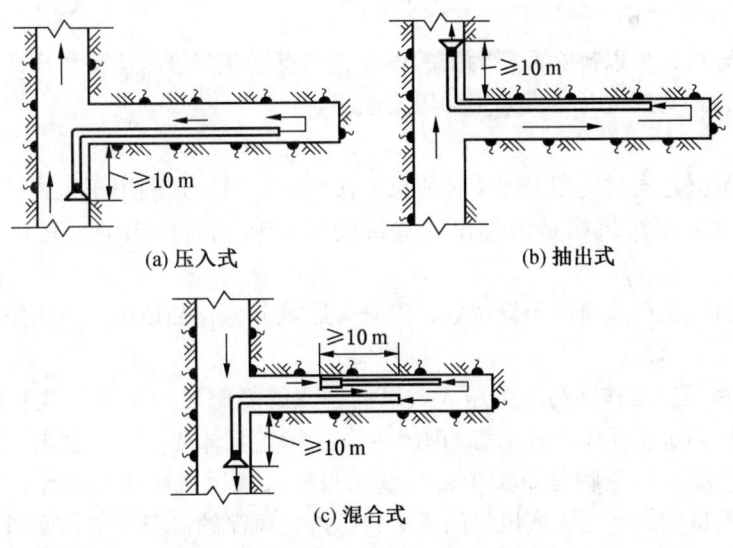

图4-2 局部通风机通风示意图

1. 压入式

压入式通风的局部通风机和启动装置必须安装在距掘进巷道回风口10 m以外的进风

巷道中，局部通风机将新鲜空气经风筒压送到掘进工作面，而污风则由巷道排出，其布置如图4-2a所示。

2. 抽出式

抽出式通风的局部通风机安装在距掘进巷道口10 m以外的回风流中，新鲜空气由巷道进入工作面，污风经风筒由局部通风机抽出，其布置如图4-2b所示。

压入式和抽出式局部通风的特点对比如下：

（1）压入式通风时，局部通风机及其附属电气设备均布置在新鲜风流中，污风不通过局部通风机，安全性好；而抽出式通风时，含瓦斯的污风通过局部通风机，一旦局部通风机电气设备失爆，则是非常危险的。

（2）压入式通风风筒出口风速和有效射程均较大，可防止瓦斯层状积聚，且因风速较大而提高散热效果；而抽出式通风有效吸程小，掘进施工中难以保证风筒吸入口到工作面的距离在有效吸程之内。与压入式通风相比，抽出式通风风量小，工作面排出污风所需时间长、速度慢。

（3）压入式通风时，掘进巷道涌出的瓦斯向远离工作面方向排走；而抽出式通风时，巷道壁面涌出的瓦斯随风流向工作面，安全性较差。

（4）抽出式通风时，新鲜风流沿巷道流向工作面，整个井巷空气清新，劳动环境好；而压入式通风时，污风沿巷道缓慢排出，掘进巷道越长，排出污风速度越慢，受污染时间越久。

（5）压入式通风可用柔性风筒，成本低、质量小、便于运输；而抽出式通风的风筒承受负压作用，必须使用刚性或带刚性骨架的可伸缩风筒，成本高、质量大、运输不便。

基于上述分析，当以排除瓦斯为主的煤巷、半煤岩巷掘进时应采用压入式通风；当以排除粉尘为主的井巷掘进时，宜采用抽出式通风。

3. 混合式

混合式通风就是同时使用上述2种通风方法。新鲜风流是利用压入式局部通风机和风筒压入工作面的，而污风则是由抽出式局部通风机和风筒排出的，其布置如图4-2c所示。

按照局部通风机和风筒的布设位置，混合式通风分为长抽短压、长压短抽和长抽长压3种方式。

（1）长抽短压。工作面污风由压入式风筒压入的新鲜风流予以冲淡和稀释，由抽出式风筒排出。长抽短压通风方式示意如图4-3a所示。具体要求是：抽出式风筒吸风口与工作面的距离应小于污染物分布集中带长度，与压入式风机吸风口的距离应大于10 m；抽出式风机的风量应大于压入式风机的风量；压入式风筒的出口与工作面间的距离应在有效射程之内。若采用长抽短压通风时，抽出式风筒须用刚性风筒或带刚性骨架的可伸缩风筒。若采用柔性风筒，可将抽出式局部通风机移至风筒入口，改作压入式，其示意如图4-3b所示。

（2）长压短抽。新鲜风流经压入式风筒送入工作面，工作面污风经抽出式通风除尘系统净化，被净化的风流沿巷道排出。抽出式风筒吸风口与工作面的距离应小于有效吸

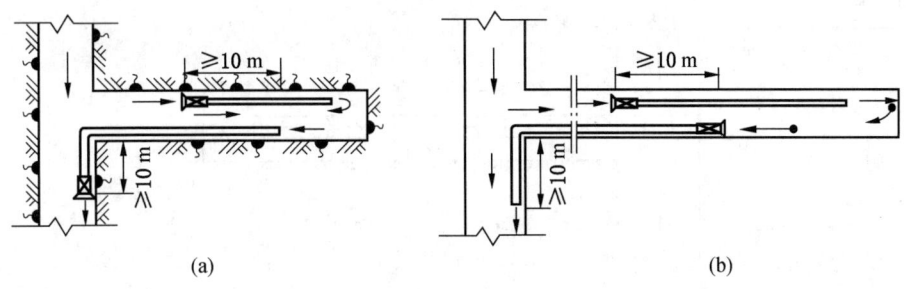

图 4-3 长抽短压通风方式示意图

程,对于综合机械化掘进,应尽可能靠近最大产尘点。压入式风筒出风口应超前抽出式风筒出风口 10 m 以上,它与工作面的距离应不超过有效射程。压入式通风机的风量应大于抽出式通风机的风量。长压短抽通风方式示意如图 4-4 所示。

混合式通风优缺点如下:

优点:兼有抽出式和压入式的优点,通风效果好。

缺点:增加了一套通风设备,电能消耗大,管理比较复杂,降低了压入式与抽出式两列风筒重叠段巷道内的风量。

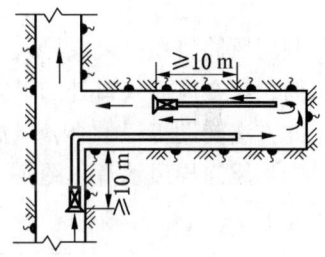

图 4-4 长压短抽通风方式示意图

混合式通风适用于大断面、长距离岩巷掘进巷道中。煤巷综掘工作面多采用与除尘风机配套的长压短抽混合式。

(二) 矿井全风压通风

全风压通风是直接利用矿井主要通风机造成的风压对掘进工作面进行的通风。全风压通风借助于风障和风筒等导风设施将新鲜风流引入工作面,并将污风排出掘进巷道。

全风压通风的特点:在主要通风机正常运转,并有足够的全风压克服导风设施的阻力时,全风压通风能连续供给掘进工作面所需风量,而无须附加通风动力,管理方便,但工程量大,使用风障妨碍运输。

全风压通风适用于瓦斯涌出量大、使用通风设备不安全或技术不可行的局部地点。全风压通风方式有以下几种。

1. 风障导风

在掘进巷道中安设纵向风障,将巷道分割成两部分,一侧进风,一侧回风。风障导风示意如图 4-5 所示。短巷掘进,可用木板、竹、帆布构筑风障;长巷掘进,可用砖、石、混凝土等材料构筑风墙。

风障导风只能用于地质构造稳定、矿山压力较小、掘进长度较短、断面较大的巷道中,送风距离一般在 200 m 以内。

2. 风筒导风

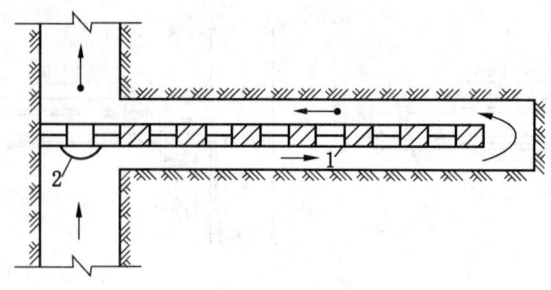

1—风障；2—调节风门

图4-5　风障导风示意图

利用风筒将新鲜风流导入工作面，工作面污风由掘进巷道排出。为了使新鲜风流进入导风筒，应在风筒入口处的贯穿风流巷道中设置挡风墙和调节风门。

此方法辅助工程量小，风筒安装、拆卸比较方便，通常用于需要风量不大的短巷掘进通风中。风筒导风示意如图4-6所示。

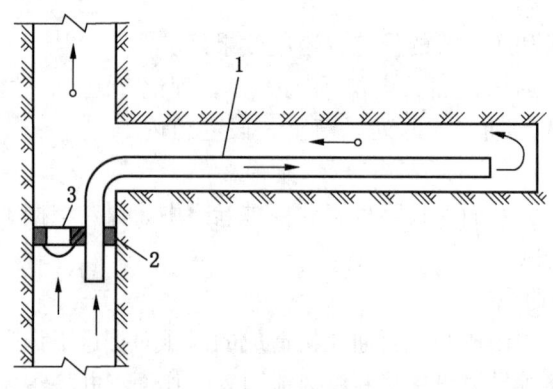

1—风筒；2—挡风墙；3—风窗

图4-6　风筒导风示意图

3. 平行巷道导风

当掘进巷道较长，利用纵向风障和风筒导风有困难时，可采用两条平行巷道通风。采用双巷掘进，在掘进主巷的同时，距主巷10~20 m平行掘一条副巷（或配风巷），主副巷之间每隔一定距离开掘联络眼，前一个联络眼掘通后，后一个联络眼便密封。主巷进风，配巷回风。两条平行的独头巷道可用风障或风筒导风。利用平行巷道导风，可以缩短独头巷道的长度，不用局部通风机就可以保证较长巷道的风量。平行巷道导风连续可靠，安全性好。平行巷道导风示意如图4-7所示。

平行巷道导风适合于有瓦斯、冒顶和透水危险的长巷掘进，特别适合于为满足运输、通风和行人需要而必须掘进2条并列的斜巷、平巷或上下山的掘进中。

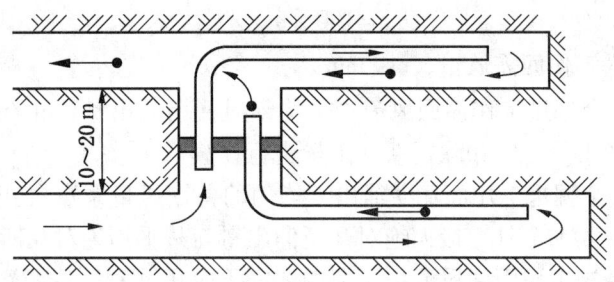

图 4-7 平行巷道导风示意图

(三) 引射器通风

利用引射器产生的通风负压,通过风筒导风的通风方法称为引射器通风。引射器通风一般采用压入式。引射器通风示意如图 4-8 所示。

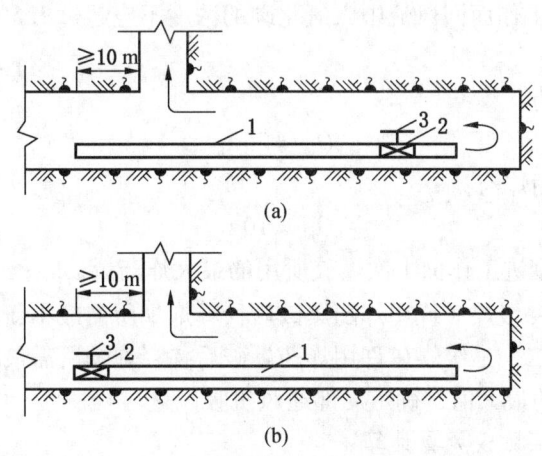

1—风筒;2—引射器;3—水管(或风管)

图 4-8 引射器通风示意图

引射器通风具有设备简单、安全、有利于除尘和水温低时能降温的优点。但产生的风压低,送风量小($20 \sim 200 \ m^3/min$),效率低,费用高。

引射器通风适用于需风量不大的短巷道掘进通风,在含尘量大、气温高的采掘机械附近采取水力引射器与其他通风方法联合使用的方式,形成混合式通风。

四、局部风量调节(掘进工作面需风量计算)

每个掘进工作面实际需要风量,应按瓦斯涌出量、二氧化碳涌出量、工作人员人数、爆破后有害气体产生量以及局部通风机的实际吸风量等因素分别计算,然后取其中最大值,最后按风速进行验算。

1. 按照瓦斯涌出量计算

$$Q_{hfi} = 100 \times q_{hgi} \times k_{hgi}$$

式中　Q_{hfi}——掘进工作面需风量，m³/min；

　　　q_{hgi}——第 i 个掘进工作面回风流中平均绝对瓦斯涌出量，m³/min（抽采矿井的瓦斯涌出量，应扣除瓦斯抽采量进行计算）；

　　　k_{hgi}——第 i 个掘进工作面瓦斯涌出不均匀的备用风量系数（正常生产条件下，连续观测 1 个月，最大绝对瓦斯涌出量与月平均绝对瓦斯涌出量的比值）；

　　　100——按掘进工作面回风流中瓦斯的浓度不应超过 1% 的换算系数。

2. 按照二氧化碳涌出量计算

$$Q_{hfi} = 67 \times q_{hci} \times k_{hci}$$

式中　q_{hci}——第 i 个掘进工作面回风流中平均绝对二氧化碳涌出量，m³/min；

　　　k_{hci}——第 i 个掘进工作面二氧化碳涌出不均匀的备用风量系数（正常生产条件下，连续观测 1 个月，最大绝对二氧化碳涌出量与月平均绝对二氧化碳涌出量的比值）；

　　　67——按掘进工作面回风流中二氧化碳的浓度不应超过 1.5% 的换算系数。

3. 按炸药量计算

一级煤矿许用炸药：

$$Q_{hfi} = 25 A_{hfi}$$

二、三级煤矿许用炸药：

$$Q_{hfi} = 10 A_{hfi}$$

式中　A_{hfi}——第 i 个掘进工作面 1 次爆破所用的最大炸药量，kg；

　　　25——每千克一级煤矿许用炸药爆破后稀释炮烟所需最小新鲜风量，m³/min；

　　　10——每千克二、三级煤矿许用炸药爆破后稀释炮烟所需最小新鲜风量，m³/min。

按上述条件计算的最大值，确定局部通风机吸风量。

4. 按局部通风机实际吸风量计算

无瓦斯涌出的岩巷：

$$Q_{hfi} = \sum Q_{afi} + 60 \times 0.15 S_{hdi}$$

式中　$\sum Q_{afi}$——第 i 个掘进工作面同时运转的局部通风机实际吸风量的总和，m³/min；

　　　0.15——无瓦斯涌出岩巷的允许最低风速，m/s；

　　　S_{hdi}——局部通风机安装地点到回风口间的巷道最大断面积，m²。

有瓦斯涌出的岩巷、半煤岩巷和煤巷：

$$Q_{hfi} = \sum Q_{afi} + 60 \times 0.25 S_{hdi}$$

式中　0.25——有瓦斯涌出的岩巷、半煤岩巷和煤巷允许的最低风速，m/s。

5. 按工作人员数量计算

$$\sum Q_{afi} \geq 4 N_{hfi}$$

式中　N_{hfi}——第 i 个掘进工作面同时工作的最多人数，人；

4——每人每分钟应供给的新鲜风量,m^3。

6. 按风速验算

(1) 验算最小风量。

无瓦斯涌出的岩巷：

$$\sum Q_{afi} \geq 60 \times 0.15 S_{hfi}$$

式中 S_{hfi}——第 i 个掘进工作面巷道的净断面积。m^2。

有瓦斯涌出的岩巷、半煤岩巷和煤巷：

$$\sum Q_{afi} \geq 60 \times 0.25 S_{hfi}$$

(2) 验算最大风量。

$$\sum Q_{afi} \leq 60 \times 4 S_{hfi}$$

掘进工作面通风参数见表4-3。

表4-3 掘进工作面通风参数

煤矿名称：

工作面编号	局部通风机参数	功率/kW	风筒直径/mm	局部通风机供风距离/m	局部通风机实际总吸风量/($m^3 \cdot min^{-1}$)	CO_2/($m^3 \cdot min^{-1}$)	CH_4/($m^3 \cdot min^{-1}$)	一次炸药最大用量/kg	炸药类别	人数	断面积/m^2	温度/℃	风速/($m \cdot s^{-1}$)

五、局部通风装备

局部通风装备由风筒、局部通风机及附属装置组成。

(一) 风筒

风筒是最常见的导风装置，是引导风流沿一定方向流动的管状通道。其作用在于引导局部通风的风流，使新鲜风流与污风隔开。对风筒的基本要求是漏风小、风阻小、质量轻、拆装简便。

1. 风筒种类

风筒按其材料力学性质可分为刚性风筒和柔性风筒2种。

刚性风筒是用金属板或玻璃钢制成的。金属风筒质量大，搬运困难，煤矿使用较少；玻璃钢风筒比金属风筒轻便、抗酸碱、耐腐蚀性强、摩擦阻力系数小，但成本较高。随着大断面巷道机械化掘进的增多，混合式通风技术得到了广泛应用，为了满足其中抽出式通风的要求，采用整体螺旋弹簧钢圈为骨架的可伸缩金属风筒。

柔性风筒是应用更广泛的一种风筒，通常用橡胶、塑料制成。煤矿使用的风筒主要是胶布风筒，其最大优点是轻便、可伸缩、拆装搬运方便、便于储放。

2. 风筒布置要求

风筒出风口到工作面的距离要符合作业规程的有关规定。一般在压入式通风的工作面，作业规程中规定的距离为 5 m。风筒要吊挂平直，贴壁贴帮，逢环必挂，环环吃力。

3. 风筒接头

刚性风筒一般采用法兰盘连接方式。

柔性风筒的接头方式有插接、单反边接头、双反边接头、活三环多反边接头、螺圈接头等多种形式，如图 4-9 所示。插接方式最简单，但漏风大；反边接头漏风小，不易胀开，但局部风阻较大；后两种接头风阻小、漏风小，但拆装比较麻烦。

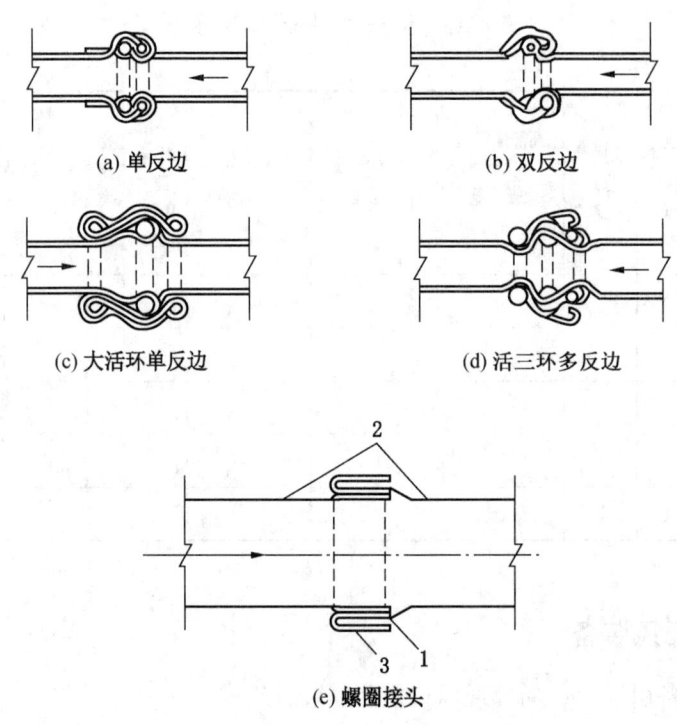

1—螺圈；2—风筒；3—铁丝箍

图 4-9 风筒接头连接方式示意图

4. 风筒管理

（1）采用抗静电、阻燃风筒，风筒口到掘进工作面的距离，以及正常工作的局部通风机和备用局部通风机自动切换的交叉风筒接头的规格和安设标准，应当在作业规程中明确规定。

(2) 风筒口到工作面的距离符合作业规程规定；自动切换的交叉风筒与使用的风筒筒径一致，交叉风筒不安设在巷道拐弯处且与 2 台局部通风机方位相一致，不漏风。

(3) 风筒实行编号管理；风筒接头严密，无破口（末端 20 m 除外），无反接头；软质风筒接头反压边，无丝绳或者卡箍捆扎，硬质风筒接头加垫、螺钉紧固。

(4) 风筒吊挂要平、直、稳，软质风筒逢环必挂，硬质风筒每节至少吊挂 2 处；风筒不被摩擦、挤压。

(5) 风筒拐弯处用弯头或者骨架风筒缓慢拐弯，不拐死弯；异径风筒接头采用过渡节，无花接。

5. 风筒风阻

风筒风阻是由摩擦、局部风阻组成的，其大小取决于风筒的直径、接头方式、长度、风压、布设等。

6. 风筒漏风

漏风使局部通风机风量与风筒出口风量不等，它与风筒种类，接头的数目、方法和质量，以及风筒直径、风压等有关，但主要与风筒的维护和管理密切相关。

刚性风筒主要是接头漏风；柔性风筒除接头处漏风外，漏风还产生于缝合针眼、吊环等处。

局部通风机风筒漏风将使局部通风机的有效风量降低，给掘进工作面安全生产带来严重隐患，必须采取以下措施减少风筒漏风：

(1) 减少风筒的人为损坏。防止矿车刮破和顶板掉矸砸破风筒，在掘进工作面迎头防止爆破炸破风筒，防止锐器刺破风筒。一旦风筒出现破口，必须立即进行粘补。

(2) 采用增加风筒每节长度的方法减少风筒接头数量。例如，减少 1 个套环接头可以减少 0.86 m^3/min 的漏风量。

(3) 尽量采用漏风量小的接头方法连接风筒。例如，采用罗圈接头比采用套环接头平均每个接头漏风量要降低 90% 左右。

(4) 当风筒内风压很大时，风筒针眼里的漏风不能忽视。针眼虽小，但数量多，漏风总面积加起来很大，所以应用胶布贴严或涂胶贴以堵住漏风针眼。

（二）局部通风机

1. 局部通风机类型

井下局部地点所用的通风机称为局部通风机。掘进工作面要求局部通风机体积小、风压高、效率高、噪声小、性能可靠、坚固防爆。国内开发和研制的一些新产品，满足安全、经济、技术合理的要求。如 BKJ66 - 11 系列局部通风机主要型号有 No3.6、No4.0、No4.5、No5.0、No5.6、No6.3 等规格；FDC - 1 型对旋局部通风机、DSF - 5 型低噪声对旋轴流式局部通风机、HF - 5 型混流抽出式通风机、SBF66 - 1 型水力局部通风机。

KBJ66 - 1 型通风机（BDK、FDBY、FBD 等），德国生产的 dGAL、dIE、G 系列，波兰生产的 WLE - A 和 WLE - B 系列，日本生产的 MFA 系列等，这些对旋风机大都采用三元流动叶轮、高转速和加装消声器等措施，在提高风机效率的同时，压力也可提高。所以在同等条件下，叶轮外径可减少 10% ~ 30%，达到缩小体积、减小质量和降低本体噪声的目的。

2. 局部通风机噪声控制

局部通风机运转时噪声很大,噪声声级常达到 100~110 dB(A),超过了《煤矿安全规程》规定的噪声声级限值。

高噪声严重影响井下人员的健康和劳动效率,甚至可能成为导致人身事故的环境因素。降低噪声的措施主要有 2 种:一是研制、选用低噪声、高效率的局部通风机;二是在现有局部通风机上安设消声器。

局部通风机消声器是为风机专门设计配套的消音装置,采用复式和消音墙组合机构,在实践中降噪效果显著,解决了风机进口噪声高的难题,从而创造了良好的工作环境。

六、法律法规相关要求

(一)《煤矿安全规程》对矿井开拓或者准备采区时局部通风的规定

第一百六十二条 矿井开拓或者准备采区时,在设计中必须根据该处全风压供风量和瓦斯涌出量编制通风设计。掘进巷道的通风方式、局部通风机和风筒的安装和使用等应当在作业规程中明确规定。

(二)《煤矿安全规程》对掘进巷道局部通风的规定

第一百六十三条 掘进巷道必须采用矿井全风压通风或者局部通风机通风。

煤巷、半煤岩巷和有瓦斯涌出的岩巷掘进采用局部通风机通风时,应当采用压入式,不得采用抽出式(压气、水力引射器不受此限);如果采用混合式,必须制定安全措施。

瓦斯喷出区域和突出煤层采用局部通风机通风时,必须采用压入式。

(三)《煤矿安全规程》对安装、使用局部通风机和风筒的规定

第一百六十四条 安装、使用局部通风机和风筒时,必须遵守下列规定:

(1)局部通风机由指定人员负责管理。

(2)压入式局部通风机和启动装置安装在进风巷道中,距掘进巷道回风口不得小于 10 m;全风压供给该处的风量必须大于局部通风机的吸入风量,局部通风机安装地点到回风口间的巷道中的最低风速必须符合本规程第一百三十六条的要求。

(3)高瓦斯、突出矿井的煤巷、半煤岩巷和有瓦斯涌出的岩巷掘进工作面正常工作的局部通风机必须配备安装同等能力的备用局部通风机,并能自动切换。正常工作的局部通风机必须采用三专(专用开关、专用电缆、专用变压器)供电,专用变压器最多可向 4 个不同掘进工作面的局部通风机供电;备用局部通风机电源必须取自同时带电的另一电源,当正常工作的局部通风机故障时,备用局部通风机能自动启动,保持掘进工作面正常通风。

(4)其他掘进工作面和通风地点正常工作的局部通风机可不配备备用局部通风机,但正常工作的局部通风机必须采用三专供电;或者正常工作的局部通风机配备安装一台同等能力的备用局部通风机,并能自动切换。正常工作的局部通风机和备用局部通风机的电源必须取自同时带电的不同母线段的相互独立的电源,保证正常工作的局部通风机故障时,备用局部通风机能投入正常工作。

(5)采用抗静电、阻燃风筒。风筒口到掘进工作面的距离、正常工作的局部通风机和备用局部通风机自动切换的交叉风筒接头的规格和安设标准,应当在作业规程中明确规定。

（6）正常工作和备用局部通风机均失电停止运转后，当电源恢复时，正常工作的局部通风机和备用局部通风机均不得自行启动，必须人工开启局部通风机。

（7）使用局部通风机供风的地点必须实行风电闭锁和甲烷电闭锁，保证当正常工作的局部通风机停止运转或者停风后能切断停风区内全部非本质安全型电气设备的电源。正常工作的局部通风机故障，切换到备用局部通风机工作时，该局部通风机通风范围内应当停止工作，排除故障；待故障被排除，恢复到正常工作的局部通风后方可恢复工作。使用2台局部通风机同时供风的，2台局部通风机都必须同时实现风电闭锁和甲烷电闭锁。

（8）每15天至少进行一次风电闭锁和甲烷电闭锁试验，每天应当进行一次正常工作的局部通风机与备用局部通风机自动切换试验，试验期间不得影响局部通风，试验记录要存档备查。

（9）严禁使用3台及以上局部通风机同时向1个掘进工作面供风。不得使用1台局部通风机同时向2个及以上作业的掘进工作面供风。

（四）《煤矿安全规程》对使用局部通风机通风的掘进工作面的规定

第一百六十五条 使用局部通风机通风的掘进工作面，不得停风；因检修、停电、故障等原因停风时，必须将人员全部撤至全风压进风流处，切断电源，设置栅栏、警示标志，禁止人员入内。

第七节 反风演习技术

一、反风演习的目的和意义

为防止灾害扩大和抢救人员的需要而采取的迅速倒转风流方向的措施，称为矿井反风。反风演习的目的和意义如下：

（1）反风演习可以使矿井发生灾变时，尤其是发生火灾事故时能够按需要有效地控制风流方向，缩小灾害波及范围，使可能受影响地区的人员能够有充分的时间按避灾路线撤至地面，从而减少因火灾等事故带来的人员伤亡，并为灭火和处理火灾事故提供有利条件。

（2）通过反风演习，掌握矿井各主要通风机反风性能，测定矿井主要巷道、风井反风量，验证矿井各主要通风机反风量能否达到《煤矿安全规程》要求的反风量不应小于正常供风量的40%。

（3）通过反风演习，测定矿井CH_4和CO_2涌出量，分析反风前后矿井有害气体的变化。

（4）通过反风演习，提高主要通风机司机对主要通风机操作技术的熟练程度。

（5）反风演习可以使井下人员熟悉避灾路线和避灾方法，一旦发生灾变能安全顺利脱险。

（6）全矿井反风以后，观测井下主要巷道的风流方向、风量的变化情况，为年度灾害预防处理计划的制定提供理论依据。

（7）通过反风演习，查找问题，提高矿井抗灾能力，并为领导决策提供各种理论数据及经验。

二、反风要求

（1）主要通风机司机和矿井反风领导小组成员掌握并熟悉反风的操作和指挥工作。反风演习时，所有主要通风机司机必须到场。

（2）矿井反风命令下达后，必须在 10 min 内改变巷道风流方向。

（3）主要通风机反风时供给的风量应不小于正常风量的 40%。

（4）矿井反风演习持续时间不得少于 2 h，以充分检验矿井反风设备的抗灾能力；并能保证人员从矿井最远地点安全撤到地面。

（5）检验并记录瓦斯涌出量较大的采掘工作面风流中 CH_4、CO_2 浓度达到 2% 的时间和大于 2% 的持续时间。

（6）反风结束后，对井下进行全面检查，确认安全后，方可恢复生产。

（7）反风时根据矿井实际情况假设灾变地点，可充分考虑进风流发生灾变和采区内发生灾变的情况，对全矿井反风和区域性反风分别有针对性地进行演练。

三、矿井反风方式和反风方法

（一）矿井反风方式

矿井反风就其风流反转的范围，可分为全矿井反风、区域性反风及局部反风 3 种方式。

1. 全矿井反风

实现全矿井总进风、回风井巷及采区主要进、回风巷风流等全面反向的反风方式称为全矿井反风。当进风井口附近、井筒或井底车场及其附近的进风巷道发生火灾时，为了防止灾害范围扩大，有利于灾害事故的处理和救援工作，需要采用全矿井反风。

全矿井反风时总进和总回风流反向，各回采工作面可能同时反风，也可能处于风流停滞状态。

（1）全矿井反风的条件和原则。

① 多井口、多水平同时生产矿井的反风。主要通风机的反风措施只有当火灾发生在矿井的总进风区段（包括进风井口、进风井筒及井底车场）时才能采用。只有在这种情况下实施反风，火灾气体才能迅速排出地面，缩小影响范围，确保井下人员安全。对于多井口入风、多水平同时生产的复杂通风系统，如果火灾发生在深部水平的入风暗井或深部井底车场，采用主要通风机反风时必须十分慎重。在这种情况下反风，火灾烟流的蔓延区域一般较大，尤其是当火源点接近多个入风井口风流的汇合点时，若反风控制不严，反风后的火灾气体将会蔓延到多个入风井的进风系统，使灾害范围扩大。

② 多风机联合运转通风系统的反风方式。多风机联合运转的矿井，在总进风区域发生火灾时，应力求采用多台风机同时反风，这样才能确保矿井总进风巷的风流反向。如果只对某一台风机实施反风，其余正常运行，则总进风巷风流未必能反向。在实施多风机同时反风时，如果两台风机能力相差较大，则操作顺序必须是在 2 台风机都停运后，先启动能力较小的风机反风，然后再启动能力较大的风机反风；如果相反，小风机可能开不起来。

因此，矿井进风井口、井筒、井底车场及其内部的硐室、中央石门、主进风大巷发生火灾时，一定要采取全矿性反风措施，以免全矿或一翼直接受到烟侵而造成重大恶性伤亡事故。

（2）全矿井反风时的操作及安全注意事项。应在矿长或总工程师的现场指挥下进行反风。

① 用反风道反风时要保持通风机正常运转，用地锁将防爆门或防爆盖固定牢固；根据现场指挥的指令操作各风门改变风流方向，使抽出式通风机风流由通风机压入井下，使压入式通风机风流由通风机抽入大气。

② 用反转电动机反风时，要做到：a. 立即依次拉开正在运转的风机的油开关、隔离开关和正转隔离开关，使电机断电，并锁住正转隔离开关，用刹车装置将风机停稳。b. 用地锁将防爆门固定牢固。c. 依次合上反转隔离开关（注意正反转隔离开关，严禁同时合上）、下隔离开关和油开关，使通风机反转启动。d. 各风门保持原状不变。e. 对于导翼固定的通风机，直接反转启动通风机；对于导翼可调角度的通风机，则先调整导翼调整器，改变导翼角度，然后反转启动电机。

反风启动完毕要向反风指挥部汇报。如运转风机因故不能反转启动时，要迅速反转启动备用风机，并相应改变风门状态。反风期间，每隔 8 min 记录一次运转情况，并随时向反风负责人汇报设备反风运转情况。接到矿长或总工程师的停止反风命令后，依次拉开油开关、下隔离开关和反转隔离开关，并锁住反转隔离开关，用刹车装置使风机停稳。反风期间要做好恢复正常通风和正转启动风机的各项准备工作。

2. 区域性反风

在多进风、多回风井的矿井一翼（或某一独立通风系统）进风大巷中发生火灾时，调节一个或几个主要通风机的反风设施，可实行矿井部分地区内的风流反向的反风方式，叫作区域性反风。

区域性反风是在采区内部配置一条平时不用而发生灾变时才使用的反风回路，使采区的主要巷道或工作面处于潜在的角联支路中，利用角联支路风流方向可变的原理，根据需要随时启闭有关的风门，以改变风流方向，实现灾变时期采区主要巷道和工作面风流反向的应急措施。区域性反风的目的是从采区原先的回风侧灭火救人。

区域性反风可以是某一系统反风，或某一采区反风，或若干个回采工作面反风，其余巷道系统则维持原来风流状态或者停风。

区域性反风注意事项：进行区域性反风时，风机的反风风压比正常通风时的风压要小得多，此时，某区段的自然风压占优势时就达不到反风的目的。因此，分析时要考虑自然风压的影响。

3. 局部反风

局部反风是指某一采区工作面或巷道的反风。当采区内发生火灾时，主要通风机保持正常运转，通过调整采区内预设风门的开关状态实现采区内部部分风流反向，把火灾烟流直接引向回风巷道，防止产生的有害气体流入采区伤人。

救灾指挥人员应根据火灾发生的部位、灾情、蔓延情况和实施反风的可能条件，确定采取正确的反风方式。

采区局部反风系统应符合下列要求：

（1）采区局部反风系统，包括局部反风联络巷道和反风风门，通过调整这些预设的反风风门的开关状态,在主要通风机保持正常运行条件下,实现采区内部巷道和采煤工作面风流方向反向,使火灾烟流直接流入采区回风巷或主要回风巷中,防止侵入采煤工作面。

(2) 采区内设置的反向风门,包括常开风门和常闭风门,均应采用不燃性材料制作。每组风门均应安设两道,以防止漏风。

(3) 采区局部反风系统的反风联络巷和反风风门的布置方式,应根据采区巷道布置形式进行合理布置。

(4) 常开风门在正常生产条件下处于开启状态,一旦需要局部反风时,应将其关闭。常闭风门在正常生产条件下处于关闭状态,一旦需要局部反风时,应将其开启。

4. 反风过程中的注意事项

(1) 反风是一种技术性很强的决定,应慎重考虑反风的结果。如果决定反风,应首先撤出原进风系统人员,并通知全体救灾人员。同时设法通知井下人员,并控制入井人员。

(2) 进风井口、井筒、井底车场、主要进风巷和硐室发生火灾时,为抢救井下工作人员,应进行全矿井反风。指挥部下达反风命令前,必须将火源进风侧的人员撤出,并采取阻止火灾蔓延的措施。

(3) 采取风流短路措施时,必须将受影响区域内的人员全部撤出。

(4) 多台主要通风机联合通风的矿井反风时,要保证非事故区域的主要通风机先反风,事故区域的主要通风机后反风。

(5) 由于矿井通风网络的复杂性、火势发展的不均衡性,采用什么方式反风,应视具体情况而定。最好平时做好反风演习工作,通过演习观测瓦斯涌出、煤尘飞扬情况,以判断反风后是否有发生爆炸的危险。通过演习摸清在什么地点发火时应采用何种反风方式。

(6) 防止粉尘飞扬。反风时,平时贴在巷帮背向风流缝隙中的粉尘被反风风流吹出,会增加风流中的粉尘浓度,污染井下环境,影响测风人员的安全和身体健康。因此,反风前有必要全部打开全风压风流中的净化水幕,避免这一现象的发生。

(7) 井下停电方法。原则上采用逐个地区由里而外的停电方法,但该方法太浪费人力和时间,不符合实际反风的需要,灾变发生时可采用在井上集中停电的方法。

(二) 矿井反风方法

1. 反风道反风

利用主要通风机装置,设置专用反风道和控制风门,使主要通风机的排风口与反风道相连,风流由风硐压入回风巷,从而使风流反向的方法,称为反风道反风。

轴流式主要通风机和离心式主要通风机都可以采用这种反风方法。

反风道反风的特点:这种反风方法建设费用较高,不仅需要做反风绕道,而且为了启动几个闸门还需要购置绞车等设备,同时,对反风设备须经常维修,因为反风门和反风绕道有时会引起大量漏风。但这种反风方法反风后的风量较大,可靠性较好,故被广泛采用。

2. 无反风道反风

利用备用主要通风机机体及其风道作为反风道,实现反风的方法,称为无反风道反风。

无反风道反风的特点:在安装有备用通风机的矿井可以采用无反风道反风,但必须保证反风后备用通风机能迅速恢复正常状态。

3. 主要通风机反转反风

利用主要通风机反转，使风流反向的方法，称为反转反风。

轴流式主要通风机采用这种反风方法。反风前，先停转主要通风机，由于主要通风机和转子的惯性较大，为防止主要通风机停转的延续时间太长，应使用刹车装置紧急停车。反风时，合上制动轮倒转的电闸，改变电动机及主要通风机叶轮的转动方向，风流方向便反转过来。这种方法不需要做反风绕道，比较经济，同时漏风也少。《煤矿安全规程》规定反风量不应小于正常供风量的40%，因此采用反转反风，比较易于达到规定要求。

4. 调整动叶安装角进行反风

对于动叶可同时转动的轴流式主要通风机，只要把所有叶片同时偏转一定角度（大约120°）不必改变叶（动）轮转向就可以实现矿井风流反向。

四、反风演习观察项目

（1）通过反风演习，检验矿井主要通风机反风性能，记录主要通风机及电动机型号，观察、记录反风前后主要通风机风量、风压、电动机转速、电流、电压、功率、轴承温度等各项参数，填写表4-4。测定矿井主要巷道和风井反风量，验证矿井主要通风机反风量能否达到正常风量的40%以上。

表4-4 主要通风机的运转情况统计表

名　　称		1号机	2号机	备　注
主要通风机型号				
主要通风机叶片运动角度/(°)				
主要通风机风量/($m^3 \cdot min^{-1}$)	反风演习前			
	反风演习时			
主要通风机风压/Pa	反风演习前			
	反风演习时			
电动机型号				
电动机转速/($r \cdot min^{-1}$)	反风演习前			
	反风演习时			
电动机电压/V	反风演习前			
	反风演习时			
电动机电流/A	反风演习前			
	反风演习时			
电动机轴承温度/℃	反风演习前			
	反风演习时			
电动机输入功率/kW	反风演习前			
	反风演习时			
反风方式				

(2) 通过反风演习，检验主要通风机司机反风操作熟练程度，观察反风设备及主要通风机各机械、电器部分的灵活性和操作情况。

(3) 通过反风演习，检验矿井反风设施及反风系统是否可靠，观测井下主要巷道的风流方向、风量的变化情况，能否在 10 min 内改变巷道中的风流方向，记录井下各观测点开始反风的时间。测定反风演习期间全风压通风地点的风量与气体含量及有害气体的涌出情况。测定矿井自然通风相关参数。

(4) 通过反风演习，测定矿井 CH_4 和 CO_2 涌出量，分析反风前后矿井有害气体的变化情况。

(5) 通过反风演习，掌握矿井自然风量及自然风压等情况。

(6) 观察反风后的通风系统情况及主要通风设施情况。

五、反风前应做的准备工作

制定矿井反风演习计划，成立反风领导小组，安排下述各项检修工作计划。

(1) 检修各主要通风机的反风设备和设施，如检修反风门的启动电机、滚筒、钢丝绳和风门转轴是否动作可靠等。

(2) 防止反风时风流短路或大量漏风，包括防爆门要有固定锁栓，防止被反风风流冲开；修堵反风绕道的漏风处，检修反风门本身的密实程度，反风门改变位置的前后有无漏风缝隙，还要保证反风时主要通风机动轮两侧的两个反风门能够顺利下放和顺利提起，并都能固定在预定的位置上，要防止反风门的两侧因存在通风压差而可能固定不了的情况发生。检查井下各处风门是否配有反风门，如果没有配置，反风时须在每个风门处安排人员负责关闭风门。

(3) 检查井下火区。火区密闭必须严实，防止反风时向火区大量漏风引起自燃；反风前后要检测火区气体浓度的变化。

(4) 检修井下电气设备，反风时，井下先停电，水泵停转，泵房储水池容量是否够大；恢复正常通风时，水泵的排水能力是否足够；向井下送电时，井下各种输电、配电设备有无出现故障事故的可能。

(5) 注意降低通风阻力，检查反风绕道内是否有堆积物，断面是否有较大变化处。

六、反风演习的步骤

(1) 各岗点人员准备就绪后，由反风演习总指挥下令反风开始。

(2) 参加反风演习的人员，按照分工，分别进行火区检测、各区域测风、有害气体检查、风门状况检查等工作。每个岗位必须做到职责明确，行走路线明确，汇报地点、时间明确。

(3) 所有反风监测数据收集齐全后，根据反风时间要求准时恢复正常通风状态。

(4) 根据井下瓦斯检查情况汇报，确定恢复供电时间，进入正常生产工作程序。

七、安全措施

(1) 反风期间井下停止工作，非反风人员一律不准入井（包括主井装载人员）。凡因工作需要入井人员，必须持矿安监部门签发的临时入井证入井，井口信息站、运输队把钩工和矿灯房必须认真检查、严格把关。反风演习前必须清查各头面和井下其他有人工作地点的人员上井情况。

（2）反风前人员撤离工作地点后，各采掘工作面所有电器设备由跟班队长和当班电工负责切断电源；各采区变电所、配电点由机电队负责安排专人切断电源，停电顺序由里向外必须保证安全、可靠。

（3）井下各掘进地点人员全部撤离后，由跟班队长负责在进入工作地点的入口处拉警戒绳并悬挂"禁止入内"警标牌。所有盲巷不许存放电缆和电气设备。

（4）反风演习前要对有煤尘堆积的回风道进行冲刷清洗。

（5）反风演习前，井下各组人员必须关闭好各处的反向风门。

（6）在反风演习前，应当对井下的通信设备进行检修，必须确保井上下的联络工作迅速准确。

（7）所有参加井下反风人员，必须熟悉矿井避灾路线，必须按措施要求，做好各项工作，密切注意风流方向、风量及瓦斯变化情况，发现异常及时向矿调度室汇报。

（8）反风演习期间，在出风井井口附近 20 m 范围内以及相连通的井口房等建筑物内，由机电科负责安排切断电源，禁止一切火源和各施工单位进行施工，并禁止人员通过。

（9）反风结束、主要通风机正常通风 10 min 后，瓦检员检查各变电所瓦斯情况并汇报矿调度室，无异常时由总指挥下达向各变电所依次送电的命令，然后由机电队负责按规定由变电所向所辖区域送电，送电顺序由外向里。

（10）反风结束后，应及时按有关规定恢复各采掘面和其他供风地点的供风。

八、恢复正常通风及排放瓦斯安全措施

矿井反风演习结束后，主要通风机正常运转 10 min 后，所有受到停风影响的地点，都必须恢复正常通风、且经过安检、通风、机电部门专职人员检查，证实无危险后，方可恢复生产工作。

为保证各采掘面恢复正常通风和生产，矿应成立恢复通风和恢复生产小组，各小组成员应由安检员、生产科人员、通风队瓦检员、各掘进队机电队长（或副队长）并带 1 名电工组成。

各小组组长负责组织和领导，安检员负责安全监督，通风队瓦检员负责检查局部通风机及其开关附近 CH_4、CO_2 浓度，并用就近电话向总指挥汇报，由总指挥向各变电所下达恢复通风送电命令，方可允许送电恢复通风，各掘进队电工负责送电工作。各小组恢复通风时包括对各采煤工作面回风流中瓦斯浓度检查，如发现隐患及时汇报并采取措施。

各掘进工作面恢复通风时，必须符合《煤矿安全规程》规定：先检查瓦斯情况，只有停风区中最高瓦斯浓度不超过 1.0% 和最高二氧化碳浓度不超过 1.5%，且局部通风机及其开关附近 10 m 内风流中瓦斯浓度都不超过 0.5% 时，掘进队机电队长（或副队长）和电工方可启动局部通风机恢复正常通风。

若发现停风区中瓦斯浓度超过 1.0% 或二氧化碳浓度超过 1.5%，最高瓦斯浓度和二

氧化碳浓度不超过3.0%时，必须及时向反风指挥部汇报并由井下现场恢复通风和恢复生产小组负责采取安全措施，控制风流逐段排放瓦斯。

若在恢复通风过程中发现停风区瓦斯浓度或二氧化碳浓度超过3.0%时，必须及时汇报反风指挥部，并由各小组安排瓦检员守候，设置警戒，严禁人员入内。通风队制定专门措施，经矿总工程师批准后，由救援队员进行排放。

九、法律法规相关要求

《煤矿安全规程》第一百五十九条规定，生产矿井主要通风机必须装有反风设施，并能在10 min内改变巷道中的风流方向；当风流方向改变后，主要通风机的供给风量不应小于正常供风量的40%。

每季度应当至少检查1次反风设施，每年应当进行1次反风演习；矿井通风系统有较大变化时，应当进行1次反风演习。

《矿山救援规程》第一百六十五条规定，矿山救援队参加反风演习工作应当遵守下列规定：

（1）反风前，应急救援人员佩戴氧气呼吸器、携带必要的技术装备在井下指定地点值班，同时测定矿井风量和瓦斯等有毒有害气体浓度。

（2）反风10 min后，经测定风量达到正常风量的40%，瓦斯浓度不超过规定时，及时报告现场指挥机构。

（3）恢复正常通风后，将测定的风量和瓦斯等有毒有害气体浓度报告现场指挥机构，待通风正常后方可离开工作地点。

第八节 矿井风量调节技术

一、风量调节的目的和意义

在矿井通风网络中，风量按照网络中各分支风阻的大小自然分配，往往不能满足作业地点的风量需求，需要采取控制和调节风量的措施。另外，随着生产过程的发展和变化，工作面的推进和更替，巷道风阻、网络结构及所需的风量均在不断变化，相应地要求及时进行风量调节。所以风量调节是矿井通风技术管理中的一项经常性的工作，它对矿井安全生产和节约通风费用都有重大的影响。

二、风量调节方法

矿井风量调节方法多种多样，按其调节的范围可分为矿井局部风量调节与矿井总风量调节。

（一）矿井局部风量调节

局部风量调节是指在采区内部各工作面之间、采区之间或生产水平之间的风量调节。调节方法有增阻调节法和降阻调节法。

1. 增阻调节法

增阻调节法的实质就是以并联风网中阻力较大的分支阻力值为依据,在阻力较小的分支中增加一项局部阻力,使并联各分支的阻力达到平衡,以保证风量按需供应。

通过在巷道中安设调节风窗等设施,增大巷道的局部阻力,从而降低与该巷道处于同一通路中的风量,或增大与其关联的通路上的风量。具体措施主要有设置调节风窗、临时风帘、空气幕调节装置等。

由于增阻调节会增加全矿总风阻和关联风网的风阻,故增阻调节减少了全矿总风量和并联风网风量,增阻分支风量减少量大于增阻分支风量增加量,这是增阻调节的缺点。但增阻调节法应用简便,是目前使用最普遍的局部调节风量的方法。

2. 降阻调节法

随着矿井开采深度的不断增加,通风流程的不断延长,降低矿井通风阻力,特别是降低井巷的摩擦阻力,对减少风压损失、降低通风电耗、减少通风费用和保证矿井安全生产,都具有特别重要的意义。

降阻调节法是通过在巷道中采取降阻措施,降低巷道的通风阻力,从而增大与该巷道处于同一通路中的风量,或减少与其关联的通路上的风量。降阻具体措施主要有扩大巷道断面、降低摩擦阻力系数、清除巷道中的局部阻力物、采用并联风路、缩短风流路线的总长度等。

(1) 降低摩擦风阻措施如下:①扩大井巷断面;②在同等断面积条件下,采用周长较小的断面形状;③缩短风流路程;④由于摩擦风阻与摩擦阻力系数成正比,所以要尽量采用摩擦阻力系数小的支护形式。

(2) 降低局部风阻措施如下:①连接处过渡要平缓,如图 4-10a 所示。②增大巷道拐弯处的曲率半径,如图 4-10b 所示。③设置引风导风板,如图 4-10c 所示,导风板要做成圆弧形与巷道光滑连接;导风板的长度应超过交叉口一定距离,一般为 0.5~1 m。④设置汇流导风板,如图 4-10d 所示。

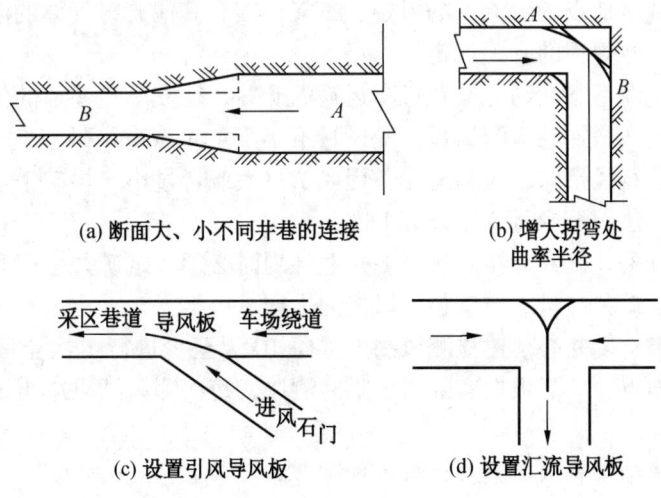

图 4-10 降低局部风阻示意图

（3）降低风阻其他注意事项：①避免在巷道中堆积过多杂物，不用的矿车和生产物资及时回收；②及时清除巷道片帮冒顶落下的煤和矸石；③煤矿设备小型化，减少对巷道空间的占用；④加强巷道支护，巷道变形应及时维修，确保巷道断面符合要求。

（二）矿井总风量调节

当矿井（或一翼）总风量不足或过剩时，需要调节总风量，也就是调整主要通风机的工况点。采取的措施是改变主要通风机的工作特性，或改变矿井风网的总风阻。

1. 改变主要通风机的工作特性

矿井主要通风机是矿井通风的主要动力源。通过改变主要通风机的叶轮转速、轴流式风机叶片安装角度和离心式风机前导器叶片角度等，改变通风机的风压特性，从而达到调节通风机所在系统总风量的目的。

2. 改变矿井风网的总风阻

（1）风硐闸门调节法。如果在通风机风硐内安设调节闸门，通过改变闸门的开口大小改变通风机的总工作风阻，从而调节通风机的工作风量。

对于离心式通风机，当风量过剩时，用风硐中的闸门增加风阻以降低风量，可减少电耗。这是因为离心式通风机的功率特性曲线随风量减小而降低。

对于轴流式通风机，由于其功率特性曲线随风量减小而上升，因此一般不用增加风阻的方法降低风量。

（2）降低矿井总风阻。当矿井总风量不足时，如果降低矿井总风阻，不仅可以增大矿井总风量，而且可以降低矿井总阻力。

三、《煤矿安全规程》相关要求

第一百三十八条 矿井需要的风量应当按下列要求分别计算，并选取其中的最大值：

（1）按井下同时工作的最多人数计算，每人每分钟供给风量不得少于 $4\ m^3$。

（2）按采掘工作面、硐室及其他地点实际需要风量的总和进行计算。各地点的实际需要风量，必须使该地点的风流中的甲烷、二氧化碳和其他有害气体的浓度、风速、温度及每人供风量符合本规程的有关规定。

使用煤矿用防爆型柴油动力装置机车运输的矿井，行驶车辆巷道的供风量还应当按同时运行的最多车辆数增加巷道配风量，配风量不小于 $4\ m^3/(min \cdot kW)$。

按实际需要计算风量时，应当避免备用风量过大或者过小。煤矿企业应当根据具体条件制定风量计算方法，至少每 5 年修订 1 次。

第一百三十九条 矿井每年安排采掘作业计划时必须核定矿井生产和通风能力，必须按实际供风量核定矿井产量，严禁超通风能力生产。

第一百四十条 矿井必须建立测风制度，每 10 天至少进行 1 次全面测风。对采掘工作面和其他用风地点，应当根据实际需要随时测风，每次测风结果应当记录并写在测风地点的记录牌上。

应当根据测风结果采取措施，进行风量调节。

第一百四十一条 矿井必须有足够数量的通风安全检测仪表。仪表必须由具备相应资质的检验单位进行检验。

第九节 常见通风事故及处置技术

一、主要通风机停止运转的预防措施和处置技术

因电气故障或停电等原因造成主要通风机停止运转,矿井主要通风机一旦停止运转,井下无风可造成人员窒息、瓦斯积聚等事故,对矿井安全造成重大威胁。

1. 主要通风机停止运转的预防措施

(1) 加强对运行主要通风机的检查检修。定期由经验丰富的维修工对主要通风机进行详细检查。维修工会同司机对运行主要通风机的声音、震动、温度、电压、电流、负压、流量等参数情况进行详细观察,发现问题及时汇报和处理。仔细检查风机和电机的震动情况,风机轴承温度不超过 75 ℃,电机轴承温度不超过 95 ℃,电机定子温度不超过 150 ℃,各温度数值与正常运行温度有较大变化时及时汇报和处理。

(2) 加强对备用主要通风机的日常检查检修。每天安排经验丰富的维修工进行详细检查。检查风叶和导叶的锈蚀情况和各风叶与通风机外壳内壁的间隙是否符合 3~3.5 mm 的标准;检查电机油位是否正常;检查风门的锈蚀情况,风门钢丝绳的断丝和锈蚀情况,钩头卡固情况;检查钢丝绳导向各滑轮的固定情况,转动是否灵活,无卡阻现象;检查风门和风门绞车的完好情况和钢丝绳的固定是否牢固;检查各高压柜和控制柜的完好情况,对备用主要通风机的风叶、导叶叶片部位和风道内杂物每月清理一次。

(3) 无特殊原因,司机严禁私自倒换主要通风机。需要倒换主要通风机时必须向值班人员汇报。倒换主要通风机时值班人员必须安排经验丰富的维修工或管理人员到现场进行指导。

(4) 每季度要对主要通风机的电控系统全面清扫、检查和紧固,对存在的隐患及时整改。

(5) 每半年对主要通风机的轴承全部更换新润滑油,每季对主要通风机电机轴承加注润滑油(在开机状态加注)。

(6) 夏季来临前要做好通风机房的降温措施,车房排气扇要完好。

(7) 每季度对主要通风机的反风设施进行详细彻底检查,发现问题及时检查处理。

(8) 冬季要做好主要通风机的防寒措施。无特殊原因,倒换主要通风机只允许在中午气温较高的时间进行。环境温度低于零摄氏度时,司机每小时对备用通风机盘车 2~3 圈。维修人员每天检查通风机内是否结冰,发现结冰现场要及时处理。

(9) 主要通风机司机要坚守岗位,按照规定时间进行详细检查,并如实记录通风机运行参数。倒换和开启主要通风机要严格按操作规程进行操作,操作时必须穿绝缘靴或站在绝缘台上和戴绝缘手套,对发现的问题和隐患要及时汇报。

(10) 管理人员要加强对主要通风机的管理,每周至少 1 人查看主要通风机运行情况。

(11) 主要通风机每次大型检修后必须试运行,确保备用主要通风机处于完好备用状态。

(12) 对主要通风机的关键零部件要有备件（如主要通风机的风叶、导叶、轴承、联轴器及膜片等），出现故障尽快对备用主要通风机进行抢修，使备用主要通风机处于完好备用状态。

(13) 如遇到恶劣天气，造成矿井停电，管理人员和维修人员提前或尽快到达现场，在第一时间内恢复主要通风机正常运行。

2. 主要通风机停止运转的处置技术

(1) 当主要通风机停止运转时，必须在 10 min 内启动备用风机。

(2) 当同一风井的两台主要通风机均无法启动时，打开对应风井的防爆井盖，利用自然风压的作用向井下供风。

(3) 调度室接到主要通风机停止运转的通知后，立即向灾害预防和处理领导小组汇报，并在 3 min 内通知井下所有单位和人员停止作业，撤离升井。

(4) 接到撤离升井命令后，井下人员应沿采区进风巷、矿井主要进风大巷撤退至副井或混合井井底，然后乘罐笼升至地面。如因停电造成提升系统停止运转，井下所有撤离人员从副井或中央回风井梯子间升井。

(5) 各采煤工作面人员全部撤离后，在移动电站上切断工作面输送机、转载机、采煤机的电源。

(6) 各掘进工作面（包括其他局部通风机通风地点），在接到停风撤人的命令后，应立即停止工作，撤出人员，在全负压通风口处打上临时栅栏，挂"禁止入内"警示牌，防止人员误入。

(7) 井下各变电站、水泵房人员接到命令撤退时，严禁切断下一级向局部通风机供电的电源。

(8) 当所有人员全部升井后，切断井下所有电气设备的电源。

(9) 当矿井发生主要通风机停风事故时，要利用井下压风自救系统对井下来不及撤退的受困人员进行救援，保证井下压风自救系统工作正常，确保受困人员的生命安全。

(10) 如果停风时间超过 10 min，在查明原因恢复通风前，要检查主要通风机及风硐内的瓦斯浓度，如瓦斯浓度较大，应采取措施进行处理。

(11) 停风期间所有瓦斯超限的工作面、硐室必须按规定排放瓦斯后，方可恢复生产。

二、矿井局部通风机停止运转的预防措施和处置技术

一旦矿井局部通风机停止运转，井下采掘工作面可能因停风而造成瓦斯积聚、瓦斯超限，甚至可能引发瓦斯、煤尘爆炸等恶性事故。

1. 矿井局部通风机停止运转的预防措施

(1) 局部通风机必须采用三专（专用开关、专用电缆、专用变压器）供电，并实现"双风机双电源自动切换"，井下所有掘进工作面必须实现风电闭锁和甲烷电闭锁。

(2) 局部通风机由施工单位负责日常管理工作，每班必须指定专人巡视检查，无人工作地点的局部通风机由施工单位负责管理及维护。

(3) 使用局部通风机供风的地点必须实行风电闭锁，保证当正常工作的局部通风机

停止运转或停风后能切断停风区内全部非本质安全型电气设备的电源。

（4）严禁使用3台及以上局部通风机同时向1个掘进工作面供风。不得使用1台局部通风机同时向2个及以上作业的掘进工作面供风。

（5）使用局部通风机通风的掘进工作面，不得停风；因检修、停电、故障等原因停风时，必须将人员全部撤至全风压进风流处，切断电源，设置栅栏、警示标志，禁止人员入内。

恢复通风前，必须首先检查瓦斯，只有停风区中最高甲烷浓度不超过1.0%和最高二氧化碳浓度不超过1.5%，且局部通风机及其开关附近10 m以内风流中的甲烷浓度都不超过0.5%时，方可人工开启局部通风机，恢复正常通风。

（6）局部通风机必须装备消声器（低噪声风机除外），并实行挂牌管理。

（7）局部通风机的安设由施工使用单位和通风部门负责，风筒吊挂由通风部门负责，风筒吊挂必须做到平直、逢环必挂、编号管理、拐弯处设弯头、不准拐死弯、风筒要一致、不准花接，风筒与风筒接口必须采用反压边、不得倒接，风筒吊挂必须按"作业规程"要求吊挂到位。

（8）局部通风机的日常巡视检查由当班所在工作面安检员、瓦斯检查工、值班电工负责，如有异常，立即汇报调度室，以便及时组织处理。

（9）局部通风机的日常防爆检查及定期维护检修由专职电工负责，设立专项记录本，要求每班对防爆检查情况记录存档，煤矿组织相关人员、科室对执行情况进行不定期抽查。

（10）检查检修严格按照"停送电管理规定"和"设备完好标准"执行。

2. 矿井局部通风机停止运转的处置技术

（1）严格执行工作面供电管理，对有计划的停电、停风、停运要严格执行审批手续，并提前编制瓦斯防治安全技术措施。

（2）停电、停风、停运前必须由瓦斯检查工、安检员、带班领导负责组织撤出人员，由通风部门负责在回风口以里设置栅栏并由专人看管，禁止人员入内。以上工作全部确认无误后，方可由施工单位通知机电调度进行停送电操作。

（3）正常工作和备用局部通风机均失电停止运转后，当电源恢复时，正常工作的局部通风机和备用局部通风机均不得自行启动，必须人工开启局部通风机。

（4）杜绝局部通风机无计划停电、停风、停运，如出现无计划停电、停风、停运必须立即向矿调度室及通风部门汇报，由瓦斯检查工、安监员、值班领导组织撤出人员并将工作面供电开关打到零位，在回风口以里设置栅栏并由专人看管，禁止人员入内，查明原因，当班进行处理。

（5）造成无计划停电、停风、停运工作面，要作为事故进行追查处理。

（6）临时停工地点不得停风，否则必须切断电源，设置栅栏，悬挂警示标志，禁止人员入内，并向矿调度室汇报。

（7）严禁在停风或瓦斯超限的区域内作业。

（8）局部通风机因故停止运转，在恢复通风前，必须首先检查瓦斯，只有停风区中最高瓦斯浓度不超过1%和最高二氧化碳浓度不超过1.5%，且局部通风机及其开关附近

10 m 以内风流中的瓦斯浓度不超过 0.5% 时，方可人工开启通风机，恢复正常通风。

（9）若出现瓦斯积聚或瓦斯和二氧化碳浓度超出管理规定的地点，必须另行编制专门的排放瓦斯措施进行排放。瓦斯排放必须严格执行"瓦斯排放管理规定"，一个盘区内不允许同时进行两个或两个以上地点的瓦斯排放工作，瓦斯排放完毕后确认无问题时方可恢复生产。

（10）局部通风机正常运转一定时间后，由瓦斯检查工、安监员、值（带）班领导首先进行全面安全检查，确认无问题时方可恢复生产。

第十节 通风安全监控技术

一、矿井通风安全监控系统概述

矿井通风系统是关系矿井安全生产的重要内容，它具有为作业人员提供新鲜空气、排放有害气体和帮助灾害救援等作用。鉴于矿井通风系统的重要性，需要对它进行有效的安全监控，从而保证通风系统的安全运行，保障矿井安全生产。

在信息技术不断发展的情况下，矿井通风安全监控与矿井安全监控系统实现了有效的融合。矿井通风安全监控系统的检测内容主要包括：对煤矿井下各种有害气体如甲烷、一氧化碳和二氧化碳浓度进行监测，对氧气浓度进行实时监测。同时，还要对风速、风量、风压、湿度等进行实时监测，并能及时判断风门状况，对通风机的工况进行及时调控，并实现声光报警、断电、闭锁及通风事故预判等。由此可见，矿井通风安全监控综合了传感器技术、计算机技术、报警器技术等多种技术，能够为矿井的安全通风及安全生产保驾护航。

二、《煤矿安全规程》对矿井通风安全监控传感器安设的相关规定

第四百九十九条 井下下列地点必须设置甲烷传感器：

（1）采煤工作面及其回风巷和回风隅角，高瓦斯和突出矿井采煤工作面回风巷长度大于 1000 m 时回风巷中部。

（2）煤巷、半煤岩巷和有瓦斯涌出的岩巷掘进工作面及其回风流中，高瓦斯和突出矿井的掘进巷道长度大于 1000 m 时掘进巷道中部。

（3）突出矿井采煤工作面进风巷。

（4）采用串联通风时，被串采煤工作面的进风巷；被串掘进工作面的局部通风机前。

（5）采区回风巷、一翼回风巷、总回风巷。

（6）使用架线电机车的主要运输巷道内装煤点处。

（7）煤仓上方、封闭的带式输送机地面走廊。

（8）地面瓦斯抽采泵房内。

（9）井下临时瓦斯抽采泵站下风侧栅栏外。

（10）瓦斯抽采泵输入、输出管路中。

第五百条 突出矿井在下列地点设置的传感器必须是全量程或者高低浓度甲烷传

感器：

（1）采煤工作面进、回风巷。

（2）煤巷、半煤岩巷和有瓦斯涌出的岩巷掘进工作面回风流中。

（3）采区回风巷。

（4）总回风巷。

第五百零一条 井下下列设备必须设置甲烷断电仪或者便携式甲烷检测报警仪：

（1）采煤机、掘进机、掘锚一体机、连续采煤机。

（2）梭车、锚杆钻车。

（3）采用防爆蓄电池或者防爆柴油机为动力装置的运输设备。

（4）其他需要安装的移动设备。

第五百零二条 突出煤层采煤工作面进风巷、掘进工作面进风的分风口必须设置风向传感器。当发生风流逆转时，发出声光报警信号。

突出煤层采煤工作面回风巷和掘进巷道回风流中必须设置风速传感器。当风速低于或者超过本规程的规定值时，应当发出声光报警信号。

第五百零三条 每一个采区、一翼回风巷及总回风巷的测风站应当设置风速传感器，主要通风机的风硐应当设置压力传感器；瓦斯抽采泵站的抽采泵吸入管路中应当设置流量传感器、温度传感器和压力传感器，利用瓦斯时，还应当在输出管路中设置流量传感器、温度传感器和压力传感器。

使用防爆柴油动力装置的矿井及开采容易自燃、自燃煤层的矿井，应当设置一氧化碳传感器和温度传感器。

主要通风机、局部通风机应当设置设备开停传感器。

主要风门应当设置风门开关传感器，当两道风门同时打开时，发出声光报警信号。甲烷电闭锁和风电闭锁的被控开关的负荷侧必须设置馈电状态传感器。

三、矿井通风安全监控系统的使用与维护

（1）为保证安全监控系统及监控设备灵敏可靠，安全监控设备必须定期调校、测试，每月至少一次。采用载体催化元件的甲烷传感器必须使用标准气样和空气气样进行调校，每15天至少一次；为保证甲烷超限断电和停风断电功能准确可靠，甲烷电闭锁和风电闭锁功能每15天至少测试一次。可能造成局部通风机停风的，每半年测试一次。

（2）为保证对甲烷传感器浓度进行连续不间断的监控，矿井安全监控系统必须连续运行。电网停电后，备用电源应当能保证系统连续工作时间不小于2 h。

（3）与监测装置关联的电气设备、电源线及控制线，均由管辖范围内的机电人员负责维护。在拆除或改线时，必须与通风和机电部门联系，并共同处理。检修与监测装置关联的电气设备，需要监测装置停止运行时，须经矿调度室同意并制定安全措施后，方可进行。

（4）瓦斯检测工每班应对管辖范围内传感器的数据进行校对和记录，对监测装置及电缆的外观进行检查，并将记录和检查结果汇报调度室和通风部门。

（5）对需要经常移动的传感器、电缆，由采掘班长负责按规定移动，严禁擅自停用。

（6）监控分站、传感器、电缆等由所在采区的区队长负责保管和使用，如有损坏应

及时向调度室汇报。对故意破坏、盗窃者要严肃处理。

（7）安全监控设备的供电电源必须取自被控开关的电源侧或者专用电源，严禁接在被控开关的负荷侧。

（8）瓦斯浓度超过规定而切断电气设备的电源后，严禁自动复电，只有当瓦斯浓度降到《煤矿安全规程》规定以下时，方可人工复电。

（9）安全监控系统值班人员，应做到24 h全天候监控，还应配备检修、调试和配气标定等专业人员，确保安全监控系统及传感器灵敏可靠，发挥监测预警作用。

（10）煤矿安全监控系统管理及维护人员必须经煤矿安全监察机构培训，并通过考试合格后，持证上岗。

四、通风安全监控系统在矿井安全生产和事故应急救援中的作用

通风安全监控系统是建设安全、智能、高效型矿山企业的必要装备，是保障安全生产的实时的监控系统。它能够实现快速、便捷、准确地获取数据，增强科学性，减少失误，在矿井安全生产和事故应急救援中发挥着重要作用。

通风安全监控系统主要分为井下设备和地面设备。矿用分站是通风安全监控系统在井下的主要设备，能够对监控信息进行收集处理。矿用分站对各种监控探头如一氧化碳传感器、机电设备传感器、负压传感器、温度传感器、风速传感器等采区数据进行采集，这样就可进一步进行安全监测和控制。信息采集的处理中心由监控管理软件、备用机、打印机、监控主机、传输接口等组成。处理中心可以让煤矿的各个生产部门能够及时了解井下上传的监控控制信息，再将井下的环境进行综合分析，以便采取进一步措施，确保矿井安全生产。

通风安全监控系统主要检测作业环境中的风速、风压、温度、粉尘浓度、甲烷浓度、一氧化碳浓度、风门状态、风筒状态、主要通风机以及局部通风机工作情况等。当瓦斯浓度超限或者局部通风机停止运转时，通风安全监控系统就会自动将相关区域的电源切断并闭锁，进一步减少了由于违章作业、电气设备故障和失爆以及危险温度造成的瓦斯爆炸。通过通风安全监控系统也可以对瓦斯抽放系统的工作状态、瓦斯突出等情况等进行实时监控。当某项指标出现超限报警和其他异常情况时，系统便会通过信号传输装置将超限信号和相关数据传输至报警装置和控制画面。在发出声光报警的同时，由中控和调度人员及时通知领导和救援人员，紧急进行超限相关事故和灾害的处置，指挥人员第一时间将危险地带人员及时撤到安全地点，并尽快将事故消除在隐患和萌芽状态，将事故灾害损失降至最低。

矿山企业应在完善煤矿通风安全监控系统的基础上，围绕该系统建立一整套关于安全生产的事故灾害预防、应急处置和安全监控管理措施，实现矿井安全生产管理的提档升级。

在应急救援和事故调查中，通风安全监控系统发挥着相当重要的作用。当井下发生瓦斯爆炸等事故之后，监控系统将事故发生的时间、爆源等进行综合记录。火灾检测系统主要用来监测一氧化碳浓度、氧气浓度、二氧化碳浓度、压强差、烟雾等，再经过风门、风窗的控制，实现对注氮和均压灭火的控制等。煤与瓦斯监测系统主要监测瓦斯涌出量，实现对煤与瓦斯突出的预报。应急救援指挥人员可根据这些信息及时作出正确决策。

第十一节 矿井灾变时期风流控制技术

一、矿井火灾风流状态模拟技术

矿井火灾时期的风流紊乱对人员撤退和救灾人员的安全造成严重威胁,为保障矿井灾变时期人员撤退和救灾人员的安全,往往要进行矿井火灾风流状态控制。首先,要了解矿井火灾时期灾变风流的动态变化,矿井火灾风流状态模拟则可提供技术支持;其次,要改变对人员撤退和救灾人员的安全造成严重威胁的灾变状态,矿井火灾风流状态控制则可提供技术支持。

1. 风流状态模拟技术

矿井火灾时期风流状态模拟技术,就是应用计算机数值分析方法,解算矿井通风网络各分支风量、风温、风压、有害气体浓度、节点压力和通风机工况等参数在火灾影响下的动态变化及风流逆转的位置、时间及影响的一种技术。

矿井火灾时期,通风机与风温变化引起的热风压提供风流流动的动力,从而破坏了正常状态下原有通风动力(机械风压和正常通风的自然风压)与风流状态的平衡,导致矿井各巷道风量剧烈变化甚至部分巷道风流方向逆转。逆转风流携带大量火灾生成的高温、有毒有害气体,污染进风区的新鲜风流,致使火灾影响范围扩大,井下人员遇难危险增加和抢险救灾难度增大。

救灾实践证实,高温烟流侵入矿工避灾路线或者救援人员入井抢险灭火路线的巷道时,存在一段延缓期。而风流在一些巷道出现逆转也要在着火一段时间后才可能发生。如何充分利用这一"时间差",以保证井下矿工避灾和救援人员抢险救灾的安全是矿井防灭火研究工作的重要课题之一,也是应用风流状态模拟技术的原因之一。矿井火灾发生后,及时、准确地掌握火源位置和特性、通风系统风流状态变化、烟流及其温度分布、有害气体浓度、风流逆转的位置和时间等情况是迅速正确地确定救灾决策的前提。

由于火灾对上述参数的动态影响,造成上述参数随时间复杂变化,其影响范围波及全矿。用实验模拟火灾对全矿井风流状态的影响几乎不可能。由于火灾时期风流状态变化的数学模型可以较准确地建立,这给应用计算机模拟技术全面、准确地计算上述参数提供了基础。而风流状态模拟技术的应用,为救灾决策提供了迫切需要的风流状态变化数据。

2. 矿井火灾的三个阶段及对应的风流状态模拟技术

矿井火灾一般经历发生期、发展期、维持燃烧动态平衡期三个阶段,如图 4-11 所示。矿井火灾最终可能因燃料耗尽或直接、间接灭火工作的干预而熄灭。

在矿井火灾的初期阶段,燃烧尚处于初始状态,火势较小,烟流温度、浓度不高,烟流也未侵入火源下风侧广大区域。因此,对于整个矿井通风系统的干扰不大,各巷道风流状态变化较小,逆转尚未发生,这个阶段是矿工自救、进行风流控制及掩护井下人员安全撤退的最佳时机。这个阶段的分析手段采用矿井通风网络稳态模拟和调节技术。

在矿井火灾的发展阶段,火势转旺,烟流温度和有毒有害气体浓度逐渐增加,热风压

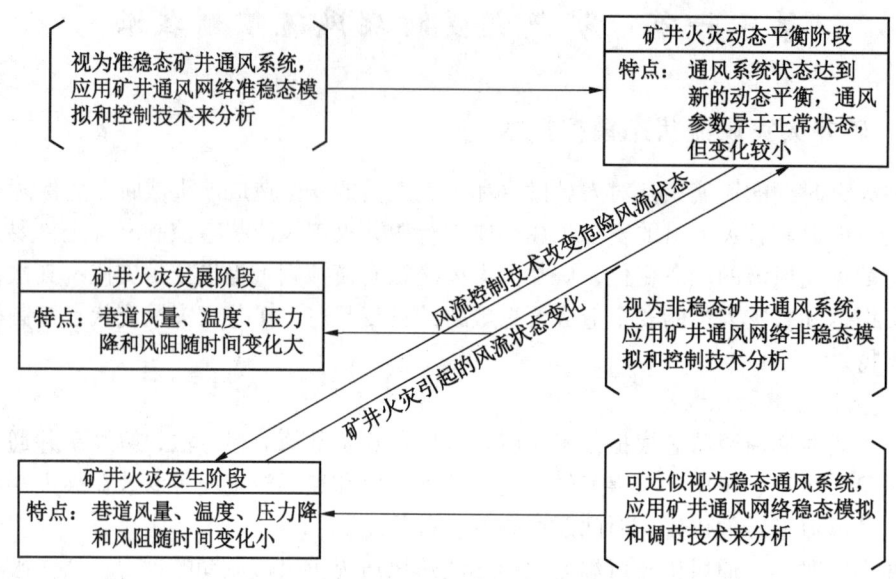

图4-11 矿井通风系统在火灾期间的状态变化

对矿井风压分布干扰加大,风流温度、风量和风向随时间发生较大变化,烟流入侵区域增加,并因逆转风流携带有毒有害火灾烟流进入进风区域而扩大受灾范围,给人员撤退、救灾灭火工作造成更大的困难和威胁,这个阶段也称为非稳态变化阶段。这个阶段的分析手段采用矿井通风网络非稳态模拟和控制技术。

在矿井火灾准稳态平衡阶段,整个矿井通风系统的通风动力(机械风压与热风压)与风流在相对于正常通风状态的新的状态下达到动态平衡。火源燃烧状态变化一般不大,岩壁温度的增加速率趋缓。因为热风压与节流效应共同作用,致使风流状态变化趋缓。如果燃料耗尽或采用直接、间接灭火等措施,火源则迅速熄灭,矿井通风系统逐渐恢复至正常状态。这个阶段的分析手段采用矿井通风网络准稳态模拟和控制技术。

3. 矿井火灾风流状态模拟技术对救灾决策的作用

(1) 有助于指挥人员实时决策。根据已知火情,提供矿井火灾时期各巷道风流流量、温度、烟流浓度等参数的变化,以及风流逆转发生的地点、时间和影响,帮助矿井火灾救援指挥人员实时决策。

(2) 有助于预先了解各类火情下的风流状态变化。发生火灾前,对各种假设火灾状况下通风系统的状态变化进行预模拟,帮助通风安全人员预先了解火灾情况下井下风流状况变化及其危险性,以便有针对性地制定切实可行的矿井火灾预处理计划,进行安全教育。

(3) 校验控风措施的有效性。发生火灾前,预模拟各种假设火灾状态下依据经验或定性分析方法所制定的各种控风措施,比较各种控风措施的效果,选择控风效果最好的方案作为控风方案,存入计算机救灾方案数据库。在矿井发生火灾时,从数据库中选用与实际火灾状况相近的预模拟火灾所对应的控风措施,作为火灾控风决策的参考。

(4) 帮助确定火源位置。根据环境监测系统各探头报警时间差,帮助反推火源位置,了解火情,以帮助救灾指挥人员判断火灾状况。

(5) 有助于火灾事故分析。火灾事故分析时,再现火灾发生后的状态变化,帮助了解事故原因、火灾发生发展过程及控风措施的有效性等,有利于总结经验、吸取教训。

综上所述,矿井火灾风流状态模拟技术的主要作用是帮助人们了解火灾时期井下风流发生的具体变化,应用模拟结果帮助人们选择适当的避灾路线和救灾方案。

二、矿井火灾风流状态模拟技术在风流控制中的应用

风流状态模拟技术与定性和经验分析相结合的方法是较为符合当前技术水平的可行救灾控风决策手段,既具有科学性又具有实践应用的可行性。

(1) 此法基于巷道增减阻等控风措施对动态通风系统的影响,形象地反映出风流各状态参数随时间的变化过程,便于确定安全避灾或救灾路线,以及校核控风措施的实施效果,具备较高的可靠性和实践可行性。

(2) 此法的大量工作安排在火灾发生前的风流状态预模拟中,有足够的时间对比各控风方案的优劣,以适应矿井火灾发生时决策的紧迫性。

(3) 此法有助于现场技术人员编制具体且行之有效的矿井火灾预防处理计划。

三、矿井火灾救灾时期的风流控制技术

矿井发生火灾时,为了保证井下作业人员安全撤出,防止火灾烟气到处蔓延和瓦斯爆炸,防范火灾继续扩大,并为灭火创造有利条件,采取正确的控制风流措施非常重要。

(一) 矿井发生火灾时对通风的基本要求

(1) 保护灾区和受威胁区域的人员迅速撤至安全区域或地面。

(2) 有利于限制烟流在井巷中发生非控制性蔓延,防止火灾范围扩大。

(3) 不得使火源附近瓦斯聚积到爆炸浓度,不许通过火源的风流中瓦斯浓度达到爆炸界限,或使火源蔓延到有瓦斯爆炸危险的区域。

(4) 为救援工作创造有利条件。

(二) 矿井火灾时期风流控制的一般原则

(1) 在火情不明或一时难以确定较好风流控制措施时,应首先维持矿井的正常通风,稳定风流方向,切忌随意调控风流。

(2) 发生火灾的分支,在确有把握保证可燃气体、瓦斯和煤尘不发生爆炸的前提下,应尽可能减少供风,以减弱火势和有利于灭火和封闭火区。

(3) 处于火源下风侧,并连接工作地点或进风系统的角联分支,应保证其风向与烟流流向相反,以防止烟流蔓延范围扩大。

(4) 处于烟流路线上,直接与总回风相连的风量调节分支,应打开其调节风门使风流短路,直接将烟流导入总回风中。

(5) 在矿井主进风系统中发生火灾时,应进行全矿性反风。这时通风网络中的调节设施应根据反风后的实际系统状况而定。

(6) 在高瓦斯矿井和具有煤尘爆炸危险的矿井，应保证烟流流经的路线上具有足够的风量，避免造成爆炸条件。

(7) 在选择风流控制措施时，主要应考虑打开和设置风门、风窗和密闭墙等，并且一般不宜设在高温烟流流经的井巷内；必要时可以停开或调节矿井主要通风机，但必须十分慎重。

(8) 对采取各种风流控制措施后可能出现的各种后果要全面考虑，如果可能应对各种措施的实施效果事先用计算机进行数值模拟。

（三）矿井火灾救灾时期的风流控制方法

矿井火灾救灾时期的风流控制可以是全矿范围内的，也可以是区域性的。控制风流的方法可以借助于主要通风机、局部通风机和通风装置，也可以只使用通风设施，如风门、临时密闭和调节风窗等，或者几种方法结合起来使用。发生火灾时常采用的通风技术主要有以下几种。

1. 稳定风流

维持正常通风，稳定风流。这一措施的适用条件是：

（1）火源位于采区内部，烟流已弥漫较大的范围，井下人员分布范围大。

（2）通风网络复杂的高瓦斯矿井，采用其他通风措施有发生瓦斯、煤尘爆炸或使灾情扩大的危险。

（3）火源位于独头掘进巷道内，不能停止局部通风机运转。

（4）火源位于采区或矿井主要回风巷，维持原风向有利于火烟迅速排出。

（5）当火灾发生的具体位置、范围、受火灾威胁区域等情况没有完全了解清楚时。

（6）减少向火源供风，抑制火势发展。

2. 局部风流短路

对于中央并列式通风的矿井，火源位于矿井的主要进风系统，若不能及时进行反风或因条件限制不能进行反风时，可将进、回风井之间联络巷中的风门或密闭打开，使大部分烟流短路，直接流入总回风，减少流入采区的烟流，以利于人员避险和救援队进行救援。

3. 反风

当井下发生火灾时，利用反风设备和设施改变火灾烟流的方向，使原本处于火源下风侧的人员变为处于火源上风侧的新鲜风流中。反风方式按范围可分为全矿井反风、区域性反风和局部反风3种。

（1）全矿井反风。通过主要通风机及其附属设施实现全矿井反风。

（2）区域性反风。在多进、多回的矿井中某一通风系统的进风大巷中发生火灾时，调节一个或几个主要通风机的反风设施，实现矿井部分区域风流反向的反风方式，称为区域性反风。

（3）局部反风。当采区内发生火灾时，主要通风机保持正常运行，调整采区内预设的风门开闭状态，实现采区内部局部风流反向，这种反风方式称为局部反风。

4. 停止主要通风机工作

以下情况下可考虑停止主要通风机工作：

（1）火灾发生在进风井筒或进风井底，因条件限制不能进行反风，又不能让火灾气体短路进入回风时。

（2）独头掘进工作面发火已有较长时间，瓦斯浓度已超过爆炸上限，这时不能再送风。

（3）主要通风机已成为通风阻力时，停止主要通风机时应同时打开回风井的防爆门或防爆井盖，使风流在火风压作用下自动反风。采用这种通风措施时应慎重。

另外，井下机电硐室发生火灾时，通常采用关闭防火门或修筑临时密闭墙等方法隔断风流。

采取控制风流措施时，必须特别注意瓦斯情况，如在瓦斯矿井实行反风或风流短路时，不允许将有危险浓度的瓦斯送入火区；停风措施易使瓦斯积聚到爆性危险浓度，应特别慎重。

四、直接灭火时的风流控制技术

采用水、砂子、岩粉、灭火器或挖出火源等方法把火直接扑灭，称为直接灭火法。无论井上还是井下发生的火灾，凡是能直接扑灭的，应尽量直接扑灭。

（一）直接灭火时要注意防止产生火风压造成风流逆转

巷道中风流是否发生逆转，主要取决于火风压的大小以及回风巷和支干风路风阻的大小。逆转规律是：风机和火风压的作用方向一致时，主干风流方向不变，旁侧风流可能逆转；风机和火风压的作用方向不一致时，旁侧风流有固定的方向，主干风流可能发生逆转。

当火灾发生在矿井总回风巷，或者发生在比较复杂的通风网络中，改变原有通风状况可能会造成风流紊乱、增加人员撤退难度，可能出现瓦斯积聚等后果时，应采用正常通风方法，稳定风流。

当采用正常通风稳定风流会使火势扩大，而隔断风流又会使火区瓦斯浓度上升时，应采取减少风量的办法。这样既有利于控制火势，又不使瓦斯浓度很快达到爆炸界限。在使用此方法进行救灾时，灾区范围内要停产撤人，并严密监视瓦斯情况，要注意在灾区人员尚未撤出的情况下，为了避免出现缺氧现象或瓦斯浓度上升到爆炸界限，不能减少灾区风量。在减少灾区风量的救灾过程中，若发现瓦斯浓度上升，特别是瓦斯浓度上升到2%左右时，应立即停止使用此方法，恢复正常通风，甚至增加灾区风量，以冲淡和排出瓦斯。

由上可知，风流逆转不仅能够扩大灾情，使事故复杂化，还给矿山救援队的灭火造成困难。所以，在火灾的初期阶段，就要采取有效措施，防止风流逆转。

风流逆转的预防措施如下：

（1）积极灭火，控制火势，必要时密闭火源进风侧或使风流短路，尽量减小火风压。

（2）保持主要通风机正常运转。

（3）采用局部反风，变下行风流火灾为上行风流火灾。

（4）加大火风压所在旁侧风路的风阻，尽量减小回风风路的风阻。

（二）直接灭火时救援人员的控风保障

1. 区域控风保护救援人员的安全

矿井发生火灾时，要正确控制风流，在保证人员安全撤出、防止瓦斯爆炸，以及阻止火灾和烟气蔓延扩大的同时，保护救援人员的安全。

（1）火灾发生在井口房、进风井筒、井底车场或总进风巷时，若自然风压和通风机风压风流方向一致，应进行全矿性反风；若自然风压和通风机风压风流方向相反，可停止通风机运转，利用反向的自然风压阻止烟气进入采掘工作面。中央并列式通风的矿井，有条件时可使进、回风井风流短路将烟气直接排出。

（2）火灾发生在总回风巷、回风井底、回风井内或井口时，应维持原风流方向，将烟气排出。若自然风压与通风机风压风流方向一致，且瓦斯涌出量不大，减风不会导致危险的瓦斯浓度时，为了减弱火势，有时也可以采取减风措施。

（3）火灾发生在采区内时，风流调度比较复杂，一般不宜轻易采用减风或停风措施。

2. 救援人员局部控风的自我安全保障

（1）直接灭火时，若作业地点的风速较低，救援人员应注意采取措施提高作业地点的风速，避免出现烟流逆退和滚退。

（2）直接灭火时，救援人员应注意观察或监测火区进回风风量、风向、气体浓度等参数的变化情况，及时用风障等通风设施进行控风或撤退。

（3）直接灭火时，救援人员应注意观察作业地点附近的通风设施受高温烟流影响可能出现的破坏情况，并分析对救灾安全的影响，以便及时采取应对措施。

（4）火灾发生在机电硐室时，可关闭防火门或修筑临时密闭来隔断风流。

（5）保证正常风流，以便火烟和水蒸气能顺利地排到回风流中。

（6）灭火人员应站在进风侧，不准站在回风侧，防止高温烟流伤人或中毒。

3. 救援人员撤退路线的控风保障

救援人员撤退路线的控风保障基本措施除与上述直接灭火控风保障措施有相似之处外，还应特别注意，煤矿井下发生火灾时，由于火灾灾变状态的动态变化特征，保证救援人员安全的风流方向可能逆转。因此，救援人员进入灾区后，需要注意分析是否存在救灾地点和撤退路线被高温烟流侵入的危险，并在整个救灾过程中注意这种危险出现的可能，以便做好准备及时采取应对措施或及时撤退。

第五章　矿山灾害事故应急救援技术

矿山作业环境复杂多变，在生产过程中往往受到瓦斯、矿尘、水、火、顶板等灾害的威胁。灾害事故发生后，如何安全、迅速、有效地抢救人员、保护设备、控制和缩小事故影响范围及其危害程度、防止事故扩大，将事故造成的人员伤亡和财产损失降低到最低限度，是救灾工作的关键，任何怠慢和失误，都可能造成难以弥补的重大损失。

第一节　矿井水灾事故应急救援技术

一、矿井水灾的类型及特点

在矿井生产建设过程中，地面水和地下水都可能通过各种通道涌入矿井中，当涌水量超过了矿井的正常排水能力时，就可能引起矿井水灾。

（一）矿井水灾的类型

造成矿井水害的水源有大气降水、地表水、地下水和老窑水，其中地下水按其储水空隙特征又分为孔隙水、裂隙水和岩溶水等。根据水源类型不同，把我国矿井水害分成若干类型（表5-1），作为防治矿井水害时的参考。

表5-1　矿井水害类型

类型		水源	水源进入矿井的途径或方式
地表水水害		大气降水、地表水体（江、河、湖泊、水库、沟渠、坑塘、池沼、泉水和泥石流）	井口、采空冒裂带、岩溶地面塌陷坑或洞、断层带及煤层顶底板、封孔不良的旧钻孔充水或导水
老空水水害		古井、小窑、废巷及采空区积水	采掘工作面接近或沟通时，老空水进入巷道或工作面
孔隙水水害		第三系、第四系松散含水层的孔隙水、流砂或泥砂等，有时为地表水补给	采空冒裂带、地面塌陷坑、断层带及煤层顶底板含水层裂隙、封孔不良的旧钻孔导水
裂隙水水害		砂岩、砾岩等裂隙含水层的水，常常受到地表水或其他含水层水补给	采后冒裂带、断层带、采掘巷道揭露顶板或底板砂岩水，或封孔不良的旧钻孔导水
岩溶水水害	薄层灰岩水水害	主要为华北石炭二叠纪煤田的太原群薄层灰岩岩溶水（山东省一带为徐家庄灰岩水），并往往得到中奥陶系灰岩水补给	采后冒裂带、断层带及陷落柱、封孔不良的旧钻孔，或采掘工作面直接揭露薄层灰岩岩溶裂隙带突水
	厚层灰岩水水害	煤层间接顶板厚层灰岩含水层，并往往受地表水补给	采后冒裂带、采掘工作面直接揭露或地面岩溶塌陷坑
	厚层灰岩水水害	煤系或煤层的底板厚层灰岩水（在我国煤矿区主要是华北的中奥陶系厚层（500~600 m）灰岩水和南方晚二叠统阳新灰岩水），对煤矿开采的威胁最大，也最严重	采后底鼓裂隙、断层带、构造破碎带、陷落柱或封孔不良的旧钻孔和地面岩溶塌陷坑吸收地表水

在工作过程中，还应考虑以下3个方面的内容：

（1）表5-1中矿井水害类型是按某一种水源或某一种水源为主命名的。然而，多数矿井水害往往是由2~3种水源造成的，单一水源的矿井水害很少。

（2）顶板水或底板水，只反映含水层水与开采煤层所处的相对位置，与水源丰富与否、水害大小无关。同一含水层水，既可以是上覆煤层的底板水，又可以同时是下伏煤层的顶板水。例如，峰峰矿区的大青灰岩水，既是小青煤层的底板水，又是大青煤层的顶板水。

（3）断层、旧钻孔、陷落柱等都可能成为地表水或地下水进入矿井的通道（水路），它们可以含水或导水。由它们导水造成的矿井水灾有大有小，危害或威胁程度决定于通过它们的水的来源是否丰富。

（二）矿井水灾的特点

（1）矿井透水水源主要包括地表水、含水层水、断层水、老空水等。地表水的溃入来势猛，水量大，可能造成淹井，多发生在雨季和极端天气情况。含水层透水来势猛，当含水层范围较小时，持续时间短，易于疏干；当含水层范围较大时，破坏性强，持续时间长。断层水补给充分，来势猛，水量大，持续时间长，不易疏干。老空水是煤矿重要充水水源，以净贮量为主，突水来势猛，破坏性强，但一般持续时间短。老空水常为酸性水，透水后一般伴有有害气体涌出。

（2）井下采掘工作面发生透水之前，一般都有某些征兆。如巷道壁和煤壁"挂汗"、煤层变冷、出现雾气、淋水加大、出现压力水流、有水声、有特殊气味等。

（3）透水事故易发生在接近老空区、含水层、溶洞、断层破碎带、出水钻孔地点、有水灌浆区，以及与河床、湖泊、水库等相近的地点。掘进工作面是矿井水害的多发地点。

（4）透水会造成遇险人员被水冲走、淹溺等直接伤害，或造成窒息等间接伤害，也容易因巷道积水堵塞造成遇险人员被困灾区。大量突水还可能冲毁巷道支架，造成巷道破坏和冒顶，使灾区的有毒有害气体浓度升高。

（5）水灾事故发生后，遇险人员可能因避险离开工作地点撤离至较安全位置，在井下分布较广。由于水灾事故受困遇险人员往往具有较大生存空间，且无高温高压环境，有毒有害气体浓度不会迅速增大，相对爆炸、火灾、突出事故，遇险人员具备较大存活可能。

二、矿井水灾防治技术

1. 矿井水灾防治的现状

（1）疏干降压是我国矿井水灾防治的主要技术措施。

（2）堵水截流是我国矿井水灾防治的重要方法。

（3）采用主动防护法，即采用地面垂直钻孔，用潜水泵专门疏干含水层。

煤矿水灾防治的现状

2. 矿井水灾防治的原则和综合措施

《煤矿防治水细则》第三条规定，煤矿防治水工作应当坚持预测预报、有疑必探、先探后掘、先治后采的原则，根据不同水文地质条件，采取探、防、堵、疏、排、截、监等综合防治措施。

（1）探水。"探"主要指采用超前勘探方法，查明采掘工作面周围水体的具体位置和贮存状态等情况。这是为有效防治矿井水害做好必要的准备,其在水害防治措施中居核心地位和起先导作用。

(2) 防水。"防"主要指合理留设各类防隔水煤(岩)柱和修建各类防水闸门或防水闸墙等,防隔水煤(岩)柱一旦确定后,不得随意开采破坏。

(3) 堵水。"堵"主要指注浆封堵具有突水威胁的含水层或导水断层、裂隙和陷落柱等导水通道。

(4) 疏水。"疏"主要指探放老空水和对承压含水层进行疏水降压。

(5) 排水。"排"主要指完善矿井排水系统,排水管路、水泵、水仓和供电系统等必须配套。

(6) 截水。"截"主要指加强地表水(河流、水库、洪水等)的截流治理。

(7) 监测。"监"主要指建立矿井地下水动态监测系统,必要时建立突水监测预警系统,及时掌握地下水的动态变化。

3. 矿井水灾防治的方法

我国在矿井水灾防治方面,已经有了比较成熟的技术和措施,如疏干降压、注浆堵水、突水预测和探放水等。矿井水灾防治方法见表5-2。

表5-2 矿井水灾防治方法简介

分 类	主 要 防 治 内 容
地表水防治	1. 在河流(含冲沟、小溪管道)的漏水、渗水段铺底,修人工河床、渡槽或河流部分地段改道等 2. 在矿区外围修筑防洪泄水管道,在采空区外围挖沟排(截)洪 3. 填堵管道(指对岩溶地面塌陷及采空区塌陷的处理) 4. 建闸设站,排除塌陷积水或防止河水倒灌
井下防水设施	1. 留设防水煤(岩)柱 2. 设置防水闸门及防水闸墙 3. 设排水泵房、水仓、排水管路及排水沟等排水系统
井下探放水	1. 探放老窑水 2. 探放断层水 3. 探放陷落柱水 4. 探放旧钻孔水 5. 探放含水层水
疏干	1. 地表疏干是从地面施工垂直钻孔,安装潜水泵,抽排含水层水 2. 地下疏干: (1) 专门疏干矿井、巷道和放水孔 (2) 疏干巷道(运输巷道疏含水层,疏水石门、疏水平硐) (3) 疏水钻孔(井下放水孔疏干、井下吸水孔疏干) 3. 联合疏干: (1) 地表疏干与地下疏干同时进行 (2) 多井同时疏干同一含水层
突水预测	1. 易于突水的构造部位或地段的预测 2. 采掘前突水预测 3. 采掘过程中突水预测 4. 突水量预测

表 5-2（续）

分 类	主 要 防 治 内 容
地表水体下采煤安全措施	1. 地表水体下留设安全煤（岩）柱（含断层煤柱） 2. 选择控制采高的采煤方法，加强顶板控制 3. 保持足够的排水能力，即设计的最大排水能力 4. 建立井上下水文动态观测网、避灾路线、报警系统等 5. 必要时探水掘进
注浆堵水	1. 注浆堵水的一般施工 2. 封堵突水口（点）的注浆： （1）封堵突水巷道的注浆 （2）封堵突水断裂带的注浆 （3）封堵岩溶陷落柱的注浆 （4）巷道布设在厚层灰岩的突水口的注浆 3. 封堵天然隐伏垂向补给通道的注浆 4. 堵水截流帷幕的注浆
酸性水防治	1. 减少酸性水发生的根源： （1）检选、利用造酸矿物 （2）减少地表水渗入量 2. 减少排水量 3. 提高设备的耐酸性能 4. 中和酸性水

三、矿井水灾事故的现场应急救援

1. 现场应急措施

（1）现场人员应立即避开出水口和泄水流，按照透水事故避灾路线，迅速撤离灾区，通知井下其他可能受水害威胁区域的作业人员，并向调度室报告，如果是老空水涌出，巷道有毒有害气体浓度升高，撤离时应佩戴好自救器。

（2）在突水迅猛、水流急速，来不及转移躲避时，要立即抓牢棚梁、棚腿或其他固定物体，防止被涌水打倒或冲走。

（3）在无法撤至地面时应紧急避险，迅速撤往突水地点以上水平，进入避难硐室、拐弯巷道、高处的独头上山或其他地势较高的安全地点，等待救援人员营救，严禁盲目潜水等冒险行为。

（4）在避灾期间，遇险矿工要保持镇定、情绪稳定、意志坚强，要做好长时间避灾的准备。班组长和经验丰富的工人组织自救互救，安排人员轮流观察水情，监测气体浓度变化，尽量减少体力和空气消耗。要想办法与外界取得联系，可用敲击等方法有规律地发出呼救信号。

2. 事故矿井应急处置

（1）启动应急预案，及时撤出井下人员。调度室接到事故报告后，应立即通知撤出井下受威胁区域人员，通知相邻可能受水害波及的其他矿井。严格执行抢险救援期间相应入井、升井制度，安排专人清点升井人数，确认未升井人数。

(2) 通知相关单位,报告事故情况。通知矿井主要负责人、技术负责人以及机电、排水等各有关部门人员,通知矿山救援队、医疗救援人员,按规定向上级有关领导和上级部门报告。

(3) 采取有效措施,组织开展救援。矿井应保证主要通风机正常运转,保持压风系统正常。矿井负责人要迅速调集机电、开拓、掘进等作业队伍及企业救援力量,调集排水设备物资,采取一切可能的措施,在确保安全的情况下,迅速组织开展救援工作,积极抢救被困遇险人员,防止事故扩大。

3. 矿井透水事故救援

(1) 矿山救援队参加矿井透水事故救援,应当了解灾区情况和水源、透水点、事故前人员分布、矿井有生存条件的地点及进入该地点的通道等情况,分析计算被困人员所在空间体积及空间内氧气、二氧化碳、瓦斯等气体浓度,估算被困人员维持生存时间。

(2) 矿山救援队应当探察遇险人员位置,涌水通道、水量及水流动线路,巷道及水泵设施受水淹程度,巷道破坏及堵塞情况,瓦斯、二氧化碳、硫化氢等有毒有害气体情况和通风状况等。

(3) 采掘工作面发生透水,矿山救援队应当首先进入下部水平抢救人员,再进入上部水平抢救人员。

(4) 被困人员所在地点高于透水后水位的,可以利用打钻等方法供给新鲜空气、饮料和食物,建立通信联系;被困人员所在地点低于透水后水位的,不得打钻,防止钻孔泄压扩大灾情。

(5) 矿井涌水量超过排水能力,全矿或者水平有被淹危险时,在下部水平人员救出后,可以向下部水平或者采空区放水;下部水平人员尚未撤出,主要排水设备受到被淹威胁时,可以构筑临时防水墙,封堵泵房口和通往下部水平的巷道。

(6) 矿山救援队参加矿井透水事故救援应当遵守下列规定:

① 透水威胁水泵安全时,在人员撤至安全地点后,保护泵房不被水淹。

② 应急救援人员经过巷道有被淹危险时,立即返回井下基地。

③ 排水过程中保持通风,加强有毒有害气体检测,防止有毒有害气体涌出造成危害。

④ 排水后进行探察或者抢救人员时,注意观察巷道情况,防止冒顶和底板塌陷。

⑤ 通过局部积水巷道时,采用探险棍探测前进;水深过膝,无须抢救人员的,不得涉水进入灾区。

(7) 矿山救援队处置上山巷道透水应当注意下列事项:

① 检查并加固巷道支护,防止二次透水、积水和淤泥冲击。

② 透水点下方不具备存储水和沉积物有效空间,将人员撤至安全地点。

③ 保证人员通信联系和撤离路线安全畅通。

4. 淤泥、黏土、矿渣、流砂溃决事故救援

(1) 矿井发生淤泥、黏土、矿渣或者流砂溃决事故,矿山企业应当将下部水平作业人员撤至安全地点。

(2) 应急救援人员应当加强有毒有害气体检测,采用呼喊和敲击等方法与被困人员进行联系,采取措施向被困人员输送新鲜空气、饮料和食物,在清理溃决物的同时,采用

打钻和掘小巷等方法营救被困人员。

（3）开采急倾斜煤层或者矿体的，在黏土、淤泥、矿渣或者流砂流入下部水平巷道时，应急救援人员应当从上部水平巷道开展救援工作，严禁从下部接近充满溃决物的巷道。

（4）因受条件限制，需从倾斜巷道下部清理淤泥、黏土、矿渣或者流砂时，应当制定专门措施，设置牢固的阻挡设施和有安全退路的躲避硐室，并设专人观察。出现险情时，应急救援人员立即撤离或者进入躲避硐室。溃决物下方没有安全阻挡设施的，严禁进行清理作业。

四、矿井水灾事故遇险人员生存条件分析及救援措施

（一）矿井水灾事故遇险人员生存条件分析

1. 遇险人员生存极限

发生透水事故后，在分析遇险人员生存条件时，要认真分析避难场所的空气质量，并以此估算遇险人员在该空间中能生存的最长时间。一般情况下，在下列空气质量条件下，避险人员有生存的可能：O_2 浓度 $\geq 10\%$，CO_2 浓度 $\leq 10\%$，CO 浓度 $\leq 0.04\%$，H_2S 浓度 $< 0.02\%$，NO_2 浓度 $< 0.01\%$，SO_2 浓度 $< 0.02\%$。透水后，若避难地点中没有或含很少 CH_4 及其他有害气体，往往只按 O_2 浓度降到 10% 和 CO_2 浓度增到 10% 所需的时间（取两者中最小值）估计人员能生存的最长时间。估算时按避难地点中原有 O_2 浓度 = 20%，CO_2 浓度 = 1%，平卧不动时每人耗氧量为 0.237 L/min，呼出 CO_2 量为 0.197 L/min 计算。若避难人员年轻、性情急躁，不能安静平卧待救，则每人耗氧量按 0.3~0.4 L/min 计算。

在平卧情况下，避难人员能生存的最长时间可按以下公式估算。

（1）按 O_2 浓度降至 10% 时，人员能生存的最长时间 T_1 的计算公式为

$$T_1 = 7V/n \tag{5-1}$$

式中　T_1——O_2 浓度降至 10% 时，人员能生存的最长时间，h；

　　　V——避难地点（上山）突水前的体积，m^3；

　　　n——同一地点的避难人数，人。

（2）按 CO_2 浓度增至 10% 时，人员能生存的最长时间 T_2 的计算公式为

$$T_2 = 7.6V/n \tag{5-2}$$

式中　T_2——CO_2 浓度增至 10% 时，人员能生存的最长时间，h。

救灾时选取 T_1、T_2 中最小者为允许的最长排水时间，否则需要采取其他补救措施（如潜水员送氧气、食品）。

人的生存除空气外，还需要食物。突水后遇险人员的食物缺乏，靠喝水、啃坑木、棉衣、煤块维持生命。事实上坑木、煤块、棉衣等毫无营养价值，不能被人体吸收，也根本消化不了，吃下去只能把胃撑起来，减少饥饿痛苦而已。这些东西吃多了，只会破坏消化系统，有害无益。在井下吃腐烂的动物肉（如老鼠肉），有可能造成食物中毒，切忌食用。

水是人体的重要组成部分，人体 78% 是由水组成的。水虽无营养价值，但人在断食

情况下，喝水可以促进人体内新陈代谢的进行，消耗体内自身储存的糖、蛋白质，以维持人体能源的供给。一旦缺食物，又缺水，人体内的酸碱平衡就不能维持，体内废物就无法排出，从而导致人体中毒，甚至死亡。被困人员只要有空气、有水，就可以生存一段时间。不吃不喝，生命只能维持7~8天。医学界分析，一个体重65 kg的正常男子，体内储存的可供使用的热量为2.9×10^5 kJ。人在空腹静卧情况下，每24 h消耗5858~7531 kJ，即该男子储存的能量（热量）理论上可供38天的消耗。即使在长期饥饿的情况下，体内储存的能量也不可能完全耗竭后人才死去，即被困人员依靠体内储存的能量维持生命的时间要比38天短。根据目前掌握的实际资料，曾有遇险人员在井下避难（绝食）分别达到16天、23天、32天和34天，经医治后康复。

2. 遇险人员生存可能性分析

当躲避地点比外部水位高时，遇险人员有生存的可能，应利用一切可能的方法（如快速钻进或掘进一段巷道等）向他们输送新鲜空气、饮料和食物。当积水不能排除，且不具备打钻条件时，为保障遇险人员的生命安全，可考虑进行潜水救援，即由潜水救援人员潜水进入灾区，将携带的氧气瓶、饮料、食物、药品等送给遇险人员，以维持基本的生存条件。

当避难地点比外部最高水位的标高低时，有两种情况发生：

（1）突水时水能直接涌入位于突水点下部的巷道（如平巷、下山等），并把它们淹没。一般情况下，这些地点不会有空气存在，也不具备人员生存条件，误入这些地点避灾的人员，将无生还可能。然而也有人员躲在水位下平巷或下山高冒处获救的案例。例如，1987年10月27日徐州市某矿发生突水，在下山掘进工作面的10人遇险，其中2人躲入距下山迎头2 m的独头平巷中高冒处，6 h后被救出，其他8人死亡；1991年6月11日江西省某矿，在平巷掘进时发生突水，1名瓦斯检查工躲入水位下平巷中的高冒处，11 h后被救出。

（2）当突水点下部巷道全断面被水淹没后，与该巷相通的独头上山等上部独头巷道，如不漏气，即使低于外部最高洪水位，也不会全部被水淹没，仍有空气存在。在这些地点躲避的人员具备生存的首要条件，如果避灾方法正确（如心情平静、适量喝水、静卧待救等）是能生存的。

事实说明，突水事故发生后，有些地点具备人员生存条件，即使躲避较长时间也能生存。对于低于外部水位的避难地点，则严禁打钻，防止独头空气外泄、水位上升、淹没遇险人员。最好的办法是迅速排水，及早营救遇险人员。

实践证明，抢救长期被困在井下的人员时，如不采取相应措施，幸存的人员也会因为长时间生活在有限空间，呼吸的空气污浊，呼吸系统遭到损伤。他们长期饥饿，消化机能衰退、血压下降、脉搏慢、神志不清。他们长时间生活在黑暗中，瞳孔放大，靠人的意识去识别物体，视觉系统受损。因此，在抢救被长期围困的人员时，禁止用灯光直接照射他们的眼睛（使光束避开他们的眼睛；或用红布、衣片罩住灯头，使光线减弱；或用布蒙住他们的眼睛）；应保持体温、进行体检并给予必要的治疗（包扎、输液等）；不能立即抬送出井口，应分段搬运到安全地点，让其逐渐适应环境；不能吃硬食和过量食物，以免损坏消化系统；短期内不要让其亲友探视，以免过度兴奋造成血管破裂。

（二）矿井水灾事故救援措施

（1）矿井发生水灾事故后首先必须了解透水的地点、性质，估计透出水量、静止水位、补给水源以及与透水地点有联系的地面水体。

（2）掌握灾区范围、事故前井下人员分布情况、事故后人员可能躲避地点、躲避地点条件以及可能进入躲避地点的通道。

（3）按照"水灾预防处理计划"中规定的人员撤退路线组织灾区和受威胁区域的人员撤退。

（4）按照"水灾预防处理计划"的规定，确定关闭水闸门的顺序，并指派负责人。

（5）按照估计的透水量和现有排水设备的能力，实行强制排水，如排水设备能力不足时，积极增设水泵和管路；与此同时，应组织力量堵塞地面可向井下补给水源的裂隙，排出有影响的地面水体和积水，必要时可打钻眼灌注浆液堵水。

（6）如果下水平的人员确已撤出，透水水平的车场水泵硐室有被淹的危险时，可将涌水导入下水平的巷道内；如果车场水泵硐室有被淹的危险，但下水平的人员仍未完全撤出时则可采用关闭水闸门的措施或在巷道中的适当地点堆积沙袋组成临时水闸墙，保护水泵正常工作，然后再砌筑永久水闸墙。

（7）在排除涌水或抢救人员时，应加强通风，指派专人检查瓦斯，如果积水面下降到接近硐室或车场水平时，要防止瓦斯和其他有毒有害气体（CO、SO_2、H_2S 等）突然涌出。

（8）当遇险人员被泥、水、砂堵截在难以接近的地点时，应采取掘小巷或打钻孔的措施给遇险人员供给新鲜空气、饮料或食物；如果遇险人员所在地点低于外部水位，可打封闭钻孔利用压气管供入压气，以免避难地点气压降低使水位上升，危及遇险人员安全。

（9）在探察、抢救人员、清理巷道的过程中，禁止由下往上进入透水点，防止巷道冒顶、泥沙冲下或二次透水。

（10）在寻找遇险人员时，要细心观察，倾听遇险人员敲击岩壁或管道的声音。

（11）救援人员在处理水灾事故时，不能麻痹大意，必须按进入灾区的有关规定带齐所需的装备，尤其是进入遇险人员躲避的地点时，未经检查不能确认无危险时，不得卸下呼吸器口具。

（12）抢救和运送遇险人员时，必须注意下列问题：

① 救援人员到达遇险人员躲避地点后，经检查确认无火源时，才可打开氧气瓶释放氧气，提高空气中的氧气浓度；禁止未佩戴呼吸器的救援人员到遇险人员躲避的地点，防止救援人员消耗氧气而影响遇险人员的安全。

② 在井下发现遇险人员时，禁止使用矿灯光束直射遇险人员的眼睛，以免造成失明。

③ 找到遇险人员后，不可立即抬运出井要注意保持体温，先抬到安全地点由医生进行检查并给以必要的治疗，等适应环境和情绪稳定后，再逐渐分阶段地运出井外治疗。

④ 在运送遇险人员时，要稳抬轻放，保持平衡，以免震动；通过淤泥巷道时，要铺设木板，以免陷入淤泥中。

⑤ 在井上治疗初期，谢绝亲友探视，以免情绪过度兴奋影响健康或造成死亡。

⑥ 给遇险人员供给高营养、高蛋白的稀软食品，采用少量多食的方法，逐步恢复肠胃功能，然后才能恢复正常饮食。

五、矿井突水事故案例分析

崔家寨矿"7·29"透水事故

2017年7月29日15时50分许，河北省开滦（集团）蔚州矿业有限责任公司崔家寨矿发生一起水害事故，造成4人被困。

（一）矿井概况

崔家寨矿位于张家口市蔚县白草村乡，隶属于开滦（集团）蔚州矿业有限责任公司，1996年建井，2000年投产，属于国有重点煤矿。矿井水文地质类型为中等型，正常涌水量为73.6 m^3/h，最大涌水量为123.6 m^3/h。矿井主要充水水源为老空水和含水层水，老空水主要包括本矿采空区积水和井田内小煤矿开采时形成的老空积水。

事故发生地点为东三1煤北部回风探巷掘进工作面。该巷道于2017年7月20日开始施工，自东三1煤北部回风探巷向北掘进，事故前已掘进21 m。巷道断面为矩形，宽4.6 m、高3.2 m，煤厚3.2 m，倾角7°~10°。煤矿采用炮掘工艺、锚网索支护，沿顶板下山掘进，安装有刮板输送机。

（二）事故经过

2017年7月29日13时20分，该矿巷修队召开中班班前会安排工作。15时20分，中班人员下井，东三1煤北部回风探巷掘进工作面的工作为扩帮、清理迎头浮煤、补打锚杆。副班长到工作面迎头做准备工作，发现迎头有15 m左右的积水，没过了刮板输送机机尾，比平时打眼洒水形成的积水多，于是向班长汇报。2人检查后发现不是水管漏水，且上升了10 cm左右。15时50分左右，积水处开始冒泡，紧接着开始喷水，水柱瞬间喷到顶板。班长与副班长边喊边往外跑，其他人也一起沿东三1煤北部回风探巷往东三1煤北部集中带式输送机运输巷跑，途中遇见检修带式输送机的另一组工人，一起跑到东三1煤北部集中带式输送机运输巷局部通风机处，班长清点人数后发现少了4人，12人成功撤离灾区，马上打电话报告了调度室。崔家寨矿"7·29"透水事故示意如图5-1所示。

（三）事故直接原因

崔家寨矿在掘进东三1煤北部回风探巷前，未查明巷道前方的小煤矿积水老空区；巷道接近积水老空区时，未采取探放水措施，在水压和采动的共同作用下，积水溃破残余煤柱造成透水事故。

（四）应急处置及抢险救援

1. 企业应急处置

7月29日15时57分，调度室接到事故报告电话，值班调度员立即向值班矿领导和矿长报告，并于16时38分向蔚州矿业公司调度室报告。随后，逐级向上级有关部门报告。矿长、总工程师等矿领导陆续到达调度室，成立了事故抢险救援指挥部，矿长任组长。同时命令井下带班的安全矿长为井下现场救援指挥部组长，矿长助理、安管部部长等

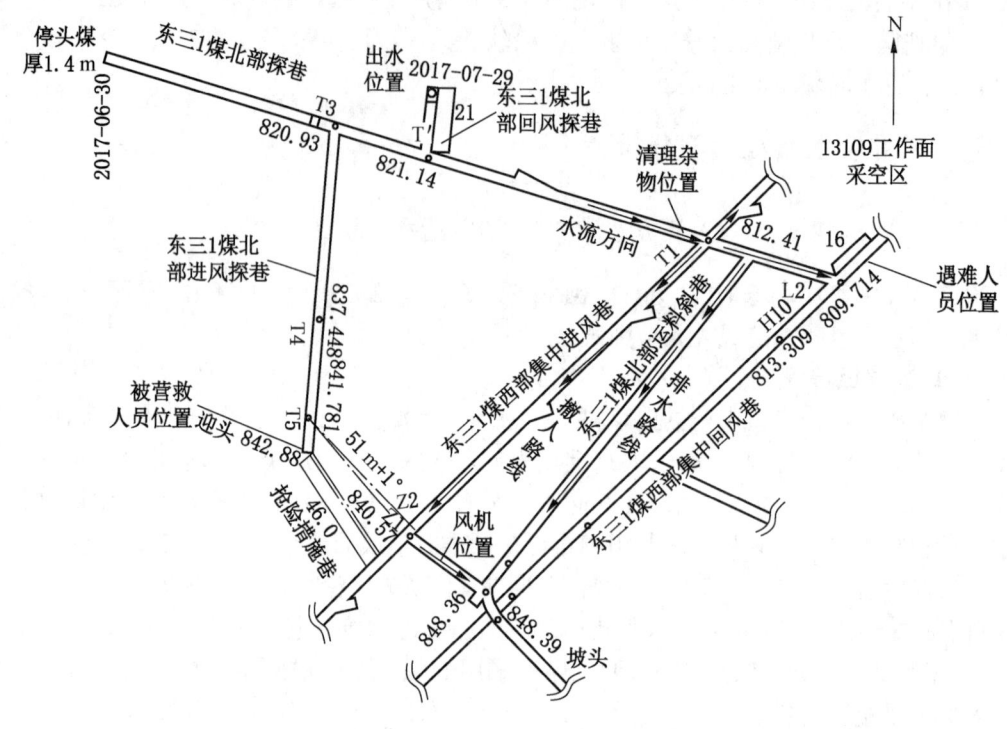

图 5-1 崔家寨矿 "7·29" 透水事故示意图

下井赶往现场，各单位随时待命。

16 时 46 分，蔚州矿业公司矿山救护队接到召请，即时出动 2 个小队 15 名应急救援人员，于 17 时 3 分到达崔家寨矿。按照指挥部安排，救护队立即下井对现场情况进行探察，建立了井下基地。

2. 初步探察

7 月 29 日 17 时 55 分左右，救护队先由井下基地向出水及人员遇险位置方向进行探察。发现运料斜巷已断电，运料斜巷下坡约有 30 m 巷道积水，最深处 1.1 m，气体情况正常。3 人涉水前行探察，其余 3 人在坡底待机。继续探察发现运料斜巷风门已被水冲毁，气体含量正常。穿过风门沿北部探巷向西行进 10 m，发现巷道被木料与铁支架堵满巷道下部的 2/3，电缆杂乱，气体正常，有轻微酸臭味。继续沿巷道空隙向前探察至集中带式输送机运输巷交叉口，发现左帮堵满，涌水水流向北，沿集中带式输送机运输巷向 13109 工作面采空区方向流去，水深 1.0 m，水面宽 1.2 m，排水系统被淹，气体正常，敲击水管及呼喊无回音，因无法前进，原路返回。

再次探察由基地向东三1煤北部集中带式输送机运输巷方向，发现联络巷风机正常运转，行至距北部探巷交叉口 15 m 处，发现淤泥已涌至输送带高度，至带式输送机机尾处，巷道堆满木料，交叉口被堵死，矿方正在组织工人进行清理，气体正常。探察完后向指挥部汇报现场情况，并派人在清理地点随时检查有害气体变化。

3. 制定救援方案及进展

指挥部根据现场情况，制定抢险救援方案：

（1）打通生命通道。救援人员由东三1煤北部集中带式输送机运输巷向北部探巷巷口方向清理杂物，争取尽快打通通道，通风区人员负责监测气体，救护队人员负责监护。

（2）加大排水能力。东三1煤北部运料斜巷恢复供电，除斜巷中1台潜水泵排水外，从地面调集2台潜水泵往排水点加大排水能力（排至大巷水沟，经水沟自流进入中央水仓）。

（3）钻孔通风供氧。考虑到被困人员所在巷道迎头比透水位置高出约26 m，比东三1煤北部回风探巷开口位置（老空区水由此溃泄）高出约31 m，被困人员生存的可能性比较大，故在东三1煤北部集中带式输送机运输巷3部带式输送机机头处向被困人员所在的东三1煤北部进风探巷施工钻孔，力争尽快供风供氧。

（4）掘进抢险措施巷。由东三1煤北部集中带式输送机运输巷向被困人员所在巷道迎头掘进抢险措施巷（2 m×2 m）、锚网支护（全长46 m），作为另一个生命通道。

按照救援方案，各项措施分头实施。7月29日22时47分井下排水系统建立，开始排水；29日晚开始向北部探巷巷口方向清理杂物，23时33分，井下仅清理了4 m，高度不够，巷道被木头塞满。至30日16时35分，清理26 m，巷道上面有0.6 m空间，巷道中都是大块煤矸；30日2时许开始打钻，11时许第1个钻孔施工完毕，未能打透。14时42分开始施工第2个钻孔，至16时打钻15 m；30日17时6分抢险措施巷开始掘进。

4. 现场情况研判与积极搜寻营救

（1）灾区探察。7月30日14时20分，救援指挥部安排救护队入井查看救援情况，要求如果灾区巷道具备进入条件，立即组织人员进入探察。15时15分救护队到达现场。15时55分，将巷道上方脱落的金属网剪除后，对巷道口进行了支护。15时57分，检测迎头CO浓度为0.0025%、CH_4浓度为0.1%、CO_2浓度为0.2%。直径400 mm风筒接至清理工作面，但前方巷道低矮，未进入探察。

（2）灾区情况研判。组织救援人员分析认为，从顶板情况分析，虽然断面小，但顶板锚网索完整不会再次冒顶；从水害情况分析，透水量逐渐减少，水源来自小煤矿采空区，没有补给水源不会再次溃水；从气体情况分析，虽然CO浓度达到0.0025%，但其他气体浓度均在《煤矿安全规程》规定范围内，CO浓度不至于伤害人员。要求救护队员佩戴呼吸器，携带自救器、测氧仪、CO便携仪、H_2S便携仪进入，如果巷道低矮，无法佩戴呼吸器时，可以在携带自救器，不缺氧、H_2S浓度不超限且CO浓度在0.05%以下的情况下，满足条件时继续搜救。考虑到矿工被困已经达到24.5 h，为赢得宝贵生存时间，果断命令救护队长立即带领队员佩戴呼吸器进入北部探巷搜寻被困人员。

（3）积极搜寻营救。救护队队长和副队长随即按要求进入灾区搜救，每前进5 m测定一次O_2、CO、H_2S浓度。从巷口到东三1煤西部集中进风探巷，140 m的巷道平均高度不足1 m，最低处0.4 m，木料、管道、轨道、矸石煤块等交叉堆积，现场搜救条件困难。检测O_2浓度为18.4%、CH_4浓度为0.6%、CO浓度为0.003%、CO_2浓度为0.8%、H_2S浓度为0.0001%。继续前行10 m后巷道变低，佩戴呼吸器无法进入，队长根据现场气体情况果断决定摘掉呼吸器进入，又继续向前爬行80多米，到达被困人员所在的进风探巷巷口，从巷口往迎头方向行进约50 m发现3名被困人员，3人精神状态良好可以自己行走。在救护队员鼓励和监护下，16时57分3人被护送上井。之后，救护队再次进入灾区搜寻遇险人员，对进风探巷进行了全面搜寻，未发现遇险人员。

8月1日2时10分，井下搜寻清理人员在移变水窝处发现1人失踪遇难人员。救护队立即组织一个小队共8人入井，于5时将遇难人员运送升井。

至此，此次抢险救灾任务结束，4名被困人员除1人遇难外，其他3人成功获救。

第二节 矿井火灾事故应急救援技术

一、矿井火灾概述

（一）矿井火灾及其危害

矿井火灾是指发生在矿井或煤田范围内威胁安全生产、造成一定资源和经济损失或者人员伤亡的燃烧事故。

发生在矿井工业广场范围内地面上的火灾称为地面火灾。地面火灾可能发生在办公楼、职工宿舍楼、井口煤楼等地面建筑物，以及坑木场、贮煤场、矸石山等地点。地面火灾外部征兆明显，空气供给充分，燃烧完全，有毒气体易于扩散，较井下火灾易于救援。

发生在井下的以及发生在井口附近而威胁到井下人员安全和生产的火灾统称为井下火灾。井下火灾可以发生在井口房、井筒、井底车场、机电硐室、火药库、进回风大巷、采区变电硐室、掘进和回采工作面以及采空区、煤柱等地点。井下火灾处于煤层之中，巷道纵横相连，即使发生也很难及时被发现。井下空气供给有限，难以完全燃烧，有毒有害烟雾大量产生随风流到处扩散，毒化矿井空气、威胁工人的生命安全。在有瓦斯和煤尘爆炸危险的矿井中，还可能引起爆炸，酿成重大恶性事故。

矿井火灾不仅烧掉大量的资源、材料和生产设备，而且还会冻结煤炭的可采储量，严重破坏正常的生产秩序。另外，燃烧消耗了风流中的氧气，使风流中的氧气浓度下降，同时产生大量的热能、有毒有害气体和粉尘，威胁矿工的身心健康和生命安全。

（二）矿井火灾的分类

矿井火灾的分类方法较多，可根据可燃物的种类、引起火灾的原因、燃烧状态、火源下风侧氧气浓度大小、发火的性质和地点等进行分类。

1. 按可燃物的种类分类

按可燃物的种类不同可将火灾分为4类：

（1）A类火灾：由木材、纸张、锯木屑、煤炭和垃圾等普通可燃物燃烧发生的火灾属于A类火灾，用水和含水量大的稀释溶液使燃烧物骤冷或冷却，即可有效地扑灭这类火灾。A类火灾燃烧生成的气体产物主要有二氧化碳和一氧化碳，同时烟流中还含有少量的水蒸气、甲烷、乙炔、氢气等，燃烧不完全的烟流具有可爆性或可燃性。该类可燃物燃烧后留下的是灰或残渣。

（2）B类火灾：在易燃液体表面或可燃气体中发生的火灾属于B类火灾，如可燃液体（汽油、石油、溶剂等）与空气的接触面、可燃气体与空气的混合物的燃烧都属于B

类火灾。B类火灾不宜用水扑灭，否则燃烧过程中容易发生爆炸或爆燃。在火灾初期，限制流向火区空气（氧气）量是扑火关键。烟流成分与A类火灾的烟流成分基本相同，燃烧不完全的烟流有可爆性或可燃性。该类可燃物燃烧后留下的残渣少。

（3）C类火灾：各类电气设备故障造成的火灾都属于C类火灾。扑灭C类火灾的关键是切断电源，在切断电源之前，必须使用非导电性的灭火剂，如化学干粉、干冰冷却剂、惰性气体、蒸发液体灭火剂等；切断电源后，可采用水或含水量大的稀释溶液灭火。

（4）D类火灾：在可燃金属（如镁、钛、铝、锂、钠等）中发生的火灾属于D类火灾。控制和消灭D类火灾，必须采用专门的技术和专用的灭火设备。

实际上，火灾过程中只有一种可燃物燃烧的情况是很少见的，大部分火灾是几种可燃物同时燃烧。在地下建筑物或构筑物等地下工程中的可燃物有木材、煤炭、纸张、胶带、电缆、棉纺织品等，有时还有动力电缆、照明电缆和各类用电设备，因此，矿井火灾一般为A类火灾和C类火灾。

2. 按引起火灾的原因分类

按引起火灾的原因不同可将火灾分为2类。

（1）外因火灾：由于外部高温热源（如爆破、机械摩擦或撞击、爆炸、电气火花、电弧或过流、机械设备运转不良、烧焊、明火等）引起可燃物质燃烧造成的火灾。据统计，国内外有记载的重大恶性火灾事故，90%以上属于外因火灾，这种火灾多发生在井口房、井筒、井底车场、石门及机电硐室和有机电设备的巷道等地点。

外因火灾具有火源明显、发生突然、发展迅猛、变化复杂、影响面广等特点，若发现不及时，则可能酿成恶性事故。

（2）内因火灾（或称自燃）：煤炭在一定的条件和环境下（如地面煤堆、矸石山、井下煤柱破裂，浮煤集中堆积又有一定的风流供给）本身发生物理化学变化（破碎、吸氧、氧化、发热、放热），聚积热量导致自燃而形成火灾。自燃火灾大多发生在采空区、遗留的煤柱、破裂的煤壁、煤巷的高冒以及浮煤堆积的地点。自燃火灾具有发生和发展缓慢、形成需经历一段时间和火源比较隐蔽等特点。煤矿井下内因火灾往往发生在人员难以进入的内部区域，因此火源位置难以准确定位。

由于火源比较隐蔽，人们不能及时扑灭火灾，致使有的自燃火灾可以持续数日、数年、数十年不灭，燃烧的范围逐渐蔓延扩大，烧毁大量煤炭资源，冻结大量可采煤量。

在我国国有与重点煤矿中，存在自然发火危险的矿井占总矿井数的46%~49%，自然发火煤层占累计可采煤层数的60%。因此，应加倍重视内因火灾。

（三）矿井火灾的特点

井下火灾一般发生在有限的空间内，尤其是煤炭自燃往往发生在采空区和煤柱中，其燃烧过程比较缓慢，没有较大的火焰，外部征兆不明显，火灾初期人们难以察觉，灭火工作也比较困难。由于煤矿生产的特殊性，矿井火灾表现出以下特点：

（1）井下空间狭小，一旦发生火灾，人员躲避及灭火工作较为困难。

（2）井下火灾往往伴有大量的CO等有毒有害气体产生，并随风蔓延，受灾面积大，伤亡人员多。

（3）发火地点很难接近，灭火时间长，特别是自燃火灾，面积大，隐蔽性强，氧化过程又比较缓慢，发火后长时间不易扑灭，有的火区长达几十年。

（4）井下火灾不仅烧毁大量的煤炭资源和设备，同时为了灭火，往往还要留设大量的隔离煤柱封闭火区。如大同矿区各矿，因井下煤炭自燃而造成的冻结和呆滞煤量达到1000万 t。

（5）在有瓦斯和煤尘爆炸危险的矿井中，火灾发生的高温和明火，容易引起爆炸事故。因此，需要研究和掌握矿井火灾发生的原因及规律，以便及时采取有效的防灭火措施，确保安全生产。

（四）矿井火灾发生的条件

矿井火灾发生的原因虽然多种多样，但是每一场火灾的发生都必须同时具备 3 个条件：引火热源、可燃物、空气，俗称火灾 3 要素。

二、火灾时期的风流调节与控制

1. 矿井通风调控应当遵守的原则

处置矿井火灾时，矿井通风调控应当遵守下列原则：

（1）控制火势和烟雾蔓延，防止火灾扩大。

（2）防止引起瓦斯或者矿尘爆炸，防止火风压引起风流逆转。

（3）保障应急救援人员安全，并有利于抢救遇险人员。

（4）创造有利的灭火条件。

2. 灭火时的风流调节与控制措施及注意事项

（1）灭火过程中，根据灾情可以采取局部反风、全矿井反风、风流短路、停止通风或者减少风量等措施。采取上述措施时，应当防止瓦斯等易燃易爆气体积聚到爆炸浓度引起爆炸，防止发生风流紊乱，保障应急救援人员安全。采取反风或者风流短路措施前，必须将原进风侧人员或者受影响区域内人员撤到安全地点。

（2）扑灭瓦斯燃烧引起的火灾时，可采用干粉、惰性气体、泡沫灭火，不得随意改变风量，防止事故扩大。

三、扑灭火灾的方法

通常采用的灭火方法有：直接灭火法、隔绝灭火法和综合灭火法。

《矿山救援规程》第七十八条规定，矿山救援队应当根据矿井火灾的实际情况选择灭火方法，条件具备的应当采用直接灭火方法。直接灭火时，应当设专人观测进风侧风向、风量和气体浓度变化，分析风流紊乱的可能性及撤退通道的安全性，必要时采取控风措施；应当监测回风侧瓦斯和一氧化碳等气体浓度变化，观察烟雾变化情况，分析灭火效果和爆炸危险性，发现危险迹象及时撤离。

（一）直接灭火法

直接灭火法是指对刚发生的火灾或火势不大时，可采用水、砂子、岩粉、化学灭火器等在火源附近直接扑灭火灾或者挖除火源。

1. 用水灭火

（1）用水灭火时，应当具备下列条件：

① 火源明确。
② 水源、人力和物力充足。
③ 回风道畅通。
④ 甲烷浓度不超过2%。

（2）用水灭火时的注意事项如下：

① 水源和水量要充足。矿井火灾会因水量或水压不够，或者供水管网布置不合理，导致直接灭火失败，而不得不封闭火区。水量或水压过小不仅无法压制火势，而且少量的水在高温下可以分解成具有爆炸性的氢气和助燃的氧气，适得其反。

② 用水灭火时，水流应从火源外围逐步移向火源中心。火势旺时不要直接把水喷在火源中心，防止大量蒸汽和炽热煤块抛出伤人，也避免高温火源使水分解成氢气和氧气，造成氢气爆炸。

③ 灭火人员应站在进风侧，并保证正常通风，防止高温烟流或水蒸气伤人。

④ 随时检查火区附近的瓦斯浓度和一氧化碳浓度。

⑤ 救援队扑灭电气火灾，应当首先切断电源。在切断电源前，必须使用不导电的灭火器材进行灭火。如用砂子、岩粉和四氯化碳灭火器等进行灭火。如果未切断电源，直接用水灭火，水能导电，不仅会造成人员触电，而且火势将会更大，危及救援人员的安全。

⑥ 不能用水直接扑灭油类火灾。因为油比水轻，而且不易与水混合，一旦用水扑灭油类火灾，油可浮在水的表面继续燃烧并随水流动，不仅达不到灭火目的，反而会扩大火灾面积。

2. 用砂子（或岩粉）灭火

用砂子（或岩粉）灭火，就是把砂子（或岩粉）直接撒在燃烧物体上覆盖火源，将燃烧物与空气隔绝熄灭。此外，干燥的砂子（或岩粉）不导电，并能吸收液体物质，因此可用来扑灭油类或电气火灾。

砂子成本低廉，灭火时操作简便，因此，在机电硐室、材料仓库、爆炸物品库等地方均应设置防火砂箱。

3. 用化学灭火器灭火

这种方法主要是用泡沫灭火器和干粉灭火器扑灭矿井各类型的初期着火，适用于人员可靠近的、火势较小的火源。

目前，煤矿常用的化学灭火器主要是干粉灭火器。矿用干粉灭火器是以磷酸铵盐粉末为主要药剂。磷酸铵盐粉末在高温作用下能进行一系列分解吸热反应，具有扑灭多种火灾的功能。

4. 挖除火源

挖除火源就是将着火区域已发热或正在燃烧的煤炭等可燃物挖出并运出井外。这是处理煤炭自燃火灾最简单、最彻底的灭火方法。但应注意火区条件，以保证灭火工作安全进行。

挖除可燃物的条件如下：

（1）火源位于人员可直接到达的地点。

（2）火源范围不大，火灾尚处于初始阶段。

(3) 火区无瓦斯积聚，无瓦斯和煤尘爆炸危险。
(4) 挖除火源工作要由矿山救援队担任。当短时间内完不成任务时，可改用其他消除燃烧3要素的灭火方法。

（二）隔绝灭火法

隔绝灭火法是在直接灭火法无效时采用的灭火方法，它是在通往火区的所有巷道中构筑密闭墙，阻止空气进入火区，从而使火逐渐熄灭。隔绝灭火法是处理大面积内外因火灾，特别是控制火势发展的有效方法。灭火的效果取决于密闭墙的气密性和密闭空间的大小。

密闭墙可分为临时密闭墙和永久密闭墙等。

(1) 临时密闭墙。其作用是暂时切断风流，阻止火势发展，操作简便、迅速。
(2) 永久密闭墙。其作用是长期封闭火区切断风流。因此，永久密闭墙必须既坚固又密实不漏风，具有较强的耐压性。

1. 采用隔绝灭火法应当遵守的规定

(1) 在保证安全的情况下，合理确定封闭火区范围。
(2) 封闭火区时，首先建造临时密闭，经观测风向、风量、烟雾和气体分析，确认无爆炸危险后，再建造永久密闭或者防爆密闭。

2. 封闭火区应当遵守的规定

(1) 多条巷道需要封闭的，先封闭支巷，后封闭主巷。
(2) 火区主要进风巷和回风巷中的密闭留有通风孔，其他密闭可以不留通风孔。
(3) 选择进风巷和回风巷同时封闭的，在两处密闭上预留通风孔。封堵通风孔时统一指挥、密切配合，以最快速度同时封堵，完成密闭工作后迅速撤至安全地点。
(4) 封闭有爆炸危险火区时，先采取注入惰性气体等抑爆措施，后在安全位置构筑进、回风密闭。
(5) 封闭火区过程中，设专人检测风流和气体变化，发现瓦斯等易燃易爆气体浓度迅速增加时，所有人员立即撤到安全地点，并向现场指挥部报告。

3. 建造火区密闭应当遵守的规定

(1) 密闭墙的位置选择在围岩稳定、无破碎带、无裂隙和巷道断面较小的地点，距巷道交叉口不小于10 m。
(2) 拆除或者断开管路、金属网、电缆和轨道等金属导体。
(3) 密闭墙留设观测孔、措施孔和放水孔。

4. 火区封闭后应当遵守的规定

(1) 所有人员立即撤出危险区；进入检查或者加固密闭墙在24 h后进行，火区条件复杂的，酌情延长时间。
(2) 火区密闭被爆炸破坏的，严禁派矿山救援队探察或者恢复密闭；只有在采取惰化火区等措施、经检测无爆炸危险后方可作业，否则，在距火区较远的安全地点建造密闭。
(3) 条件允许的，可以采取均压灭火措施。
(4) 定期检测和分析密闭内的气体成分及浓度、温度、内外空气压差和密闭漏风情况，发现火区有异常变化时，采取措施及时处置。

（三）综合灭火法

综合灭火法是以封闭火区为基础，再采取向火区内灌浆、调节风压和充入惰性气体等措施的灭火方法。

实践证明，单独使用密闭墙封闭火区，熄灭火灾所需时间较长，容易造成煤炭资源冻结，影响正常生产。如果密闭墙质量不高，漏风严重，将达不到灭火的目的。因此，通常在火区封闭后，借助向火区注入泥浆、惰性气体、凝胶或调节风压等方法，加速火区内火的熄灭。

《矿山救援规程》第八十条规定，用水或者注浆灭火应当遵守下列规定：

（1）从进风侧进行灭火，并采取防止溃水措施，同时将回风侧人员撤出。

（2）为控制火势，可以采取设置水幕、清除可燃物等措施。

（3）从火焰外围喷洒并逐步移向火源中心，不得将水流直接对准火焰中心。

（4）灭火过程中保持足够的风量和回风道畅通，使水蒸气直接排入回风道。

（5）向火源大量灌水或者从上部灌浆时，不得靠近火源地点作业；用水快速淹没火区时，火区密闭附近及其下方区域不得有人。

四、火区探察

为了制定符合实际情况的处理事故计划和采取正确的救灾措施，必须准确探明火灾的性质、原因、火源位置、烟流范围、遇险遇难人员的数量和所在地，以及通风、瓦斯等情况，为做到"知彼知己"，中队以上指挥员应亲自组织和参加探察工作。

探察工作行动原则如下：

（1）在探察前，要做好人力、物力和装备、仪器的准备。

（2）了解清楚主要探察任务，分工明确。

（3）仔细研究行进路线及特征，在图纸上标明行动的方向、路线。

（4）选择基地，设待机小队，确定联络方式。

（5）明确行动方式、联络方式、返回时间和探察行进方式，进入灾区探察的小队必须按规定的时间返回或保持与基地电话联络。如没有按时返回或通信中断，待机小队应立即进入援救。

（6）在灾区没有遇险遇难人员的情况下，主要探察判定火灾性质，火源的位置、范围，火势大小，温度高低，烟雾弥漫程度，火灾蔓延方向，通往火源的路线，火区巷道情况，通风量，通风设备、现场消防器材，电话通信设备等情况。采取灾区的气样并随时把 CH_4、O_2、CO、CO_2 和温度的变化情况报告基地指挥员。

（7）在探察中发现遇险人员要积极进行抢救或救助，并将他们护送到进风巷道或井下基地然后再返回继续探察。

（8）探察工作要仔细认真，绘出探察路线及情况示意图，探察结束后，立即向布置任务的指挥员汇报探察结果，以便"有的放矢"确切地制定抢险救灾措施。

（9）进入火区探察时应考虑到如果返回时退路被堵，应采取的措施。

（10）在探察过程中遇到遇险人员，要了解遇险人员情况，并立即向指挥部报告。

五、火区封闭、管理和启封

(一) 火区封闭

1. 防火墙构筑前的准备工作

(1) 防止爆炸的有关措施。条件允许时,应移除燃烧的可燃物,特别注意火区内设备中的电池、蓄电池,它们会对火区恢复工作造成不利影响。待封闭的区域若有大量煤尘存在,应多覆盖岩粉惰化。各种电路,包括信号线、架空线和金属管,都应切断。轨道、输送机应撤除一段,用以切断导电回路。

(2) 封闭火区取样。在火区管理和启封时,对封闭状况的了解和决策依据来自封闭火区的取样,所以在进回风侧每一座防火墙处均应设置取样管。取样管应在防火墙内向火源位置延伸至尽可能近的距离,用以减少防火墙附近漏风的影响,减少火源生成气体在进入取样管前的移动过程中,因环境影响造成气体组分、浓度增减。每一气样至少应该在巷顶、中部和巷底三点提取,用以反映封闭区内的空气成分,在倾斜巷道尤应如此。为了使取样管尽量接近着火带,可以利用原有风水铁管,在着火带附近将其锯断作为取样管。管线上要装设隔离阀以防止爆炸经管内传至防火墙以外。

(3) 气体监测。

① 火源下风侧直接监测。火源下风侧回风的直接监测容易失误。电子型瓦斯检定器在氧气浓度低于 12% 的情况下会产生很大的误差,热风压造成的风流紊乱和不稳定对下风侧的直接监测也有很大影响。所以,应仔细分析因火源下风侧条件复杂多变导致监测结果失真的可能性。

② 主要回风流监测。在火区主要风流流经的区域,CH_4 和 CO 的监测可以提供比较可靠的信息。如果火灾风流流经几条分支,仅在其中一条回风巷监测就会造成误判,因为各回风流中烟流的稀释程度不一样。在回风区域监测时,警告发布不能仅根据某一时刻 CH_4 和 CO 的浓度,而应结合它们的增加速度综合考虑,用以排除环境对浓度增减的影响。若它们以越来越快的速度连续增加,就应发出撤退命令。

2. 防火墙的建造

为减少防火墙漏风,应采取下列技术措施,提高防火墙构筑质量:

(1) 砌筑混凝土防火墙时,在竖直的防火墙面用具有适当强度的塑料硬毛刷代替抹刀刷涂抹面砂浆,可以增加防火墙的严实性和耐久性。特别在防火墙周边与巷壁接触处,用毛刷填塞裂隙比抹刀更为方便,效果更好。

(2) 在砂浆中掺入玻璃纤维,可以增强砂浆的胶结强度和黏性,并便于涂抹。

(3) 防火墙与巷道接触周边最易出现漏风,为此,分别在巷底、巷帮和巷顶采取一些措施:

① 巷底处理。一种方法是掏槽,向地槽内倒入掺有玻璃纤维的砂浆,形成防火墙墙基,然后,在尚未固结的墙基上砌筑混凝土砖;另一种方法是在要求迅速构筑防火墙的情况下,可以不建墙基。第一层混凝土砖直接砌筑在人工产生裂隙的巷底,把水玻璃(硅酸钠)倒入混凝土砖的中空部分,使水玻璃渗入破裂底板。水玻璃固结后形成屏障,减小了防火墙底部漏风。

② 巷帮处理。与巷底处理相似，首先在两帮掏槽，然后嵌入混凝土砖并用砂浆使之与巷帮胶结，用砂浆塞入防火墙与巷帮的所有空隙，然后在墙面与巷壁的交角处用砂浆糊成弧形封闭带。

③ 巷顶处理。首先用木楔打入防火墙面 25 mm，用硬毛刷把砂浆塞入此 25 mm 的空隙中，在防火墙面与巷顶的交角内也用砂浆糊成弧形封闭带。若防火墙有几层混凝土砖的厚度，可分层处理。

④ 防火墙内侧周边处理。为进一步减小漏风，可在防火墙内侧留一名矿工从事抹墙面和处理防火墙周边作业，在墙与巷壁接触缝隙塞入砂浆，使墙内外侧表面和周边都经过抹面和砂浆填塞。

采取上述措施，可以提高防火墙的强度和密实程度。

3. 防火墙的封闭顺序

首先应封闭所有其他防火墙，留下进回风主要防火墙最后封闭。若需要构筑多个防火墙，进回风主要防火墙封闭顺序不仅影响有效控制火势，而且关系到救援人员的安全。用图 5-2 说明不同封闭顺序导致火区内巷道绝对气压的不同变化，图中纵坐标表示压力，横坐标表示火区由进风至回风的位置变化，D 线表示未封闭时的压力坡线。

不同封闭顺序的优缺点如下：

（1）先进后回。

优点：迅速减少火区流向回风侧的烟流量，使火势减弱，为建造回风侧防火墙创造安全条件。

缺点：进风侧构筑防火墙将导致火区内风流压力急剧降低。如图 5-2 中 A 线所示，A 线开始急剧下降系因进风防火墙风阻所致。火区大气压力降低，与回风端负压值相近，造成火区内瓦斯涌出量增大。特别是可能从通往采空区及高瓦斯积存区的旧巷或裂隙中"抽吸"大量瓦斯，并因进风侧封闭隔断机械风压的影响，使自然风压起主要作用，引起风流紊乱流动，致使涌入火区的瓦斯与风流充分混合并流入着火带，引起瓦斯爆炸或二次爆炸事故。

（2）先回后进。

优点：燃烧生成物 CO_2 等惰性气体可以反转流回火区，可能使火区大气惰化，且有助于灭火。如图 5-2 中 B 线所示，火区内大气气压升高，减少火区内瓦斯涌出量，同时对相连采空区或高瓦斯积存区内瓦斯涌入火区有一定阻隔作用。

缺点：回风侧构筑密闭艰苦、危险；在上述阻隔作用下，火区巷道中的瓦斯涌出量仍较大，致使截断风流前，瓦斯浓度上升速度快，氧气浓度下降速度慢，火区中易形成爆炸性气体，可能早于燃烧产生的惰性气体流入火源而引起爆炸。在我国，很少采用先回后进的火区封闭方式。

（3）同时封闭。如图 5-2 中 C 线所示，我国煤矿火区封闭较多采用进回风侧同时封闭的方式。

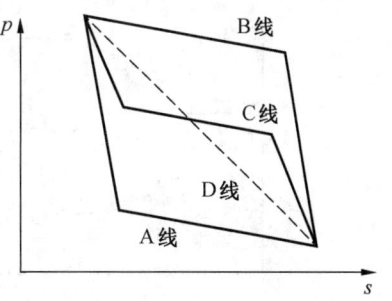

A 线—先进后回；B 线—先回后进；
C 线—同时封闭；D 线—未封闭时

图 5-2 不同封闭顺序的压力坡线

优点：火区封闭时间短，能迅速切断供氧条件；防火墙完全封闭前还可保持火区通风，使火区不易达到爆炸危险程度。

缺点：同时封闭的安全性与火区进、回风端能否同时封闭有密切联系。但由于井下移动通信困难和井下条件的复杂性，较难按预定时间完成同时封闭的工作。

主要进回风巷道防火墙同时封闭，必须在建造防火墙时预留门孔，以保证门孔封堵前的火区通风。封堵门孔时，必须统一指挥，保证按预定时间同时封闭。在同时封闭过程中注入 CO_2 或 N_2 等惰性气体有利于保证火区封闭的安全。

综上所述，在多风路的火区建造密闭时，应根据火区范围、火势大小、瓦斯涌出量及火区内是否有瓦斯积聚区和采空区等情况决定封闭顺序。"先回后进"给回风侧构筑防火墙带来很大困难，在瓦斯涌出量大的火区爆炸危险性大，一般不宜采用，仅在火势不大、温度不高、无瓦斯存在时为截断火源蔓延采用。"先进后回"对回风侧构筑防火墙减少火烟影响有利，在国内外均有采用，但瓦斯爆炸危险性仍然较大，不宜在火区与采空区或高瓦斯积聚区相连的情况下采用。"同时封闭"安全性较高，但应注意保证封闭的同时性。

4. 封闭效果评价

火区封闭旨在减少火区的供氧，但防火墙内外压差仍造成不同程度的漏风。$2.8\ m^3/min$ 的漏风，一周内就会造成近 $30000\ m^3$ 的气体交换量；在 $248\ Pa$ 的内外压差下，一般防火墙漏风率约为 $4.25\ m^3/min$，有时会达到 $28\ m^3/min$。所以，漏风对火区内大气状况有很大影响。

防火墙内外压差主要是由通风压差、火风压和大气压力的变化造成的，大气压力的变化是造成封闭火区"呼吸"的重要原因。事实上，在防火墙完成后，大气压力降低对防火墙管理更为有利，可使火区外气压减少从而抑制火区外空气漏入；由于火区内高温气体体积膨胀、密度下降、压力增加，使流入封闭火区的外部风流和火区供氧减少，并加速了火区内可燃气体如 CO 的流失。

判断封闭火区有效性的最好方法是监测火区内大气变化趋势。要监测大气变化趋势，就是在半对数坐标图上显示封闭火区内 CH_4、O_2 和空气压力随时间的变化，如图 5-3 所示。

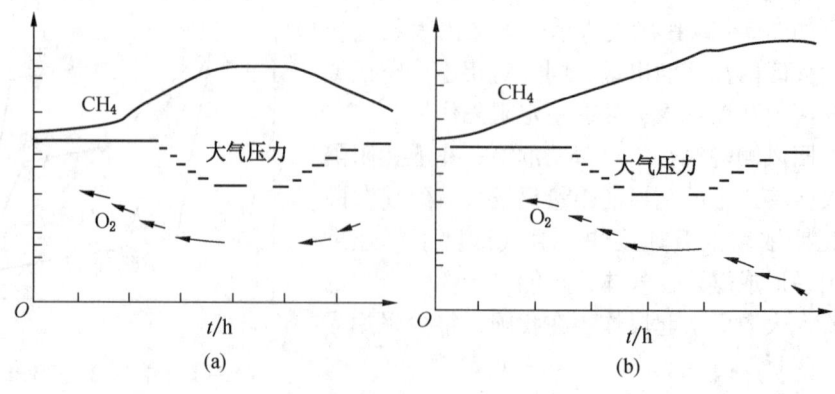

图 5-3 大气压力变化对火区内 CH_4 和 O_2 浓度的影响

(1) 封闭效果不良。如图 5-3a 所示，大气压力增加时，CH_4 浓度降低、O_2 浓度升高，这意味着大气压力变化对火区气体浓度影响大，外部空气漏入封闭区。CH_4 和 O_2 浓度的变化趋势表示封闭效果不良。

(2) 封闭效果良好。如图 5-3b 所示，大气压力增加时，CH_4 浓度持续增加、O_2 浓度持续下降，表明火区封闭严密，大气压力增加并未增加漏风。但是，当 CH_4 浓度足够高时，若大气压力增加，因少量空气流入火区，会导致 CH_4 被挤出，火区内 CH_4 浓度减小，并致使 O_2 浓度增加。这种情况在防火墙质量最优时也可能发生。

(3) 确定漏风防火墙。确定防火墙质量差、较好、好、优秀的标准是大气压力变化引起封闭火区内气体浓度变化的时滞性大小。质量差的防火墙，大气压力变化几乎立即引起封闭火区内气体浓度变化。时滞性越大，防火墙质量越好，这一标准可以检查一组防火墙的质量。

(4) 高质量防火墙对大气压力变化反应的时滞性。了解防火墙质量可以及时了解是否需要或在何时采取补救措施。值得警惕的是，最好的防火墙也可能产生新的危险。封闭质量好的防火墙内气体浓度受外界大气压力变化影响的时滞性大，在大气压力下降很长一段时间后 CH_4 才会流出。若灭火人员未能注意这一时滞性，忽视在防火墙外某些区域大气中可能意外地含有高浓度 CH_4，将有瓦斯窒息或爆炸的危险。

(二) 火区管理

1. 火区封闭后应当遵守的规定

(1) 所有人员立即撤出危险区。进入检查或者加固密闭墙在 24 h 后进行，火区条件复杂的，酌情延长时间。

(2) 火区密闭被爆炸破坏的，严禁派救援队探测或者恢复密闭。只有在采取惰化火区措施，经检测无爆炸危险后方可作业，否则，在距火区较远的安全地点建造密闭。

(3) 条件允许的，可以采取均压灭火措施。

(4) 定期检测和分析密闭内的气体成分及浓度、温度、内外空气压差和密闭漏风情况，发现火区有异常变化时，采取措施及时处置。

2. 火区的日常管理

火区封闭后，虽然可以认为火势已得到了基本控制，但在火区没有彻底熄灭之前，仍应加强火区管理，直至火区彻底熄灭，为下一步开展火区启封工作提供翔实可靠的第一手资料。火区管理工作包括对火区进行资料分析、整理以及对火区进行观测检查等工作。

(1) 绘制火区位置关系图、建立火区管理卡片。火区位置关系图应标明所有火区和曾经发火的地点，并注明火区编号、发火时间、地点、气体组分、浓度等。对于每一个火区，都必须建立火区管理卡片。火区管理卡片包括以下内容：

① 火区登记表。火区登记表中应详细记录火区名称、火区编号、发火时间、发火原因、发火时的处理方法以及发火造成的损失，并绘制火区位置图。

② 火区灌注灭火材料记录表。火区灌注灭火材料记录表中详细记录向火区灌注黄泥浆、河砂、粉煤灰、凝胶、惰泡、惰气以及其他灭火材料的数量和日期，并说明施工位置、设备和施工过程等情况。

③ 防火墙观测记录表。防火墙观测记录表中记录防火墙设置地点、材料、尺寸以及封闭日期等情况，并详细记录按规定日期观测到的防火墙内气体组分的浓度、防火墙内温度、防火墙出水温度以及防火墙内外压差等数据。

火区管理卡片是火区管理的重要技术资料，对做好矿井防灭火工作意义重大。火区管理卡片由煤矿通风管理部门负责填写，并永久保存。

(2) 火区检查观测与日常管理。在火区日常管理工作中，防火墙管理占有重要的地位，因此必须遵循以下原则：

① 每个防火墙附近必须设有栅栏、提示警标，禁止人员入内，并悬挂说明牌。说明牌上应标明防火墙内外的气体组分、温度、气压差、测定日期和测定人员姓名等。

② 定期测定和分析防火墙内的气体成分和空气温度；定期检查密闭墙外的空气温度、瓦斯浓度，密闭墙内外空气压差以及密闭墙墙体。发现封闭不严、有其他缺陷或者火区有异常变化时，必须采取措施及时处理。

③ 所有测定和检查结果都必须记入防火记录本中。矿井做大幅度风量调整时，应当测定密闭墙内的气体成分和空气温度。井下所有永久性密闭墙都应当编号，并在火区位置关系图中注明。

(三) 火区启封

矿井火区封闭之后，在加强火区管理的同时，最重要的任务是了解何时及如何启封火区，尽快安全地恢复生产。尽管在火区启封方面已积累多年的经验，但在一些火区启封工作中也曾出现不少错误决策和行动，导致火区复燃和重新封闭，甚至造成爆炸和伤亡事故。启封火区是一项危险且需要十分谨慎的工作。《煤矿安全规程》第二百七十九条规定：封闭的火区，只有经取样化验证实火已熄灭后，方可启封或者注销。

火区同时具备下列条件时，方可认为火已熄灭：

(1) 火区内的空气温度下降到 30 ℃ 以下，或者与火灾发生前该区的日常空气温度相同。

(2) 火区内空气中的氧气浓度降到 5% 以下。

(3) 火区内空气中不含有乙烯、乙炔，一氧化碳浓度在封闭期间逐渐下降，并稳定在 0.001% 以下。

(4) 火区的出水温度低于 25 ℃，或者与火灾发生前该区的日常出水温度相同。

(5) 上述 4 项指标持续稳定 1 个月以上。

值得注意的是，由于火区内外环境影响的复杂性，取样点与着火带状态的差异，按上述规定启封火区时，仍应谨慎行事，不能在有其他异常情况时盲目认定火区已熄灭而大意。

1. 火区状态分析

(1) 火区封闭后，机械通风动力的中断并不能完全停止封闭火区内空气流动而经过着火带。这是因为火区内热风压起主导作用，致使火区内空气缓慢而紊乱流动。流动状态取决于与热风压有关的参数，如封闭区域范围、巷道连接形式、标高差、炽热燃烧物质体积、着火带及下风侧岩温等因素。如果风流流动向着火带供氧，并造成炽热烟流再次进入火源，很可能引起爆炸。

(2) 封闭火区内氧气浓度低于 5% 时,火焰燃烧将开始逐渐减弱乃至熄灭;氧气浓度在 1% 以下时,火焰燃烧完全熄灭。即使在空气中氧气浓度为零的条件下,着火带可燃物的阴燃仍可持续相当长的一段时间,这是启封火区应该特别注意的。其原因是煤层特别是特厚煤层具有很强的吸附氧的能力,而有的煤层含有一定的氧气,足以支持阴燃。因此,火区内大气的含氧浓度并不能完全代表火源燃烧的供氧状况。

(3) 在岩温或可燃物阴燃温度超过 150 ℃ 左右时,若空气中氧气浓度大于 5% 可能导致复燃。在可燃物是木材,特别是承受压力的木柱、木垛、木隔墙的情况下,复燃的可能性更大。由于火区内空气温度与着火带阴燃可燃物温度的差异,无法估计着火带阴燃可燃物的温度。可燃物处于阴燃时,在有利的封闭条件下,即使用水淹法灭火,也可能复燃。火区巷道垮塌、断面减小为储热和复燃创造了有利条件。

(4) 由于焦炭对 CO 的吸附作用,着火带燃烧生成的 CO 可能被焦炭所吸附。即使大气中 CO 浓度降为零,也不能由此认定火源已熄灭。

(5) 在盲巷火区或因均压措施杜绝漏风的火区,CO 不能散失,即使火源熄灭不再生成 CO,CO 也长期存在。CO 可能因煤层及木材的缓慢氧化产生,而非因火源燃烧生成。因此,存在 CO 并不绝对地意味着火源尚未熄灭。

(6) 在漏风较大的火区,即使 CO、CH_4、H_2、C_mH_n 和 CO_2 浓度下降,O_2 浓度也可能增加。当火区位于地层裂缝较大,特别是煤层之间和浅部采空区附近(距离小于 30 倍采高)时,火区空气中 O_2 浓度不易下降。

(7) 火区内煤层瓦斯涌出量大,可能将火区内火源生成的气体挤出,使这些气体浓度下降,但并不意味着火源已熄灭。

(8) 正确分析封闭火区内大气中各种气体浓度的变化趋势,可以提高火区状态分析的可靠性。在启封火区时获取的气体浓度变化趋势信息,有助于了解启封时的状态变化,以便及时采取防止事故发生的措施。

综上所述,由于测得的火区内大气温度、CO 浓度、O_2 浓度不能准确地反映着火带的燃烧状况特别是阴燃状况,而着火带的阴燃状况在防火墙外是难以了解的。所以,无法确定可靠的、实践可行的准确指标来判定火源是否熄灭。《煤矿安全规程》规定的几项指标只能在实践可行的前提下提供火区启封作业的相对安全保障。在启封火区时,仍需制订安全措施,不能麻痹。

2. 启封火区必须遵守的规定

《煤矿安全规程》第二百八十条规定:启封已熄灭的火区前,必须制订安全措施。

启封火区时,应当逐段恢复通风,同时测定回风流中一氧化碳、甲烷浓度和风流温度。发现复燃征兆时,必须立即停止向火区送风,并重新封闭火区。

启封火区和恢复火区初期通风等工作,必须由矿山救护队负责进行,火区回风风流所经过巷道中的人员必须全部撤出。

在启封火区工作完毕后的 3 天内,每班必须由矿山救护队检查通风工作,并测定水温、空气温度和空气成分。只有在确认火区完全熄灭、通风等情况良好后,方可进行生产工作。

《矿山救援规程》第一百六十四条规定,封闭火区符合启封条件后方可启封。矿山救援队参加启封火区工作应当遵守下列规定：

（1）启封前，检查火区的温度、各种气体浓度和巷道支护等情况，切断回风流电源，撤出回风侧人员，在通往回风道交叉口处设栅栏和警示标志，并做好重新封闭的准备工作。

（2）启封时，采取锁风措施，逐段恢复通风，检查各种气体浓度和温度变化情况，发现复燃征兆，立即重新封闭火区。

（3）启封后3日内，每班由矿山救援队检查通风状况，测定水温、空气温度和空气成分，并取气样进行分析，确认火区完全熄灭后，方可结束启封工作。

3. 启封火区的方法

（1）通风启封火区法。通风启封火区法若应用恰当，是一种最迅速、最方便、最安全、最经济的方法。通风启封火区法可以用于全矿井地面封闭的火区启封中，但是在井下局部范围的火区启封时，该方法只能用于火区范围小、着火带附近无顶板大量垮塌、火区内可燃气体浓度低于爆炸界限以下的情况下。通风启封火区法若应用不恰当，则会造成火区复燃、火势扩大甚至发生爆炸事故，而成为最缓慢、最困难、最危险、最不经济的方法。

通风启封密闭的步骤简单，启封前预先确定有害气体的排放路线，并撤出路线上的人员。首先打开一个出风侧防火墙（先打开1个小孔并逐渐扩大），过一段时间再打开一个进风侧防火墙，待有害气体排放一段时间无异常现象，相继打开其余防火墙。进风侧防火墙一般处于火区下部，容易有 CO_2 积存。启封前和启封时要注意检查，防止 CO_2 逆风流流动造成危害。打开进回风侧防火墙的短期内要采取强力通风，并要求工作人员撤离一段时间，待1～2 h后再进入火区进行火区恢复工作。

（2）锁风启封火区法。锁风启封火区法适用于火区范围大、难以确认火源是否完全熄灭，以及高瓦斯涌出火区防止瓦斯爆炸等情况。锁风启封火区法就是沿着原封闭区内的巷道，由外向里向火源逐段移动密闭位置，逐渐缩小火区范围，最后在封闭状况下进入着火带，实现火区全部启封的方法。

① 锁风密闭的位置。在主要进风巷侧原防火墙之外5～6 m处建立带风门的密闭。救援人员进入后，关闭风门，打开原火区防火墙。在形成的封闭空间中应便于贮存材料，作业人员应能与救灾指挥中心保持联系。

② 锁风启封火区法可能存在的危险。由于在打开原防火墙时新鲜空气的进入不可避免地增加原封闭区内大气中的氧气浓度，因此，锁风操作必须在封闭区内氧气浓度减少到2%以下才能开始。这主要是考虑到可能形成爆炸性气体。在封闭区内若已形成爆炸性气体，人员就应撤退。另外，封闭区内有害气体涌出也可能威胁锁风作业人员的安全，在大气压力降低时更应注意这种危险。为了解火区内大气压力的变化，应监测火区内外压力的变化。封闭区内气压下降，预示新鲜空气可能流入；气压上升预示封闭区内有害气体可能流出。救灾指挥中心应有地面和封闭区内大气压力变化实时测定的数据，以便及时掌握封闭区内和地表大气变化趋势。

③ 锁风启封火区时的封闭区内大气监测。在进行锁风启封时，应连续监测封闭区内大气状态，用以预警下列情况出现的可能性：大量氧气流入封闭区，封闭区内大量有害气

体流出，存在爆炸危险。如前所述，监测封闭区内空气组分和气压并作出变化趋势图，可以帮助人员分析前两种危险的可能性。但是，电子监测仪器特别是电子瓦斯检定器在缺氧条件下可能出现较大误差甚至失效。所以，救灾人员应根据下列现象来判断爆炸发生的可能性：压力波动（注意密闭内气流是否稳定，若出现"呼吸"现象、风流方向变化频繁，均预警有爆炸的可能）；CO 浓度或 H_2 浓度连续增加（考虑变化趋势而非仅考虑浓度值）表示火势发展；在冒顶处烟雾增加，预警有复燃的可能。

4. 火区缩封方法的评判

在火灾救灾过程中，为保证救灾的安全，常出现火区封闭范围较大的情况。救灾工作结束后，由于火区封闭范围大，把生产系统、采煤工作面圈入封闭火区中，影响以后的生产，因此应缩封火区。火区缩封与锁风启封火区的启封步骤相同，只是存在火区锁风将打开整个火区、火区缩封将缩小火区的差异。火区缩封也必须打开火区，应该遵守《煤矿安全规程》《矿山救援规程》等关于火区启封条件的相关规定。然而，这样做又出现了新的问题，既然符合火区启封的条件，就没有必要"缩封"，可以直接启封。若如此，缩封技术就不存在了。火区缩封常在煤矿处理火区时采用，火区缩封是否符合《煤矿安全规程》《矿山救援规程》等的规定，若火区缩封合规应采取哪些安全措施，是值得探讨的技术问题。

为提高火区密闭的安全性，有时救援队也愿意进行大范围火区临时封闭，控制火区火势后，再用火区缩封方法进入临时封闭的火区进行火区永久封闭。要注意这种救灾方式存在较大的危险：①打开临时密闭，进入临时封闭的火区难以保证执行《煤矿安全规程》《矿山救援规程》等关于火区启封的相关规定；②尽管进行了临时封闭，火区范围大，比较安全，但进入临时封闭火区进行火区永久密闭，危险性更大，除非采取有效的注惰，保证火区环境的惰化，才能保证火区不发生瓦斯爆炸，保护小范围火区永久密闭的安全。因此，在救灾期间采取火区缩封方法时必须十分谨慎，保证火区封闭的安全。

六、矿井火灾时期的反风

为防止灾害事故扩大和抢救人员的需要而采取的迅速倒转风流方向的措施，称为矿井反风。

（一）反风目的

当井下发生火灾时，能够按需要有效地控制风流方向，确保人员安全撤离和抢救人员，防止灾区范围扩大，并为灭火和处理火灾事故提供条件。

（二）反风类型

矿井火灾时期，由于火灾烟流将进入采掘工作面而造成重大人员伤亡，采取全矿井反风、区域性反风或局部反风等风向控制措施是矿井火灾救灾的一个重要特点。

（1）当火灾发生在矿井井口附近、井筒、井底车场（包括井底车场硐室）和与井底车场直接相通的大巷（中央石门、运输大巷）时，由于产生的大量有害气体会威胁井下绝大多数人员的安全，此时为了防止灾害扩大，把有害气体以最短线路尽快排出地面，应进行全矿性反风。

（2）当矿井某一区域的进风巷（尤其是多风机联合运转的矿井）或某一独立的通风系统进风大巷发生火灾事故时，为防止灾害扩大，可以采取区域性反风措施。

（3）当采区内部或工作面进风巷着火，有条件时可进行局部反风。当进风侧不具备灭火条件，需要从回风巷接近火源或者需要在回风侧设水幕时，可进行局部反风。

（三）反风时的注意事项

（1）反风时必须撤出原进风侧全部人员。

（2）局部反风前在原进风侧采取防止火灾蔓延的措施。

（3）利用自然风压或火风压停机反风，但要防止瓦斯聚积。

（4）多风井通风反风时，所有风机要同时反风，至少是非事故风机先反风，排烟风机绝不能轻易单独反风或停机。

（5）高瓦斯矿井反风后要经常检查瓦斯浓度，当有爆炸危险时应停止反风。

（四）矿井反风的保障

矿井反风是一项对井下安全状况影响很大的救灾措施。反风后偏远及深部生产区域是否会获得一定的反风量；反风时工作面高瓦斯区域、采空区、火区内瓦斯流向是否会发生变化，是否增大了瓦斯进入火源的可能性和发生瓦斯爆炸的可能性；反风时是否影响受保护的采掘工作面人员撤退及受反风威胁的进风区域人员的撤退、组织等。对上述情况的了解和应对是决定矿井反风救灾措施能否实施的关键。

为保障矿井反风实施的安全性和有效性，需要做好以下几个方面的工作：

（1）遵守《煤矿安全规程》等关于矿井反风设施、主要通风机管理必须满足风流反向时间（10 min 内）、反风后主要通风机供风量（不应少于正常供风量的40%）、反风设施检查（至少每季度检查1次）和反风演习（每年应当演习1次）的规定。

（2）反风演习应注意井下各区域的供风量变化、瓦斯浓度和其对火区和采空区气体的影响。矿井反风具体实施时常存在争议，主要原因是担心全矿或局部反风效果不好，可能造成矿井火区内风流流向逆转，导致可燃性气体进入火源；可能造成采空区瓦斯、工作面高瓦斯区域（如专用排瓦斯巷、上隅角瓦斯积聚区）瓦斯涌出进入火源引起爆炸。因此，为保证灾变时期反风决策的正确性，必须在平常的反风演习中，注意反风效果和反风可能造成的上述影响，以便提前采取补救措施。

（3）注意反风后影响区域内人员的通信联系和撤退。反风将对影响区域内人员的安全造成威胁，为减小反风带来的不利影响，提高反风作业的及时性、有效性，必须预先提供充分的反风决策、组织、通信和装备保证。

（4）加强对井下人员进行反风知识的教育。矿井或局部反风是否成功，很大程度上取决于影响区域内的人员对反风知识及应对措施的了解程度，必须预先对井下人员进行反风技术知识、程序和安全措施等方面的教育，使影响区域内的人员安全撤退。

（5）注意救灾措施执行顺序的重要性。矿井进风区发生灾害而采取全矿反风等措施时，须注意与灾害治理、受影响区域人员撤退和救援队下井探察等必要救灾步骤实施顺序的协调情况。若首先通知人员撤退或直接处理灾害，反风措施将对向原进风区撤退人员或在灾害源上风侧处理灾害人员造成威胁。因此，即使需要同时采取几种措施，也必须预先考虑几种措施在不同条件下的执行顺序，避免救灾时临时决策的失误。

七、矿井火灾事故的现场应急救援

1. 现场应急措施

（1）发现火源时，现场人员应利用附近灭火器材积极扑灭初期火灾，并迅速向调度室报告。在难以控制时应立即佩戴自救器，按照火灾事故的避灾路线，迅速撤出灾区直至地面。

（2）在撤离受受阻时应戴好自器，选择最近的避难硐室或临时避险设施待救。

（3）带班领导和班组长负责组织灭火、自救互救和撤离工作。采取措施控制事故的危害和危险源，防止事故扩大。

2. 事故矿井应急处置

（1）调度室接到事故报告后，必须立即发出警报，通知撤出灾区和可能受威胁区域的人员。在判断受威胁区域时，要充分考虑到矿井外因火灾发展迅速、火烟蔓延速度快的特点，要估计到火势失去控制后可能造成的危害。严格执行抢险救援期间入井、升井制度，安排专人清点升井人数，确认未升井人数。

（2）通知相关单位，报告事故情况。第一时间通知矿山救护队出动救援。通知当地医疗机构进行医疗救护，通知矿井主要负责人、技术负责人及各有关部门相关人员开展救援，通知可能波及的相邻矿井和有关单位，按规定向上级有关部门和领导报告。

（3）要抓住火灾初期容易控制、容易扑灭的有利时机，尽快采取措施灭火和控制火势发展，防止灾情扩大。迅速组织开展救援工作，积极抢救被困遇险人员。

（4）保持风机正常运行，维护通风系统稳定。

3. 抢险救援技术要点

（1）了解掌握火灾地点、火灾类型、火源位置、灾区范围、遇险人员数量及分布位置、通风、瓦斯等有害气体浓度、巷道破坏程度，以及现场救援队伍和救援装备等情况。根据需要，增调救援队伍、装备和专家等救援资源。

（2）应迅速派矿山救援队进入灾区探察，进一步分析判断火源点、燃烧强度、温度及气体浓度分布状况、破坏范围及程度，判断被困人员的生存状况，研究制定救援方案和安全技术措施。

（3）采取风流调控措施，控制火灾烟雾的蔓延，防止火灾扩大，防止引起瓦斯爆炸，防止因火风压引起风流逆转造成危害，创造有利的灭火条件，保证救灾人员的安全，并有利于抢救遇险人员。采取反风措施处理进风井筒、井底车场及主要进风巷火灾时，必须详细制定和严格实施反风方案和安全措施，反风前，撤出火源进风区人员。

（4）根据现场情况选择直接灭火方法、隔绝灭火方法或综合灭火方法。当火源明确、能够接近、火势不大、范围较小、瓦斯浓度在允许范围内时，应采取清除火源、用水浇灭等直接灭火方法，尽快扑灭火灾，防止事故扩大。对于大面积或隐蔽火灾，直接灭火无效或者危及救援人员安全时，应采取封闭火区的隔绝灭火方法或综合灭火方法。封闭具有爆炸危险的火区，应采取注入惰性气体、注浆等措施惰化火区，消除爆炸危险，再在安全位置建立密闭墙进行隔绝灭火。

（5）组织恢复通风设施时，遵循"先外后里，先主后次"的原则，由井底开始由外向里逐步恢复，先恢复主要的和容易恢复的通风设施。损坏严重、一时难以恢复的通风设施可用临时设施代替。

4. 安全注意事项

（1）加强对灾区气体的检测分析，防止发生瓦斯、煤尘爆炸造成伤害。必须指定专人检查瓦斯和煤尘，观测灾区气体和风流变化情况。当甲烷浓度达到 2.0% 并继续上升时，全部人员立即撤离至安全地点并向指挥部报告。

（2）救援队在行进和救援过程中，救援队指挥员及队员应当随时注意风量、风向的动态变化，用以判断是否出现风流逆转、逆退和滚退等风流紊乱，并采取相应防护措施；还应注意顶板和巷道支护情况，防止因高温燃烧造成巷道垮落伤人。

（3）处理掘进工作面火灾时，应保持原有的通风状态，进行探察后再采取措施。

（4）处理上下山火灾时，必须采取措施，防止因火风压造成风流逆转或巷道垮塌造成风流受阻威胁救援人员的安全。

（5）处理爆炸物品库火灾时，应先将雷管运出，再将其他爆炸物品运出。因高温或爆炸危险不能运出时，应关闭防火门，退至安全地点。

（6）处理绞车房火灾时，应将火源下方的矿车固定，防止烧断钢丝绳造成跑车伤人。处理蓄电池电机车库火灾时，应切断电源，采取措施，防止氢气爆炸。

（7）封闭火区时，为了保证安全和提高效率，可采取远距离自动封闭技术实施封闭。采用传统封闭技术时，必须设置井下基地和待机小队，准备充足的封闭材料和工具，确保灾区爆炸性气体达到爆炸浓度之前完成封闭工作，撤出作业人员。

（8）采取火区缩封措施减小火区封闭范围时，应采取注惰、注浆等措施有效惰化火区后实施缩封作业。

5. 相关工作要求

（1）严禁盲目入井施救。救援过程中，如果发现有爆炸危险、风流逆转或其他灾情突变等危险征兆，救援人员应立即撤离火区。在已发生爆炸的火区无法排除发生二次爆炸的可能时，禁止任何人入井，根据灾情研究制定相应救援方案和安全技术措施。

（2）封闭具有爆炸危险的火区时，必须保证救援人员的安全。应采取注入惰性气体等抑爆措施，加强封闭施工的组织管理，选择远离火源点的安全位置构筑密闭墙，封闭完成后，所有人员必须立即撤出，24 h 内严禁派人检查或加固密闭墙。

（3）发现已封闭的火区发生爆炸造成密闭墙破坏时，严禁派救援队探察或者恢复密闭墙。应当采取安全措施，实施远距离封闭。

八、处理井下火灾战术应用与案例分析

（一）处理井下火灾战术应用

救援队到达事故矿井后，应首先了解火灾详细情况，并进行灾区探察。根据火情，采取进一步处置措施。

1. 采用直接灭火方法灭火

（1）用水灭火。

（2）用砂子、岩粉、泥土及其他不燃性材料直接压灭火焰。

（3）用灭火器灭火。
（4）破开和取出燃烧物，然后用水浇灭。
（5）用高、中倍数泡沫灭火。
（6）用惰性气体灭火。
（7）用水灌注火区。

2. 采用隔绝灭火方法灭火

（1）封闭所有与地面连通的巷道和裂缝。
（2）用密闭墙隔绝火源和发火区，然后采用均压技术或灌注泥浆、河砂、粉煤灰，加速火区熄灭。

《矿山救援规程》第八十条规定，用水或者注浆灭火应当遵守下列规定：
（1）从进风侧进行灭火，并采取防止溃水措施，同时将回风侧人员撤出。
（2）为控制火势，可以采取设置水幕、清除可燃物等措施。
（3）从火焰外围喷洒并逐步移向火源中心，不得将水流直接对准火焰中心。
（4）灭火过程中保持足够的风量和回风道畅通，使水蒸气直接排入回风道。
（5）向火源大量灌水或者从上部灌浆时，不得靠近火源地点作业；用水快速淹没火区时，火区密闭附近及其下方区域不得有人。

3. 采用综合灭火方法灭火

先用隔绝灭火方法灭火，待火已部分熄灭和温度降低后，采取措施控制火区，再打开密闭墙用直接灭火方法灭火。

在选择灭火方法时，指挥员应该考虑火灾的特点、发生地点、范围及灭火的人力、物力。

一般情况下，应尽可能采取直接灭火方法。下列情况下，应当采用隔绝灭火或者综合灭火方法：
（1）缺乏灭火器材。
（2）火源点不明确、火区范围大、难以接近火源。
（3）直接灭火无效或者对灭火人员危险性较大。

4. 处理井下火灾时通风方式的选择及注意事项

扑灭井下火灾时，抢险救援指挥部应根据火源位置、火灾波及范围、工作人员分布及瓦斯涌出情况，迅速而慎重地决定通风方式。

（1）进风井口、井筒、井底车场、主要进风道和硐室发生火灾时，为了抢救井下人员，应反风或风流短路。反风前，必须将原进风侧的人员撤出，并采取阻止火灾蔓延的措施，防止反风后火灾向进风侧蔓延。如果不能反风或停风后风流能逆转时，也可停止主要通风机运转，但要防止引起瓦斯积聚。

（2）进风的下山巷道着火时，必须采取防止火风压造成风流紊乱和风流逆转的措施。改变通风系统和通风方式时，必须有利于控制火风压。

（3）在瓦斯矿井灭火时应尽量采用正常通风方式。如必须反风或风流短路时，应加强瓦斯检查，防止引起瓦斯爆炸。灭火中只有在不致使瓦斯很快积聚到爆炸危险浓度，且能使人员迅速撤出危险区时，才能采用停止通风的方法。

救援队扑灭瓦斯燃烧引起的火灾时,可采用干粉、惰性气体、泡沫灭火,不得随意改变风量,防止事故扩大。

扑灭瓦斯燃烧引起的火灾时,不得使用震动性的灭火手段,防止事故扩大。

灭火时,如积聚的瓦斯可能涌入火区,应加强巷道通风。如果瓦斯浓度达到2%,并且仍在继续增加,矿山救援队指挥员必须立即将全体人员撤到安全地点,采取措施排放瓦斯。如果不能将瓦斯排除,应会同抢救指挥部,研究保证安全的新的灭火方法。

(二)高温、浓烟下的矿山救援战术应用

矿山救援队在高温、浓烟下开展救援工作应当遵守下列规定:

(1)在高温、浓烟、塌冒、爆炸和水淹等灾区,无须抢救人员的,矿山救援队不得进入;因抢救人员需要进入时,应当采取安全保障措施。

(2)应急救援人员出现身体不适或者氧气呼吸器发生故障难以排除时,救援小队全体人员应当立即撤到安全地点,并报告现场指挥部。

(3)应急救援人员在灾区工作1个氧气呼吸器班后,应当至少休息8 h;只有在后续矿山救援队未到达且急需抢救人员时,方可根据体质情况,在氧气呼吸器补充氧气、更换药品和降温冷却材料并校验合格后重新投入工作。

(4)矿山救援队在完成救援任务撤出灾区时,应当将携带的救援装备带出灾区。

(5)井下巷道内温度超过30 ℃的,控制佩用氧气呼吸器持续作业时间;温度超过40 ℃的,不得佩用氧气呼吸器作业,抢救人员时严格限制持续作业时间。

(6)采取降温措施,改善工作环境,井下基地配备含0.75% 食盐的温开水。

(7)高温巷道内空气升温梯度达到0.5~1 ℃/min 时,小队返回井下基地,并及时报告基地指挥员。

(8)严禁进入烟雾弥漫至能见度小于1 m 的巷道。

(9)发现应急救援人员身体异常的,小队返回井下基地并通知待机小队。

(三)致人窒息或者有毒有害气体积存下的战术应用

矿山救援队在致人窒息或者有毒有害气体积存的灾区抢救遇险人员应当做到:

(1)引导或者运送遇险人员时,为遇险人员佩用全面罩正压氧气呼吸器或者自救器。

(2)对受伤、窒息或者中毒人员进行必要的急救处理,并送至安全地点。

(3)处理和搬运伤员时,防止伤员拉扯氧气呼吸器软管或者面罩。

(4)抢救长时间被困遇险人员,请专业医护人员配合,运送时采取护目措施,避免灯光和井口外光线直射遇险人员眼睛。

(5)有多名遇险人员待救的,按照"先重后轻、先易后难"的顺序抢救;无法一次全部救出的,为待救遇险人员佩用全面罩正压氧气呼吸器或者自救器。

(四)处理不同地点火灾的战术应用

(1)处置进风井口建筑物火灾,应当采取防止火灾气体及火焰侵入井下的措施,可以立即反风或者关闭井口防火门;不能反风的,根据矿井实际情况决定是否停止主要通风机。同时,采取措施进行灭火。

(2)处置正在开凿井筒的井口建筑物火灾,通往遇险人员作业地点的通道被火切断时，可以利用原有的铁风筒及各类适合供风的管路设施向遇险人员送风，同时采取措施进行灭火。

（3）处置进风井筒火灾，为防止火灾气体侵入井下巷道，可以采取反风或者停止主要通风机运转的措施。

（4）处置回风井筒火灾，应当保持原有风流方向，为防止火势增大，可以适当减少风量。

（5）处置井底车场火灾应当采取下列措施：

① 进风井井底车场和毗连硐室发生火灾，进行反风或者风流短路，防止火灾气体侵入工作区。

② 回风井井底车场发生火灾，保持正常风流方向，可以适当减少风量。

③ 直接灭火和阻止火灾蔓延。

④ 为防止混凝土支架和砌碹巷道上面木垛燃烧，可在碹上打眼或者破碹，安设水幕或者灌注防灭火材料。

⑤ 保护可能受到火灾危及的井筒、爆炸物品库、变电所和水泵房等关键地点。

（6）处置井下硐室火灾应当采取下列措施：

① 着火硐室位于矿井总进风道的，进行反风或者风流短路。

② 着火硐室位于矿井一翼或者采区总进风流所经两巷道连接处的，在安全的前提下进行风流短路，条件具备时也可以局部反风。

③ 爆炸物品库着火的，在安全的前提下先将雷管和导爆索运出，后将其他爆炸材料运出；因危险不能运出时，关闭防火门，人员撤至安全地点。

④ 绞车房着火的，将连接的矿车固定，防止烧断钢丝绳，造成跑车伤人。

⑤ 蓄电池机车充电硐室着火的，切断电源，停止充电，加强通风并及时运出蓄电池。

⑥ 硐室无防火门的，挂风障控制入风，积极灭火。

（7）处置井下巷道火灾应当采取下列措施：

① 倾斜上行风流巷道发生火灾，保持正常风流方向，可以适当减少风量，防止与着火巷道并联的巷道发生风流逆转。

② 倾斜下行风流巷道发生火灾，防止发生风流逆转，不得在着火巷道由上向下接近火源灭火，可以利用平行下山和联络巷接近火源灭火。

③ 在倾斜巷道从下向上灭火时，防止冒落岩石和燃烧物掉落伤人。

④ 矿井或者一翼总进风道中的平巷、石门或者其他水平巷道发生火灾，根据具体情况采取反风、风流短路或者正常通风，采取风流短路时防止风流紊乱。

⑤ 架线式电机车巷道发生火灾，先切断电源，并将线路接地，接地点在可见范围内。

⑥ 带式输送机运输巷道发生火灾，先停止输送机，关闭电源，后进行灭火。

（8）处置独头巷道火灾应当采取下列措施：

① 矿山救援队到达现场后，保持局部通风机通风原状，即风机停止运转的不要开启，风机开启的不要停止，进行探察后再采取处置措施。

② 水平独头巷道迎头发生火灾，且甲烷浓度不超过 2% 的，在通风的前提下直接灭火，灭火后检查和处置阴燃火点，防止复燃。

③ 水平独头巷道中段发生火灾，灭火时注意火源以里巷道内瓦斯情况，防止积聚的瓦斯经过火点，情况不明的，在安全地点进行封闭。

④ 倾斜独头巷道迎头发生火灾，且甲烷浓度不超过 2% 时，在加强通风的情况下可以直接灭火；甲烷浓度超过 2% 时，应急救援人员立即撤离，并在安全地点进行封闭。

⑤ 倾斜独头巷道中段发生火灾，不得直接灭火，在安全地点进行封闭。

⑥ 局部通风机已经停止运转，且无须抢救人员的，无论火源位于何处，均在安全地点进行封闭，不得进入直接灭火。

（9）处置回采工作面火灾应当采取下列措施：

① 工作面着火，在进风侧进行灭火；在进风侧灭火难以奏效的，可以进行局部反风，从反风后的进风侧灭火，并在回风侧设置水幕。

② 工作面进风巷着火，为抢救人员和控制火势，可以进行局部反风或者减少风量，减少风量时防止灾区缺氧和瓦斯等有毒有害气体积聚。

③ 工作面回风巷着火，防止采空区瓦斯涌出和积聚造成瓦斯爆炸。

④ 急倾斜工作面着火，不得在火源上方或者火源下方直接灭火，防止水蒸气或者火区塌落物伤人；有条件的可以从侧面利用保护台板或者保护盖接近火源灭火。

⑤ 工作面有爆炸危险时，应急救援人员立即撤到安全地点，禁止直接灭火。

（10）采空区或者巷道冒落带发生火灾，应当保持通风系统稳定，检查与火区相连的通道，防止瓦斯涌入火区。

九、井下火灾事故案例分析

兴通煤矿"4·27"火灾事故

2014 年 4 月 27 日 16 时 50 分，内蒙古兴安盟兴通煤业有限公司兴通煤矿 11B07 综采工作面发生瓦斯燃烧事故。

（一）矿井概况

该矿位于兴安盟科尔沁右翼中旗境内，井田内主要可采煤层为 11、14、21 号煤层，倾角为 10°~15°，局部倾角较大，现开采 11、14 号煤层。该矿属于低瓦斯矿井，煤层具有自燃倾向性。

矿井采用中央并列式、抽出式通风，由主、副斜井进风，回风立井回风。

（二）事故经过

2014 年 4 月 27 日 16 时 50 分，11B07 综采工作面一名工人在 78 号支架处清理浮煤时，突然发现有明火落下，随后，发现 100 号支架处又有明火落下。见此情况，他立即沿进风巷道撤离，并告知其他工人一起沿进风方向撤离。此时，班长在工作面上出口处也发现火情，他立即组织其他人员沿避灾路线撤离，同时向带班矿长做了汇报。带班矿长立即向矿调度室做了汇报。

兴通煤矿"4·27"火灾事故通风示意如图 5-4 所示。

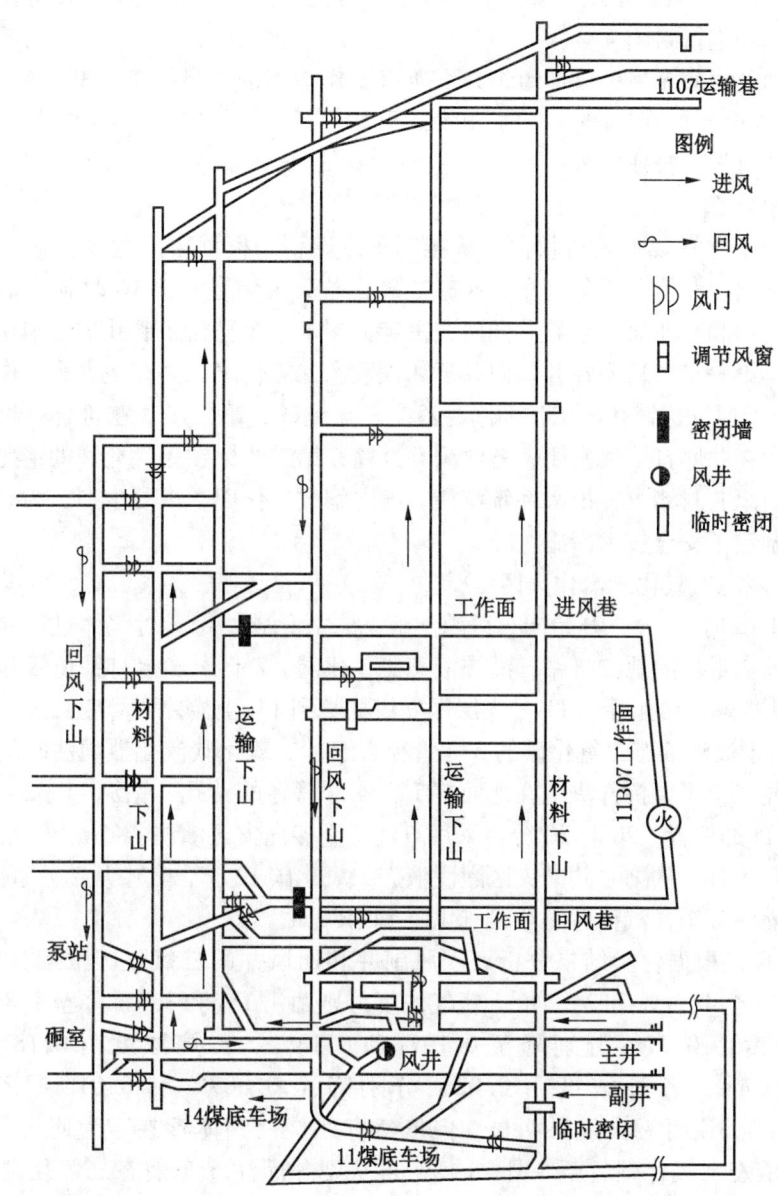

图 5-4 兴通煤矿"4·27"火灾事故通风示意图

（三）事故直接原因

11B07 综采工作面工人在移动支架时，支架与支架相互摩擦产生火花引燃支架后积存的瓦斯，引起火灾。

（四）应急处置及抢险救援

1. 企业应急处置

调度员接到灾情报告后，立即通知矿领导及兴通煤业公司领导，兴通煤业公司领导命令:"立即启动事故应急救援预案,通知井下所有工作人员,按火灾避灾路线全部撤到井上,并对全矿井进行封闭"。

矿长接到公司命令后,立即组织井下所有工作地点的人员撤离,截止到17时40分,当班入井58人全部撤到地面。17时50分,开始进行井口封堵。20时30分,井口封堵完毕,并在各井口设置警戒线。

2. 事故救援过程

4月30日,平庄煤业公司救护大队接到事故召请。根据事故性质,副大队长立即带领相关人员,出动气体分析化验车、液态二氧化碳灭火装备,于16时到达事故矿井。经与兴通煤业公司和兴通煤矿领导共同研究决定,制定了对已封闭矿井进行惰化并逐步启封的救援方案:第一步,从副井井口向井下注入液态二氧化碳,并在距着火工作面回风巷内100 m左右位置通过打钻孔向工作面灌注液态二氧化碳;第二步,在符合启封条件时,锁风进入灾区,在井底打三道密闭,解放副井井筒;第三步,在条件允许的情况下,把着火工作面进、回风巷封堵上,把大系统解放,随之解放工作面,恢复生产。为确保救援过程安全,同时制定了安全技术措施。

1) 灌注液态二氧化碳惰化火区

5月1日18时30分,开始向火区灌注液态二氧化碳,每天对气体进行检测,同时确定在距着火地点最近的地方打钻,灌注液态二氧化碳。2日,确定打钻位置为距工作面约100 m的回风巷内。钻孔穿过11号煤层保安煤柱直到14号煤层回风巷。

3日,由于灌注液态二氧化碳的2寸管径太细,二氧化碳汽化器灌注时间长,因此降温效果不明显。救援指挥部决定在地面打1个4寸管径的钻孔,钻深11.32 m,钻透副井井口下14 m的位置。20时30分,采用直注式直接向灾区灌注。

截至5月5日,从副井共向灾区灌注液态二氧化碳12车,其中从2寸管路注入5车,从4寸管路灌注7车,汽化后灌注二氧化碳149480 m^3。

5月13日,根据化验结果分析,入风副井和回风井的二氧化碳浓度分别由1.08%和1.02%升高至46.1%和24.5%,氧气浓度分别由4.1%和3.6%降至1.8%和1.6%,一氧化碳浓度由0.27%分别降至0.19%和0.14%,乙烷浓度由0.18%分别降至0.12%和0.17%,乙烯浓度由0.02%分别降至0.007%和0.01%,乙炔浓度由0.002%降为0,说明灭火效果明显,但依然有燃烧性气体存在。为使火区快速熄灭,需继续灌注液态二氧化碳。至5月18日,再从副井灌注6车液态二氧化碳,汽化后灌注二氧化碳75210 m^3。

5月22日20时左右,打透距着火工作面回风巷内100 m左右位置的钻孔,全长199.81 m。经处理后,将钻孔封闭。由于钻孔打透之后,气体向里漏气,所以未进行气体采样分析。随后,开始从钻孔灌注4车二氧化碳共计101.3 t。截止到5月25日,共向灾区灌注液态二氧化碳550.68 t,合计275340 m^3。

5月28日16时30分左右,矿方通过钻孔测试巷道温度为36.6 ℃。指挥部分析认为井下温度偏高,决定继续通过钻孔向灾区灌注6车液态二氧化碳,合计注入151.5 t。

截止到5月31日,共向灾区灌注液态二氧化碳28车,合计702.18 t,折合气体体积351090 m^3,灾区空间150000 m^3,灌注的气体是空间的2.34倍。

2）启封火区

根据对火区气体成分的持续检测，分析判断火区已无明火。指挥部研究决定，制定火区启封措施，对火区予以启封。

6月5日，平庄救护大队出动2个救护小队，赶到事故矿井，按照救灾指挥部的部署，实施火区启封，顺序步骤为：①副井井口；②探察副井井筒并在副井井筒建立密闭，利用局部通风机恢复副井井筒的通风；③在副井井底、11号煤层车场、11号煤层人车站3个地点建造密闭，恢复副井井底的通风；④对工作面进行探察并在工作面进、回风巷建造2道密闭；⑤对6条下山进行探察，恢复大系统的通风；⑥恢复工作面的通风。

5日16时，首先对副井井筒密闭进行启封。因启封密闭工作量大，工作场所空间较小，启封密闭工作进展缓慢。经过24 h的连续工作，于当天零点左右，在密闭墙上掘出一条高2 m、宽1 m的通道，随后，矿方救护队把锁风密闭建好。

6日12时50分，平庄救护大队一中队一小队在锁风的情况下，对11号煤层车场以上副井井筒进行探察；13时50分，完成探察工作。14时10分至16时20分，平庄救护大队二中队二小队在11号煤层车场以上副井井筒合适位置建造第一道密闭。当日夜班，矿方救护队对11号煤层车场以上副井井筒排放瓦斯，恢复通风。

7日12时30分至13时45分，平庄救护大队一中队一小队完成对11B07综采工作面回风巷的探察任务。14时15分至16时，平庄救护大队二中队二小队对11号煤层车场和11号煤层候车室分别建造1道密闭。19时至21时20分，平庄救护大队一中队一小队在14号煤层车场建造1道密闭，完成对副井井底的封闭工作。7日夜班至8日早班，矿方救护队排放副井井筒瓦斯，恢复整个副井通风。

8日12时40分至20时10分，平庄救护大队在锁风的情况下，对11B07综采工作面进、回风巷进行探察，分别在进、回风巷建造密闭墙封闭工作面，矿方救护队在基地待机。

9日，平庄救护大队和矿方救护队分5个小组分别对11号煤层、14号煤层材料下山、皮带下山、回风下山以及1106备采工作面进行探察并取样，经探察确认无高温火点，气体化验结果与5月27日化验结果相同。至此，矿井大系统探察基本结束。

10日12时45分，启动矿井主要通风机，恢复除11B07综采工作面以外地点的通风，完成了矿井启封工作，解放了矿井大系统。

11日，指挥部决定平庄救护大队返回，11B07综采工作面的启封工作待具备启封条件后再由矿方救护队负责启封。至此，本次救援结束。

第三节 矿井瓦斯事故应急救援技术

一、矿井瓦斯性质和来源

（一）矿井瓦斯性质

从煤层及围岩中涌出的各种气体，统称为矿井瓦斯。矿井瓦斯成分很复杂，其主要成分是甲烷（CH_4），其次是二氧化碳（CO_2）和氮气（N_2），还有少量或微量的重烃类气体（乙烷、丙烷、丁烷、戊烷等）、氢气（H_2）、一氧化碳（CO）、二氧化硫（SO_2）、硫化氢（H_2S）等。由于甲烷是矿井瓦斯的主要成分，因而人们通常所说的瓦斯，通常指甲烷。

甲烷化学式为 CH_4，它是一种无色、无味的气体。在标准状态下（温度为 0 ℃，压力为 101.325 kPa）比空气轻，其相对密度为 0.554。因此，巷道顶板、冒落区顶部往往容易积聚瓦斯。瓦斯有很强的渗透性和扩散性，扩散速度是空气的 1.34 倍，且具有燃烧和爆炸性。

（二）矿井瓦斯来源

矿井瓦斯来自煤层和煤系地层，它的形成经历了两个不同的造气时期。从植物遗体到形成泥炭，属于生物化学造气时期；从褐煤、烟煤到无烟煤，属于变质作用造气时期。由于在生物化学造气时期泥炭的埋藏较浅，覆盖层的胶结固化也不好，因此生成的气体通过渗透和扩散很容易排放到大气中，留存在现今煤层中的瓦斯，只是其中很少的部分。

二、矿井瓦斯涌出特点

采掘活动时，煤体遭到破坏和影响，存留在煤体孔隙和裂隙中的瓦斯就会离开煤体而涌入采掘空间，这种现象叫作瓦斯涌出。瓦斯涌出形式主要有普通涌出和特殊涌出。

（一）普通涌出

瓦斯从采落的煤炭及煤层、岩层的暴露面上，通过细小的孔隙缓慢、均匀且长时间地涌出，称为普通涌出。首先是游离瓦斯涌出，而后是部分解吸的吸附瓦斯涌出。普通涌出是矿井瓦斯涌出的主要形式，不仅范围广，而且数量大。

（二）特殊涌出

如果煤层或岩层中含有大量瓦斯，采掘时，这些瓦斯有时会在极短的时间内突然地、大量地涌出，可能还伴有煤粉、煤块或岩块，瓦斯的这种涌出形式称为特殊涌出。瓦斯特殊涌出是一种动力现象，分为瓦斯喷出和煤与瓦斯突出。瓦斯特殊涌出的范围是局部的、短暂的、突发性的，但其危害极大。

三、矿井瓦斯涌出量预测

目前比较成熟的瓦斯涌出量预测方法主要分为以下 5 类：

（1）矿山统计法。矿山统计法是建立在数理统计规律基础上的统计预测方法。其优点主要是可行性强，预测相对准确；缺点主要是预测范围局限在已有资料下推 200 m 左右，地质条件要求相似才可使用。

（2）瓦斯含量法。以煤层瓦斯含量为基本参数，按照煤层瓦斯含量与采后煤炭的残余瓦斯含量计算相对瓦斯涌出量的方法，称为瓦斯含量法。其优点是成熟，应用效果较佳；缺点是未考虑地质条件因素，对地质构造尤其是断层附近适应性不好。

（3）分源计算法。分源计算法预测矿井瓦斯涌出量的实质是以煤层瓦斯含量、煤层地质与开采技术条件为基础，根据各基本瓦斯源（开采层、邻近层、围岩）的瓦斯涌出规律，分别计算采煤工作面、掘进工作面、采区及矿井的瓦斯涌出量。其优点是成熟，应用效果较佳，预测准确率达到85%以上。

（4）类比法。在一个煤田或者一个矿区范围内，地质条件相同或者相似时矿井瓦斯涌出量与钻孔煤层瓦斯含量存在一个自然比值，以此为类比，作为预测矿井瓦斯涌出量的参照。其缺点是有很大的局限性。

（5）综合法。综合法是建立在矿山统计法之上，为了提高深部水平瓦斯涌出量预测的可靠性并简化预测的计算过程，采用多种计算方法综合预测瓦斯涌出量的方法。其优点是引进了煤层瓦斯含量这一参数，使预测深度不受限制。

此外，还有灰色系统、模糊数学、构建神经网络等多种预测方法，但目前条件下均存在一定的实用性的限制。

四、瓦斯排放方法

煤矿瓦斯排放方法主要分为局部通风机排放瓦斯和矿井主要通风机全风压风量排放瓦斯两大类。其中，局部通风机排放瓦斯又分为掘进工作面临时停风排放瓦斯和启封密闭排放瓦斯；全风压风量排放瓦斯可分为备用工作面排放瓦斯和闲置巷道恢复正常通风时排放瓦斯。

（一）局部通风机排放瓦斯

1. 掘进工作面临时停风排放瓦斯

（1）采用风筒增阻法。在局部通风机风筒上捆上绳索，通过紧、松绳索调节风筒出风口的大小，从而控制局部通风机进入巷道的风量。

（2）采用错开风筒接头法。将局部通风机第一节风筒接头断开，改变风筒相对空隙的面积大小，控制局部通风机进入巷道的风量。

（3）采用局部通风机外增阻法。在局部通风机吸风口处用木板或皮带将局部通风机吸风口挡住一部分，根据排出的全风压混合风流处瓦斯浓度大小逐渐移开遮挡物，调整风机吸风口断面，从而控制局部通风机进入巷道的风量。

（4）采用智能排放瓦斯器。利用高速变频原理，调节局部通风机的转速和风量，改变排放瓦斯巷出口的混合风流风量，使全风压混合风流处的瓦斯浓度按照排放瓦斯安全技术措施规定的限制进行排放，从而实现自动、安全、可靠地排放瓦斯。

（5）采用"卸压三通"调风法。在局部通风机的第一节风筒上设置"卸压三通"，即增加一个或几个旁支短节风筒，利用绳索调节"卸压三通"排风口断面的大小，进而调节风量大小来控制全风压混合风流中的瓦斯浓度。

目前煤矿生产作业过程中，多采用"卸压三通"调风法排放瓦斯。

2. 启封密闭排放瓦斯

启封密闭排放瓦斯主要包括在掘工作面与已密闭的工作面贯通时排放瓦斯和高瓦斯矿井综采工作面过高抽联巷时排放瓦斯，主要分为以下2种情况：

（1）密闭巷道内有风筒。首先，开启密闭时，应预先对需要开启的密闭进行洒水湿润，开启密闭必须使用铜质工具，先在风筒回风侧密闭上方撬开一个 $0.5\ m^2$ 的回风洞口，再逐渐打开密闭进行风筒对接，保证排出的瓦斯与全风压风流混合处的甲烷和二氧化碳浓度均不超过1.5%，只有在密闭前后风流中的甲烷浓度不超过1.0%和二氧化碳浓度不超过1.5%的情况下，方可全部打开密闭，利用绳索调节"卸压三通"排风口断面的大小，进而调节进入密闭巷道内的风量大小来控制回风流中的瓦斯浓度，直至整条巷道中的瓦斯排放结束。

（2）密闭巷道没有风筒。巷道没有风筒时，就需要一节一节由外向里逐渐延接，保证风筒出风口10 m范围内瓦斯浓度不超过1.0%，再把下一节风筒铺开，当瓦斯浓度超过1.0%时，应立即撤至警戒位置外，利用绳索调节"卸压三通"排风口断面的大小来控制风量进行排放瓦斯。只有当风筒出风口前风流中的瓦斯浓度不超过1.0%和二氧化碳浓度不超过1.5%的情况下，方可进入巷道延接风筒，接好风筒后立即退出，返回新鲜风流中，控制风量继续排放瓦斯。如此反复重复上述操作，直至整条巷道中的瓦斯排放结束。

（二）矿井主要通风机全风压风量排放瓦斯

全风压风量排放瓦斯是指利用主要通风机全风压进行瓦斯排放，对已经形成独立通风系统的密闭巷道，如备用工作面或系统闲置巷道，在恢复正常通风前需要排出巷道中的瓦斯。开启密闭前，应预先对需要开启的密闭进行洒水润湿，开启密闭必须使用铜质工具，坚持先打开回风侧密闭后打开进风侧密闭的原则，排放瓦斯时，应安排1名瓦斯检查工用瓦斯杖固定光瓦胶皮管（长度不得小于2 m）并伸到回风流中不间断检测回风流中的甲烷浓度，只有在保证排出的风流与全风压风流混合后的风流中瓦斯浓度和二氧化碳浓度均不超过1.5%且稳定后，方可由小到大逐渐开启进风侧密闭墙断面，控制巷道风量继续排放。如此反复重复上述操作，直至回风侧密闭墙全部打开，整条巷道中的瓦斯排放结束。

《煤矿安全规程》规定，停风区中甲烷浓度或者二氧化碳浓度超过3.0%时，必须制定安全排放瓦斯措施，报矿总工程师批准。

（三）安全排放瓦斯的措施及注意事项

（1）编制安全排放瓦斯措施时，必须根据不同地点的不同情况制定有针对性的措施。批准的排放瓦斯措施，必须由矿技术负责人贯彻，责任落实到人，凡参加审查、贯彻、实施的人员，都必须签字备查。

（2）排放瓦斯前，必须先检查局部通风机及其开关地点附近10 m以内风流中的甲烷浓度，其浓度都不超过0.5%时，方可人工启动局部通风机向独头巷道送入有限的风量，逐步排放积聚的瓦斯；同时还必须使独头巷道中排出的风流与全风压风流混合处的甲烷浓度和二氧化碳浓度都不得超过1.5%。

（3）排放瓦斯时，应有瓦斯检查人员在独头巷道回风流与全风压风流混合处经常检查甲烷浓度，当甲烷浓度达到1.5%时，应指令调节风量人员减少向独头巷道的送入风量，确保独头巷道排出的瓦斯在全风压风流混合处的甲烷浓度和二氧化碳浓度均不超限。

（4）排放瓦斯时，严禁局部通风机发生循环风。

（5）排放瓦斯时，独头巷道的回风系统内、混合风流经过的所有巷道内必须停电撤人，其他地点的停电撤人范围应当在措施中明确规定。

(6) 排放瓦斯后，经检查证实，整个独头巷道内风流中的瓦斯浓度不超过1%、氧气浓度不低于20%和二氧化碳浓度不超过1.5%，且稳定30 min后瓦斯浓度没有变化时，才可以恢复局部通风机的正常通风。

(7) 独头巷道恢复正常通风后，必须由专职电工对独头巷道中的电气设备进行检查，证实完好后，方可人工恢复局部通风机供风巷道中的一切电气设备的电源。

(8) 计算排放瓦斯量，预计排放所需时间。

(9) 确定排放瓦斯流经的路线，标明通风设施、电气设备的位置。

(10) 明确撤人范围，指定警戒人位置。

(11) 明确停电范围、停电地点及断、复电的执行人。

(12) 明确必须检查瓦斯的地点和复电时的瓦斯浓度。

(13) 明确排放瓦斯的负责人和参加人员名单及各自担负的责任。

(14) 文图齐全、清楚，通风设施、机电设备及瓦斯监测传感器等应该在图上标注的，都要准确、齐全。

(四) 排放瓦斯时应当遵守的规定

矿山救援队参加煤矿排放瓦斯工作应当遵守下列规定：

(1) 排放前，撤出回风侧巷道人员，切断回风侧巷道电源并派专人看守，检查并严密封闭回风侧区域火区。

(2) 排放时，进入排放巷道的人员佩用氧气呼吸器，派专人检查瓦斯、二氧化碳、一氧化碳等气体浓度及温度，采取控制风流排放方法，排出的瓦斯与全风压风流混合处的甲烷和二氧化碳浓度均不得超过1.5%。

(3) 排放结束后，与煤矿通风、安监机构一起进行现场检查，待通风正常后，方可撤出工作地点。

五、瓦斯爆炸条件及影响因素

(一) 瓦斯爆炸条件

瓦斯爆炸必须具备以下3个基本条件：

(1) 一定的瓦斯浓度：瓦斯浓度必须在爆炸界限内，一般为5%~16%。

(2) 足够能量的点火源：瓦斯的引火温度一般不低于650 ℃、能量大于0.28 MJ和持续时间大于爆炸感应期。

(3) 混合气体中的氧气浓度不低于12%。

(二) 影响瓦斯爆炸的因素

(1) 可燃气体混入。混合气体中混入可燃气体，增加了爆炸气体总浓度，使瓦斯爆炸下限降低，从而扩大了瓦斯爆炸界限。

(2) 爆炸性煤尘混入。混合气体中如有爆炸性煤尘，由于煤尘本身遇到火源放出可燃气体，因此能使瓦斯爆炸下限降低。

(3) 惰性气体混入。混合气体中混入惰性气体，可使氧气浓度减少，缩小瓦斯爆炸界限。

(4) 混合气体的初始温度。初始温度越高，瓦斯爆炸界限越大。

(5) 混合气体的压力。压力越大，所需引火温度越低，瓦斯越容易爆炸。

（三）瓦斯爆炸事故特点

瓦斯爆炸一般发生在煤矿井下采掘工作面，多发生在采煤工作面回风隅角、采煤机附近、掘进工作面迎头以及巷道冒落处。矿井采空区或者盲巷由于封闭不及时、不严密、漏风严重而导致煤炭自燃，当瓦斯达到爆炸浓度时，也可能发生瓦斯爆炸。根据爆炸强度、影响范围和爆炸次数，可分为局部瓦斯爆炸、大范围瓦斯爆炸和连续瓦斯爆炸。

1. 局部瓦斯爆炸事故

（1）仅发生在局部区域的瓦斯积聚点，参与爆炸的瓦斯量较少，爆炸后产生的冲击波、爆炸火焰及有毒有害气体对矿井影响较小，矿井通风系统未破坏或破坏不严重。

（2）人员在200~300 m以内受冲击波和爆炸火焰伤害比较严重，300 m以外伤害不严重。当巷道拐弯多时，冲击波和爆炸火焰的威胁降低很快，人员伤害轻或无伤害。

（3）一般情况下，爆炸对巷道支护的破坏不大。但如果巷道支护质量差、煤岩松软、顶板破碎，也会产生煤岩垮落和冒顶，甚至造成巷道或工作面堵塞和埋人的情况。

（4）采煤工作面发生爆炸，在爆炸点附近的人员，主要受冲击波和爆炸火焰的伤害；在回风侧的人员，主要受有毒有害气体的伤害；在冲击波和爆炸火焰波及不到的进风侧，人员无伤害。

（5）掘进工作面发生爆炸，通风设备、设施被破坏，巷道里的人员除受冲击波和爆炸火焰的伤害外，受有毒有害气体的中毒危害也很严重。

2. 大范围瓦斯爆炸事故

（1）参与爆炸的瓦斯量大，爆炸产生的冲击波、爆炸火焰及有毒有害气体可能影响到采区、阶段、一翼甚至整个矿井。矿井通风系统遭到破坏甚至严重破坏，恢复通风比较困难。

（2）爆炸产生的冲击波、爆炸火焰对人体伤害及对矿井各种设备、设施的破坏很严重。

（3）短时间可能发生风流逆转和风流紊乱现象，有毒有害气体快速蔓延，并进入进风侧，造成大量人员中毒。

（4）巷道支护破坏严重，可能出现大面积冒顶，造成堵、埋人员，给抢救遇险人员带来极大困难。

（5）容易引起煤尘爆炸和二次瓦斯爆炸，也容易引起火灾事故，处理十分困难。

3. 连续瓦斯爆炸事故

（1）矿井发生瓦斯爆炸事故后，由此引发二次或多次瓦斯爆炸事故，此类事故往往发生在瓦斯涌出量大和漏风补给充足的爆炸灾区，已出现自燃引发爆炸的采空区，以及其他有机电设备并且瓦斯积聚的区域。

（2）连续瓦斯爆炸的次数和相临两次爆炸的间隔时间与灾区的瓦斯涌出、通风状况有直接关系。灾区的瓦斯源充足，有大量的空气补给，连续爆炸的次数增加，间隔时间缩短。

（3）连续瓦斯爆炸容易引起煤尘爆炸的连锁反应。连续爆炸对救援人员威胁最大，事故处理更加复杂、困难。

(四) 煤尘爆炸事故特点

(1) 煤尘爆炸事故大多是伴随瓦斯爆炸而发生，单独的煤尘爆炸事故发生较少。

(2) 煤尘爆炸时产生一氧化碳浓度很高，一般为1%～2%，有时可达到7%～8%，甚至达10%以上。温度可达到2300～2500℃。

(3) 爆炸冲击波（可达到2340 m/s）会将巷道中的落尘吹扬变为浮尘，容易发生连续爆炸，其时间间隔极短。

(4) 连续爆炸时，距爆源越远其破坏力越大。初次爆炸产生的压力可达到736 kPa，第二次爆炸产生的理论压力是第一次的5至7倍，第三次爆炸产生的理论压力又是第二次的5至7倍，以此类推。即使扣除爆炸传播的衰减因素，爆炸压力仍会迅速增加。因此，连续爆炸往往造成大量人员伤亡。

(五) 防止瓦斯爆炸范围扩大的措施

(1) 矿井通风系统应力求简单，无用的巷道和采空区及时封闭，在相通的进回风巷道间安设正反两道风门，防止瓦斯爆炸时风流短路。

(2) 实行分区通风，各水平、各采区和各工作面都应有独立的进回风系统，通风巷道维修良好，风流稳定可靠。

(3) 主要通风机必须安装反风装置，必须能在10 min内改变巷道风流方向，井下主要风门要安设反风设施，并定期试验，保证在处理事故需要紧急反风时能灵活使用。

(4) 装有主要通风机和分区通风机的出风井口，必须安设防爆门，防止发生爆炸时通风机遭到破坏，影响救灾和恢复通风。

(5) 井下设置水棚或岩粉棚、岩粉带等阻止瓦斯爆炸或由于煤尘参与爆炸而波及其他地点。一旦发生瓦斯爆炸，应尽量缩小其影响范围。

(6) 编制周密的矿井灾害预防和处理计划，并贯彻到每个职工，使井下作业人员熟悉该计划，掌握预防瓦斯爆炸的基本知识和有关规章制度；加强救援组织，设置井下避难硐室。

(7) 发生爆炸事故时，一般情况下不得停止通风机运转，并且要加强通风，尽快恢复被打乱的通风系统。这样既有利于受灾人员脱离险区，又有利于抢救人员进行救灾工作。

(8) 发生爆炸事故时，灾区人员要沉着、镇定，要尽快佩戴自救器，无自救器时可用湿毛巾掩住口鼻、背离爆炸波的震动方向尽快进入就近的避难硐室，发出求救信号，等待救援。

(9) 抢救受灾人员时，要迅速搞清楚灾区和遇险人员的情况，救援人员注意选择抢救路线，以最有效的方法把人员迅速救出。

六、瓦斯、煤尘爆炸事故的现场应急救援

(一) 现场应急措施

(1) 现场人员在突然感觉到风流停滞、震荡、鼓膜有压力或者含尘气流冲击等爆炸冲击波传播迹象时，为减小随后燃烧波的威胁，应迅速采取以下自救措施：①立即屏住呼吸就地卧倒，用湿毛巾快速捂住口鼻，并戴好自救器；②用衣物盖住身体裸露部分，尽量

减少身体露出部分,以防止爆炸瞬间产生的高温灼伤身体;③在爆炸冲击波过后,按照避灾路线迅速撤离现场,并向调度室报告。

(2) 现场人员发现有爆炸事故发生迹象时,如听到爆炸声响、看到含尘烟流等,要立即屏住呼吸佩戴自救器,按照最短的安全避灾路线,尽可能避免进入有毒有害气体入侵巷道,迅速撤至安全地点直至地面,并向调度室报告。

(3) 带班领导和班组长负责组织撤离和自救互救工作,安排现场人员及时外运伤员,在撤离受阻时应紧急避险。在保证安全的情况下,采取断电等措施,控制事故危害和危险源,防止事故扩大。

(二) 抢险救援技术要点

(1) 了解现场情况,调集救援资源。各级领导和救援队伍到达现场后,首先要了解掌握以下情况:爆炸地点及波及范围、遇险人员数量及分布位置、灾区通风情况(风量大小、风流方向、通风设施损坏情况等)、监测监控系统是否正常、灾区气体情况(瓦斯浓度、一氧化碳浓度和烟雾大小)、巷道破坏程度、是否引发火灾及火灾范围、主要通风机工作情况(是否正常运转,防爆门是否被吹开、损坏,通风机房水柱计读数是否发生变化等),以及已经调集的救援队伍和救援装备等。根据需要,增调救援队伍、装备和专家等救援资源。

(2) 组织灾区探察,抢救遇险人员。首先要进行灾区探察,组织矿山救援队选择最近的路线,以最快的速度到达被困人员最多的事故区域,发现遇险人员立即抢救。要保持地面指挥部与井下基地、井下基地与进入灾区救援队之间的通信联系。探察时要探明灾区火源、瓦斯浓度和氧气浓度以及爆源点情况,顶板冒落及支架、水管、风管、通信线路情况,电气设备、局部通风机、通风系统情况,以及人员伤亡情况等。救援指挥部根据已掌握的情况、监控系统监测数据和灾区探察结果,分析和研究制定救援方案及安全保障措施。

(3) 分析恢复通风的安全性,采取相应措施。在矿井主要通风机已停止运行的情况下,必须分析重启矿井通风对灾区的影响及诱发再次爆炸的危险性。在无法判断灾区是否存在再次爆炸危险性的情况下,应隔离灾区后再重启矿井主要通风机;在灾区局部通风机已停止运行的情况下,应检查灾区是否残存火源并分析恢复通风供氧引发瓦斯爆炸的危险性,恢复通风可能导致爆炸危险未能排除时,不得随意开启通风机。在矿井、灾区通风机尚未停止运行的情况下,不得随意停风,避免瓦斯积聚引发瓦斯爆炸。

(4) 恢复灾区通风,抢救遇险人员。在无爆炸危险的情况下应尽快恢复通风,抢救遇险人员,排除爆炸产生的烟雾和有毒有害气体,在保障安全的情况下积极抢救遇险人员。组织恢复通风设施时,遵循"先外后里,先主后次"的原则,由井底开始由外向里逐步恢复,先恢复主要的和容易恢复的通风设施。损坏严重的和一时难以恢复的通风设施可用临时设施代替。恢复掘进巷道通风时,应将局部通风机安设在新鲜风流处,按照矿井排放瓦斯的规定和措施进行操作。

(5) 采取其他措施,抢救遇险人员。如果恢复灾区通风存在瓦斯爆炸危险或通风设施破坏不能恢复通风时,在保障救援人员安全的情况下,应全力以赴抢救遇险人员。如果爆源点位于矿井、采区或工作面进风区域,在保证对应区域进风方向人员已安全撤退的情况下,可采取全矿、区域或局部反风措施。反风后,从原回风侧进入灾区实施救援。

(6) 加强巷道支护,清理堵塞物。穿过支护破坏地区时,应架设临时支护,保证救援队伍退路安全。通过支护不良地点时,应逐个顺序快速通过,不得推拉支架。遇有巷道堵塞影响探察抢救时,应先清理堵塞物。若巷道堵塞严重、短时间不能清除时,应考虑从其他巷道进入灾区探察搜救。同时要恢复堵塞区外的通风,以保证其他救援人员的监护工作和做好进入灾区抢救遇险人员的准备工作。

(7) 扑灭因爆炸产生的火灾,防止再次发生爆炸。在灾区内发现火灾或残留火源,应立即组织扑灭。火势很大,一时难以扑灭时,应设法阻止火焰向遇险人员所在地蔓延。有瓦斯爆炸危险,用直接灭火法不能扑灭,并确认火区内遇险人员已无生还可能,可考虑先对火区进行封闭,再采取其他灭火措施控制火势和扑灭火源,待火区熄灭后,再组织搜寻遇难人员。

(三) 安全注意事项

(1) 进入灾区时,加强灾区气体浓度检测,探察是否存在火源,分析研判救援期间灾区状态变化以及再次发生爆炸危险性,避免发生二次爆炸伤人。当瓦斯浓度达到2%并继续上升时,应立即撤出灾区。

(2) 应注意在灾区缺氧环境下,现场检测瓦斯、一氧化碳等气体浓度可能产生的误差对灾区状态危险性判断的影响。

(3) 在恢复通风前,必须组织查明有无火源存在,是否会再次引起爆炸。

(4) 应由专人看守风门,不得随便开关风门,防止工作面产生压力波动引发再次爆炸。

(5) 井下基地附近空气中的有毒有害气体浓度超过安全界限规定时,应撤离该基地,选择安全地点重新建立井下基地。

(四) 相关工作要求

(1) 严禁盲目入井施救。救援过程中,如果发现具有爆炸危险性的灾区状态恶化,再次发生爆炸的可能性增加时,救援人员应立即撤离灾区。在已发生爆炸的灾区,无法排除发生二次爆炸的可能且无法判断其强度和影响范围时,严禁任何人入井,制定安全保障措施后方可采取进一步行动。

(2) 严禁冒险进入灾区施救。在独头巷道较长,有毒有害气体浓度高,没有消除火源,支架损坏严重且确知灾区无人或遇险人员已没有生存可能的情况下,严禁冒险进入灾区探险、强行施救。应在恢复通风、维护好支架,将有毒有害气体浓度降到安全范围内以后,方可进入搬运遇难人员。

(3) 发生连续爆炸时,现有技术无法对爆炸间隔时间进行准确预判,人员进入灾区还可能对风流状态产生扰动,存在引发瓦斯再次爆炸的危险,严重威胁救援人员的安全,严禁利用爆炸间隙进入灾区探察或搜救。

(4) 发现已封闭火区爆炸造成密闭墙破坏时,严禁派救援队探察或在原地恢复密闭墙,应采取安全措施,实施远距离封闭。

七、瓦斯爆炸事故案例分析

宝马煤矿"12·3"瓦斯爆炸事故

2016年12月3日11时10分左右,内蒙古自治区赤峰宝马矿业有限责任公司发生特别重大瓦斯爆炸事故,造成32人死亡、20人受伤,直接经济损失4399万元。

(一)矿井概况

内蒙古自治区赤峰宝马矿业有限责任公司(以下简称宝马煤矿)位于内蒙古自治区赤峰市元宝山区元宝山镇南荒村。该矿属于低瓦斯矿井,绝对瓦斯涌出量为 $0.61\ m^3/min$,相对瓦斯涌出量为 $1.05\ m^3/t$。主采6号煤层,煤层自燃倾向性为Ⅱ级(自燃),自然发火期为1.5~3个月,煤尘有爆炸性。

宝马煤矿井下布置有合法生产区域和越界违法生产区域两个生产区域。事故发生在越界违法生产区域的6040综放工作面和6040巷采工作面区域。

(二)事故经过

12月3日7时30分,宝马煤矿入井179人,其中合法生产区域12人,主要进行系统维护;越界违法生产区域167人,主要进行生产作业。8时30分左右,16人到达6040巷采工作面作业,42人到达6040综放工作面作业。10时左右,6040巷采工作面准备爆破时,局部通风机停电停风,6040巷采工作面所有人员撤至盲巷口休息、吃饭。11时左右恢复供电后,电工启动局部通风机,恢复巷采工作面通风。同时,6040工作面作业人员正在进行打眼、监护顶板、电焊维修支架、向减速机注油及工作面巡检等工作。11时7分左右,6040工作面电焊火花引起瓦斯燃烧,产生的火焰向6040工作面进风巷迅速传导。11时10分左右,引起6040巷采工作面区域瓦斯爆炸。随后,爆炸冲击波将盲巷板闭摧毁,盲巷内积存的瓦斯发生第二次爆炸。

(三)事故直接原因

宝马煤矿借回撤越界区域内设备名义违法组织生产,6040巷采工作面因停电、停风,造成瓦斯积聚;1h后恢复供电通风,积聚的高浓度瓦斯排入与之串联通风的6040综放工作面,遇到违规焊接支架的电焊火花引起瓦斯燃烧,产生的火焰传导至6040工作面进风巷,引起瓦斯爆炸。

(四)应急处置及抢险救援

1. 企业先期处置

3日11时30分,宝马煤矿调度室接到井下事故报告电话后,向矿总工程师和安全副矿长报告,并通知井下作业人员立即升井。11时40分,该矿向赤峰宝马煤炭物资有限责任公司(宝马煤矿上级公司)报告。11时45分,矿总工程师带领通风科3名工人下井,修复被冲击破坏的风门。12时10分,该矿切断了灾区的全部电源。井下矿工组织自救和互救,成功救出15名受伤矿工。宝马煤矿分别于12时23分、12时27分、12时55分向元宝山区安全监管局、平庄煤业(集团)有限责任公司救护大队和内蒙古煤矿安监局赤峰监察分局报告了事故。

2. 抢险救援过程

宝马煤矿事故救援示意如图 5-5 所示。

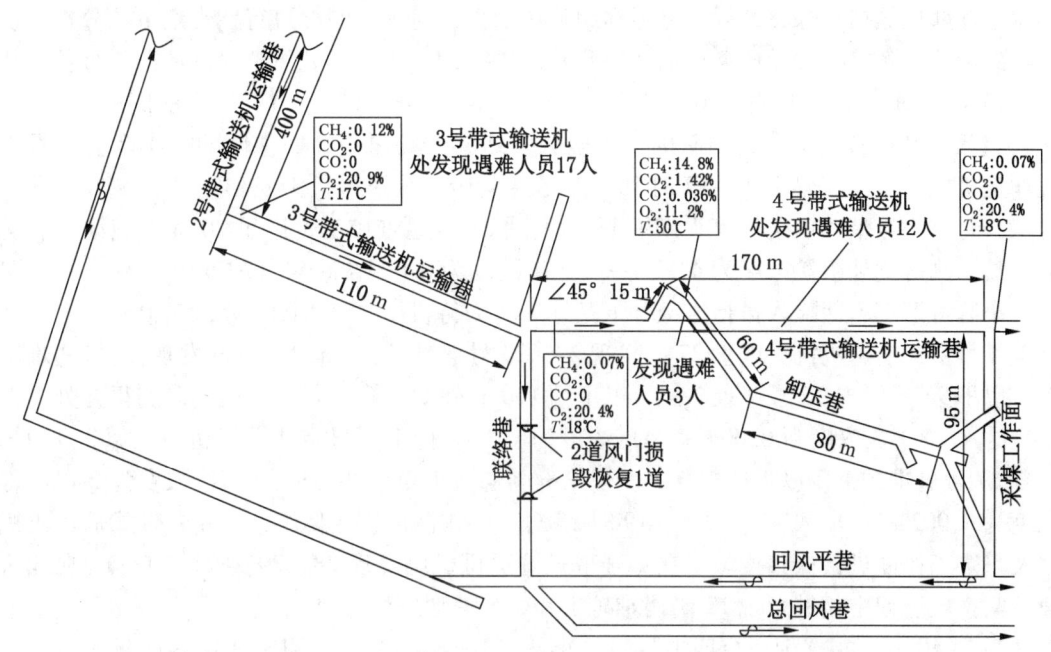

图 5-5 宝马煤矿事故救援示意图

平庄救护队到达事故矿井后,立即了解井下事故发生的原因、地点、范围、遇险人数及分布位置和矿井主要通风机运转等情况,通过矿井安全监控系统了解井下东区总回风有害气体情况,对井下灾区进行分析和判断。救护大队长、副大队长与矿长协商制定了探察搜救方案,即由四中队的二小队、三小队携带必要装备同时从矿井进风侧入井,并在新鲜风流侧选择符合要求的地点建立井下救援基地。进入灾区探察搜救的行动路线为:由6040 采煤工作面带式输送机运输巷进入,如果探察受阻或者出现异常情况,原路返回基地,向指挥部汇报。

3 日 12 时 45 分,救护队副大队长带领二小队(10 人)和三小队(9 人)入井,13时 15 分,经勘察和请示救援指挥小组同意,在东区 203 变电所建立井下救援基地,安排三小队在此待机。副中队长带领二小队 10 人从进风巷道前往灾区搜救人员,在 3 号带式输送机机头处及以里发现 1 号遇难矿工,以里 12 m 处发现 2 号遇难矿工。13 时 28 分,行至 3 号带式输送机机头以里 20 m 处发现第一名遇险人员,以里 27 m 发现 3 号遇难矿工。13 时 43 分,行至 3 号带式输送机机头以里 30 m 处发现第二名遇险人员,测得此处甲烷浓度为 2%、一氧化碳浓度为 0.002%、氧气浓度为 19%。救护队将 2 名遇险人员相继护送到井下基地。二小队继续向前探察,行至 3 号带式输送机机头以里 50~101 m,发现 4~10 号遇难矿工。在联络巷岔口处发现 11~14 号遇难矿工,在 4 号带式输送机机头处发现15~17 号遇难矿工。至 14 时 35 分,共发现 17 名遇难矿工和 2 名遇险伤员,对联络巷破坏的风门进行了简易修复。探察发现 4 号带式输送机机头处巷道设施损坏较重,CH_4 浓度升高到 4.6%、CO 浓度为 0.032%、氧气浓度为 16%、温度为 31 ℃。为防止发生次生灾害，救护队于15时5分返回井下基地，同时，向救援指挥部汇报灾区情况。

指挥部根据初步探察结果，通过多组检测数据，对灾区情况进行认真细致的分析，认为事故区域具备安全搜救的条件后，决定让四中队的二小队升井休整，派遣第二批救援队伍。15时55分，第二批救援队伍入井，一中队的二小队（11人）、三中队的三小队（8人）进入灾区搜救人员，二中队的二小队去联络巷修补风门，四中队的三小队去3号带式输送机机头接应探察小队。17时10分，在4号带式输送机机头处，发现18~20号遇难矿工，行至4号带式输送机机头以里18 m发现21号遇难矿工，以里20 m发现第三名遇险人员，测得此处甲烷浓度为4%、一氧化碳浓度为0.004%、氧气浓度为19%。一中队的二小队将第三名遇险人员抬送至井下基地后转为待机队。18时10分，三中队的三小队行至4号带式输送机机头以里27 m发现22、23号遇难矿工，以里70 m发现24号遇难矿工，以里96 m发现25号遇难矿工，以里约100 m处发现第四名遇险人员，测得此处CH_4浓度为4%、CO浓度为0.004%、O_2浓度为19%。行至4号带式输送机机头以里140 m发现27号遇难矿工，以里约150 m发现第五名遇险人员，测得此处CH_4浓度为2%、CO浓度为0.002%、O_2浓度为19%。19时25分，一中队的二小队继续对4号带式输送机机尾及采煤工作面进行探察搜救，在4号带式输送机机尾发现28、29号遇难矿工。在此阶段探察搜救过程中相继发现12名遇难矿工和3名遇险伤员。

23时40分，指挥部命令四中队的二小队（10人）入井到卸压巷探察搜救人员。救护队进入斜巷12 m，发现30~32号遇难矿工，卸压巷前端检测CH_4浓度为14.8%、CO浓度为0.036%、O_2浓度为11.2%、温度为30℃，没有发现火源。至此，灾区所有巷道探察搜救完毕，救护队共发现遇难矿工32人，抢救遇险伤员5名。

根据对卸压巷的探察结果，指挥部认为卸压巷中各种有害气体浓度较高，对下一步搬运遇难矿工不利。为了能够安全快速地搬运遇难矿工，指挥部研究决定，将卸压巷进行临时封闭。4日3时5分，风障建造完毕，全部人员撤回到井下基地。此时灾区1、2、3、4号带式输送机运输巷通风正常，井下遇难人员全部处于新鲜风流巷道中，指挥部决定由矿方召集部分工人入井配合救护队搬运遇难矿工。截止到4日9时30分，所有遇难矿工全部升井。9时50分，井下人员全部升井，救援工作结束。

八、煤与瓦斯突出机理及突出预兆

煤矿在采掘过程中，在地应力和瓦斯的共同作用下，破碎的煤、岩和瓦斯由煤体或岩体内突然向采掘空间抛出的异常动力现象，称为煤与瓦斯突出。

煤与瓦斯突出的机理

（一）煤与瓦斯突出机理

煤与瓦斯突出是一种受多种因素影响的、极其复杂的动力现象，至今对煤与瓦斯突出发生的原因还没有统一的认识，研究者提出了许多假说，总体可以归纳为以下4个方面：瓦斯为主导作用假说、地压为主导作用假说、化学本质假说和综合作用假说。

（二）煤与瓦斯突出预兆

煤与瓦斯突出前，一般都有预兆。掌握突出前的预兆，就可以及时采取预防措施，迅速撤离危险区，从而减少突出危害，确保人身安全。煤与瓦斯突出预兆分为有声预兆和无声预兆 2 类。

1. 有声预兆

（1）响煤炮。煤层在变形过程中发出劈裂声、机枪声、爆竹声、闷雷声。声音由远到近，由小到大；有短暂的，有连续的，间隔时间长短也不一样。在突出瞬间伴有巨雷般的响声。

（2）支架发出折裂声。突出前压力增大，支架发出"嘎嘎"响声甚至折裂声。

2. 无声预兆

（1）煤层结构与构造变化。表现为煤层层理紊乱，煤质变软、暗淡无光泽；煤层粉碎、煤质干燥；煤厚增大、倾角变陡；煤层受挤压褶曲、波状隆起。

（2）地压显现。表现为压力增大使支架变形，煤壁外鼓、片帮、掉渣；用手摸扶煤壁时有冲击和震动感，炮眼变形装不进药，打钻时顶钻、垮孔等。

（3）瓦斯涌出异常。表现为瓦斯涌出量增大，或忽大忽小；煤尘浓度增大，空气气味异常。

（4）气温变化。一般表现为巷道气温下降，煤壁发凉。

九、煤与瓦斯突出综合防治技术

发生煤与瓦斯突出事故时，大量的煤与瓦斯在短时间内突然冲击采掘空间，使煤流或者岩石流大量抛出堵塞巷道，造成风流逆转，破坏井下设施、设备和通风系统，更严重的是掩埋井下作业人员造成死亡事故。同时，井巷中充满的高浓度瓦斯也会引起人员缺氧窒息造成死亡。当突出的瓦斯与新鲜风流混合，遇到火源时，还可能发生燃烧或者爆炸使事故扩大，危害十分严重。因此，必须重视和加强煤矿防突工作。

（一）煤矿防突工作机制

《防治煤与瓦斯突出细则》第四条规定，煤矿企业主要负责人、矿长是本单位防突工作的第一责任人。有突出矿井的煤矿企业、突出矿井应当设置防突机构，建立健全防突管理制度和各级岗位责任制。突出矿井应当建立突出预警机制，逐步实现突出预兆、瓦斯和地质异常、采掘影响等多元信息的综合预警、快速响应和有效处理。

（二）煤矿防突工作原则

《防治煤与瓦斯突出细则》第六条规定，防突工作必须坚持"区域综合防突措施先行、局部综合防突措施补充"的原则，按照"一矿一策、一面一策"的要求，实现"先抽后建、先抽后掘、先抽后采、预抽达标"。突出煤层必须采取两个"四位一体"综合防突措施，做到多措并举、可保必保、应抽尽抽、效果达标，否则严禁采掘活动。

在采掘生产和综合防突措施实施过程中，发现有喷孔、顶钻等明显突出预兆或者发生突出的区域，必须采取或者继续执行区域防突措施。

（三）区域和局部综合防突措施

《防治煤与瓦斯突出细则》第五条规定，有突出矿井的煤矿企业、突出矿井应当依据本细则，结合矿井开采条件，制定、实施区域和局部综合防突措施。

1. 区域综合防突措施

（1）区域突出危险性预测。

（2）区域防突措施。
（3）区域防突措施效果检验。
（4）区域验证。

2. 局部综合防突措施

（1）工作面突出危险性预测。
（2）工作面防突措施。
（3）工作面防突措施效果检验。
（4）安全防护措施。

突出矿井应当加强区域和局部（以下简称两个"四位一体"）综合防突措施实施过程的安全管理和质量管控，确保质量可靠、过程可溯。

（四）煤与瓦斯突出事故防治的基本要求

《防治煤与瓦斯突出细则》第七条～第九条规定如下：

第七条 突出矿井发生突出的必须立即停产，并分析查找原因；在强化实施综合防突措施、消除突出隐患后，方可恢复生产。

非突出矿井首次发生突出的必须立即停产，按本细则的要求建立防突机构和管理制度，完善安全设施和安全生产系统，配备安全装备，实施两个"四位一体"综合防突措施并达到效果后，方可恢复生产。

第八条 具有冲击地压危险的突出矿井，应当根据本矿井条件，制定防治突出和冲击地压复合型煤岩动力灾害的综合技术措施，强化保护层开采、煤层瓦斯抽采及其他卸压措施。

第九条 鼓励煤矿企业、煤矿和科研单位开展防突新技术、新装备、新工艺、新材料的研究、试验和推广应用。

十、煤与瓦斯突出事故的现场应急救援

（一）现场应急措施

（1）现场人员要立即佩戴自救器，按照突出事故的避灾路线迅速撤出灾区直至地面，并立即向调度室报告。

（2）对于小型煤与瓦斯突出事故，现场人员应在保障安全的前提下，尽力抢救被埋人员。

（3）在撤离途中受阻时应紧急避险，采取以下自救措施：①选择最近的避难硐室或临时避险设施待救；②选择最近的设有压风自救装置和供水施救装置的安全地点，进行自救互救和等待救援；③迅速撤退到有压风管或铁风筒的巷道、硐室躲避，打开供风阀门或接头形成正压通风，可利用现场材料加固设置生存空间，等待救援。

（4）被困后采用一切可用措施向外发出呼救信号，但不可用石块或铁质工具敲击金属，避免产生火花引起瓦斯煤尘爆炸。

（5）被困待救期间，班组长和有经验的人员组织自救互救，遇险人员要节约体能，节约使用矿灯，保持镇定，互相鼓励，积极配合营救工作。

（二）矿井应急处置要点

（1）启动应急预案，及时撤出井下人员。调度室接到事故报告后，应立即通知撤出井下受威胁区域人员。严格执行抢险救援期间入井、升井制度，安排专人清点升井人数，确认未升井人数。

（2）在井下范围大、人员撤退时间长的情况下，应评估突出引发瓦斯爆炸的可能性（瓦斯逆流状况和电气设备防爆性能等）和人员撤退的及时性。必要时，可通过矿井应急广播系统通知难以及时撤出地面的遇险人员进入永久避难硐室避灾。

（3）通知相关单位，报告事故情况。第一时间通知矿山救援队出动救援，通知当地医疗机构进行医疗救援，通知矿井主要负责人、技术负责人及各有关部门相关人员开展救援，按规定向上级有关部门和领导报告。

（4）采取应急措施，组织开展救援。矿井应保证主要通风机正常运转，保持压风、供水系统正常，在确保不被水淹的前提下，远距离切断灾区和受影响区域电源。矿井负责人要根据事故情况，在确保安全的情况下，组织开拓、掘进、通风、维修等作业队伍及企业救援力量，迅速组织开展救援工作，积极抢救被困遇险人员，防止事故扩大。

（5）采掘工作面和防突风门进风区传感器显示瓦斯超限时，应立即对该传感器关联区域提前断电，避免流动瓦斯到达电气设备时才断电而引发瓦斯爆炸。

（三）煤与瓦斯突出事故救援

（1）发生煤与瓦斯突出事故后，矿山企业应当立即对灾区采取停电和撤人措施，在按规定排出瓦斯后，方可恢复送电。

（2）矿山救援队应当探察遇险人员数量及分布地点、通风系统及设施破坏程度、突出的位置、突出物堆积状态、巷道堵塞程度、瓦斯浓度和波及范围等情况，发现火源立即扑灭。

（3）采掘工作面发生煤与瓦斯突出事故，矿山救援队应当派一个小队从回风侧、另一个小队从进风侧进入事故地点抢救人员。

（4）矿山救援队发现遇险人员应当立即抢救，为其佩用全面罩正压氧气呼吸器或者自救器，引导、护送遇险人员撤离灾区。遇险人员被困灾区时，应当利用压风、供水管路或者施工钻孔等为其输送新鲜空气，并组织力量清理堵塞物或者开掘绕道抢救人员。在有突出危险的煤层中掘进绕道抢救人员时，应当采取防突措施。

（5）处置煤与瓦斯突出事故，不得停风或者反风，防止风流紊乱扩大灾情。通风系统和通风设施被破坏的，应当设置临时风障、风门和安装局部通风机恢复通风。

（6）突出造成风流逆转时，应当在进风侧设置风障，清理回风侧的堵塞物，使风流尽快恢复正常。

（7）突出引起火灾时，应当采用综合灭火或者惰性气体灭火。突出引起回风井口瓦斯燃烧的，应当采取控制风量的措施。

（8）排放灾区瓦斯时，应当撤出排放混合风流经过巷道的所有人员，以最短路线将瓦斯引入回风道。回风井口 50 m 范围内不得有火源，并设专人监视。

（9）清理突出的煤矸时，应当采取防止煤尘飞扬、冒顶片帮、瓦斯超限及再次发生突出的安全保障措施。

（10）处置煤（岩）与二氧化碳突出事故，可以参照处置煤与瓦斯突出事故的相关规定执行,并且应当加大灾区风量。

(四)抢险救援技术要点

(1)了解掌握突出地点及其波及范围、遇险人员数量及分布位置、突出煤量和瓦斯量、灾区通风、瓦斯浓度、巷道破坏程度、是否存在火源及火灾范围,以及现场救援队伍和救援装备等情况。根据需要,增调救援队伍、装备和专家等救援资源。

(2)组织矿山救援队进行灾区探察,发现遇险人员立即抢救。通过灾区探察,进一步掌握突出地点及其波及范围、遇险人员数量及分布位置、突出煤量和瓦斯量、灾区通风、瓦斯浓度、巷道破坏程度、是否存在火源及火灾范围、人员伤亡等情况。救援指挥部根据已掌握的情况、监控系统监测数据和灾区探察结果,分析和研究制定救援方案及安全保障措施。

(3)保证矿井正常通风,不得随意停风或反风,防止风流紊乱扩大灾情。如果通风系统和设施被破坏,应尽快恢复巷道通风,保障救援人员安全。恢复独头巷道通风时,应将局部通风机安设在新鲜风流处,按照排放瓦斯的措施和要求进行操作。因突出造成风流逆转时,要在进风侧设置风障,并及时清理回风侧的堵塞物,使风流尽快恢复正常。

(4)多措并举构建快速救援通道。采取快速清理直接恢复突出灾区巷道、在灾区巷道中开挖小断面救援通道、在灾区巷道附近新掘小断面救援绕道以及向被困人员位置施工救援钻孔等多种方法,形成快速救援通道。

(5)救援队进入灾区时,应携带足够数量的氧气呼吸器和自救器、氧气瓶等,在抢救时供遇险人员佩戴。

(6)在救援过程中被困人员不能及时救出时,应采取一切措施与遇险人员取得联系,利用压风管、供水管或打小孔径钻孔等方式,向被堵人员输送新鲜空气、饮料和食物,为被困人员创造生存条件,为救援争取时间。

(7)如果突出事故破坏范围大,巷道恢复困难,应在抢救遇险人员之后,对灾区进行封闭,逐段恢复通风。

(五)安全注意事项

(1)加强警戒,保证地面和井口安全。在进回风井口及其50 m范围内检查瓦斯、设置警戒,禁止警戒区内一切火源,严禁一切机动车辆和非救援人员进入警戒区。

(2)救援期间要加强电气设备管理。已经停电的设备不送电,仍然带电的设备不停电,防止产生火花引起爆炸。

(3)矿山救援队进入灾区后,必须认真检查气体和温度的变化。发现空气中一氧化碳浓度或温度升高时,应迅速查明原因。突出瓦斯燃烧引发火灾时,按照火灾事故应急处置和救援工作要点进行救援。

(4)清理突出的煤(岩)时,应制定防止煤尘飞扬的措施。设专人检查煤尘和瓦斯,发现问题及时处理,防止发生瓦斯煤尘爆炸事故。

(5)在救援过程中,必须严密监视,注意突出预兆,防止二次突出造成事故扩大。注意观察围岩、顶板和周围支护情况,发现异常,立即撤出人员。

(六)相关工作要求

(1)在排放瓦斯时,应制定详细方案和安全措施,严格按照有关规定、方案、措施操作,严禁"一风吹"排放瓦斯。

(2) 在灾区探察和施救过程中,不得随意启闭电器开关,不得扭动矿灯开关和灯盖,注意防止摩擦、碰撞产生火花,严防引发瓦斯爆炸事故。

十一、煤与瓦斯突出事故案例分析

同华煤矿"5·30"煤与瓦斯突出事故

2009 年 5 月 30 日 10 时 49 分,重庆市能源投资集团所属松藻煤电公司同华煤矿发生一起特别重大煤与瓦斯突出事故,107 名矿工被困井下。事故发生后,7 支救护中队、13 支小队共 130 名救援人员实施联合救援,安全救出 77 名被困矿工,搜寻到 30 名遇难矿工遗体。

(一) 矿井概况

同华煤矿隶属于重庆市能源投资集团公司松藻煤电公司,属煤与瓦斯突出矿井,矿井绝对瓦斯涌出量为 64.44 m^3/min,相对瓦斯涌出量为 115.06 m^3/t。矿井开采煤层属自燃煤层。矿井采用平硐、暗斜井开拓布置,井下有 3 个采区,一采区、二采区为生产采区,三采区为准备接替采区,事故发生在三采区安稳斜井揭煤工作面。

三采区于 2005 年 12 月开工,于 2009 年 12 月投产。三采区开采煤层为 K_1 和 K_3 煤层,煤层倾角 25°~45°,为煤与瓦斯突出煤层。安稳斜井揭煤工作面所揭煤层为 K_3 煤层。

(二) 事故经过

2009 年 5 月 30 日早班,同华煤矿三采区共有 131 人在井下作业,其中,同华煤矿当班作业人员 33 人,川九公司第九项目部当班作业人员 98 人。

10 时 55 分,同华煤矿调度室值班调度员发现安稳斜井揭煤工作面、回风大巷、观音桥回风井等处的甲烷传感器瓦斯浓度相继超限,经询问确认是由于安稳斜井揭煤工作面爆破引起的煤与瓦斯突出。同华煤矿立即启动事故应急救援预案,于 11 时 24 分,分别向上级公司及有关部门逐级报告事故及有关情况。

发生事故后有 24 名矿工脱险升井(其中 2 人受伤),有 107 名矿工被困井下。同华煤矿"5·30"煤与瓦斯突出事故示意如图 5-6 所示。

(三) 事故直接原因

安稳斜井所揭 K_3 煤层具有突出危险性,在"四位一体"综合防突措施落实不到位的情况下,施工人员违章爆破诱导了煤与瓦斯突出;由于未按规定撤人和关闭防突反向风门,造成人员伤亡。

(四) 应急处置及抢险救援

1. 企业先期处置

同华煤矿调度室值班调度员预感井下情况危险,立即报告矿领导,并通知三采区全部断电撤人,安排救护队下井搜救。松藻煤电公司接到事故报告后,立即启动了重大事故抢险救援应急预案,公司主要负责人及相关部门人员第一时间赶赴事故现场,同时调集松藻煤电公司救护大队直属中队和同华煤矿、打通一矿、松藻煤矿、渝阳煤矿、石壕煤矿、逢

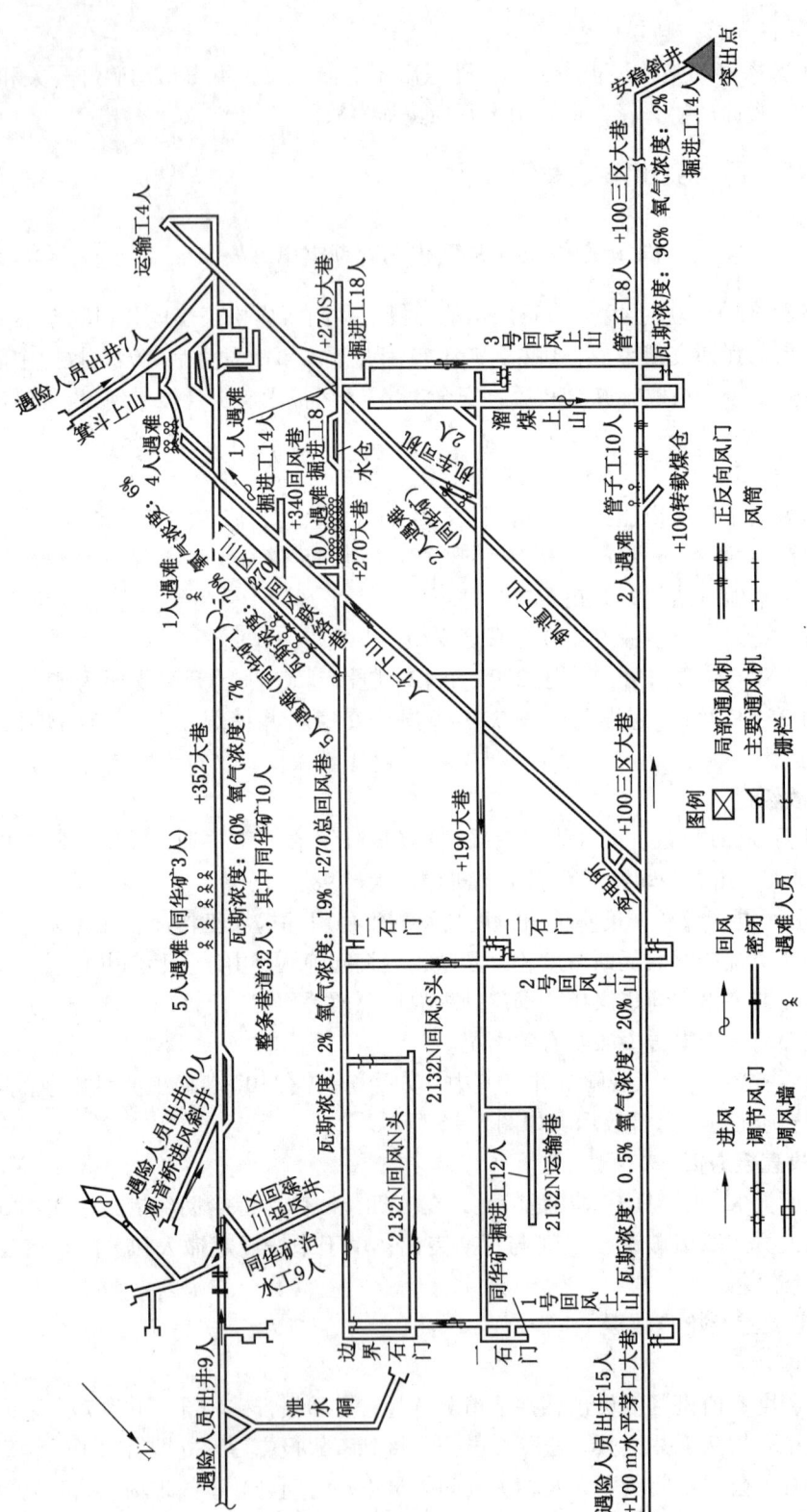

图 5-6 同华煤矿 "5·30" 煤与瓦斯突出事故示意图

春煤矿救护中队共7支中队、130名救援人员，并抽调近1000名各专业和工种工作人员，开展抢险救援善后及后勤保障工作。

2. 救援方案及实施

根据同华煤矿救护队先期探察情况，结合矿井通风系统示意图，现场抢险救援指挥部组织专家迅速制定了现场施救方案，确定了7条探察与搜救路线，组织7个搜救小组开展全面搜救工作。

5月30日11时40分，由同华煤矿救护中队组成的第一搜救小组到事故区域展开救援。搜救小组克服粉尘弥漫、巷道垮落等困难，先后救出46名遇险人员，并简单处置了10名遇难人员。12时18分，第二搜救小组渝阳煤矿救护中队入井，沿搜救路线发现5名遇险人员并救助出井，沿途还发现了3名遇难人员并作了标记。12时25分，第三搜救小组松藻煤矿救护中队入井，沿搜救路线发现16名遇难人员，其中1人第二搜救小组已发现。同时，第四搜救小组松藻煤电公司救护大队直属中队按规定路线入井搜救，发现6名遇险人员，给他们佩戴自救器和苏生器后护送至地面。12时30分，第五搜救小组逢春煤矿救护中队在搜救区域救出5名遇险人员，发现2名遇难人员。12时50分，第六搜救小组打通一矿救护中队入井搜救，发现5名遇难人员，后来证实与第一搜救小组发现的人员重复。13时50分，第七搜救小组石壕煤矿救护中队入井搜救，发现15名遇险人员（其中2人伤势较重），立即进行紧急处置并将遇险人员送至地面。

第一轮搜救结束后，考虑到各组搜救路线有交叉，现场抢险救援指挥部决定再次对井下进行地毯式搜救。5月30日16时30分，松藻煤电公司救护大队组织5支小队共30名救援人员，分成5个组进行第二次探察和搜救，确认发现30名遇难人员，没有再发现遇险人员。

5月31日5时50分，松藻煤电公司救护大队将30名遇难人员全部运至地面，救援工作结束。

十二、瓦斯燃烧事故救灾要点

（一）瓦斯燃烧机理及救灾特点

1. 瓦斯燃烧与爆炸的区别

瓦斯燃烧是一种复杂的物理化学反应过程。游离基的链式反应说明瓦斯燃烧反应的化学性质，光和热说明瓦斯燃烧过程中发生的物理现象。瓦斯燃烧或爆炸的本质是可燃气体（甲烷）燃烧的不同表现形式。

瓦斯燃烧表现为明火作用下持续稳定地燃烧。可燃物甲烷与助燃物氧气在燃烧过程中混合，即高浓度瓦斯在与空气的接触面上扩散混合成爆炸性混合气体时，首先发生燃烧，随后依靠由周围介质扩散来的氧气维持燃烧反应。可燃物质的燃烧速度取决于燃烧表面积的比例，如果燃烧表面积与体积的比例越大，那么它的燃烧越大。

瓦斯爆炸表现为火源作用下发生瞬间有冲击波的燃烧。可燃气体甲烷与助燃物氧气在一定浓度范围内预先混合，先混合然后在点火源的作用下发生火焰传播。在预先混合气体中，甲烷与氧气的接触面积非常大，氧化反应非常迅速而形成爆炸。实际上，由于燃烧生成的高温气体膨胀，使未燃烧的混合气体受压缩而流动，所以宏观的火焰传播速度是燃烧速度与混合气体流动速度之和。

煤矿井下发生的瓦斯燃烧状态非常不稳定，任何原因的扰动都可改变燃烧状态向爆燃（爆炸）状态转变。即便瓦斯燃尽的后段，也存在爆燃的可能性。

2. 瓦斯燃烧转为瓦斯爆炸事故的原因分析

爆破时的炽热炸药颗粒（由于炸药质量、炮眼封泥、炮眼最小抵抗线等原因造成炸药的不完全爆炸）抛向巷道空间。如果巷道中的瓦斯涌出量较大，不能及时被巷道风量稀释排除，高浓度瓦斯积聚在巷道周边及局部空顶。爆破引起的空气震荡将炽热的炸药颗粒抛向巷道空间，引起在巷道周边及局部空顶积聚的高浓度瓦斯燃烧。由于局部氧气含量较低，积聚的高浓度瓦斯在没有和巷道空气全面接触时，只在其界面上燃烧，瓦斯的燃烧扩散速度并不快。

这时，如果救援人员用水直接灭火，将水浇到正在燃烧的高浓度瓦斯中，瞬间水射流将扰动高浓度瓦斯与巷道空气掺和，达到瓦斯爆炸界限而迅速形成爆炸。这也是扑灭瓦斯燃烧火灾期间造成人员伤害的直接原因。

（二）瓦斯燃烧事故救灾方法的决策

由瓦斯燃烧原理可知：瓦斯燃烧瞬间存在着不稳定中间活性生成物，游离基链式反应一经开始就要经过若干连锁反应步骤自动发展下去，直到反应物完全耗尽为止。瓦斯燃烧原理决定了瓦斯燃烧救灾的特殊性。保持已形成的甲烷扩散燃烧稳定，控制燃烧火焰内部高浓度瓦斯与巷道空气混合，防止形成瓦斯爆炸界限浓度范围内预混合气体，是瓦斯燃烧事故救灾的关键。因此，救灾过程中防止瓦斯扩散燃烧向预混爆燃转变是重要前提，阻止瓦斯燃烧蔓延扩大火灾影响范围是救灾灭火的原则。

1. 禁止采用直接扑灭明火方法处理瓦斯燃烧事故

常规的火灾抢险救灾原则要求，采用积极的直接灭火方式扑灭初期火灾。但是多起煤矿瓦斯燃烧事故，如采空区瓦斯燃烧、局部地点积聚瓦斯燃烧等救灾实践表明，采用直接常规灭火方法（如水射流直接扑灭着火的方法等）不能扑灭正在燃烧的明火，并且形成的瓦斯爆燃多次给抢险救灾人员造成伤害。除像炮眼瓦斯燃烧及局部很小体积的瓦斯燃烧情况外，均不可采用直接灭火方法扑灭火灾。扑灭瓦斯燃烧火灾时，不得使用震动性的灭火手段，即便人员在巷道走动都有可能破坏已有风流的稳定平衡，严防事故扩大。突出引起火灾时，应当采用综合灭火或者惰性气体灭火措施。突出引起回风井口瓦斯燃烧的，应当采取控制风量的措施。

2. 封闭瓦斯燃烧区域

瓦斯燃烧的火焰需要氧气的支持补充，当巷道停止供风供氧时，维持瓦斯燃烧的氧气在火灾事故的消耗下，含量逐渐下降。当巷道气体中氧气浓度降到15%以下时，瓦斯燃烧的明火即可熄灭。如果巷道气体中氧气浓度小于12%，巷道中的瓦斯将失去爆炸性。瓦斯涌出速度及巷道气体惰化可以加速这个过程的实现，但这个过程非常复杂和危险，需要采取可靠的安全措施和救灾技术支持，如瓦斯燃烧区域封闭的时机与条件是否成熟、防爆密闭墙建筑的密实性、保证救灾人员安全的措施是否完善、巷道气体惰化时间及判定是否准确等，都需要根据以往瓦斯燃烧事故救灾经验及现场实际情况综合作出正确判断。

总之，要保持高浓度瓦斯表面燃烧火焰的稳定，防止内部高浓度瓦斯与巷道空气相互混入形成瓦斯爆炸界限浓度范围内预混合气体，是瓦斯燃烧事故救灾技术的关键。

第四节 矿井粉尘事故应急救援技术

一、矿井粉尘的产生、来源及性质

（一）矿井粉尘的产生和来源

矿井粉尘（以下简称矿尘）是矿井生产和建设过程中随着煤炭、岩石被破碎而产生的煤尘、岩尘和其他物质细微颗粒的总称。

采煤工作面产尘源：采煤机落煤、装煤、液压支架移架、运输转载、输送机运煤、爆破、人工攉煤、放煤口放煤等。

掘进工作面产尘源：机械破岩（煤）、装岩、爆破、煤矸运输转载、锚喷等。

其他产尘源：采场支护、顶板冒落或冲击地压，通风安全设施构筑等。

（二）矿井粉尘的性质

（1）粉尘的悬浮性。分散度高的尘粒可以较长时间在空气中悬浮，不易降落，这是微细矿尘的一种物理特性，即悬浮性。

（2）粉尘的吸湿性。矿井粉尘与空气中的水分结合的现象叫作吸湿性或者湿润性。根据矿尘与水分结合的难易程度，将矿尘分为亲水性矿尘和疏水性矿尘。亲水性矿尘容易被水湿润；疏水性矿尘不容易被水湿润。矿尘被水湿润后容易沉降下来。吸湿性随着气压的增加和矿尘与水接触时间的增加而增加，随着尘粒的变小与气温的上升而降低，其大小还与矿尘的岩（矿）成分有关。

（3）粉尘的磨损性。粉尘的磨损性是指粉尘在流动过程中对器壁的磨损程度。硬度大、密度高、粒径大、带有棱角的粉尘磨损性大。粉尘的磨损性与气流速度的2～3次方成正比。在高速气流作用下，粉尘对管壁的磨损显得更为重要。

（4）粉尘的成分和游离二氧化硅含量。粉尘的成分基本上与物料的成分相同，只是在扬尘过程中由于重力、吸附、挥发等作用，使某些成分可能发生变化，所以，粉尘中各化学成分的含量与原物料有所不同，应通过分析确定。游离二氧化硅是指不与其他元素的氧化物结合在一起的二氧化硅。粉尘的化学成分及其在空气中的浓度，直接决定对人体的危害程度，粉尘中游离二氧化硅的含量越高，危害越严重。

煤矿岩巷掘进，特别是在页岩、砂岩、砾岩和石灰岩中掘进时，产生的矿尘中游离二氧化硅（主要是石英）含量都比较高，一般为20%～50%；煤尘中游离二氧化硅含量一般不超过5%；锚喷支护时，水泥矿尘中二氧化硅主要为结合状态（即硅酸盐矿物），危害性不大，但长期吸入水泥矿尘，能引起水泥尘肺、肺气肿等。

（5）粉尘的密度和相对密度。单位体积粉尘的质量称为粉尘的密度，这里的粉尘体积，不包括粉尘之间的空隙，因而称为粉尘的真密度，其单位为 kg/m^3；粉尘呈自然扩散状态时，单位容积中粉尘的质量称为堆积密度或表观密度，其单位为 kg/m^3。

（6）矿尘的荷电性。矿尘的荷电性是指悬浮于空气中的矿尘粒子通常带有电荷的性质。这种电荷是由于破碎时摩擦、粒子间撞击或空气电离、天然辐射以及电晕放电等原因产生的。一般悬浮粉尘所带正电荷与负电荷几乎相等，因而近于中性。尘粒带有电荷，可能是正电荷，也可能是负电荷。尘粒荷电量主要取决于矿尘的大小和质量，此外还与湿度和温度有关，湿度增大带电量减少，温度升高带电量增多。矿尘带有电荷后，一方面其凝聚性有所增强，使尘粒增大较易沉降和被捕获；另一方面带电尘粒也较易沉降于支气管和肺泡中，增加对人体的危害。

（7）粉尘的导电性。粉尘的导电性通常用比电阻表示，是指面积为 1 cm^2、厚度为 1 cm 的粉尘层所具有的电阻值，单位为 $\Omega \cdot cm$。粉尘的比电阻由实验方法确定。

（8）粉尘的黏性。黏性是粉尘之间或粉尘与物体表面之间力的表现。由于黏性力的存在，粉尘的相互碰撞会导致尘粒的凝聚，这种作用在各种除尘器中都有助于粉尘的捕集。

（9）粉尘的光学性质。粉尘的光学特性包括粉尘对光的反射、吸收和透明度等。由于含尘气流的光强减弱程度与粉尘的透明度、形状、粒径的大小和浓度有关，尘粒大于光的波长和小于光的波长对光的反射作用是不相同的，所以，在通风除尘中可以利用粉尘的光学特性来测定粉尘的浓度和分散度。

（10）粉尘的爆炸性。许多固体物质，在一般条件下是不易引燃或不能燃烧的，但成为粉尘时，在空气中达到一定浓度，并在外界高温热源作用下，有可能发生爆炸。能发生爆炸的粉尘称为可爆粉尘。有爆炸性的矿尘主要是硫化矿尘和煤尘，尤其是煤尘的爆炸性很强。影响煤尘爆炸的因素很多，如煤中挥发分的含量、煤尘中水分的含量、灰分、粒度、瓦斯的存在等。

二、矿井粉尘的危害及防治措施

（一）矿井粉尘的危害

矿井粉尘具有的特性决定了其有以下危害：严重危害工人身体健康，多数人易引起尘肺病、硅肺病等，这是数量最多、最严重的职业病。具有爆炸倾向性的粉尘，一旦爆炸条件具备，在适当的能量和点火源作用下可发生粉尘爆炸，其危害程度不亚于瓦斯爆炸。高浓度粉尘能加速机械磨损，可导致机电设备损坏，影响正常工作及其寿命，缩短精密仪器的使用寿命。矿井粉尘还会降低工作场所的能见度，容易引起工伤事故。

此外，煤矿向大气排放的粉尘对矿区周围的生态环境也会产生很大影响，对生活环境、植物生长环境可能造成严重破坏。

1. 尘肺病

（1）尘肺病主要分为硅肺病、煤硅肺病和煤肺病。这三种尘肺病中最危险的是硅肺病。其发病工龄最短，一般在 10 年左右，病情发展快，危害严重。煤肺病的发病工龄一般为 20~30 年，煤硅肺病的发病工龄介于两者之间但接近后者。

（2）影响尘肺病的发病因素主要有：矿尘成分、矿尘粒度及分散度、矿尘浓度和个体方面的因素。

2. 煤尘爆炸

（1）煤尘爆炸的机理。煤尘爆炸是具有爆炸倾向的煤尘，在高温或一定点火能的热

源作用下,空气中氧气与煤尘急剧氧化的反应过程,是一种非常复杂的链式反应。一般认为其爆炸机理及过程如下:

① 煤本身是复杂的固体可燃物质,当它被破碎以粉末状态存在时,总表面积显著增加,吸氧和被氧化的能力大大增强,一旦遇见火源,氧化过程迅速展开,悬浮的煤尘在单位时间内能吸收更多的热量。

② 当温度达到300~400℃时,煤的干馏现象急剧增强,放出大量的可燃气体,主要成分为甲烷、乙烷、丙烷、丁烷、氢和1%左右的其他碳氢化合物。

③ 形成的可燃气体与空气混合在高温作用下吸收能量,在尘粒周围形成气体外壳,即活化中心,当活化中心的能量达到一定程度后,链式反应过程开始,游离基迅速增加,发生了尘粒闪燃。

④ 闪燃形成的热量传递给周围的尘粒,并使之参与链式反应,导致燃烧过程急剧循环进行,由于燃烧产物的迅速膨胀而在火焰波波阵面前方形成压缩波,压缩波在不断压缩的介质中传播时,后波可以赶上前波;这些单波叠加的结果,使火焰面前方气体的压缩逐渐升高,因而引起了火焰传播的自动加速;当燃烧不断加剧使火焰速度达到每秒数百米后,煤尘的燃烧便在一定临界条件下跳跃式地转变为爆炸;从燃烧转变为爆炸的必要条件是化学反应产生的热能必须超过热传导和辐射所造成的热损失,否则,燃烧剂不能持续发展,也不会转变为爆炸。

(2) 煤尘爆炸的条件主要有以下四个:煤尘具有爆炸危险性,有一定浓度的浮游煤尘,有足够能量的引火源,有一定浓度的氧气。

(3) 影响煤尘爆炸的因素主要有:煤的成分、煤尘浓度、煤尘粒度和矿井的瓦斯浓度。

(二) 矿井粉尘的防治措施

1. 湿式防尘法

湿式防尘法是利用部分粉尘亲水的特性进行防尘,湿式防尘法的开展方式通常有以下几种:

(1) 湿式打眼法。在需要作业的地方钻眼,该眼中有压力水通过,由于水吸附着粉尘,能使粉尘不易扬起并飘散。

(2) 湿式凿岩法。改善电钻的结构,该电钻本身具有湿润作用,在作业时,它能利用粉尘的吸水性使粉尘不易扬起并飘散。

(3) 水炮泥法。将特制的装水塑料袋放在炮眼中,如果粉尘因为物理作用或化学作用产生爆炸,水炮泥的水会因为汽化作用扑灭爆炸产生的火星,同时,水炮泥的水添加有黏尘剂、湿润剂等化学药品,它能利用粉尘的亲水性产生降尘的作用。

(4) 预湿煤体。综采作业时,预先给煤层注水,利用煤炭本身的亲水性来减少粉尘扬起和扩散。

(5) 采空区注水法。利用煤矿分层开采的特点,给作业区的上一层采空区注水,利用水的渗透性湿润整个作业区,使之抑制粉尘扬起和扩散。

2. 干式捕尘法

干式捕尘法是通过改进采掘机的物理结构,使煤矿作业流程本身可以减少粉尘的产生。目前，为了抑制粉尘的产生，采掘机通常使用镐形刀刃粗截齿的造型，这种采掘机采掘的煤块体积越大，其固压核越小，产生的粉尘越少。如果有必要，还可减少截齿数从而进一步减少粉尘的产生。

干式铺尘法还包括干式抽取粉尘法，可在缺水的矿井中使用，如果在缺水的煤矿作业区作业以前先打好干式孔底捕尘洞，它与抽尘管连接，抽尘管能将粉尘吸入捕尘管中，粉尘通过捕尘管进入捕尘袋，煤矿综采作业地区的粉尘就会减少。

3. 物理降尘法

物理降尘法是利用粉尘的物理特性使粉尘减少扬起和扩散的概率。这是目前较常用的防尘方式之一，物理降尘法是在水中添加降尘剂，再将这些液体渗透到煤矿综采作业的场合，这种方法配合湿式防尘法能取得良好的防尘效果。

目前较常使用的物理降尘法有泡沫降尘法、磁化水降尘法等。

4. 外部防尘法

外部防尘法是作业人员利用外部的保护器具防尘，使人体肺部和皮肤尽可能少接触粉尘。

煤矿综采作业人员常使用的外部防尘工具有：动力送风过滤式个体防尘用具和隔绝式压风呼吸器等。

5. 通风防尘法

在煤矿综采作业时，工作面粉尘浓度较大，会使作业人员接触到大量的粉尘，还可能引起煤尘爆炸。如果粉尘能及时扩散出去，则粉尘在空气中稀释，它的危害性会降低。

目前比较常用的通风防尘方式有：总风压通风方式、扩散通风方式、引射器通风方式等。

6. 撒布岩粉防尘法

煤矿自然条件十分复杂，发生煤尘爆炸的随机性很大，除了上述一般性安全技术措施外，针对煤尘爆炸的特点，使用时间最长、应用面广、简单易行的预防措施是撒布岩粉法。

撒布岩粉是定期向巷道周边撒布惰性岩粉，用它将巷道周边的沉积煤尘覆盖住。采煤作业是连续的，煤尘的产生、飞扬与沉积断断续续，当第一次撒布岩粉后，煤尘便不断地在岩粉层上沉积，若不增加岩粉量，其保护带将失去保护作用。所以，一定时间后要再次撒布岩粉，以维持混合粉尘中不燃物含量的正常比例。一般应按照撒布地点的沉积煤尘浓度和煤尘爆炸下限浓度来确定岩粉的撒布周期。

三、矿井粉尘事故的现场应急救援

煤尘爆炸大多伴随瓦斯爆炸，爆炸时产生的一氧化碳浓度很高，温度可达到2300～2500℃；易引发连续爆炸，且时间间隔极短，往往造成大量人员伤亡。

（一）现场应急措施

（1）现场人员在突然感觉到风流停滞、震荡，鼓膜有压力或者含尘气流冲击等爆炸冲击波传播迹象时，应迅速自救：

① 立即屏住呼吸就地卧倒，用湿毛巾快速捂住口鼻，并戴好自救器。

② 用衣物盖住身体裸露部分，防止高温灼伤身体。
③ 在爆炸冲击波过后，按照避灾路线迅速撤离现场，并向调度室报告。
（2）现场人员在发现爆炸事故发生迹象时，如听到爆炸声响、看到含尘烟流等，要立即屏住呼吸佩戴自救器，迅速撤至安全地点直至地面，并向调度室报告。
（3）带班领导和班组长负责组织撤离和自救互救工作，在撤离受阻时应紧急避险。在保证安全的情况下，采取断电等措施。

（二）矿井应急处置要点
（1）启动应急预案，及时断电撤人。
（2）通知相关单位，报告事故情况。
（3）采取有效措施，组织开展救援。

（三）抢险救援技术要点
（1）矿山救援队参加瓦斯、矿尘爆炸事故救援，应当全面探察灾区遇险人员数量及分布地点、有毒有害气体、巷道破坏程度、是否存在火源等情况。
（2）首先到达事故矿井的矿山救援队，救援力量的分派原则如下：
① 井筒、井底车场或者石门发生爆炸，在确定没有火源、无爆炸危险后，派一个小队抢救人员，另一个小队恢复通风，通风设施损坏暂时无法恢复的，全部进行抢救人员。
② 采掘工作面发生爆炸，派一个小队沿回风侧、另一个小队沿进风侧进入抢救人员，在此期间通风系统维持原状。
（3）为排除爆炸产生的有毒有害气体和抢救人员，应当在探察确认无火源的前提下，尽快恢复通风。如果有毒有害气体严重威胁爆源下风侧人员，在上风侧人员已经撤离的情况下，可以采取反风措施，反风后矿山救援队进入原下风侧引导人员撤离灾区。
（4）爆炸产生火灾时，矿山救援队应当同时进行抢救人员和灭火，并采取措施防止再次发生爆炸。
（5）矿山救援队参加瓦斯、矿尘爆炸事故救援应当遵守下列规定：
① 切断灾区电源，并派专人值守。
② 检查灾区内有毒有害气体浓度、温度和通风设施情况，发现有再次爆炸危险时，立即撤至安全地点。
③ 进入灾区行动防止碰撞、摩擦等产生火花。
④ 灾区巷道较长、有毒有害气体浓度较大、支架损坏严重的，在确认没有火源的情况下，先恢复通风、维护支架，确保应急救援人员安全。
⑤ 已封闭采空区发生爆炸，严禁派人进入灾区进行恢复密闭工作，采取注入惰性气体和远距离封闭等措施。

（四）安全注意事项
（1）进入灾区时，必须加强灾区气体浓度检测，避免发生二次爆炸。
（2）在灾区现场缺氧情况下，检测气体浓度可能会产生误差。
（3）在恢复通风前，必须组织查明有无火源存在。
（4）专人看守风门，不得随便开关风门，防止再次发生爆炸。
（5）井下基地附近有毒有害气体浓度超限时，应撤离该基地，重新选择安全地点。

（五）发生事故时严禁以下操作

（1）严禁盲目入井施救。

（2）严禁冒险进入灾区施救。

（3）发生连续爆炸时，严禁利用爆炸间隙进入灾区探察或搜救。

（4）发现已封闭火区爆炸造成密闭墙破坏时，严禁派救援队探察或在原地恢复密闭墙，应采取安全措施，实施远距离封闭。

四、煤尘爆炸事故案例分析

东风煤矿"11·27"煤尘爆炸事故

2005年11月27日21时22分，黑龙江龙煤矿业集团有限责任公司七台河分公司东风煤矿发生一起特别重大煤尘爆炸事故，造成171人死亡、48人受伤，直接经济损失4293万元。

（一）矿井概况

东风煤矿原是国有重点煤矿，隶属于原七台河矿务局。1998年改制为七台河精煤集团有限责任公司。2004年七台河分公司划入龙煤集团。东风煤矿各煤层煤尘爆炸指数为32.3%~35.2%，各煤层煤尘具有强爆炸性。

（二）事故经过

2005年11月27日，东风煤矿275带式输送机运输巷主煤仓发生堵塞，在没有制定安全措施的情况下，现场作业人员决定采用爆破方法排除堵塞问题。21时22分，随着爆破一声巨响，引发了煤尘爆炸事故，造成带式输送机机房被摧毁，井筒塌陷，主要通风机停止运转，防爆门及反风设施严重破坏。地面带式输送机机房2人遇难，当时共有242人在井下作业。东风煤矿"11·27"煤尘爆炸事故示意如图5-7所示。

（三）事故直接原因

工人在处理275带式输送机运输巷主煤仓堵塞时违规爆破，导致煤仓给煤机垮落、煤仓内的煤炭突然倾出，带出大量煤尘并造成巷道内的积尘飞扬，达到爆炸界限，爆破火焰引起煤尘爆炸。

（四）应急处置及抢险救援

1. 企业先期处置

事故发生后，值班调度员听到巨响，矿井停电，井上下通信中断。调度员立即报告矿领导，22时5分矿领导到达现场，察看灾情后立即向上级领导报告，随后逐级上报事故，并通知矿山救护队。从22时40分开始，七台河分公司有关负责人、主要负责人和龙煤集团主要领导陆续赶到现场，先后成立临时抢救指挥部、七台河（七煤）分公司抢救指挥部和龙煤集团抢救指挥部，调集集团公司所属各矿山救护队、组织集团公司相关力量开展抢险救灾和救灾保障工作。

2. 应急救援队伍快速集结

11月27日22时41分，七台河市救护队到达现场。22时57分，七台河分公司救护大队直属中队、新建中队到达事故现场。随后，其他5支救护中队50名救援人员也都先

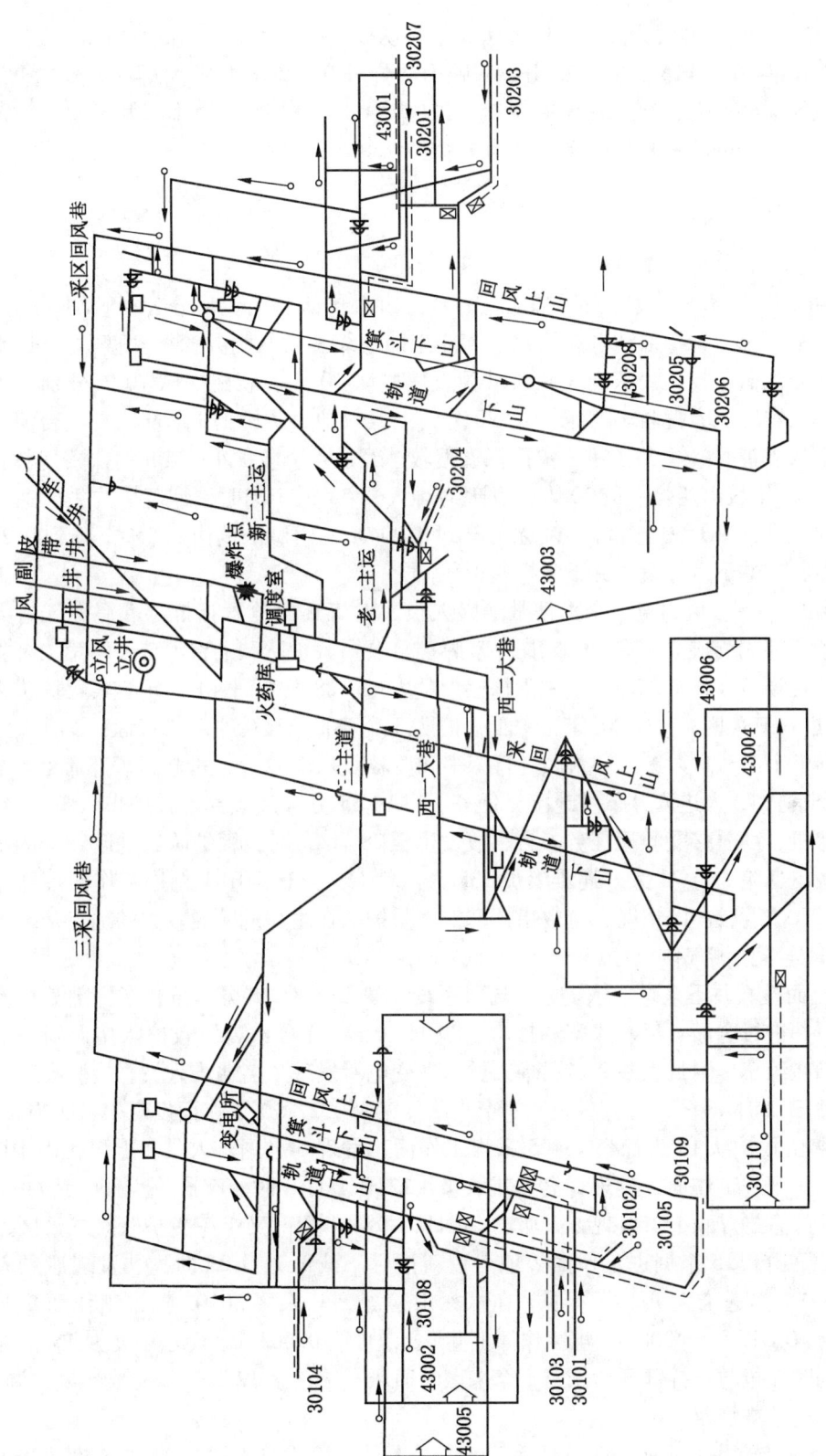

图 5-7 东风煤矿 "11·27" 煤尘爆炸事故示意图

后到位。28日5时，鸡西分公司救护大队5个小队55人到达现场；8时，鹤岗分公司救护大队5个小队70人到位；8时20分，双鸭山分公司救护大队4个小队49人到达事故矿井。根据抢险需要，七台河救护大队于28日又集中调来12个救护小队共110人参加救援。龙煤集团4个分公司救护队和七台河市救护队共出动35个小队、398名救援人员参加救援。

3. 抢险救援过程

救援过程大致分为4个阶段。

（1）初步探察搜救，设立救援基地。七台河市救护队和七台河分公司救护队相继到达现场后，临时抢救指挥部和七煤抢救指挥部立即组织救护队下井探察和搜救。11月28日22时59分，七煤救护大队副大队长带领直属中队10人、新建中队10人分别从人车井、副井进入灾区探察搜救。28日1时20分，七煤救护大队桃山中队9人、七台河市中队6人分别从皮带井（主井）进入灾区探察搜救。经过4个救护小队4 h的探察搜救，28日2时45分，抢救出遇险人员20人，发现遇难人员54人。同时，恢复矿井主要通风机通风，使回风立井CO浓度由0.14%逐渐降到0.004%，CH_4浓度由0.5%下降到0.2%。恢复通风后，在井下六片设立井下救援基地。

（2）加强井下救援力量，全力搜救遇险人员。龙煤集团抢救指挥部和黑龙江省人民政府抢救指挥部相继成立，鸡西、鹤岗、双鸭山分公司救护队和七台河分公司第二批救护队先后到达现场后，指挥部加强了井下探察搜救力量。28日6时40分，七煤救护队2个小队20人进入三采区；7时20分，鸡西救护队3个小队27人进入二采区；8时15分，鹤岗救护队1个小队9人进入一采区进行探察和搜救。9时40分，抢救指挥部命令4个救护大队8个小队72人进入井下基地接受任务。17时15分，又有4个救护小队36人到达井下基地待机，随时接受救援任务。自事故发生至28日21时，救护队经过近23 h的全力搜救，抢救出遇险人员73人，遇难人员138人。针对三采区30101掘进工作面等部分地点CH_4和CO浓度较高的情况，抢救指挥部安排救护队在爆炸危险性较大的地点接设了束管系统24 h连续监测气体成分。

（3）全面搜救井下人员，恢复采区通风系统。29日1时25分，抢救指挥部分批次安排救护队下井进行全面、反复探察和搜救。29日12时30分，鸡西救护队9人到一采区探察，分别在绞车房附近发现2名遇难人员、在变电所发现2名遇难人员，检测有害气体不超标。30日2时40分，七煤救护队3个小队探察43002采煤工作面发现3名遇难人员。10时，双鸭山救护队13人探察43005采煤工作面，发现6名遇难人员。七煤桃山中队7人探察30109掘进工作面，发现5名遇难人员。12月1日8时40分，七台河市救护队7人进入三采区右二煤仓上口发现2人遇难。2日，抢救指挥部又组织救护队对二采区、三采区煤仓、下山和15个掘进工作面等地点重新搜寻。截至2日21时，共发现遇难人员167人，还有2名遇难人员下落不明。在探察中检测到三采区30109掘进工作面3 m处CH_4浓度为10%以上，43005采煤工作面上巷CO浓度为0.003%、CH_4浓度为2%。在探察搜救的同时，抢救指挥部开始恢复3个采区的通风系统，至12月3日完成测风、调风，矿井通风系统基本恢复。

（4）全面排放井下瓦斯，搜救最后2名失踪人员。12月3日，检测到三采区30101、

30104、30108 和 30109 掘进工作面瓦斯积聚严重，威胁搜救安全，抢救指挥部决定全面排放瓦斯。12 月 3 日 16 时至 4 日 21 时，5 支救护中队排放 7 条共计 5140 m 巷道瓦斯。4 日 23 时，在三采区煤仓口向外 30 m 处，在矿车底发现 1 名遇难矿工。5 日 21 时 45 分，在六片主运巷铁棚子 8 m 冒落区内发现最后 1 名遇难人员（第 169 人）。至此，矿井所有遇险、遇难人员全部找到。

第五节 矿井顶板及冲击地压事故应急救援技术

一、矿井顶板事故应急救援技术

（一）矿井顶板基础知识

矿井顶板是指矿井开采中所存在的，由煤层顶部和上部岩层构成的组合体，也叫煤层顶板。煤层顶板按相对于煤层的位置及垮落的难易程度分为伪顶、直接顶和基本顶。

顶板事故是指在煤矿井下作业过程中，顶板意外冒落造成人员伤亡、设备损坏、生产中止等的事故。顶板事故是煤矿生产过程中的主要灾害之一。

顶板事故按冒顶范围分为局部冒顶和大型冒顶；按力学原因分为压垮型冒顶、漏冒型冒顶和推垮型冒顶。

冒顶事故发生的根本原因是开采过程中矿山压力的活动没有得到有效控制。顶板在矿山压力活动过程中发生不同程度的变形，先沿着顶板节理出现裂隙，产生离层现象。此时，如果顶板防护不当，支护质量不好，压力继续增大，岩石变形超过弹性变形极限，就会出现断裂、垮落、片帮或局部冒顶。从发生冒顶事故的原因分析，有的属于对客观事物的认识不足，而较多的则是现场管理不善造成的。

随着矿井回采工作面的不断推进，采场空顶面积逐步增大，当厚度不大的直接顶逐渐塌落，而坚硬的基本顶大面积悬露时，就在工作面顶板岩层形成一个自然压力拱，煤壁受压发生变化，造成工作面压力集中，此时，如果支架总支撑力抵抗不住顶板压力就会出现大的冒顶。

（二）采场支护技术相关要求

1. 采场支护设计

（1）采场支护设计应符合国家标准、规范和矿山安全标准、规程要求。

（2）采场支护设计应考虑采场的地质条件、采煤工艺、采煤工作面稳定性及未来工作面开采情况。

（3）采场支护设计中，采用的支护材料和支护方式应符合规范要求。

（4）采场支护设计中，应重视预留支护措施，确保支护体系的完整性和可持续性。

2. 采场支护施工

（1）采场支护施工应严格按照设计要求进行，要求支护位置准确，支护形式合理。

（2）采场支护施工中，应注意支护材料的质量、规格、型号和品牌，要求材料符合国家标准、规范和矿山安全标准、规程要求。

（3）采场支护施工中，应特别关注人员安全，制定专门的安全防护措施，并对支护人员进行岗前培训和定期技术交流。

（4）采场支护施工前，应制定详细的工作方案和施工图纸，并按照方案安排工人合理分工，确保施工质量。

3. 采场支护维护

（1）采场支护维护应定期进行，针对不同的支护体系制定相应的维护措施，并由专人负责。

（2）采场支护维护中，应特别关注支护材料的状态、支护体系的稳定性、采煤工艺和采煤工作面稳定性的变化情况，发现问题及时采取措施。

（3）采场支护维护中，要求操作人员对支护体系进行全面检查，检查过程应有记录并按要求及时处理。

4. 采场支护应急处理

（1）针对突发事件和不可预测的变化情况，在采场支护设计、施工和维护中应制定相应的应急处理措施和方案。

（2）一旦发生支护事故或者异常情况，应迅速采取应急措施，在确保人员安全的前提下，组织技术力量进行事故处理，并及时报告有关部门。

（三）冒顶事故处置基本原则

（1）矿山救援队参加冒顶片帮事故救援，应当了解事故发生原因、巷道顶板特性、事故前人员分布位置和压风管路设置等情况，指定专人检查氧气和瓦斯等有毒有害气体浓度、监测巷道涌水量、观察周围巷道顶板和支护情况，保障应急救援人员作业安全和撤离路线安全畅通。

（2）矿井通风系统遭到破坏的，应当迅速恢复通风；周围巷道和支护遭到破坏的，应当进行加固处理。当瓦斯等有毒有害气体威胁救援作业安全或者可能再次发生冒顶片帮时，应急救援人员应当迅速撤至安全地点，采取措施消除威胁。

（3）矿山救援队搜救遇险人员时，可以采用呼喊、敲击或者采用探测仪器判断被困人员位置、与被困人员联系。应急救援人员和被困人员通过敲击发出救援联络信号内容如下：

① 敲击五声表示寻求联络。

② 敲击四声表示询问被困人员数量（被困人员按实际人数敲击回复）。

③ 敲击三声表示收到。

④ 敲击二声表示停止。

（4）应急救援人员可以采用掘小巷、掘绕道、使用临时支护通过冒落区或者施工大口径救生钻孔等方式，快速构建救援通道营救遇险人员，同时利用压风管、水管或者钻孔等向被困人员提供新鲜空气、饮料和食物。

（5）应急救援人员清理大块矸石、支柱、支架、金属网、钢梁等冒落物和巷道堵塞物营救被困人员时，在现场安全的情况下，可以使用千斤顶、液压起重器具、液压剪、起重气垫、多功能钳、金属切割机等工具进行处置，使用工具应当注意避免误伤被困人员。

（四）局部冒顶灾害的防治与处理

1. 局部冒顶的原因

采场局部冒顶常发生在上下出口、煤壁线、放顶线、地质构造处及采煤机附近。其原因主要有：

（1）采空区顶板支撑不好，悬顶面积过大。

（2）顶板中存在断层、裂隙、层理等地质构造，将顶板切割成不连续的岩块，回柱后岩块失稳，推倒支柱造成冒顶。

（3）回柱操作顺序不合理。

（4）工作面支护质量不好，支护密度不够、初撑力低、迎山角不合理等。

（5）在遇见未预见的地质构造时，没有及时采取措施。

（6）工作面上下出口连接风巷和运输巷，空顶面积大。两巷掘进时经受压力重新分布的影响，同时由于巷道初撑力一般较小，使直接顶下沉、松动甚至破坏；特别是在工作面超前支撑压力作用下，顶板大量下沉，又在移动设备时反复支撑顶板，结果造成顶板更加破碎。如果又有基本顶来压影响，工作面上下出口更易冒落。

（7）煤壁线附近易形成"人字""锅底""升斗"等劈理，有游离岩块，易冒落。

2. 局部冒顶的预兆

（1）发出响声。岩层下沉断裂，顶板压力急剧增大时，木支架有劈裂声；金属支柱活柱下缩、支柱钻底严重都可能发出响声。

（2）掉碴。

（3）煤体压酥，片帮煤增多。

（4）顶板裂隙增多，裂缝变大。

（5）顶板出现离层。

（6）漏顶。

（7）瓦斯涌出量突然增大。

（8）顶板淋水明显增加。

3. 局部冒顶的主要预防措施

（1）防止煤壁附近冒顶，应及时支护悬露顶板，加强敲帮问顶。

（2）炮采时合理布置炮眼，控制药量，避免崩倒支架。

（3）防止两出口冒顶时，首先支架必须有足够强度，其次系统应具有一定阻力，防止基本顶来压时推倒支架。

（4）防止放顶线附近局部冒顶，要加强地质及观察工作，在大块岩石范围内加强支护，必要时用木支架代替单体金属支架。

（5）随时注意地质构造的变化，采取相应措施。

4. 局部冒顶的处理

局部发生冒顶后的处理方法是：先在冒顶区上下部加固支柱，防止冒顶范围继续扩大，然后用顶柱、托棚等支架加固冒顶区的顶板，如顶板冒落已形成拱形时可在棚梁上打木垛接顶，使顶板不再冒落。护住顶板后清除冒落的矸石，如矸石压埋输送机无法开机时，缩短机尾或开小巷使输送机恢复运转。处理完矸石后再根据具体情况增补支架，恢复工作面生产。如果在端头处冒顶时，无法处理冒落区，可采取掘进补巷绕过冒顶区，接通输送机后即可恢复生产。

（五）大面积冒顶灾害的防治与处理

1. 大面积冒顶的原因

（1）煤层之上是厚且坚硬的砂岩，经常大面积悬顶而不冒落，基本顶来压步距达到 50～70 m，当顶板的自身强度承受不了上部岩层和自身重量时，出现断裂垮落。

（2）回采过程中遇到断层或裂隙。

（3）柱式采煤工作面煤柱尺寸过小等。

2. 大面积冒顶的预兆

大面积冒顶一般包括基本顶来压时的压垮型冒顶、直接顶导致的压垮型冒顶、大面积漏垮型冒顶、复合顶板推垮型冒顶和大块游离顶板旋转型冒顶等。一般情况下，大面积冒顶主要预兆表现在以下几个方面：

（1）顶板的预兆。顶板连续发出断裂声，这是由于直接顶和基本顶离层或顶板断开而发出的响声。

（2）两帮的预兆。由于压力增加，煤壁受压后，煤质变软，片帮增多。

（3）支架的预兆。使用金属支柱时活柱快速下沉，连续发出"咯咯"声。

（4）瓦斯涌出量增多，淋水加大。

3. 大面积冒顶的主要防治措施

（1）顶板注水软化。

（2）强制放顶。

（3）循环浅孔式爆破放顶。

（4）深孔式强制放顶。

（5）超前深孔松动爆破。

（6）经常检查巷道支护情况，加强维护，发现有变形或折损的支架，应及时加固修复。

（7）维修巷道时，必须保证在发生冒顶时有人员撤退的出口。独头巷道维护时，必须由外向里逐架进行，应加固工作地点的支架。

（六）坚硬难冒顶板灾害的防治与处理

坚硬难冒顶板是指直接顶很薄或基本上没有，煤层上直接覆盖的是坚硬的砂岩、砾岩等，而且厚度很大。在这类坚硬顶板下采煤回柱后，可以形成几千平方米，甚至几万、几十万平方米的悬顶而不冒落。但是到了一定时候，顶板大面积来压并突然冒落，产生强烈的暴风冲击，引起地层强烈震动，可将巷道和工作面摧毁，造成伤亡事故。

为了预防大面积顶板冒落，有的煤矿采用煤柱支撑法管理顶板，即沿走向每采 30～50 m 留一宽度为 5 m 的煤柱，用煤柱支撑顶板，把采空区与工作面隔开，并在与生产工作面相邻的采空区进行强制放顶。放顶良好的采空区，一般不再出现大面积来压。如果采空区已经封闭，可以由地面打钻到采空区，进行深孔爆破，强制放顶。这样，在有压力显现的区域可以促使顶板早期分次冒落，减轻顶板压力；在压力不明显的区域，可以崩落部分顶板，造成顶板裂缝，形成人为的顶板薄弱带，以利于来压后分次冒落。

消除坚硬顶板冒顶事故的根本办法是采用长壁全部垮落采煤法，即当工作面推进 20～30 m 时，由工作面向顶板钻孔，一次装药爆破，进行初次放顶。以后随着工作面的推进，当悬顶过大时，继续进行深孔爆破强制放顶。这样就极大地消除了大面积来压及冒落对矿井和人身的危害。

此外，采用顶板预注水软化，破坏坚硬岩层的整体性，使其强度降低，也是处理坚硬难冒顶板的一种好方法。

（七）破碎顶板灾害的防治与处理

破碎顶板是指岩层强度低、纵向或横向节理裂隙发育、整体性差、稳定性差，导致工作面顶板安全性能差，易造成漏顶现象，严重影响矿井安全生产。虽然局部冒顶范围比较小，但是给矿井顶板安全管理带来诸多安全隐患，通常局部冒顶事故被称为"零打碎敲"事故，容易被忽视。

破碎顶板主要特点是整体性能差，破碎化程度高。如果不能及时控制破碎顶板，就容易造成大面积漏顶及冒顶现象。根据破碎顶板的机理，为防止破碎顶板冒顶现象的发生，采取针对性安全技术措施。

（1）加强生产地质工作，在工作面回采前必须提供详细的地质说明书，包括工作面地质构造变化、断层产状、褶曲和破碎带、节理裂隙、水的情况。

（2）在回采过程中，必须及时掌握工作面断层性质、小褶曲构造、顶板岩性、破碎带等实际情况，预测可能冒顶的范围、性质，并制定切实可行的、有针对性的措施。

（3）加强职工培训教育，提高职工业务理论水平和安全操作技能，能够严格按照安全技术措施进行施工。

（4）为了有效控制顶板，在移架时，前后立柱要均衡升压，使支架顶梁严密接顶，支架初撑力必须达到 25.2 MPa。

（5）为防止初次来压和周期来压造成的片帮和掉顶，支架工要使用好护帮板，加强对片帮煤的防范意识，要时刻注意做好敲帮问顶工作，及时清理帮顶的活岩危煤。顶板的节理裂隙发育大多发生在煤壁侧，及时前移液压支架做好支护，防止片帮、漏顶。

（6）在确保作业地点 6 副左右支架护帮板全部打出贴紧煤壁的情况下，首先将 1 副支架的护帮板收回 45°，然后将加工制作的 2 根槽钢用 $\phi 22$ mm 的等强螺栓固定在支架护帮板的两个圆孔上，挂钩朝向煤壁侧，槽钢固定牢靠以后将 2 张钢片网横着挂在槽钢的挂钩上，然后将护帮板打出贴紧煤壁；待第一副支架临时支护完毕后，再进行第二副支架的临时支护工作，支护流程同上；临时支护必须逐架进行，严禁 2 副以上支架同时进行支护作业，严禁人员在支护不完好的情况下在煤壁侧作业。

（7）加强落差较小的小断层带处的支护。现场作业时将断层与工作面斜交，尽量缩小断层与工作面的接触面，采取局部依次过断层的方法，并在局部过断层处采取延长控顶距、密集插背，质量达到"稳""紧""均""齐"的办法；由于采取了加密支架、缩小控顶距、超前施工锚索梁等措施，从而达到断层带处有效控制局部冒顶的效果。

（8）破碎顶板岩层大多已经丧失了自身的支持能力，此时顶板岩层只有靠支架支持才能维持稳定，作用在支架上的力量是既定的破碎岩块的"定载荷"重量。综采、综放工作面必须做到破碎顶板杜绝漏顶现象。一旦发生漏顶现象造成支架顶梁上方发生了空洞，使支架无法对其上方顶板进行有效支护而使其处于无支护状态时，在矿山压力的作用下就会继续发生断裂折断以致漏顶。为防止局部漏顶，首先要考虑支架的选型，防止支架前梁及伸缩前梁段相邻支架间的架缝过大。

(9) 采煤机割煤后必须及时将支架拉移到位，并将护帮板伸出，使新暴露出来的顶板最大限度地得到及时支护，同时严格执行追机移架制度，顶板破碎时采用带压擦顶移架。液压支架升架支护时，必须有足够的初撑力，达到泵站压力的 80%，即 25.2 MPa。

采煤机司机割煤作业时，必须保证工作面顶底板平整，以确保支架顶梁接实顶板；支架泄压、出现窜漏液现象，必须及时维护维修，确保支架支撑有力；顺槽超前支架必须严格按照工作面进尺拉移，严禁超前或拖后拉移，造成顺槽及工作面支架间空顶。

(10) 在过破碎顶板时，工作面要坚持采用带压擦顶移架，保持足够的支撑力，减少顶板下沉量，规范工作面的现场管理、规范职工的操作行为十分重要。

(八) 复合顶板灾害的防治与处理

1. 复合顶板灾害的特征

复合顶板是指采煤后特别容易离层的顶板。由于复合顶板有"下软上硬"和软硬岩层间夹有煤线的特征，岩层下沉时，由软岩层面形成离层，下部的硬岩层失去上部岩层的摩擦阻力，会向工作面下方推垮，形成冒顶。

2. 复合顶板灾害的防治措施

(1) 采掘工作中尽量不破坏复合顶板，不形成小漏顶。
(2) 增加工作面支架的整体稳定性防止推垮事故。
(3) 利用戗柱、戗棚、木垛等特殊支架支护。
(4) 在工作面开切眼处布置锚杆，使控顶距内的岩层锚固在一起，增加稳定性。

(九) 顶板事故案例分析

瑞丰煤矿 "8·16" 冒顶事故

2012 年 8 月 16 日 13 时 50 分，陕西省榆林市府谷县大昌汗镇瑞丰煤矿井下发生冒顶事故，14 名矿工被困。

1. 矿井概况

瑞丰煤矿有限公司位于府谷县大昌汗镇小昌汗村，属于技改矿井，由原瓷窑沟、羊路沟、瑞丰煤矿整合而成，事故发生前即将申请联合试运转。

2. 事故经过

2012 年该矿技改期间，未按批准的设计首采面在 3-1 煤层施工，擅自在 5-2 煤层布置房柱式采煤工作面，一边技改一边非法组织生产，多头多面越界开采 450 m，造成大面积空顶。

2012 年 8 月 16 日 13 时 50 分，空顶区突然发生大面积冒顶，当班入井 96 人，82 人安全升井，14 名矿工被困井下。瑞丰煤矿 "8·16" 冒顶事故示意如图 5-8 所示。

3. 事故直接原因

该矿不按设计施工，多头多面越界开采，造成大面积空顶，无支护情况下顶板突然来压造成大面积垮落，现场人员遇险被困。

4. 应急处置及抢险救援

1) 企业先期处置

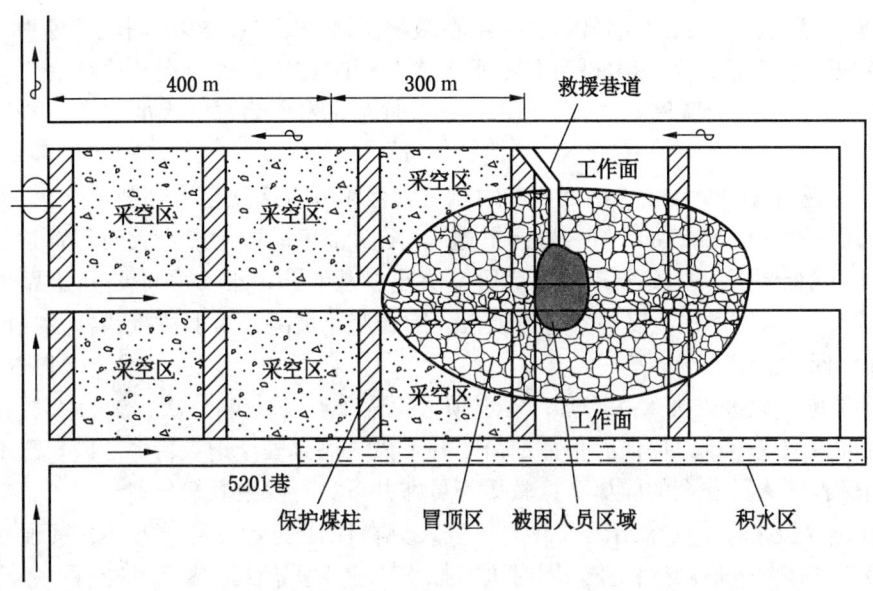

图 5-8 瑞丰煤矿"8·16"冒顶事故示意图

事故发生后,企业及时组织自救互救,组织未被事故直接围困的82人安全升井,并及时向上级汇报。

2) 抢险救援过程

(1) 制定初步救援方案,抢救井下遇险人员。先期赶到的府谷县矿山救护队和驻府谷的鄂尔多斯市救护队,首先入井探察和搜救。救援指挥部对照煤矿采掘工程平面图,根据井下施工人员和救护队三次下井搜救探察情况,经专家组反复论证,基本确定了被困人员方位,并研究制定了初步救援方案:一是保持正常通风系统,恢复灾区通风;二是加强排水工作,为抢险争取时间、创造条件;三是在冒顶区上口掘进、下口打钻及地面打钻,多措并举,全力以赴搜救人员;四是从神东公司和185地质队迅速调来钻机、工程技术人员及技术工人,24 h 在井口待命,时刻做好打钻救援准备。

按照救援指挥部预定方案,救援人员争分夺秒,经过20多个小时的紧急营救和遇险矿工的奋力自救,17日9时30分左右,13名遇险矿工成功获救,但仍有1名矿工下落不明。

(2) 调整优化救援方案,搜救井下失踪人员。为抢救最后1名遇险矿工,救援指挥部通过仔细询问13名脱险矿工了解灾区情况,多次安排井下探察,详细掌握第一手资料,进一步调整、优化了救援方案:一是加大5201巷积水排放,完善风路,保证救援区域通风,尽可能为被困人员提供新鲜空气;二是在冒顶区上口顶板比较完整的400 m 内进行锚网、钢带联合支护,在后300 m 两帮破碎带进行1 m 间距工字钢架棚支护;三是利用掘进机向135°方位向前推进45 m,再按180°方位掘进至被困人员区域。

8月17日11时和15时,两个救援组两次用生命探测仪对5201巷的进风和回风两侧进行拉网式搜救，但未有收获。

从 18 日开始，每天分两组救援：一组在救护队监护下负责 5201 回风巷支护工作，另一组在救护队监护下负责 5201 进风巷排水工作。同时安排救护队在井口待命。至 20 日，共支护 190 m，水位下降 85 cm。期间，19 日 2 时左右发生第二次大的冒顶，有煤尘从巷道喷出。

21 日发现顶板响声频繁，南回风巷右侧是大面积采空区（已大部分冒落），而且巷道保安煤柱尺寸很小（3～5 m，有一处已贯通），随时都可能再次发生大面积冒顶。为防止次生事故，确保救援人员安全，指挥部研究决定：从巷道右侧 200 m 处开始靠煤壁间隔 5 m 打点柱，作为信号柱，以观察巷道顶板、围岩变化情况，为加快打锚杆及挂网施工进度提供安全保障。

22 日早班，救援人员入井探察，发现顶板每隔 10～12 s 响一次，施救人员救援风险太大，救援人员安全难以保证。指挥部命令井下人员撤到安全地点待命。晚班班前会议安排，在确保救援人员安全的前提下，救援人员在井下进行探察救援作业。

23 日，救援指挥部要求当天入井的救援人员在保证安全的情况下，观察顶板及片帮情况、检测气体、开展救援作业，同时进行抽水作业。所有人员要听从指挥，不允许任何人单独行动。10 时 20 分，由熟悉井下情况的煤矿安全员和救护队人员陪同技术组和神木地测站人员入井勘察灾害情况。

24 日，南进风巷又发生一次冒顶。25 日，安排救援人员带生命探测仪分别对井下南进风巷和回风巷进行搜寻救援，未发现有生命迹象。26 日再次到井下搜寻，未发现被困人员。井下积水 35 cm，巷道片帮严重，顶板上方不停有岩石坠落声音。从 26 日下午开始，指挥部命令 3 支救护队在井口待命，指挥部根据井下复杂情况研究遇难者搜寻方案。

9 月 4 日上午，省、市、县领导再次到井下了解灾情。由于井下冒顶面积大、顶板破碎、片帮严重，巷道极不稳定，若要继续救援寻找遇难者遗体，不仅难度大，而且风险很大，甚至还可能导致次生事故发生。

9 月 6 日凌晨，救援指挥部经过充分研究，鉴于井下条件恶劣，存在极大风险，不具备搜救条件，被迫停止最后一名被困矿工的搜救工作。

二、矿井冲击地压事故应急救援技术

（一）矿井冲击地压概述

冲击地压是指煤矿井巷或工作面周围煤（岩）体由于弹性变形能的瞬时释放而产生的突然、剧烈破坏的动力现象，常伴有煤（岩）体瞬间位移、抛出、巨响及气浪等。

冲击地压属于矿井动力现象，是矿山压力的一种特殊显现形式。冲击地压具有突发性、瞬时震动性、复杂多样性和破坏性的特点。影响冲击地压的主要因素有采深、地质构造、煤（岩）体结构及开采技术等。

（二）冲击地压事故的防治与处理

1.《防治煤矿冲击地压细则》对冲击地压事故防治的总体要求

（1）冲击地压可按照煤（岩）体弹性能释放的主体、载荷类型等进行分类，对不同的冲击地压类型采取针对性的防治措施，实现分类防治。

(2) 经冲击危险性评价后划分出冲击地压危险区域,不同的冲击地压危险区域可按冲击危险等级采取一种或多种的综合防治措施,实现分区管理。

(3) 冲击地压防治应当坚持"区域先行、局部跟进、分区管理、分类防治"的原则。

(4) 开采冲击地压煤层时,必须采取冲击地压危险性预测、监测预警、防范治理、效果检验、安全防护等综合性防治措施。

2. 冲击地压危险性评价及冲击地压矿井鉴定

冲击地压危险性是煤岩体可能发生冲击地压的危险程度,不仅受到矿山地质因素的影响,而且受到矿山开采条件等的影响。

《冲击地压矿井鉴定暂行办法》中规定:

(1) 冲击地压矿井的鉴定工作依据综合指数法等方法,冲击地压矿井危险等级鉴定结果分为无、弱、中等、强(严重)四级。

(2) 矿井发生生产安全事故,经事故调查组认定为冲击地压事故的,该矿井直接认定为冲击地压矿井,并进行煤层和冲击地压矿井危险等级确定。

(3) 新建矿井在可行性研究阶段应当根据地质条件、开采方式和周边矿井等情况,参照冲击倾向性鉴定规定等对可采煤层及其顶底板岩层冲击倾向性进行评估,当评估有冲击倾向性时,应当进行冲击危险性评价,评价结果作为矿井立项、初步设计和指导建井施工的依据,并在建井期间完成煤层(顶底板岩层)冲击倾向性鉴定。

(4) 根据冲击地压现象、煤层(顶底板岩层)冲击倾向性鉴定和煤层冲击危险性评价结果确定是否有冲击地压煤层。

(5) 有下列情况之一的矿井,应当进行煤层(顶底板岩层)冲击倾向性鉴定:

① 有强烈震动、瞬间底(帮)鼓、煤岩弹射等动力现象。

② 埋深超过 400 m 的煤层,且煤层上方 100 m 范围内存在单层厚度超过 10 m、单轴抗压强度大于 60 MPa 的坚硬岩层。

③ 开采煤层埋深大于 800 m。

④ 相邻矿井开采的同一煤层发生过冲击地压或经鉴定为冲击地压煤层。

⑤ 冲击地压矿井开采新水平、新煤层。

⑥ 井田范围内发生震级 2.0 级以上矿震事件。

(6) 煤层(顶底板岩层)冲击倾向性鉴定应当按照 GB/T 25217.2—2010、GB/T 25217.1—2010 进行,冲击倾向性鉴定的范围包括所有开采煤层、布置煤巷和半煤岩巷的煤层等;经鉴定有冲击倾向性的,必须进行煤层冲击危险性评价。

(7) 煤层冲击危险性评价采用煤层冲击危险综合指数法,评价结果分为四级:无、弱、中等和强(严重)冲击地压危险。

(8) 在矿井井田范围内发生过冲击地压现象的煤层,或者经评价具有冲击危险性的煤层为冲击地压煤层。

有冲击地压煤层的矿井为冲击地压矿井。冲击地压矿井危险等级以煤层冲击危险性评价等级最高的结果为准。

(9) 经鉴定无冲击地压的矿井在开拓新煤层、新水平、新采区,或者冲击地压矿井实际揭露情况与鉴定条件存在较大差异时，煤矿企业（煤矿）应及时重新进行冲击地压矿井鉴定。

（10）经鉴定为冲击地压矿井的，不得改定为无冲击地压矿井。

（11）鉴定机构接受煤矿企业（煤矿）委托后的10个工作日内，向国家矿山安全监察局报送委托鉴定信息。除新建矿井外，冲击地压矿井鉴定工作应在签订委托协议90日内完成。

煤矿企业（煤矿）取得冲击地压矿井鉴定结果，应当在10个工作日内报国家矿山安全监察局和鉴定煤矿所在地国家矿山安全监察局省级局、省级煤矿安全监管部门。

3. 冲击地压预测技术

冲击地压预测技术是预测矿井开采、掘进范围内有无冲击地压危险的重要检测手段，是冲击地压防治工作的重要组成部分，对及时采取区域性预防措施和局部解危措施非常重要。

冲击地压预测方法有多种，除了常用的经验类比法以外，其他的预测方法可以分为以下两大类型：

第一类是根据采矿地质条件确定冲击地压危险性的局部预测法，包括综合指数法、数值模拟分析法、钻屑法等。

第二类是借鉴地震预报学的地球物理法，包括微震法、声发射法、电磁辐射法、震动法和重力法等。这些方法可以较准确地预报冲击地压可能发生的位置，较准确地确定冲击地压发生的强度和震动释放能量的大小，但这些方法操作难度大和设备昂贵，主要用于科研实验，尚未广泛应用于生产实践。

4. 冲击地压防治措施

目前，国内采用的冲击地压防治措施主要包括开采布置合理、保护层开采、煤层松动爆破和煤层预注水等。对于已具有冲击危险性的煤（岩）层，采用的控制方法有煤层卸载爆破、钻孔卸压、煤层切槽、底板定向切槽和顶板定向断裂等。这些措施和方法在我国均有较广泛的应用。

（1）煤层注水。煤层注水防治冲击地压的方法简易、价廉、适应性广，同时具有降尘、降温及软化煤层的作用，可以作为冲击地压防治的首选措施。需要注意的是，含水率和注水时间并不成正比。煤层注水在工程上有3种布置方式，即与采煤工作面煤壁垂直的短钻孔注水法、与采煤工作面煤壁平行的长钻孔注水法和联合注水法。

（2）震动爆破。震动爆破是一种特殊的爆破，与破岩爆破和落煤爆破不同。震动爆破的主要任务是引爆炸药后，形成强烈冲击波，使得煤（岩）体发生震动，达到震动卸压或者将高应力集中区转移到煤体深处，形成松动带的目的。

（3）钻孔卸压。钻孔卸压是指采用煤体钻孔释放煤体中积聚的弹性势能。在煤（岩）体应力集中区域或可能形成的应力集中区域实施直径大于95 mm的钻孔，通过排出钻孔周围破裂区煤（岩）体和钻孔冲击所产生的大量煤（岩）粉，使钻孔周围煤（岩）体破碎区增大，从而使钻孔周围一定区域内煤（岩）体的应力集中程度下降，或者使高应力转移到煤（岩）体的深处或远离高应力区，实现对局部煤（岩）体进行解危的目标，或起到预卸压的作用。

5. 冲击地压安全防护措施

在不能根除冲击地压危险的情况下，为确保井下作业人员的人身安全和矿井的安全生产，必须研究落实安全防护措施。安全防护措施是综合防治冲击地压技术措施的最后一道屏障。

（1）个体防护措施。个体防护措施可分为两部分：一是尽量减少工作人员在冲击地压危险区域的逗留时间，主要采取的措施是远距离爆破、震动性爆破等；二是进入防冲区域的所有人员必须按规定佩戴防冲帽、穿防冲背心、佩戴隔离式自救器等个体防护装备。

《防治煤矿冲击地压细则》第七十六条、第七十七条规定：①人员进入冲击地压危险区域时必须严格执行"人员准入制度"。准入制度必须明确规定人员进入的时间、区域和人数，井下现场设立管理站。②进入严重（强）冲击地压危险区域的人员必须采取穿戴防冲服等特殊的个体防护措施，对人体胸部、腹部、头部等主要部位加强保护。

（2）机电设备防护措施。当有冲击地压危险的采掘工作面发生冲击地压时，为了避免工作面内设备及物料的损坏，降低工作面内设备及物料的损坏程度，必须采取积极主动的措施：第一，供电、供液等设备应放置在采动应力集中影响区外，减少因震动或受到抛出的煤（岩）块的冲击致使设备受损；第二，危险区域内的其他设备、管线、物品等应采取固定措施。

（3）巷道及采煤工作面出口安全支护措施。冲击地压危险区域的巷道及采煤工作面出口必须加强支护，冲击地压发生时可以减少其破坏程度。巷道支护可以改为U型钢可缩性支架，冲击地压发生后支架连接处滑动收缩，使巷道保持一定的断面，不被摧垮，为人员脱险和恢复生产提供保障。

（4）压风自救系统及避灾路线。《防治煤矿冲击地压细则》第八十四条、第八十五条规定如下：

①有冲击地压危险的采掘工作面必须设置压风自救系统。应当在距采掘工作面25～40m的巷道内、爆破地点、撤离人员与警戒人员所在位置、回风巷有人作业处等地点，至少设置1组压风自救装置。压风自救系统管路可以采用耐压胶管，每10～15m预留0.5～1.0m的延展长度。

②冲击地压矿井必须制定采掘工作面冲击地压避灾路线，绘制井下避灾线路图。冲击地压危险区域的作业人员必须掌握作业地点发生冲击地压灾害的避灾路线以及被困时的自救常识。井下有危险情况时，班组长、调度员和防冲专业人员有权责令现场作业人员停止作业，停电撤人。

6. 冲击地压事故的应急救援处置

矿井发生冲击地压事故时，不仅会破坏巷道和工作面导致冒顶，造成人员伤亡，还会影响周围地域巷道变形，甚至会对地表及地表建筑物造成损坏，严重影响矿井安全。因此，矿山救援队参加冲击地压事故救援时，除参照冒顶事故处置基本原则外，还应当遵守下列规定：

（1）分析再次发生冲击地压灾害的可能性，确定合理的救援方案和路线。

（2）迅速恢复灾区通风，恢复独头巷道通风时，按照排放瓦斯的要求进行。

(3) 加强巷道支护，保障作业空间安全，防止再次冒顶。
(4) 设专人观察顶板及周围支护情况，检查通风、瓦斯和矿尘，防止发生次生事故。

(三) 冲击地压事故案例分析

千秋煤矿"11·3"冲击地压事故

2011年11月3日19时18分，河南省义马煤业集团股份有限公司千秋煤矿发生重大冲击地压事故，造成75人被困。

1. 矿井概况

千秋煤矿是义马煤业集团骨干生产矿井之一，冲击地压灾害严重。发生事故的21221下巷掘进工作面于2011年1月开工，事故发生前，从车场口已经掘进710 m。

2. 事故经过

2011年11月3日四点班为检修班，该矿安排掘一队、掘二队、开二队、防冲队在21221下巷掘进工作面进行防冲击地压卸压工程、防火工程、巷道支护和清理等工作，该区域共有作业人员75人。

19时18分，井下突然一声巨响，21221下巷掘进工作面发生冲击地压。19时22分，开二队跟班人员向矿调度室汇报："21221下巷响煤炮，声音比较大，煤尘大，什么也看不清楚。"事故发生后该区域75人被困。

千秋煤矿"11·3"冲击地压事故现场及抢险救援示意如图5-9所示。

3. 事故直接原因

采深达800 m特厚坚硬顶板条件下地应力非常大，受采动影响诱发冲击地压事故。

4. 应急处置及抢险救援

1) 企业先期处置

3日19时22分，矿调度室接到井下报告后，立即通知矿领导及有关人员。随后，千秋煤矿启动冲击地压事故灾害应急救援预案，成立了以矿长为组长的现场应急救援指挥部，组织开展抢险救援。通知矿医院调派救护车辆、医务人员赶赴现场，通知矿有关科室领导到调度室集合待命，通知井下开拓、掘进队赴现场抢险，安排抢修21221下巷局部通风设施，将21221下巷原有注水管、注氮管、注浆管全部改为压风管，加大供风力度。

19时45分，矿救援指挥部向义煤集团报告了事故情况，义煤集团随后向上级部门逐级报告。19时48分，义煤集团矿山救护大队接警出动救援。

19时57分，该矿井下参加抢险的工人在21221下巷455 m处发现2名遇难人员。

20时20分，15名被困工人脱离险区，被送往医院救治。

2) 灾区探察

3日20时10分和20时25分，义煤集团救护大队直属中队两个小队分别到达事故矿井并下井探察。20时55分到达现场，发现380 m处风筒断裂，巷道底鼓严重，人员通过困难，CH_4浓度为4%、CO_2浓度为1%、无CO、温度为40 ℃。按照指令救护队向380 m以里继续探察，巷道狭窄，仅能爬行，行动十分困难；至420 m处，巷道状况稍好，支架

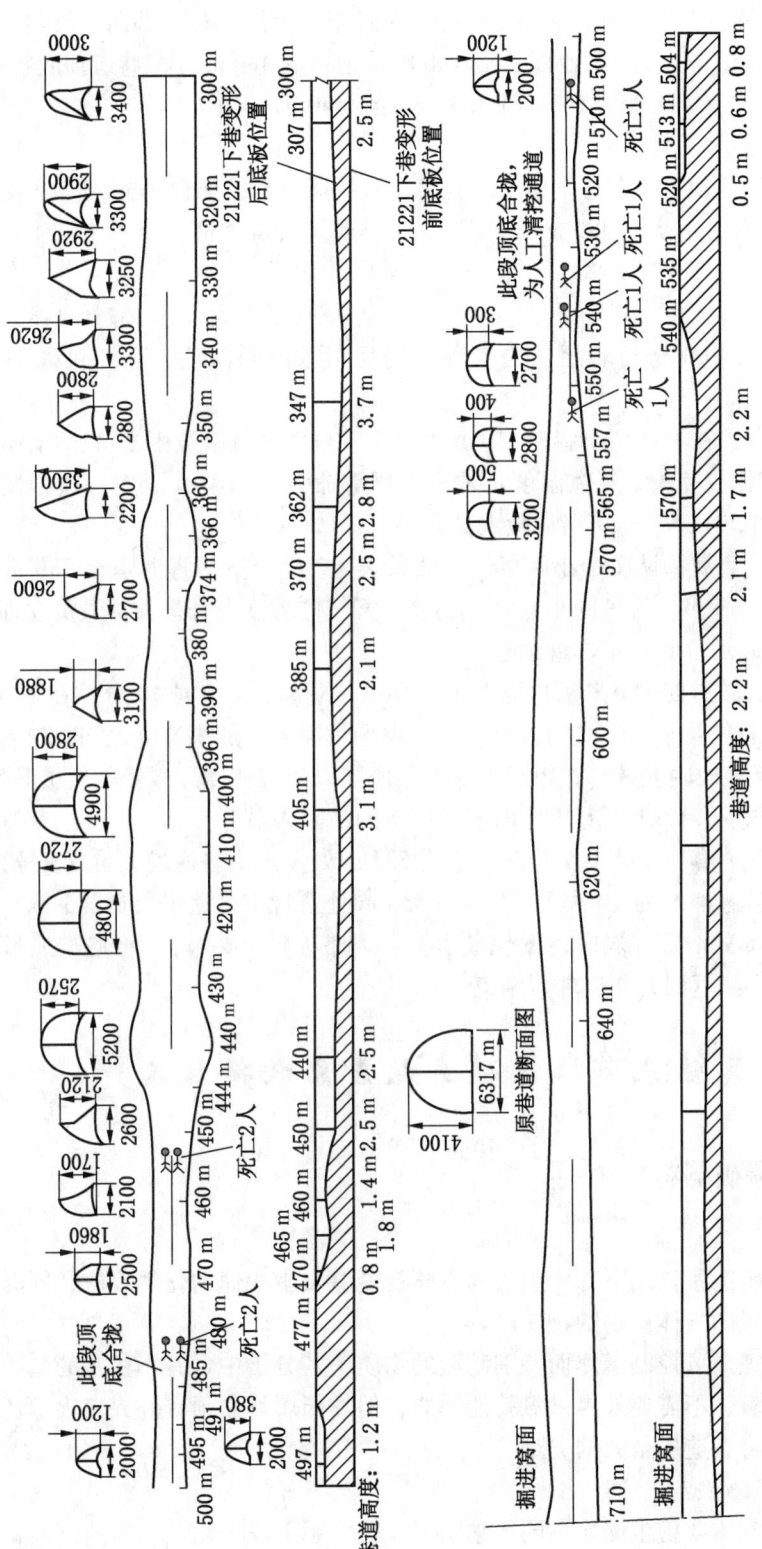

图 5-9 千秋煤矿 "11·3" 冲击地压事故现场及抢险救援示意图

稍有变形，但人员能直立通过；至460 m处，巷道中部液压支柱全部向上倾斜，液压支柱下帮仅有宽0.6 m、高1.5 m的小洞；沿小洞继续前行到480 m处，巷道顶底板完全合拢，CH_4浓度为20%、CO_2浓度为5%、无CO、温度为40 ℃。

3）救援过程

3日23时12分，由于有害气体浓度较高，救护队立即按照命令接风筒排放瓦斯。

4日3时40分，清煤至480 m处发现1、2号遇难人员被埋在煤中。6时16分，将2名遇难人员运出。

4日8时3分，救护二中队和三中队各1个小队接替已经奋战超过12.3 h的直属中队两个小队，继续组织进行救援。当发现现场瓦斯浓度超限后，立即供风消除瓦斯威胁。

4日9时5分，在上帮掘小巷道510 m处时，发现7名遇险被困人员，均无生命危险，510~520 m巷道比较完整，气体温度正常。指挥部命令一边继续清挖一边尽快运送7名获救遇险人员。12时35分，7名遇险人员升井。

4日四点班，直属中队2个小队接班继续救援。2个小队清理巷道至530 m处，由于现场参与救援人员较多，掘进的小巷断面小，有害气体浓度上升，救援人员立即停止清挖并撤出。险情排除后，救援工作继续进行。

5日零点班，救护四中队和五中队各1个小队接替救援。4时40分，在清挖到540 m处时，听到里侧有敲管子、呼喊的求救信号，现场救援人员加快速度，5时32分至6时5分，成功救出45名被困人员，并组织其他力量协同以最快速度运送获救人员升井。同时，按照指令救护队进入21221下巷工作面搜寻剩下的被困人员。

5日9时5分，直属中队1个小队在巷道535 m处发现1名遇难人员（3号），在巷道540 m处发现1名遇难人员（4号），在巷道553 m处发现1名遇难人员（5号），11时10分，在巷道510 m处清理煤炭时，发现最后1名遇难人员（6号），将遇难人员包裹运出后，21时56分小队返回升井，救援结束。

第六节 爆破事故应急救援技术

一、矿用爆破器材

（一）炸药

炸药是在一定能量作用下，无须外界供氧就能够发生快速的化学反应，同时放出大量的热量、生成大量的气体产物的物质。

炸药是为了完成可控制爆炸而特别制造的物质，其分子中含有不稳定的基团，绝大多数炸药本身含有氧，不需要外界供氧就能爆炸，但炸药爆炸必须有外界点火源。炸药爆炸一旦失去控制，将会造成很大的灾难。

1. 炸药爆炸的特点

炸药爆炸与气体或粉尘爆炸不同，它属于凝聚体系爆炸。化学反应速度极快，可在万分之一秒甚至更短的时间内完成爆炸，能放出大量的热。爆炸时的反应热可达到数千到上万千焦,温度可达到数千摄氏度并产生高压,能在瞬间由固体迅速转变为大量的气体产物,使体积成百倍增加。

2. 炸药爆炸的破坏作用

炸药在空气中爆炸时,对周围介质的破坏作用主要有 3 部分:

(1) 爆炸产物的直接作用。其是指高温、高压、高能量密度产物的直接膨胀冲击作用,一般情况下爆炸产物只在爆炸中心的近距离内起作用。

(2) 冲击波的作用。空气冲击波是一种具有庞大能量的超声速压力波,是爆炸时起主要破坏作用的物质,离爆炸中心越近,破坏作用越强。

(3) 外壳破片的分散杀伤作用。

3. 炸药的分类

常用的炸药有硝铵炸药、梯恩梯、钝化黑索今、塑性炸药、梯黑炸药、铵梯炸药等。按炸药是否允许在煤矿井下有瓦斯或煤尘爆炸危险的采掘工作面使用,可分为煤矿许用炸药和非煤矿许用炸药 2 类。

其中,煤矿许用炸药是指经国家授权的检验机构检验合格,并取得煤矿安全许用标志证书,经国家行政主管部门批准,符合《煤矿安全规程》规定,允许在煤矿井下有瓦斯或煤尘爆炸危险的采掘工作面使用的炸药。如煤矿许用水胶炸药、乳化炸药、离子交换型炸药以及被筒炸药等。

(二) 爆破器材

爆破器材是指用来引爆炸药的器材,如工业雷管、索状起爆材料、起爆器具、爆破网路检测仪器和连接导线等。

1. 煤矿许用电雷管

煤矿许用电雷管是指经国家授权的检验机构检验合格,并取得煤矿安全许用标志证书,经国家行政主管部门批准,符合《煤矿安全规程》规定,允许在煤矿井下有瓦斯或煤尘爆炸危险的采掘工作面使用的电雷管。如煤矿许用瞬发电雷管、煤矿许用毫秒延期电雷管和煤矿许用数码电雷管等。

2. 起爆材料及起爆器具

索状起爆材料又叫传爆线,是以副爆药为索芯,以棉、麻、纤维等为被覆材料,能够传递爆轰波的索状起爆材料。如导火索、导爆索、导爆管等。

煤矿用起爆器具是指发爆器。发爆器是用于供给电爆网路起爆电能的工具。《煤矿安全规程》第三百六十五条规定:井下爆破必须使用发爆器。开凿或者延深通达地面的井筒时,无瓦斯的井底工作面中可使用其他电源起爆,但电压不得超过 380 V,并必须有电力起爆接线盒。发爆器或者电力起爆接线盒必须采用矿用防爆型(矿用增安型除外)。

3. 爆破网路检测仪器

煤矿用爆破网路检测仪器包括光电导通表(又称测炮器)和爆破线路电桥。导通表是专门用来测量电雷管、爆破母线或电爆网路是否导通的仪表。爆破线路电桥是用来检查、测量电雷管及电爆网路的通断和电阻的仪表。《煤矿安全规程》第三百六十六条规定:每次爆破作业前,爆破工必须做电爆网路全电阻检测。严禁采用发爆器打火放电的方法检测电爆网路。

4. 连接导线

连接导线包括爆破母线和连线，用来连接发爆器、电雷管和炸药组成电爆网路。

二、爆炸基础知识

1. 爆炸的定义

爆炸基础知识

由于物质急剧氧化或分解反应，使温度、压力增加或两者同时增加的现象，称为爆炸。爆炸是由物理变化和化学变化引起的。在发生爆炸时，势能（化学能或机械能）突然转变为动能，有高压气体生成或者释放出高压气体，这些高压气体随之做机械功，如移动、改变或抛射周围的物体。一旦发生爆炸，将会对邻近的物体产生极大的破坏作用，这是由于构成爆炸体系的高压气体作用到周围物体上，使物体受力不平衡，从而遭到破坏。

2. 爆炸的分类

爆炸有不同的分类，按物质产生爆炸的原因和性质不同，通常将爆炸分为物理爆炸、化学爆炸和核爆炸 3 种。物理爆炸和化学爆炸最为常见。

三、拒爆、残爆处置技术

在爆破作业过程中，由于种种原因，雷管或炸药未被起爆，这种现象统称为拒爆、残爆或熄爆，俗称哑炮、盲炮或瞎炮。

在爆破作业过程中，有的雷管或炸药没有参与爆炸，致使它们遗留在炮孔中，一方面使爆破作业难以实现工程目标，另一方面如果处置不当，极容易引起爆破事故。

1. 煤矿井下处理拒爆、残爆时必须遵守的规定

《煤矿安全规程》第三百七十一条规定，通电以后拒爆时，爆破工必须先取下把手或者钥匙，并将爆破母线从电源上摘下，扭结成短路；再等待一定时间（使用瞬发电雷管，至少等待 5 min；使用延期电雷管，至少等待 15 min），才可沿线路检查，找出拒爆的原因。

《煤矿安全规程》第三百七十二条规定，处理拒爆、残爆时，应当在班组长指导下进行，并在当班处理完毕。如果当班未能完成处理工作，当班爆破工必须在现场向下一班爆破工交接清楚。

处理拒爆时，必须遵守下列规定：

（1）由于连线不良造成的拒爆，可重新连线起爆。

（2）在距拒爆炮眼 0.3 m 以外另打与拒爆炮眼平行的新炮眼，重新装药起爆。

（3）严禁用镐刨或者从炮眼中取出原放置的起爆药卷，或者从起爆药卷中拉出电雷管。不论有无残余炸药，严禁将炮眼残底继续加深；严禁使用打孔的方法往外掏药；严禁使用压风吹拒爆、残爆炮眼。

（4）处理拒爆的炮眼爆炸后，爆破工必须详细检查炸落的煤、矸，收集未爆的电雷管。

（5）在拒爆处理完毕以前，严禁在该地点进行与处理拒爆无关的工作。

2. 露天煤矿处理拒爆、熄爆时必须遵守的规定

《煤矿安全规程》第五百三十八条规定，发生拒爆和熄爆时，应当分析原因，采取措施，并遵守下列规定：

（1）在危险区边界设警戒，严禁非作业人员进入警戒区。

（2）因地面网路连接错误或者地面网路断爆出现拒爆，可以再次连线起爆。

（3）严禁在原钻孔位钻孔，必须在距拒爆孔10倍孔径处重新钻与原孔同样的炮孔装药爆破。

（4）上述方法不能处理时，应当报告矿调度室，并指定专业人员研究处理。

四、炮烟中毒、炸药爆炸事故处置技术

1. 矿山救援队参加炮烟中毒窒息事故救援应当遵守的规定

（1）加强通风，监测有毒有害气体。

（2）独头巷道或者采空区发生炮烟中毒窒息事故，在没有爆炸危险的情况下，采用局部通风的方式稀释炮烟浓度。

（3）尽快给遇险人员佩用全面罩正压氧气呼吸器或者自救器，给中毒窒息人员供氧并让其静卧保暖，将遇险人员撤离炮烟事故区域，运送至安全地点交医护人员救治。

2. 矿山救援队参加炸药爆炸事故救援应当遵守的规定

（1）了解炸药和雷管数量、放置位置等情况，分析再次爆炸的危险性，制定安全防范措施。

（2）探察爆炸现场人员、有毒有害气体和巷道与硐室坍塌等情况。

（3）抢救遇险人员，运出爆破器材，控制并扑灭火源。

（4）恢复矿井通风系统，排除烟雾。

五、爆破事故案例分析

窑街煤电集团三矿"2·4"爆破事故

1. 事故概况

2022年2月4日17时7分，窑街煤电集团有限公司三矿（以下简称三矿）1300东部边界回风下山掘进工作面发生事故，造成1人死亡、4人受伤，直接经济损失115.84万元。

2. 事故经过

2022年2月4日11时30分，三矿岩巷二队队长和值班副队长共同主持召开中班班前会。1300东部边界回风下山掘进工作面当班出勤11人，主要工作任务是铺设轨道、前移耙岩机。跟班副队长带领员工14时10分到达井下工作地点，在巷道左侧陆续掏挖并铺设了7根枕木，在枕木上铺设了一根5 m轨道，接着将右侧轨道铺设在枕木上发现轨道不平整，在耙岩机前方1.6 m的轨道正中底板凸起0.12 m。清理完表面浮渣后，因凸起部分坚硬，跟班副队长安排工人使用风镐挖底处理，17时7分，风镐触发拒爆引起爆炸。

3. 事故直接原因

2月3日岩巷二队早班人员在1300东部边界回风下山掘进工作面耙岩机簸箕口前方10 m范围内爆破挖底，当班钻眼48个装药45个，爆破后只检查出4个拒爆，二次处理拒

爆后未检查发现耙岩机簸箕口处的1个拒爆；2月4日中班人员铺设轨道使用风镐挖底时触发拒爆引起爆炸，造成现场5名工人受伤。

4. 抢险救援

事故发生后，当班安检员立即汇报三矿调度室，跟班副队长立即组织现场人员开展救援，先后发现有5人不同程度受伤，其中挖底工人昏迷不醒，受伤严重，其他4人意识清醒并参与救援。

三矿调度室在接到井下汇报后立即向矿领导和窑街煤电集团有限公司调度中心汇报，启动应急救援预案，召请矿山救护中心赶赴现场开展救援。17时17分，救援队员入井救援，17时48分，医护人员入井参加救援。至19时5分5名伤员陆续升井，先后被送至兰州市第五医院救治。19时50分挖底工人经抢救无效死亡，其余4人生命体征平稳，在医院接受治疗。

第七节 提升、运输、机电和机械伤害事故应急救援技术

一、矿井提升基础知识

矿井提升设备是指用于提升和下放人员、设备、材料，提升煤炭、矿石、矸石等的设备。矿井提升设备的特点是在一定的距离内，以较高的速度往复运行，完成上升与下降的提升任务。矿井提升机在工作过程中一旦发生机械或电气故障，将会严重威胁矿井安全，造成设备损坏，影响正常生产甚至导致人员伤亡。

（一）矿井提升系统的组成

矿井提升系统主要由矿井提升机、电动机、电气控制系统、安全保护装置、提升信号系统、提升容器、提升钢丝绳、井架、天轮、井筒装备和装卸载附属装备等组成。

（二）矿井提升系统的分类

矿井提升系统按用途不同可分为主井提升系统和副井提升系统，按井筒倾角不同可分为立井提升设备和斜井提升设备，按提升容器不同可分为箕斗提升设备、罐笼提升设备、吊桶提升设备和斜井串车提升设备等，按钢丝绳缠绕形式不同可分为单绳缠绕式提升设备和多绳摩擦式提升设备。按拖动方式不同可分为交流提升设备、直流提升设备和液压传动提升设备。

二、矿井运输基础知识

矿井运输主要是指矿井的地下运输工作，主要任务是将煤炭和废矸石运出地面，将井下生产需要的材料和设备运到井下使用地点，以及运送人员上下班等。

矿井运输的特点是运量大、品种多、巷道狭窄、运距长短不一、线路复杂，因而作业复杂、维护检修困难、安全要求高。在有瓦斯和矿尘爆炸危险的矿井，运输作业必须严格遵守《煤矿安全规程》的规定。

三、矿井机电基础知识

(一) 矿井机电设备概述

矿井机电设备是煤矿机械、电气设备和设施的统称,是煤矿生产的基础。它包括矿井供电设备和矿井用电设备两个方面。

矿井机电设备主要包括供电及电气设备、提升设备、通风设备、压风设备、压力设备、排水设备、采掘设备、支护设备、运输设备、安全监测监控及瓦斯抽放设备等。其中,矿井供电设备包括变压器、高压开关、低压开关、高低压电缆和各类保护装置等。

(二) 机电设备防爆知识和失爆的预防措施

由于煤矿井下存在瓦斯、煤尘,电气设备运行过程中产生的火花、电弧都有引燃、引爆瓦斯、煤尘的可能性,所以,电气设备防爆至关重要,它是防止井下发生瓦斯、煤尘爆炸的重要技术措施之一。

1. 矿用电气设备

矿用电气设备分为两大类,即矿用一般型电气设备和矿用防爆型电气设备。

(1) 矿用一般型电气设备是专为煤矿井下条件生产的不防爆的一般型电气设备,只能用在井下没有瓦斯、煤尘爆炸危险的环境中。在矿用一般型电气设备外壳的明显处,均有清晰的永久性凸纹标志"KY"。

(2) 矿用防爆型电气设备是按照国家标准制造的,在防爆电气设备外壳的明显处,均有清晰的永久性凸纹标志"Ex"。

2. 电气设备的防爆、隔爆和失爆

防爆型电气设备是指按照国家标准设计制造的,不会引起周围爆炸性混合物爆炸的电气设备。矿用防爆型电气设备是指专供煤矿井下使用的防爆电气设备。

隔爆是指当电气设备外壳内部发生爆炸时,不会引起外壳外部的爆炸性气体发生燃烧或爆炸的性能。凡具有这种防爆性能的电气设备称为隔爆型电气设备。

失爆是指防爆电气设备外壳失去了隔爆性或耐爆性。当隔爆型电气设备的外壳内部发生爆炸时,引起外壳外部的爆炸性混合物质发生爆炸,或者从各处缝隙中喷出高温气体,或者火焰引起外壳外部爆炸性气体爆炸。

3. 电气设备失爆的预防措施

(1) 严格按《煤矿安全规程》的规定选用电气设备。

(2) 井下防爆型电气设备由电气防爆检查部门全面负责,集中统一管理。

(3) 严把入井关。防爆电气设备入井前,应当进行防爆检查,签发合格证后方准入井。

(4) 加强检查、维护。井下防爆电气设备的运行、维护和修理,必须符合防爆性能的各项技术要求。发现失爆电气设备,必须立即处理或更换,严禁继续使用。

四、矿井提升运输事故应急处置及救援工作要点

(一) 事故特点

矿井提升运输事故发生在矿井的提升运输环节,主要包括卡罐、坠罐、跑车、吊桶翻

转以及带式输送机、刮板输送机事故等。

卡罐造成罐内人员被困井筒，可能由于罐笼突然停止而发生撞击造成伤害，甚至可能发生坠罐事故。坠罐是矿井提升运输中发生较多的一类事故，对乘坐人员的伤害是强烈冲击，造成人员死亡或腿部骨折等创伤。斜井跑车失控后，除会造成车内人员创伤或死亡外，也可能撞击井底人员造成伤亡事故。吊桶翻转，能将人员甩（倒）出桶外造成伤害，但乘坐吊桶人员在系好保险带、挂上保险钩的情况下，一般不会坠落井底，不会发生严重伤害。带式输送机和刮板输送机事故的危害主要是机械伤害、触电、火灾等。

值得注意的是，坠罐、跑车、带式输送机断带等提升运输事故，可能扬起井底车场或巷道积聚的煤尘，并被同时产生的摩擦或者撞击火花点燃而引发煤尘爆炸。

（二）矿山救援队参加矿井坠罐事故救援应当遵守的规定

（1）提升人员井筒发生事故，可以选择其他安全出口入井探察搜救。

（2）需要使用事故井筒的，清理井口并设专人把守警戒，对井筒、救援提升系统及设备进行安全评估、检查和提升测试，确保提升安全可靠。

（3）当罐笼坠入井底时，可以通过排水通道抢救遇险人员，积水较多的采取排水措施，井底较深的采取局部通风措施，防止人员窒息。

（4）搜救时注意观察井筒上部是否有物品坠落危险，必要时在井筒上部断面安设防护盖板，保障救援安全。

（三）矿山救援队参加矿井卡罐事故救援应当遵守的规定

（1）清理井架、井口附着物，井口设专人值守警戒，防止救援过程中坠物伤人。

（2）有梯子间的井筒，先行探察井筒内有毒有害气体和氧气浓度以及梯子间安全状况，在保证安全的情况下可以通过梯子间向下搜救。

（3）需要通过提升系统及设备进行探察搜救的，在经评估、检查和测试，确保提升系统及设备安全可靠后方可实施。

（4）应急救援人员佩戴保险带，所带工具系绳入套防止掉落，配备使用通信工具保持联络。

（5）应急救援人员到达卡罐位置，先观察卡罐状况，必要时采取稳定或者加固措施，防止施救时罐笼再次坠落。

（6）救援时间较长时，可以通过绳索和吊篮等方式为被困人员输送食物、饮料、相关药品及通信工具，维持被困人员生命体征和情绪稳定。

（四）矿山救援队参加倾斜井巷跑车事故救援应当遵守的规定

（1）采取紧急制动和固定跑车车辆措施，防止施救时车辆再次滑落。

（2）在事故巷道采取设置警戒线、警示灯等警戒措施，并设专人值守，禁止无关车辆和人员通行。

（3）起重、搬移、挪动矿车时，防止车辆侧翻伤人，保护应急救援人员和遇险人员安全。

（4）注意观察事故现场周边设施、设备、巷道的变化情况，防止巷道构件塌落伤人，必要时加固巷道、消除隐患。

（五）矿井提升运输事故应急处置和抢险救援要点

1. 现场应急措施

(1) 卡罐、坠罐事故：

① 乘罐人员发现罐笼运行异常时，应握紧罐笼内的扶手，不能握扶手的应抓住握扶手的人，以免罐笼快速停止时摔伤和出现其他伤害。所有人员应将两腿弯曲，以减少惯性冲击。

② 罐笼由于保险装置的作用减速并停稳后，乘罐人员要保持镇静，不可在罐笼中乱动、推拉，以保持罐笼平衡，以呼叫为主积极发出求救信号，并耐心等待救援。

③ 井底现场人员发现罐笼异常时，应立即撤离井底 50 m 以外，或躲避到安全地点，待罐体稳定后，及时报告，并在现场设立警戒。与井口和车房保持联络，确认井口无其他可坠物且由专人在井口警戒后，方可靠近观察和施救。

④ 罐内未受伤人员应立即在现场为受伤矿工进行止血、包扎和骨折临时固定等紧急处理。

⑤ 井口人员应首先避险，及时向调度室报告，并在井口警戒，封锁现场，防止其他人员、车辆靠近。

(2) 倾斜井巷跑车事故：

① 乘车人员发现人车运行异常时，乘坐人员应握紧车内的座椅靠背或扶手，以免人车快速停止时摔伤和出现其他伤害。车上人员不能中途跳车，当车停稳后立即下车，并向调度室报告。

② 人车发生断绳或掉道等事故后，跟车工应立即发出事故信号，通知矿井有关人员及时组织抢救。

③ 在倾斜井巷中行走或工作的人员，应立即进入躲避硐避险。来不及进入躲避硐时，应紧靠巷帮或支架间避险。巷道很窄、两侧难以躲避时，可抓住棚梁将身体向上收缩避险，使失控车辆从下部通过。

④ 斜巷底部人员应立即撤离或躲避到安全地点，及时向调度室汇报事故情况。待车停稳后，关闭阻车防护安全设施，设置警戒防止车辆及其他人员进入，积极开展施救。

(3) 矿井应急处置要点：

① 启动应急预案，报告事故情况。调度室接到事故报告后，应迅速启动应急预案，立即通知救援队、医院等救援力量赶赴事故地点进行救援，向矿领导报告事故情况，并按照要求向上级有关部门报告。

② 采取有效措施，组织开展救援。矿井应根据情况停止事故设备运行，切断其供电电源，迅速组织开展救援工作，采取一切可能的措施，积极抢救被困遇险人员，防止事故扩大。

2. 抢险救援技术要点

(1) 卡罐抢险救援要点：

① 清理井架、井口附着物，防止救援过程中坠物伤人。井口设专人把守，做好警戒。

② 在保证安全的情况下，有梯子间的井筒可以首先从地面通过梯子间向下探察直

到罐笼上方进行施救，也可在井口通过固定滑轮及钢丝绳连接吊桶进行施救、运送人员。

③ 施救人员必须佩戴保险带、安全帽，所带工具都要系绳入套，防止掉落。配备使用合适的通信工具（如对讲机）以保证及时联络。

④ 在被困人员暂时无法救出时，要通过绳索和吊篮将通信工具、食物和水及相关药品下放给被困人员。

(2) 坠罐抢险救援要点：

① 如果提升人员井筒发生事故，应该快速选择其他井筒入井探察施救。如需使用原事故井筒，应对提升装备及井筒进行安全评估，临时提升人员要制定安全措施。

② 施救人员入井后，对现场进行勘查，发现能够立即救出的人员要立即救出，妥善安置，对不能立即救出的人员要在采取措施后施救。施救时必须先观察井筒上部是否有物品坠落危险，确认无危险后再进行救援。

③ 在井底用槽钢、木板等封锁井底的井筒断面，防止意外物品掉入井筒造成人身伤亡。

④ 当罐笼坠入井底时，救援人员可通过排水通道直接进入罐笼，并通过排水通道抢救人员，排水通道受阻时，也可采用绞车和吊桶运送人员。

⑤ 当罐笼坠入井底遇到积水多井筒淋水大等情况时，应采取排水、截水、引水措施，井底较深时还应考虑局部通风问题，防止人员窒息。

⑥ 迅速搜寻幸存人员，发现伤员及时进行止血、包扎和骨折固定等紧急处理，并迅速运送升井到医院救治。

(3) 倾斜井巷跑车抢险救援要点：

① 施救中选用起重、破拆、千斤顶等装备搬移挪动矿车时，应采取措施保护车内遇险人员安全，免受二次伤害。

② 迅速搜寻幸存人员，发现伤员及时进行止血、包扎和骨折固定等紧急处理，并迅速运送升井到医院救治。

③ 处理现场险情隐患，加固被破坏的巷道时，应安排专人观察现场情况，采取安全措施保证救援人员安全，防止发生次生事故。

（六）相关工作要求

(1) 严禁未采取防坠落措施就盲目抢险救援。
(2) 严禁未将主提升设备固定牢就盲目抢险救援。
(3) 严禁不按高空作业规定冒险抢险救援。
(4) 严禁不顾退路不观察现场情况盲目抢险救援。
(5) 严禁未采取闭锁上平台防跑车系统就盲目抢险救援。
(6) 严禁不处理现场险情隐患就盲目抢险救援。

五、矿井电气伤人事故类型及防范措施

（一）矿井电气伤人事故类型及原因

(1) 违章带电作业或没有验电，作业中误送电，人员直接触及漏电设备、电缆等带

电体造成触电事故。

（2）缺乏电气知识，误入带电间隔或人体过于接近高压带电体导致高压带电体放电而造成触电事故。

（二）有关安全规定

《煤矿安全规程》第四百四十二条至第四百四十四条规定如下：

（1）井下不得带电检修电气设备。严禁带电搬迁非本安型电气设备、电缆，采用电缆供电的移动式用电设备不受此限。

检修或者搬迁前，必须切断上级电源，检查瓦斯，在其巷道风流中甲烷浓度低于1.0%时，再用与电源电压相适应的验电笔检验；检验无电后，方可进行导体对地放电。开关把手在切断电源时必须闭锁，并悬挂"有人工作，不准送电"字样的警示牌，只有执行这项工作的人员才有权取下此牌送电。

（2）操作井下电气设备应当遵守下列规定：

① 非专职人员或者非值班电气人员不得操作电气设备。

② 操作高压电气设备主回路时，操作人员必须戴绝缘手套，并穿电工绝缘靴或者站在绝缘台上。

③ 手持式电气设备的操作手柄和工作中必须接触的部分必须有良好绝缘。

（3）容易碰到的、裸露的带电体及机械外露的转动和传动部分必须加装护罩或者遮栏等防护设施。

（三）预防电气伤人事故的主要措施

（1）检查、检修、安装、挪移机电设备时，禁止带电作业，必须遵循验电、放电、封线（装设短路地线）的顺序进行工作。

（2）从事高压电气作业时，必须有2人以上工作，操作高压设备时一人监护，一人操作，严格执行停送电制度。

（3）采掘工作面电缆、照明信号线、管路应按《煤矿安全规程》规定悬挂整齐。使用中的电缆不准有"鸡爪子""羊尾巴"、明接头。加强对采掘设备用移动电缆的防护和检查，避免受到挤压、撞击和炮崩，发现损伤后，应及时处理。

（4）在有架线的地点施工或从矿车装卸物料时，应先停电；不能停电时，长柄工具要平拿、平放，操作时不准碰到架线，以防触电。

（四）维修电气设备时的注意事项

（1）电气维修工作业前应检查、清点应带的工具、仪表、零部件、材料，检查验电笔是否灵敏可靠。

（2）检查、检修、安装、挪移机电设备时，禁止带电作业，必须遵循切断并闭锁上级电源、检查瓦斯、验电、放电、挂警示牌的顺序进行工作。

（3）从事高压电气作业时，必须有2人以上工作，操作高压设备时一人监护，一人操作，严格执行停送电制度。

（4）同一供电系统和同一控制系统有多人同时工作时，必须注意互相之间的影响和相互之间的安全。凡因停送电影响他人安全的地点应按下列规定执行：

① 一般不准同时作业，需要在停电的线路上进行多项作业时，应分别办理停电手续。

② 必须同时工作时,要分别挂停电牌,并指定专门联系人负责联系各相关工作环节的进度,各环节均结束工作且人员撤离后方可送电。严禁约定时间送电。

(5) 检漏继电器跳闸后,应查明跳闸原因和故障性质,及时排除故障后才能送电,禁止在甩掉检漏继电器的情况下,对供电系统强行送电。

(6) 凡有可能反送电的开关必须加锁,开关上悬挂"小心反电"警示牌。如需反送电时,应采取可靠的安全措施,防止触电事故和损坏设备。

六、运输事故案例分析

东荣二矿"3·9"运输事故

2017年3月9日,黑龙江龙煤双鸭山矿业有限责任公司东荣二矿(以下简称东荣二矿)井口房违规电焊引发火灾,继而烧断钢丝绳,引起正在提升的罐笼坠落,导致乘坐罐笼的17人遇难。

(一) 矿井提升设备概况

该矿井主井、副井均采用塔式摩擦轮式提升机提升。主井为箕斗提升,担负全矿原煤提升任务。井筒直径5.5 m,提升高度631.73 m。副井井筒直径7.5 m,井深569 m,井筒内布置两套塔式多绳摩擦式提升机。其中一套作为主要提升设备,承担提矸、下料、升降人员等运输任务。副井辅助提升机罐笼质量为12117 kg,平衡锤质量为14517 kg。提升钢丝绳为镀锌钢丝绳,绳长690 m,共4根。平衡钢丝绳为镀锌扁尾绳,绳长620 m,共2根。罐笼双层准乘40人,最大提升速度4 m/s。

(二) 事故经过

2017年3月9日6时30分左右,运转队一车间主任组织运转工班16人召开班前会,安排一车间工作。7时,该主任参加运转队早会,会议由运转队代理队长主持,两次会议均未安排焊接作业。13时30分左右,运转队一车间副主任在大绳工休息室门口走廊遇见运转队一车间电焊工,告知副井井口运输平台轨道开焊了。13时40分左右,该电焊工拿着电焊把线等工具对轨道开焊错口处进行焊接,将沙箱、灭火器、水管摆放好,接完线后,使用设在副井井口房二层的电焊机对副井主要提升设备进行了焊接。焊接工作结束后,该电焊工观察周围环境10 min左右,未发现异常后,就将灭火器、沙箱归回原位,拿着电焊把线等工具到二层休息室休息。

14时30分左右,17名井下作业工人乘罐升井期间,副井口运输平台推车工班长和推车工在副井井口等候罐笼准备入井考勤。推车工班长走到井口验身房附近时,透过靠验身房一侧铁道中间的缝隙发现运输平台负一层内有火光,从平台检修口往下看发现负一层电缆有明火,就叫推车工扯水管灭火,同时大喊"电缆着火了"。听到喊声后,3名员工一起扯冲尘用的自来水管试图灭火,但没水,于是通知信号工给矿调度打电话联系水电所供水。在副井电气检修的员工也使用灭火器进行灭火。随后赶来的一车间主任等人试图用消火栓灭火,但消防管路内水量很少,很快火势已不能控制,随后赶来的保安人员组织人员撤离。

14时34分,罐笼上行不久,辅助提升系统井下信号工发现有烟从副井井筒下来,于是给矿调度打电话询问情况，调度答复井口着火。14时39分，该信号工向调度电话报告井下烟大，通话期间，罐笼坠落。

（三）事故直接原因

电焊工在副井井口运输平台违章电焊，产生的高温焊渣引燃运输平台负一层内可燃物，导致提升机电力电缆线、信号电缆线、井口操车系统液压油管及液压油燃烧。由于副井井口辅助提升到位停车开关信号电缆着火造成线路短路，提升机实施一级制动，致使罐笼提升59 m（由-500 m标高水平上提至-441 m标高水平）后停止运行。此时，副井平衡锤侧提升钢丝绳处于高温火区内抗拉强度急剧下降，在静张力的作用下断裂，造成罐笼坠落（坠落高度94 m）。

（四）应急处置及抢险救援

1. 企业应急处置

14时35分，东荣二矿调度室监测调度接到副井井口信号工打来电话，说副井井口电缆着火了，请求联系水电所往副井井口送水灭火。该调度立即向矿长及安全生产有关人员报告了副井井口火情，相关领导陆续赶往调度室指挥事故救援。14时50分，矿生产调度向双鸭山矿业公司调度报告事故。双鸭山矿业公司生产调度接到事故报告后，立即向双鸭山矿业公司调度室主任和矿业公司领导及龙煤集团调度报告了事故。15时25分，双鸭山矿业公司副总经理向黑龙江煤矿安全监察局哈东监察分局电话报告，同时安排按程序逐级上报事故。

东荣二矿生产调度听到监测调度接到的电话后，立即联系水电所往副井井口送水，随后通知通风队，要求组织人员拿灭火器到副井井口灭火。14时40分，东荣二矿分公司武保科科长拨打119报火警；东荣二矿生产调度接到井下矿通风副总工程师打来的电话说井下有烟，让他马上向总工程师和通风副矿长报告，准备反风。14时41分，矿长下令启动东荣二矿应急救援预案，通知井下撤人，并进行矿井反风。14时57分，向双鸭山矿业公司救护大队请求救援。

15时40分，在井下带班的采煤副矿长到副井井底查看情况，确认辅助提升机罐笼坠入井底。

15时50分左右，双鸭山矿业公司及龙煤集团领导相继赶到东荣二矿，双鸭山矿业公司成立了以公司副总经理（主持全面工作）和总工程师为总指挥，东荣二矿矿长和总工程师任副总指挥的救援指挥部，立即组织开展救援工作。

事故发生时井下共有273名作业人员，事故发生后，救援指挥部组织井下作业人员陆续升井。截至3月10日1时47分，共有256人安全升井，经排查确认，有17人被困。

2. 应急救援过程

14时57分，双鸭山矿业公司救护大队接警后，先后出动2个中队、5个小队共48名救援人员，调集车辆8台参加事故救援。

15时6分，东荣中队2个小队共18人到达事故矿井，按矿指挥部命令，一小队立即对副井罐笼平台火灾现场进行探察；二小队到矿机关办公楼（火灾浓烟已窜至办公楼，人员已疏散）进行探察搜救。对副井罐笼探察的一小队发现副井罐笼平台、二楼、三楼均有明火燃烧，信号操纵台、验身房上下两层工作间和副井罐笼平台下部皆有浓烟和燃烧物燃烧，并发现塔顶6楼有2名绞车司机被困；二小队在浓烟中对6层办公楼由上到下进行搜救，在4楼搜救出遇险被困人员4名，为其佩戴自救器，护送至安全地点。

15时36分，大队长带领战训部2人到达事故矿井，成立救护临时指挥部。之后，救护队再次进入副井罐笼平台至塔楼搜救，通过高温浓烟和火场等地点，为被困的2名绞车司机佩戴自救器，护送至安全地点。

15时50分，救护大队尖山中队2个小队共18人到达事故矿井。根据指挥部要求，救护队与消防队协同灭火，由救护大队大队长带领3个小队和消防人员进入火场，用消防水枪进行灭火。后派1个小队作为巡查小队对火灾现场进行全面巡查并及时扑灭复燃点3处。16时，副井明火彻底扑灭。

由于副井发生事故无法运行，为快速将井底人员升井，指挥部决定由主井提升井下人员，制定并落实了主井提升人员安全措施。18时，主井开始提升人员，截至10日1时47分，256人全部安全升井。

9日20时15分，根据指挥部命令，救护队入井探察搜救被困人员，由井底车场向下的井筒梯子间（共10 m）进入梯子间尽头，距事故点垂深约10 m没有梯子无法进入，发现底部有大量首绳，多次喊话，没有人员回应。东荣二矿"3·9"坠罐事故救援现场示意如图5-10所示。

副井井底车场（-500 m）向上约80 m范围内的钢梁因坠罐被砸坏，井底（-550~-535 m）首绳与钢梁缠绕混乱，将罐笼和配重铁包裹在下方，并随时可能有物体坠落，初步判断不具备从井筒内由上向下清理救援的条件。9日21时48分，指挥部决定，由该矿安装队、运输队职工在井底泄水巷及联络巷（-535 m）安装一台JM-14型慢速绞车，对底部缠绕的尾绳进行拖拽切割清理。由于联络巷断面狭窄，仅为3 m²，清理工作进展缓慢。10日13时5分，救援人员通过清理出的狭窄通道，向上爬至罐笼上方，通过缝隙看到罐笼上层内至少有4名遇难者，罐体和遗体已经严重变形。11时30分救护队进入副井罐底使用生命探测仪搜救，未探测到生命迹象。

从底部实施拖拽切割清理过程中，一方面由于上部大量重物压紧，向外拖拽钢丝绳十分困难，救援工作进展非常缓慢；另一方面配重铁占据清理处大部分空间，救援人员作业空间狭小，安全受到威胁。鉴于这一情况，应急管理部领导立即组织有关专家对救援方案提出调整和优化的建议。指挥部根据应急管理部领导的建议对抢险救援方案进行了重新部署，确定了由井底车场进入井筒，自上而下清理井筒内落下的钢丝绳、钢梁和罐道等杂物，直至清到坠落的罐笼，再根据情况进行施救的方案。

为确保井筒内救援人员安全，制定了以下安全措施：一是防止物体坠落。对副立井井口以上所有悬挂物及提升装置进行了固定，并在井口安装栅栏，在-500 m水平安装盖板，防止井口及井底车场物体坠落。二是防止次生灾害。切割钢丝绳前，对井下现场进行充分洒水，保持通风，监测有害气体浓度，防止切割作业引发火灾事故。三是加强现场管理和技术指导。安排白班、夜班均由一名公司领导和一名矿领导带班，专家现场指导，确保安全施救。

从10日18时起，在地面副井井口房内安装JZ-16/1000型稳车，在井底车场副井出车侧安装JSDB-19型慢速绞车。11日8时，两部绞车安装完成。之后，救援人员通过

第五章 矿山灾害事故应急救援技术

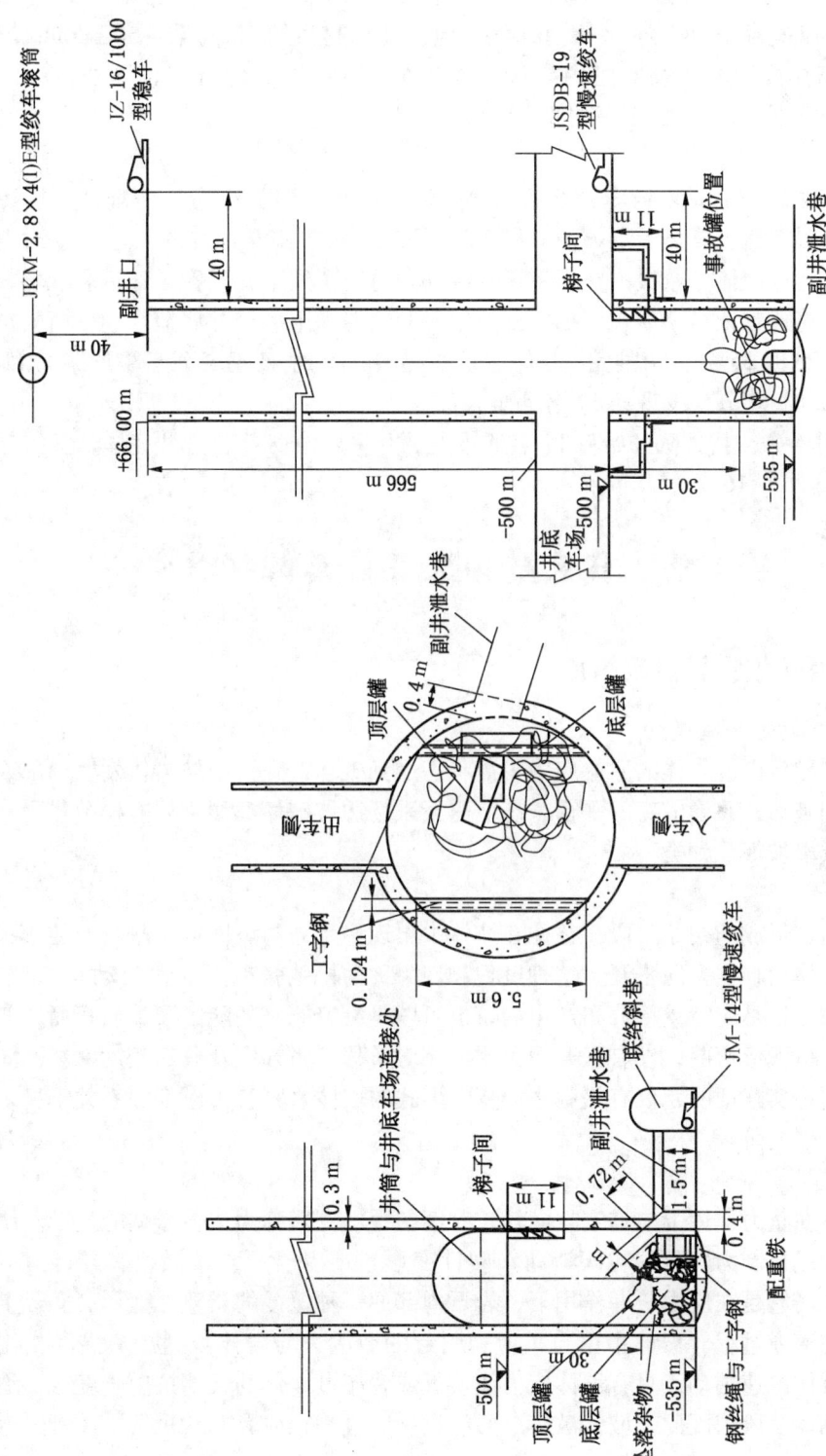

图 5-10 东荣二矿"3·9"坠罐事故救援现场示意图

副井井底清理出的狭窄通道爬至罐笼上部，清理坠罐地点杂物，按照难易程度和上下顺序捆绑切割钢丝绳、钢梁或者罐道，使用地面稳车起吊约 20 m 至 −500 m 井底车场，再用慢速绞车拖拽到车场及巷道内码放或者装车。期间，除带班矿领导外，救护队员也到现场进行监护、配合施工、协助清理并在梯子间向下设置软梯，作为施救现场应急安全通道。

11 日 11 时 30 分，地面绞车开始起吊第一钩。12 日 13 时 38 分，清理至上层罐笼顶部并起吊上层罐上盖，确认上层罐内共有 11 名遇难人员。由于通往井底泄水巷通道较为狭窄，不便于运送遗体，救援人员对巷道顶板拐角进行了爆破，拓宽了通道。现场救援人员使用风筒布将遇难人员遗体包裹捆扎并通过井筒内缝隙下放至井底泄水巷，由救护队员接应并运送。20 时 35 分，切割完下层罐上盖并起吊，20 时 41 分，发现下层罐第 12 名遇难人员，至 22 时 40 分，发现第 17 名遇难人员。

13 日 0 时 4 分，救护队开始将 17 名遇难人员升井，1 时 57 分升井完毕，救援工作结束，共历时 83 小时 16 分。

第八节　露天矿山灾害应急救援技术

一、采场边坡灾害防范措施

（一）采场边坡危害类型

露天开采导致山坡岩体的原始应力平衡状态遭到破坏，致使山坡岩体发生局部或者整体性的变形和破坏，并形成新的平衡状态。露天采场边坡破坏类型主要有松弛张裂、蠕动变形、崩塌、滑坡等几种类型。

1. 松弛张裂

在采场边坡形成的初始阶段，往往在坡体中出现一系列与坡面近于平行的陡倾张开裂隙，使边坡岩体向临空方向张开，这种过程和现象称为松弛张裂（也称松动）。存在于坡体的张开裂隙可以是应力重新分布产生的，也可以是沿着原有的陡倾裂隙发育而成的。松弛张裂外形略呈弧形弯曲，仅有张开而无明显相对滑移，张开度及分布密度由坡面向深处逐渐减弱。理论实践证明，仅有松弛张裂变形形式的坡体，其应力应变关系处于稳定破裂阶段或者减速蠕变阶段。

2. 蠕动变形

边坡岩体在重力作用下向临空方向较长时期的缓慢变形称为边坡岩体的蠕动。研究表明，蠕动的形成机制为岩石的粒间滑动（塑性变形）或者岩石裂纹微错，或者由一系列裂隙扩展所致。它是在应力长期作用下，岩石内部的一种缓慢的调整性变形，实际上是岩石趋于破坏的演变过程。坡体中由自重应力引起的剪应力与岩体长期抗剪强度相比很低时，只能使坡体减速蠕动，只有坡体应力值接近或者超过岩体的长期抗剪强度时，坡体才能进入加速蠕动阶段。因此，坡体破坏总要经过一定过程，或者非常短暂，或者经过一个相当长的时间。

3. 崩塌

崩塌是采场岩质边坡破坏的一种形式，是指块状岩体与岩坡分离向前翻滚而下的现象。在崩塌过程中，岩体无明显滑移面，同时，下落的岩块或未经阻挡而落于坡角处，或于斜坡上滚落、滑移、碰撞，最后堆积于坡角处。岩坡的崩塌常发生于既高又陡的边坡前缘地段，具有逐次后退、规模逐渐减小的趋势。裂隙水冻结产生的楔开效应、裂隙水的静水压力、植物根须膨胀压力，以及地震、雷击等动力荷载等，都会诱发崩塌破坏。

4. 滑坡

滑坡是边坡上的岩土体在自然或人为因素的影响下失去稳定，沿坡内软弱结构面产生的整体滑动。滑坡通常以深层破坏形式出现，其滑动面往往深入坡体内部，甚至延伸到坡脚以下。当滑动面通过塑性较强的土体时，滑速一般比较缓慢；当滑动面通过脆性较强的岩石或者滑面本身具有一定的抗剪强度时，可以积聚较大的下滑势能，滑动具有突发性。根据滑面的形状，滑坡形式可分为平面剪切滑动和旋转剪切滑动。平面剪切滑动的特点是块体沿着平面滑移，可进一步分为简单平面剪切滑动、阶梯式滑坡、三维楔体滑坡和多滑块滑动（倾倒滑动）几种破坏模式。旋转剪切滑动的滑面通常呈弧状，岩土体沿此弧形成滑面滑移。

（二）采场边坡危害影响因素

露天矿山采场边坡的变形、失稳，本质上是边坡自身求得稳定状态的自然调整过程，而边坡趋于稳定的作用因素与内在因素和外在因素有关。

内在因素决定边坡变形的形式和规模，对边坡的稳定性起着控制作用，是边坡变形的先决条件。外在因素只有通过内在因素才能对边坡稳定性起破坏作用，或者促进边坡变形的发生和发展。

边坡变形，实质上是内在和外在的各种因素综合作用的结果。因此，在分析边坡稳定性时，应在研究各种单一因素的基础上，找出它们彼此间的内在联系，才能对边坡的稳定性作出比较正确的评价。

1. 内在因素

（1）岩层岩性。岩石的物理力学性质及矿物成分、结构与构造，对整体岩层而言，是确定边坡稳定性的主要因素之一。相间成层的岩层，其厚度、产状及在边坡内所处的部位不同，稳定性也不一样。

（2）岩体结构面。岩体结构面是在地质发展过程中，在岩体内形成具有一定方向、一定规模、一定形态和不同特性的地质分割面，统称为软弱结构面。它具有一定的厚度，常由松散、松软或软弱的物质组成，这些组成物质的密度、强度等物理力学属性较之相邻岩块差得多。在地下水作用下往往出现崩解、软化、泥化甚至液化的现象，有的还具有溶解和膨胀的特性。这种软弱结构面的存在，给边坡岩体失稳创造了有利条件。

（3）风化程度。岩层的风化程度越深，则岩层的稳定性越低，要求的边坡坡度越缓。例如花岗岩在风化极严重时，其矿物颗粒间失去连接，成为松散的砂粒，则边坡的稳定值近似于砂土所要求的数值。

（4）水文地质。地下水对边坡稳定性的主要影响包括岩石发生溶解、软化，降低岩体特别是滑面岩体的力学强度；地下水的静水压力降低了滑面上的有效法向应力，从而降低了滑面上的抗滑力,产生渗透压力(动水压力)作用于边坡,使岩层裂隙间的摩擦力减小,其稳定性大为降低,在边坡岩体的孔隙和裂隙内运动的地下水使土体容重增加,增加了坡体的下滑力,使边坡稳定条件恶化。地表水对边坡的影响主要是冲刷、夹带作用对边坡造成侵蚀,形成陡峭山崖或者冲洪积层,引发牵引式滑坡。

(5)气候与气象。在渗水性的岩土层中,雨水可下渗浸润岩土体内,加大土、石容重,降低其凝聚力及内摩擦角,使边坡变形。此外,气温、湿度的交替变化,风的吹蚀,雨雪的侵袭、冻融等,可以使边坡岩体发生膨胀、崩解、收缩,改变边坡岩体性质,影响边坡稳定。

(6)地震。水平地震力与垂直地震力的叠加,形成一种复杂的地震力,这种地震力可以使边坡作水平、垂直和扭转运动,引发滑坡灾害。地震触发滑坡与地震烈度有关。

2. 外在因素

影响边坡稳定性的外在因素包括设计边坡角偏大、违反开采顺序、台阶没按设计施工、爆破作业违反边坡安全规定等,如在自然边坡上进行露天开挖、地下开采、爆破作业、坡顶堆载、疏干排水、地表灌溉等行为。

(1)坡体开挖形态。露天边坡角设计偏大,或台阶没按设计施工,安全平台达不到设计规定或无安全平台,会显著增加边坡滑坡的风险。发生采动滑坡的坡体几何形态大多有如下特点:从平面形状来看,采动滑坡大多发生在凸形或突出的梁峁坡体上;从竖直剖面来看,采动滑坡或崩塌主滑轴线方向的剖面大多在总体上呈凸形状态,即坡顶比较平缓,坡面外鼓,坡角为陡坎或坡体的上、下部均呈陡坎状,中间有起伏的不规则斜坡或直线斜坡。

(2)坡体内部或下部开挖扰动。施工对边坡的最大扰动是工程开挖使得岩土体内部应力发生变化,从而导致岩体以位移的形式将积聚的弹性能量释放出来,由此带来了边坡结构的变形破坏现象。尤其是在坡体内部或下部施工时,由于地应力的复杂变化,造成的滑坡风险更加难以预测。

(3)工程爆破震动影响。大范围的工程爆破对山体有很大的破坏作用。瞬时激发的强大地震加速度和冲击能量会导致岩层或土层裂隙增加,使边坡整体稳定性减弱。

(4)坡顶堆载。在边坡上进行工业活动,将固体废弃物堆放在坡顶,可能导致下滑力增加。当下滑力大于坡体的抗滑力时,会引起边坡失稳。

(5)降水或排水。由于人为地向边坡灌溉、排放废水、堵塞边坡地下水排泄通道或破坏防排水设施以及雨水浸泡或冲刷,使边坡地下水位平衡遭到破坏,进而破坏边坡岩土体的应力平衡,增加岩层容重,增大滑动带孔隙水压力,增强动水压力和下滑力,减小抗滑力,从而引发滑坡。

(三)采场边坡危害防范措施

矿山边坡危害的防治工作主要包括边坡勘测评估、预报监测和治理。滑坡灾害防治的原则应以预防为主治理为辅,防患于未然。

国内外露天矿山在防治滑坡实践中积累了丰富的经验,提出了一系列治理滑坡的有效措施,从防治方法上来看,分为4个类别,可归纳为"减、排、挡、固"四字经验。

1. 减

具体方法如下：

（1）减小边坡角。减重反压，把滑坡体上部推动滑移地段的土石方挖去，填压在下部抗滑地段，减小下滑力，增大抬升力，提高边坡的稳定性。这是一种经常用来整治边坡的简便方法。对于中小型边坡可以采用削坡的方法，将滑坡体挖除，或采用定向爆破等导滑工程，将滑移体引向固定地段消除滑坡危害。

（2）控制爆破。减少扰动，按照设计控制边坡形态。在露天开采过程中，必须用爆破方法形成边坡。为了在这个过程中不产生边坡移动的隐患，最好的方法是采用边坡控制爆破技术，以减小爆破震动影响，主要有预裂爆破、光面爆破、微差爆破、缓冲爆破和减震爆破。

2. 排

即疏干排水。通过降低边坡岩体含水量，增加岩土体间有效应力，提高边坡稳定性。具体方法如下：

（1）地表排水。在边坡岩体外修筑排水沟，防止地表水冲刷、切割，或沿坡岩体表面裂隙下渗。排水沟坡度一般为5%，断面大小满足最大降雨量要求，并定期维护，避免排水设施堵塞。边坡顶面设置反坡，留设排水沟，避免积水。对地面较大裂缝、施工钻孔等应采用砾石、碎石充填，并对裂隙、钻孔口进行封堵。

（2）地下水疏干。地下水疏干有天然疏干和人工疏干2种。当露天开采切穿地下水位时，地下水在渗流力作用下自流入采场。通过采场排水使边坡水位降低，形成天然疏干。人工疏干一般采用水平孔疏干、垂直井疏干和地下巷道疏干等方法，排除边坡体内地下水，以增加边坡的稳定性。

3. 挡

即抗滑支挡。通过修筑挡土墙、埋设抗滑桩等抵抗阻止坡体下滑，增强边坡稳定性。具体方法如下：

（1）挡土墙。挡土墙可分为重力式挡土墙和钢筋混凝土挡土墙，挡土墙依靠自身重力和结构强度抵抗坡体下滑力。挡土墙设计要求在边坡坡脚部位修建，基础必须深入稳固基岩，施工中要开挖部分坡脚，破坏了边坡稳定性。因此，需要分段挖砌，快速施工。挡土墙不适用于临滑的危险边坡。

（2）抗滑桩。抗滑桩是在边坡面上按一定布置方式垂直向下打入的深桩，用以支挡滑体的下滑。作用于桩体的滑坡推力一部分经由桩体传至桩前滑体，另一部分由桩体传至滑动面以下的岩体中。因此，桩前滑坡推力减小，滑动体稳定性提高。抗滑桩承载能力大，工艺简单，施工速度快，布置灵活，在矿山边坡治理中应用较为广泛。抗滑桩种类繁多，可分为弹性桩和刚性桩两大类，多与其他支护手段联合使用，可以达到很好的滑坡治理效果。

4. 固

即支护加固。通过物理、化学等方法提高边坡岩体强度，增强边坡稳定性。具体方法如下：

（1）锚杆（索）加固。锚杆（索）加固可分为预应力锚杆（索）和注浆锚杆（索）两大类。锚杆的作用是使滑坡体与稳固岩层连在一起，在锚杆的挤压作用下，使边坡中形成压缩带，改变边坡岩体的应力状态，从而提高边坡中不稳定岩体的整体性和强度，增强边坡的稳定性。锚杆支护是一种常见的边坡加固措施，可以加固数个台阶规模的滑体，如果被加固的岩体较为松散，则应加设墩台、钢筋网等。

（2）混凝土喷层加固。向边坡表面喷射混凝土，必要时可加设钢筋网、钢格栅等结构，在边坡表面形成一定厚度的保护层，以避免边坡岩体风化、潮解、剥落和地表水切割、下渗及滚石滑落等。

（3）注浆加固。通过一定的压力向边坡岩体裂隙中灌入混凝土浆液，以提高边坡岩土体性质，封堵地表水下渗通道。

（4）综合加固。当滑坡体超过 5~6 个台阶时，应考虑锚杆、喷层、注浆、抗滑桩、挡土墙联合加固的综合支挡措施。

二、爆破危害防范措施

（一）爆破危害类型

爆破有害效应包括爆破震动，爆破冲击波，爆破飞石，早爆、拒爆，炮烟中毒等。这些效应都随着距爆源距离的增加而有规律地减弱。但由于各种效应所占炸药爆炸能量的比重不同，能量的衰减规律也不相同。同时，不同的效应对保护对象的破坏作用也不同。所以，在规定安全距离时，应根据各种效应分别核定最小安全距离，然后取它们的最大值作为爆破的警戒范围。

1. 爆破震动

当药包在岩石中爆破时，邻近药包周围的岩石会产生压碎圈和破裂圈。当应力波通过破裂圈时迅速衰减，无法引起岩石的破裂，只能使岩石质点产生弹性振动。这种弹性波就是爆破震动。爆破震动可导致附近建筑物墙壁龟裂、基础变形或倒塌；在一定条件下，可能导致露天矿山地基土液化，承载力下降，发生不均匀沉降甚至滑坡。

2. 爆破冲击波

爆破冲击波是爆破产生的空气内的一种压缩波。炸药在空气中爆炸，具有高温高压的爆炸产物直接作用在空气介质上在岩体中爆炸，这种高温高压的爆炸产物就在岩体破裂的瞬间冲入大气中。爆破冲击波可导致人的听力受损、内脏受伤，还可导致附近建筑物门窗损坏甚至房屋倒塌。

3. 爆破飞石

工程爆破中，被爆介质中飞得较远的碎石，称为爆破飞石。爆破飞石一旦击中附近人员或建筑物，可造成人员伤亡或建筑物受损。

4. 早爆、拒爆

早爆是指雷管或者炸药在预定的起爆时刻之前发生的意外爆炸。由于早爆时，起爆的准备工作尚未完成，人员往往没有撤离爆破作业现场，所以造成的爆炸事故比较严重，最容易造成人员伤亡。

拒爆是指通电起爆后，工作面的雷管全部或者少数不爆的现象。拒爆能导致爆破中断或者降低爆破效果；在处理拒爆时，由于工作人员不清楚拒爆的准确位置或者处理不当，导致意外爆炸造成人员伤亡。

5. 炮烟中毒

工程爆破中，一般采用的炸药都是由 C、H、O、N 四种元素组成的化合物。爆炸过程中发生化学反应，化学反应生成物中氮氧化物和一氧化碳是有毒气体。此外，爆破介质中含有硫化物，如硫化矿、黄铁矿，爆破时还会生成硫化氢和二氧化硫等有毒气体。硫化物矿石在某些特定条件下与硝铵炸药直接接触，发生一系列化学反应，使炸药爆燃或燃烧而引起自爆，产生大量毒气。有毒气体对人的危害主要是一氧化氮与红细胞内的血红蛋白结合，造成人体严重缺氧，严重时会致人窒息死亡，氮氧化物中的一氧化氮不溶解于水，但可与血液中的红细胞结合，从而损害人体吸收氧的能力。

（二）爆破危害影响因素

1. 爆破作业操作违反法律法规等相关规定

违反《民用爆炸物品安全管理条例》《爆破安全规程》和《煤矿安全规程》等相关规定进行爆破作业，爆炸物品从领取、运输、加工到使用过程中，不能严格遵守相关规定。如雷管等起爆器材与炸药在同时同地装卸；爆破器材与其他货物混装；爆破器材临时存放室不符合安全要求（如未设置避雷防爆装置、消防设施不规范等）；雷管、炸药在运输与临时储存时与火花接触；炸药受摩擦、冲击等；运输与临时储存时没有严格的管理制度；运输、临时存放、加工过程中不了解爆破器材性能、违反操作规程；爆破后没有达到规定时间，人员过早进入工作面；警戒不严、信号不明、安全距离不够；爆破作业时，没有等爆破警戒范围内的所有无关人员撤离完毕后即开始装药爆破等。

2. 爆破设计不合理

（1）设计爆破炸药用量不合理，起爆方式不合理。

（2）设计安全距离不合理。

（3）设计警戒距离不符合安全规程要求。

（4）爆破振动影响因素，包括装药量的影响，即距爆炸源一定距离的质点振动速度随药量的增大而增加，随药量的减少而降低；爆炸爆轰速度的影响，即一定条件下，振动速度与爆轰速度成正比；传播途径介质的影响，即介质影响质点振动速度。

3. 爆破施工不合理

（1）爆破作业人员没有按照特种作业人员管理规定程序学习、培训、考核，爆破作业人员无操作资格证。

（2）未按设计施工，出现乱孔、卡孔或孔内存水现象。

（3）非爆破人员参与装药、连线、起爆等爆破作业工作。

（4）爆破飞石影响因素，包括装药量过大，致使尚有多余的能量作用在石块上，使碎块获得足够的动能向四周飞散；爆炸物品的介质结构不均匀，爆破气体会作用在某些弱面，导致这些部位产生大量飞石；炮孔口堵塞的长度不够，导致孔口破碎，产生飞石；起爆方式也会影响爆破时飞石的产生。

（5）爆破冲击波影响因素，包括装药孔口堵塞长度不够，堵塞力度也不够，高温高压爆炸产物从孔口外溢，产生爆破冲击波；局部抵抗线太小，沿该方向释放爆炸能量，产生爆破冲击波；岩体不均匀，在断层、夹层等薄弱部位，爆炸产物集中喷出形成爆破冲击波；爆破时岩体沿最小抵抗线方向振动外移，发生鼓包运动，以及强烈的振动诱发爆破冲击波。

4. 早爆

煤矿爆破作业中，造成炸药、雷管早爆的原因主要有以下几个方面：

（1）电流原因。

① 杂散电流。动力或者照明交流电路漏电都可以产生杂散电流。当其通过管路、潮湿的煤岩壁导入爆破网路或者雷管脚线，达到或者超过雷管的起爆电流时，就有可能发生早爆事故。爆破工在敷设爆破母线时，不按照规定的距离悬挂，或者接头、破损处未包扎好，就有可能出现杂散电流。

② 静电。接触爆炸材料的人员穿化纤衣服，爆破母线、雷管脚线碰到具有较高静电的塑料制品都会产生静电。

③ 雷电。雷电直接击中电爆网路或者爆破器材引起早爆。

（2）机械撞击、挤压和摩擦。落下的矸石砸到电雷管，或者用矸石、硬质器械猛砸炸药、起爆药卷，而引起炸药、雷管爆炸；加深炮窝或者装药时炮棍捣动用力过大、过猛，把雷管捣响。

（3）爆破器具保管不当：

① 爆破器具没有按规定进行保管。发爆器及其把手、钥匙乱扔乱放，或者他人用发爆器通电起爆。

② 发爆器受淋、受潮，致使内部线路发生混乱，开关失灵。

③ 发爆器使用时间过久，按钮或者开关的接触片失去弹性，导致操作不灵敏、不准确。

（4）爆轰敏感度的影响。各种起爆材料和炸药都具有一定的爆轰敏感度。当一个地点进行爆破作业时，可能会引起附近另一处炮眼内的雷管爆炸。

（5）化学反应引起早爆。炸药自燃或者与某种矿粉直接接触造成早爆。特征是爆炸前有大量二氧化碳气体从药包中冒出，紧接着是爆炸响声。

5. 拒爆

煤矿爆破作业时，拒爆的产生主要受爆炸物品、爆破工艺、工作面生产条件及爆破工操作技术等因素的影响，具体原因主要包括以下几个方面：

（1）雷管原因。煤矿爆破作业时，电雷管采用串联或者串并联形式连接在爆破网路中，一发雷管不响就可能产生全部拒爆或者部分拒爆。

① 电雷管质量不合格。电雷管在出库前虽然经过全电阻导通检验合格，但经过长距离的运输受到振动，有可能使雷管桥丝或者脚线脱落或者虚接，在工作面使用前，如果不再次进行导通检测，使用了不合格的电雷管就会造成拒爆。

② 选用了不同厂家、不同品种、不同批次的电雷管或者选用的电雷管的电阻差值较大。起爆时，由于电雷管的起爆冲能、发火电流及发火时间不同，在同一爆破网路中敏感度高的电雷管先起爆，炸断了网路，而有些还没有发火的电雷管就会拒爆。

③ 电雷管起爆能力不足。电雷管受潮或者因密封不严造成防水失效，或者超过了电雷管有效储存期造成了电雷管的起爆能力不足。起爆能力不足会造成电雷管响后炸药没有被引爆，产生拒爆或者残爆。

（2）起爆电源原因：

① 通过电雷管的起爆电流值太小或者通电时间过短。通过电雷管的电流值太小没有达到电雷管的准爆电流或者因通电时间过短，电雷管得不到所必需的引燃冲能而导致电雷管拒爆。

② 发爆器内电池电压不足、充电时间过短，未达到规定的电压值便放电起爆。

国产防爆型发爆器多为电容式，依靠高压脉冲电流起爆电雷管，大都采用机械式毫秒开关或者电磁继电器限时 6 ms 放电，以满足煤矿井下爆破安全方面的要求。发爆器长期不停地使用，发爆器内的电池电压值降低，或者发爆器充电时间过短，未达到额定的电压值就放电起爆，都可能造成网路中的电雷管全部或者部分拒爆。

③ 发爆器的输出功率不足，起爆能力不够。不同规格的发爆器都有其额定的起爆能力，虽然设计计算无误，但实际上由于爆破网路实际电阻远高于计算电阻，造成了发爆器的输出功率满足不了实际要求（输出引燃冲能小于电雷管的最大额定引燃冲能）产生拒爆。

④ 发爆器管理保养不当。长期使用会使发爆器主电容容量降低，充电时达不到规定的额定电压值，使用过程中发爆器也会受潮，受潮后氖灯提前起辉，使人误认为已达到额定电压，另外，发爆器开关触点熔蚀、接触不良等都会使发爆器的输出引燃冲能降低，起爆能力自然降低。

（3）电爆网路原因。电爆网路有串联、并联、串并联和并串联，使用发爆器时多采用串联，由于爆破网路造成拒爆的原因主要有爆破母线不合格，电阻过大；网路短路；错接或者漏接；接头不牢、不洁净，有水或者油腻等导致网路电阻增大，这些都能造成全部和部分电雷管拒爆。爆破网路漏电是产生拒爆现象的另一个主要原因，有的煤矿作业环境较为潮湿、有积水或者泥浆，一旦与接头裸露部分接触，网路电阻值就会增大很多，在通电起爆瞬间，水（此时可视为电解质水溶液）的导电能力远比一般情况大得多，易造成爆破网路漏电严重，降低了通过电雷管的电流值，当小于电雷管的最小发火电流时，电雷管拒爆。

（4）炸药原因。炸药过期变质、质量差引起拒爆。如炸药受潮结块、感度下降、密度变大、失去爆轰性能。

（三）减轻爆破震动的主要措施

采取措施减轻地震波危害，主要包括降低地震波的强度和采取必要的防护措施两个方面。具体措施如下：

（1）采用预裂爆破或在爆破体和被保护对象之间开挖减震沟槽。

（2）限制一次爆破最大用药量。

（3）对于建筑物拆除爆破，可以适当加大预拆除部位，以减少爆破钻孔数，对基础部位可采用分区爆破拆除方式、低爆速炸药或采用静态破碎剂，还可以改善爆破设计，如采用折叠式拆除爆破来降低爆破振动影响。

（4）设置缓冲层。

（5）选择合适的炸药，设计合理的爆破参数等。

（四）防止飞石的主要措施

实践证明，只要充分掌握爆破地形地质和爆炸物品的基本性能，精心设计、精心施工，就能控制部分飞散物的飞散距离。对于已产生的爆破飞石，根据对爆破飞石产生的原因和影响因素的分析，采取以下控制措施：

(1) 通过改善爆破施工工艺控制飞石的方向。
(2) 改变局部装药结构和加强堵塞。
(3) 合理安排起爆次序，选择合适的间隔时间。
(4) 减小装药集中度。
(5) 对需要保护的部位进行覆盖。

(五) 降低空气冲击波的主要措施

为有效减轻空气冲击波的危害，应从两个方面着手：一是防止产生强烈的冲击波；二是进行必要的防护。防止产生强烈空气冲击波的具体措施如下：

(1) 采用先进的爆破技术。
(2) 保持设计抵抗线。
(3) 进行覆盖和堵塞。
(4) 注意地质构造的影响。
(5) 控制爆破方向及合理安排爆破时间。
(6) 注意气象条件。

爆破前，应把人员撤离到安全区域，并增加警戒。爆破时，可以利用一个或几个反向布置的辅助药包，与主药包同时起爆，以削弱主药包产生的空气冲击波。

(六) 防止早爆的主要措施

(1) 搜集相关资料，仔细勘查现场，精心设计施工，尽量预估出意外事故的可能性。
(2) 制定安全制度、岗位责任制度和关键技术操作规程。
(3) 严格遵守《爆破安全规程》等规定，在爆破施工区严禁有明火。
(4) 按《爆破安全规程》等的要求进行爆破器材的运输、贮存、保管和废旧爆破器材的销毁。
(5) 做好对炮孔的监督、检查和验收工作。
(6) 按《爆破安全规程》等的要求做好爆炸物品的检验。
(7) 加大安全管理和工程监理力度，对爆破作业现场严格管理，按《爆破安全规程》等的要求正确操作。
(8) 保证爆炸物品的质量，防止由于发爆器失灵、炸药自身的化学反应引起早爆。
(9) 注意天气预报，避免在雷雨时从事爆破作业，对已装药又不能赶在雷雨前起爆的，人员和设备要撤离到危险区以外。
(10) 严禁打残眼和旧眼，不要在高温天气情况下进行爆破作业，避免高温环境造成早爆。
(11) 预先安排好爆破后的安全检查和事故应急处理。

(七) 防止拒爆的主要措施

(1) 禁止使用不合格的爆炸物品，不同类型、不同厂家、不同批次的雷管不得混用。
(2) 连线后检查整个线路，查看有无连错或漏连。进行爆破网路准爆电流的计算，起爆前用专用爆破电桥测量爆破网路的电阻，实测的总电阻与计算值之差应小于10%。

(3) 检查爆破电源并对电源的起爆能力进行计算，硝铵类炸药在装药时要避免压得过紧，避免密度过大。

(4) 炮孔有水时，首先应将孔中的水吹出，用防水袋装炸药，雷管脚线的接头一定要用防水胶布缠好或用抗水炸药。

(5) 装药前要认真清除炮孔内的岩粉。

（八）防止炮烟中毒的主要措施

(1) 采用零氧平衡的炸药，爆破后不易产生有毒气体。

(2) 加强炸药的保管和检验工作，禁用过期变质的炸药。

(3) 保证填塞质量和填塞长度，以免炸药发生不完全爆炸。

(4) 露天爆破后 5 min 内，严禁检查。炮烟浓度符合安全要求时，人员方可进入采场。

(5) 起爆站及观测站不许设在下风方向。在爆破区域附近有井巷、涵洞和采空区时，爆破后炮烟有可能窜入并积聚不散，未经检查不准入内。

三、运输危害防范措施

（一）装运危害类型

(1) 机械伤害。机械伤害是指机械设备运动（或静止）部件、工具、加工件直接与人体接触引起的夹击、碰撞、剪切、卷入、绞、碾、割、刺等伤害，不包括车辆、起重机械引起的机械伤害。

(2) 物体打击。物体打击是指物体在重力或其他外力的作用下产生运动，打击人体，造成人身伤亡，不包括因机械设备、车辆、起重机械、坍塌等引发的物体打击。

(3) 车辆伤害。车辆伤害是指企业机动车辆在行驶中引起的人体坠落和物体倒塌、坠落、挤压伤亡。

(4) 触电伤害。触电伤害是指由于电流流经人体导致的生理伤害，包括雷击伤亡。

(5) 高处坠落。高处坠落是指在高处作业中发生坠落造成的伤亡，不包括触电坠落。

（二）装运危害的影响因素

(1) 人的错误推测与错误行为（统称为人的不安全行为）。其包括指挥人员违章指挥、操作人员违章操作、违反安全操作规程，不按规定穿戴防护用品，工作时精力不集中，作业人员疏忽大意，疲劳作业，非驾驶员驾车，争道抢行、超限、超载、超速、违章超车等违法、违规行驶等。

(2) 物的不安全状态。如使用安全保护装置不完善或缺乏的设备、设施进行作业。

(3) 危险的环境。如危石、浮石不及时排除，缺少完善的滚石防护措施，运输道路宽度、坡度、转弯曲率半径等不符合安全要求，道路条件差，视线不良，在恶劣的气候条件下行驶，作业场所狭小不符合安全要求等。

(4) 管理不严格。其包括：安全规程不落实，管理规章制度或操作规程不健全，交通信号、标志、设施存在缺陷等。

（三）机械伤害的防范措施

(1) 制定机械设备安全操作规程，并严格执行。

(2)机械传动部位设置完善的防护装置。
(3)加强安全教育和技能培训,提高全员安全意识和操作技能。
(4)加强维护保养,定期检查,确保机械设备处在完好状态。
(5)选购合格的机械设备,并按要求安装。
(6)加强巡查,杜绝违章操作。

(四)物体打击伤害的防范措施

(1)按照正常程序进行剥离工作。
(2)危石、浮石及时排除和处理危石、浮石时按操作规程作业。
(3)杜绝上下同时作业。
(4)准备齐全完好的排险工具。
(5)工作时集中精力,对出现的险情及时作出反应。
(6)安全帽等劳保用品穿戴规范、齐全。
(7)建立健全滚石防护措施、设施。
(8)防止爆破飞石。
(9)正确、合理地传递工具物件。

(五)车辆伤害的防范措施

(1)合理布线、经常检查。
(2)矿山运输车辆选用经交管部门检测检验合格的车辆。
(3)制定车辆运输管理制度和操作规程,并严格执行。
(4)车辆驾驶人员取得驾驶证。
(5)加强安全意识教育,提高行车安全意识,杜绝车辆带病行车、驾驶员酒后驾车和超限、超载、超速等违法、违规行为。
(6)运输道路的设置满足矿山运输要求。
(7)集中精力,心情舒畅,身体健康,不疲劳驾车,不争道抢行,不违章超车。
(8)强化管理,严格落实车辆安全行驶制度,建立健全管理规章制度和操作规程,交通信号、标志、设施齐全。

(六)触电伤害的防范措施

(1)电气线路或电气设备在设计、安装上无缺陷,开展必要的检修维护,不得带电检修、搬迁电气设备(包括电缆和电线)。检修或搬迁前,必须切断电源,并用同电源电压相适应的验电笔检验,检验无电后方可进行。所有开关把手在切断电源时都应闭锁,并悬挂"有人工作,不准送电"警示牌,只有执行此项工作的人员才有权取下警示牌后送电。严格执行"谁停电,谁送电"的制度,严禁"约时送电"。
(2)设置必要的安全技术措施(如保护接零、漏电保护、安全电压等),安全措施齐全有效。
(3)电气设备运行管理严格,安全管理制度健全完善。
(4)专业电工和机电设备操作人员按照规章制度操作作业,操作高压电气设备主回路时,操作人员必须戴绝缘手套并穿电工绝缘靴或站在绝缘台上。
(5)专业电工进行检修、接线等专业工作,严禁私拉乱接供电线路。供电坚持使用漏电保护装置。

(6) 严禁电气设备和电缆长期过负荷或超期运行，按规定定期对电气设备、电缆进行电气性能测定。

(7) 设备操作人员必须遵守本岗位"设备管理操作规程"。

(8) 进行定期和不定期的安全检查，检查出的隐患要及时整改和上报。如发现不安全紧急情况，应先停止工作，再报有关部门研究处理。

(七) 高处坠落的防范措施

(1) 按要求使用合格的安全带、安全绳。

(2) 按要求穿防滑性能良好的软底鞋。

(3) 高处作业时安全防护设施齐全有效。

(4) 作业人员工作责任心强，主观判断合理。

(5) 严禁使用安全保护装置不完善或缺乏的设备、设施进行作业。

(6) 作业人员精神集中，严禁疲劳作业。

(7) 高处作业有专人负责指挥，安全管理到位。处理坡面危石、浮石时，必须设置专人防护，危险区内人员、设备必须全部撤离，防护区坡面浮石、危石处理完毕后，方可允许作业人员进入采区进行开采作业。

(8) 作业场所的宽度必须符合有关规定要求。

(9) 维修传送设备和搬运材料到高处时，要搭好防护架，系好安全带。

(10) 因大雾、炮烟、尘雾和照明不良而影响能见度，或因暴风雨、有雷击危险不能坚持正常生产时，应立即停止作业；禁止在6级风以上的天气进行高空作业，高空作业时禁止抛掷物品；大雨后进入采场前，要派专人清理工作面及边坡浮石、危石，如发现坡面有浮石、危石，要及时处理，未处理前，要在现场设立危险警戒标志，作业人员不得站在危石、浮石上及悬空作业。

(11) 在距坠落高度基准面超过2 m（含2 m）或坡度超过30°的坡面上作业时，要使用安全绳（带）或设置安全网、护栏等防护设施。使用安全绳（带）时严禁多人同时使用一条安全绳（带），并经常检查安全绳的完好情况。在采场边坡外20 m处设置醒目警示标志，防止人畜误入采区发生坠坡事故。

(12) 严禁酒后上岗和施工中打闹。

(13) 不断改善劳动条件和环境，保障员工身心健康。员工定期体检，发现身体状况不宜高处作业时，应及时调离高处作业岗位。经常组织员工进行学习和培训，提高作业人员的技能，提高全体员工的安全意识。

四、露天矿山水灾防治措施

(一) 露天矿山水灾类型

露天矿山水灾可分为地面水灾与采场水灾。其中，采场水灾主要表现为地下水和大气降雨大量涌入露天采坑，采坑内积水过多，淹没设备和人员，造成人员伤亡和财产损失。

(二) 露天采场水灾影响因素

(1) 管理不严格，制度执行不到位。因缺乏对矿区及其附近地表水流系统、水文气象状况等的准确了解，没有建立地表防排水系统，建立的地表防排水系统不能满足安全需要。

（2）设备设施不安全状态，制度不健全，应急措施执行存在差距。露天采坑内如果防排水设施不完备或措施不当，遇突然涌水或暴雨未停止作业，导致采坑内积水过多，人员、设备没有及时转移到安全地点，淹没设备和人员，造成人员伤亡和财产损失。

（三）《煤矿安全规程》对露天矿山防治水的相关规定

第五百八十九条 每年雨季前必须对防排水设施作全面检查，并制定当年的防排水措施。检修防排水设施、新建的重要防排水工程必须在雨季前完工。

第五百九十条 对低于当地历史最高洪水位的设施，必须按规定采取修筑堤坝、沟渠，疏通水沟等防洪措施。

第五百九十一条 地表及边坡上的防排水设施应当避开有滑坡危险的地段。排水沟应当经常检查、清淤，不应渗漏、倒灌或者漫流。当采场内有滑坡区时，应当在滑坡区周围采取截水措施；当水沟经过有变形、裂缝的边坡地段时，应当采取防渗措施。

排土场应当保持平整，不得有积水，周围应当修筑可靠的截泥、防洪和排水设施。

第五百九十二条 用露天采场深部做储水池排水时，必须采取安全措施，备用水泵的能力不得小于工作水泵能力的50%。

第五百九十三条 地层含水影响采矿工程正常进行时，应当进行疏干，疏干工程应当超前于采矿工程。

因疏干地层含水地面出现裂缝、塌陷时，应当圈定范围加以防护、设置警示标志，并采取安全措施；（半）地下疏干泵房应当设通风装置。

第五百九十四条 地下水影响较大和已进行疏干排水工程的边坡，应当进行地下水位、水压及涌水量的观测，分析地下水对边坡稳定的影响程度及疏干的效果，并制定地下水治理措施。

因地下水水位升高，可能造成排土场或者采场滑坡时，必须进行地下水疏干。

五、其他危害防范措施

露天矿山其他危害包括矿山机械伤害、电气危害、高处坠落危害、放射性物质危害以及有毒有害气体危害等，应对以上危害采取针对性的防范措施。

（一）矿山机械伤害

矿山机械伤害是指机械设备运动（静止）部件、工具、加工件直接与人体接触引起的夹击、碰撞、剪切、卷入、绞、碾、割、刺等伤害。在凿岩、剥离、设备检修、破碎、运输等过程中都可能发生机械伤害事故。机械伤害的主要后果是造成人员伤亡，其次是造成设备的损坏。

矿山机械伤害防范措施如下：

(1) 驾驶人员和设备操作人员必须遵守交通规则和操作规程。

(2) 其他人员严禁接触运行中的设备。

(3) 现场作业人员必须戴安全帽和使用其他劳动防护用品。

（二）电气危害

电气危害的主要表现形式是电气火灾危害和触电危害。造成电气危害的主要原因包括：作业人员缺乏安全用电知识，违反电气安全操作规程，电源电压、电气设备等方面的选用与所处的环境条件不相符，使用安全性能不合格的设备、器具，缺乏必要的安全保护装置，设备使用不当，超载运行设备和线路安装不合格，检查、维修、管理不善，设备带病运行等。

矿山电气危害防范措施如下：

（1）杜绝一切车辆碾压、拖拉电缆，爆破时将电缆线摆放在不被飞石砸到的安全地带。

（2）要按规定及时向电器操作人员配发劳动保护用品（包括绝缘手套、绝缘鞋等绝缘用品），劳动保护用品要确保无损，以防发生触电事故。

（3）各用电单位必须遵守"停送电制度"，在日常作业中必须严格执行该制度，有专人指挥，确保用电安全。

（4）配电柜要保持清洁、无粉尘，各类开关保险丝或保险管必须符合要求，电气设备挂有警示牌，标明机电负责人。

（5）机电设备运行中不得进行紧固、注油等工作。

（三）高处坠落危害

高处坠落是指在高处作业中发生坠落造成的伤亡事故。可能发生高处坠落的场所主要有剥离作业面、凿岩作业面、作业平台、采场边坡、破碎平台等。高处坠落的后果是造成人员伤亡和设备损坏。

矿山高处坠落危害防治措施主要是严格遵守高空作业相关安全操作规程规定，正确使用高空作业安全绳、安全帽、安全网等防护器具。

（四）放射性物质危害

大气和环境中的放射性物质可经过人的呼吸道、消化道和皮肤接触、直接照射等途径进入人体，一部分放射性物质进入生物循环，并经食物链进入人体。放射性物质进入人体后，由于它具有不断衰变并放出射线的特性，使人体内组织失去正常的生理机能并对组织造成损伤。对于存在放射性物质的矿山一定要采取防护措施，含放射性物质的矿山应采用后退式开采和溶浸采矿技术，溶浸采矿技术无须矿石转运和水冶工艺等环节。

放射性物质危害防范措施如下：

（1）放射工作人员上岗前，应当进行上岗前的职业健康检查，符合放射工作人员健康标准的，方可参加相应的工作。

（2）放射工作单位应当组织上岗后的放射工作人员定期进行职业健康检查，两次检查的时间间隔不应超过2年，必要时可增加临时性检查。

（3）在放射性场所工作人员要佩戴高效防尘口罩。

（4）放射工作人员要注意清除表面污染，上班更衣、下班沐浴。

（5）充分提高工作效率，缩短工作时间。

（6）放射工作人员上班不进食、不吸烟，皮肤破裂不得在放射性场所工作。

（7）设置密闭罩，使操作者与含放射性物质空气隔离。

（五）有毒有害气体危害

矿山生产过程中产生或使用的有毒有害物质主要有爆破产生的氮氧化物、一氧化碳、二氧化碳气体，输送带维修中产生苯挥发性有害气体，密闭空间产生一氧化碳等有害气体。吸入有毒有害气体会导致人员恶心、头晕、昏迷，甚至致人死亡。

有毒有害气体危害防范措施如下：

（1）通风排毒，特别是爆破作业时要站在上风处，爆破后待炮烟散尽后才能进入爆破现场。

（2）当发现有人员中毒时，及时汇报并抢救。

（3）建立健全合适的卫生设施。

（4）做好健康检查与环境监测。

六、露天矿山事故监测与预警技术

（一）露天矿山边坡在线安全监测与预警技术

1. 系统概述

露天矿山边坡综合在线监测系统，能及时捕捉边坡性状变化的特征信息，通过无线方式将监测数据及时发送到监测中心，结合地表监测的雨量、位移、沉降、岩层内部应力、支护结构应力等信息，由专用的计算机数据分析软件处理，对边（滑）坡的整体稳定性作出判断，快速作出诸如边坡崩塌、滑坡等灾害发生的预警预报，更加准确、有效地监测灾情发生，且可为保证地质安全提供信息参考。露天矿山边坡综合在线监测与预警系统设备布置示意如图5-11所示。

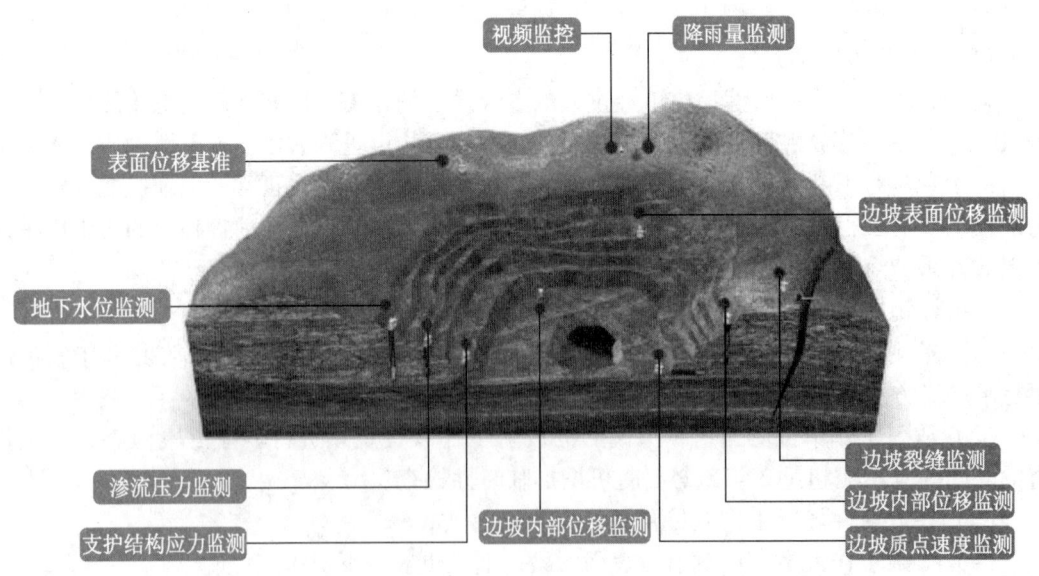

图5-11 露天矿山边坡综合在线监测与预警系统设备布置示意图

2. 系统组成

露天矿山边坡综合在线监测系统由倾角变送器、雨量计、水位计、水压计、沉降计和地质灾害监测平台组成。该系统集成深部位移监测、滑体地下水渗压监测、滑坡后缘拉张裂缝位移监测、雨量监测、地表水位监测、压力监测、地表水入渗监测等多种监测设备，为有关部门更全面地分析滑坡诱因、提前预警或工程治理设计提供全面且准确的数据支撑。露天矿山边坡综合在线监测系统分为感知层、网络层、平台层、应用层。露天矿山边坡综合在线监测与预警系统组成如图 5-12 所示。

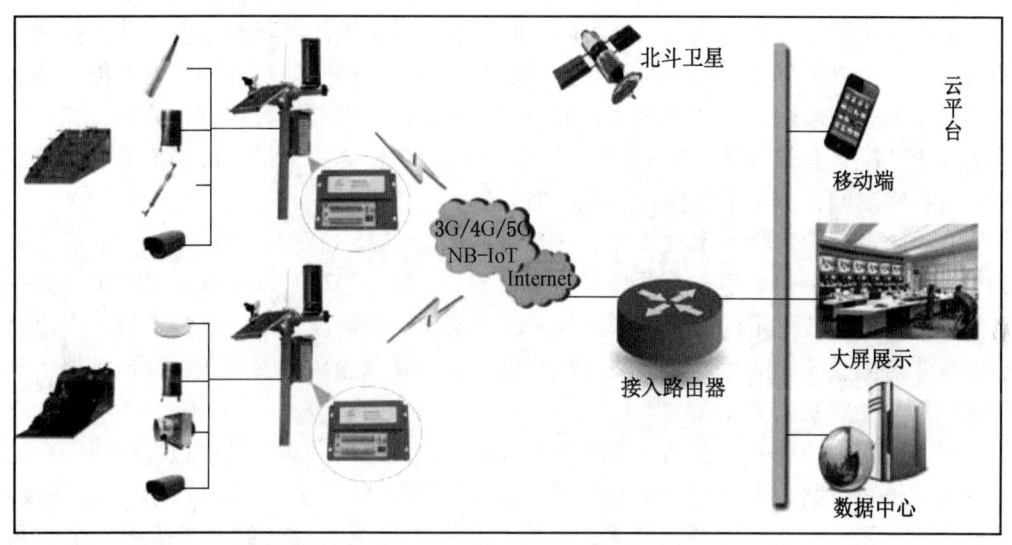

图 5-12 露天矿山边坡综合在线监测与预警系统组成

（1）感知层：实时感应边坡监测参数传感器的状态。

（2）网络层：支持数据通信，可上、下双向通信，支持无线蜂窝网络、短信、北斗、PSTN、超短波、ZigBee 等通信方式。

（3）平台层：整合各层设备和系统功能，通过信号连接，下发平台对前端感应器的命令，上传监测数据的采集、处理、存储和分析，实时联动前端各大监控设备。

（4）应用层：开启信息发布途径，实时展示信息数据和预警信息。

3. 系统功能

（1）24 h 实时监测：实时在线监测边坡表面沉降、深层沉降外部位移、应力应变等，实时掌握边坡的结构变化。

（2）报表推送：监测结果实时显示发布，定期将监测报表推送给管理用户。

（3）多重分级预警：建立三级报警机制，当检测数据异常时，第一时间以短信、传真、广播等形式通知用户，实现综合预警功能。

（4）应急预案处理：从专家系统中直接提取相应处理方法，及时采取人员介入、封锁矿山等措施，将安全隐患消除在萌芽状态。

（5）结构趋势分析：通过对边坡监测数据的分析与安全评价，可实现结构稳定性趋势分析。

(6) 历史资料存储：监测数据的存储情况，为今后同类工程设计、施工提供类比依据。

4. 云平台

云服务器部署在云端，采用 B（浏览器）/S（服务器）模式，可以购买云服务，也可以自建服务器，硬件要求根据配电柜数量确定，智能配电柜测温监测系统云平台主要功能是控制系统各个模块自动运行，接收、显示、保存、查询、打印报警信息。

露天矿山边坡综合在线监测系统可以实时在线监测边坡的各项参数值。数据传输到本地服务器，本地永久储存，可实时查看监测数据，历史数据随时可查。数据上传云端永久备份，并且通过云端嵌入的学习算法和模型，对边坡的各项监测数据进行分析，综合评估边坡的健康状况，有效预警、防范和遏制重大事故发生，为露天矿山组织抢险、疏散影响区域人员赢得时间，减少事故伤亡和财产损失。

为有效防范矿山重特大事故发生，国家矿山安全监察局发布了《国家矿山安全监察局关于开展露天矿山安全生产专项整治的通知》（矿安〔2023〕16号），规定矿山企业需制定并实施保证边坡稳定的安全技术措施，露天矿山边坡高度 200 m 及以上的，应建设边坡稳定在线监测系统，防止发生滑坡和泥石流，建立紧急撤离预警系统，保证预警信息迅速传递到每个受威胁人员。

针对露天矿山边坡安全自动化监测需要，科研人员推出的露天矿山边坡在线安全监测预警一站式解决方案，是基于 InSAR 技术、边缘计算技术、LoRa 通信技术、微功耗技术、物联网技术、云计算技术等新兴技术，搭建北斗 + 多传感器融合的露天矿山安全监测体系。其核心设备包括地表位移监测仪器、北斗公网遥测终端机、边坡探针 – 裂缝计、边坡探针 – 倾角计、合成孔径雷达系统、一体化预警广播，以及入户报警器等。该体系能实现矿山表面位移、内部位移、地下水位、雨量、视频、爆破振动、倾角、裂缝等监测要素的实时监测。通过 5G/北斗/LoRa/光纤等多元通信方式保证数据传输安全，通过云预警系统实现监测数据的实时采集、传输、计算、分析，实时掌握边坡整体的安全状态及发展趋势，为矿山企业提供了便捷、高效的安全管理手段，提升了露天矿山安全运行保障水平。

5. 露天矿山排土场边坡监测方法

（1）GPS 或 BDS 监测。GPS（全球卫星定位系统），覆盖率高、监测精度高、实时性强、连续性强，能提供技术上的支持，非常适用于矿区等灾害潜在区域。但 GPS 使用成本较高，技术要求相对苛刻，加上 GPS 系统是美国持有的卫星导航系统，特殊时期可能会受到限制。我国的 BDS（北斗卫星导航系统）已经逐渐趋于成熟，可以逐渐取代 GPS 应用于各项工程监测。

（2）雷达遥感监测。雷达遥感监测是利用雷达发射信号、接收信号、绘制成数据图像进行处理的遥感方式。在矿区水文地质条件极其复杂的情况下，传统的量测仪器难以放置或误差过大，人工监测成本高、实时性低。然而，利用雷达对排土场边坡进行观测，既可以降低工作人员的监测风险，又可以实时监测。边坡雷达是专门用于露天矿山边坡稳定性监测的设备，属于主动遥感，它以毫秒级的精度对边坡面进行分区域、连续、反复扫描，然后通过专用软件将扫描结果与之前获得的扫描数据进行比较，从而确定边坡的位移程度，并将唯一变形量图形化显示于监视器，而当位移变化量超过限定值时则会触发预警系统。边坡雷达具有精度高、范围广、兼容性好、检测位置灵活、连续性强、空间分辨率高、采样间隔短的特点。

（3）缆索监测。无论传统的大地测量方法、GPS 监测法还是雷达监测法，都属于利用测绘科学对边坡的外部变形进行监测。与其他方法不同的是，缆索监测是一种新式的、使用了应力传感器的力学监测。早期的缆索监测主要应用于桥梁变形监测，但人们逐渐发现，缆索监测相比于卫星、雷达所需的成本相对低廉，而且力学传感器对物体内部的受力进行分析，相比于外部的变形监测具有超前性。矿区边坡发生滑坡之前，岩土的受力一定会发生突变，但外形的位移是滞后的。缆索监测可以通过力学传感器加载的实时数据进行受力分析进而判断滑坡的可能性，在理论上增加了事故危害预防的概率。

（二）露天煤矿事故监测与预警制度

为有效辨识和提取隐患信息，灵敏、准确地显示危险前兆、提前进行预测预警、采取相关措施，最大限度地降低事故发生，需要做好事故监测与预警。

1. 事故监测及预警的特点

（1）快速性。建立的预警系统能够灵敏快速地进行信息搜集、传递、处理、识别和发布，系统的任何一个环节都必须建立在"快速"的基础上，失去了快速性，事故预警就失去了意义。

（2）准确性。生产过程中的信息复杂多变，事故预警不仅要求快速搜集和处理信息，而且要对复杂多变的信息作出准确的判断。要在短时间内对复杂的信息作出正确判断，必须事先针对各种事故制定科学、实用的信息判断标准和确认程序，并严格按照制定的标准和程序进行判断，避免信息判断及其过程的随意性。

（3）完备性。预警系统应能全面收集与事故相关的各类信息，以便从不同角度、不同层面全过程地分析事故的发展态势。

（4）连贯性。为确保结论正确，每一次的分析应以上一次的分析为基础，紧密衔接，确保预警分析的连贯和准确。

2. 事故监测及预警的建立原则和要求

（1）及时性原则。实行事故监测及预警的出发点是"居安思危"，即事故还在孕育和萌芽的时期，就能够通过细致的观察和研究，防微杜渐，提早做好各种防范准备。预警系统只有及时地监测出异常情况，并及时报告，才能及时采取有效措施，最大限度地减少经济损失和人员伤亡。

（2）全面性原则。预警就是要对生产活动的各个领域进行全面监测，及时发现异常情况，尽最大努力保证人身、财产安全，这是建立预警机制的宗旨。全面性原则主要体现在监测、识别、判断、评价和对策预警操作系统方面。

（3）高效性原则。鉴于事故的不确定性和突发性，预警机制必须以高效率为重要原则。唯有如此，才能对各种事故进行及时预告，并制订合理适当的应急救援措施。

3. 预警系统的功能

预警系统采集监测对象（如温度、风速等）传感器的输出信号，将信号通过传输设施送入计算机进行处理，处理结果经由输出接口输出或通过人机接口输出到操作控制台的显示器、LED 显示器、监控系统大屏幕、记录仪、打印机等外围设备上。监测系统主要完成实时信息采集，并将采集信息存入计算机，供预警信息系统分析使用。监测是预警活动的前提，监测任务包括两个方面：一是对安全生产中的薄弱环节和重要环节进行全方位、全过程监测；二是对大量的监测信息进行处理（整理、分类、存储、传输），建立信息档案，进行比较。

4. 监测预警机构

为了保证事故监测预警机制高效运转，促进安全管理预控工作，成立事故监测预警机构，增加预警管理职能。

组长：矿长

副组长：生产副矿长、安全副矿长、机电副矿长、总工程师

成员：各科室负责人

事故监测预警机构办公室设在调度室，办公室主任由调度室主任兼任。其基本工作目标是保证矿山生产经营建设，维护矿山预警管理系统。

5. 日常管理

事故监测预警机构办公室应对日常监控负责，对监控到的突发事件应根据事件大小、类别进行预测预警，并及时上报值班矿长及分管矿领导，同时将值班矿长或分管矿领导指示传达到事发现场，并做好上传下达记录台账。

七、露天矿山典型事故案例分析

（一）露天煤矿坍塌事故案例分析

新井煤矿"2·22"坍塌事故

2023年2月22日，内蒙古阿拉善新井煤业有限公司露天煤矿（以下简称新井煤矿）发生特别重大坍塌事故，造成53人死亡、6人受伤，直接经济损失20430.25万元。

1. 事故经过

2023年2月22日6时30分，挖机司机、自卸卡车司机、钻机司机等222人陆续进入作业现场。11时56分起，事发区域西侧、顶部等地点发生小面积滑塌，边坡坡面及底部出现裂缝、冒尘等滑塌征兆。12时27分，在事发区域东侧边界处标高1395 m台阶坡脚进行爆破作业。12时40分，176名作业人员午饭后返回采场作业。

13时许，宏鑫垚公司李某军到西区南帮查看施工作业时，发现北帮边坡异常后使用对讲机分别于13时6分许、10分许、12分许喊话，通知"挖机装完后撤离""所有汽车、挖机向后撤""所有人员撤离"。

13时12分许，采场北帮边帮岩体发生大面积滑落坍塌，现场59名作业人员和17台挖机、27台自卸卡车、8台钻机、4台皮卡车、1台装载机、1台小型客车等58台作业设备被埋，最终造成53人死亡、6人受伤。

事发区域最终形成最大厚度105 m、体积约7560000 m^3的堆积体，破坏范围南北最长630 m、东西最宽520 m，面积约230000 m^2。

2. 事故直接原因

未按初步设计施工，随意合并台阶，形成超高超陡边坡，在采场底部连续高强度剥离

采煤,致使边坡稳定性持续降低,处于失稳状态,边帮岩体沿断层面和节理面滑落坍塌,加之应急处置不力,未能及时组织现场作业人员逃生,造成重大人员伤亡和财产损失。

3. 应急救援

现场救援分为企业自救、初期救援和政府响应、全面救援两个阶段。事故发生后,新井煤矿向李井滩示范区报告,组织员工和工程机械沿滑塌体边缘清理搜救,先后救出6名受伤人员送往青铜峡市人民医院救治,并进行人员核查。2月22日13时25分许,李井滩示范区启动应急响应,14时11分成立临时现场指挥部。接到事故报告后,阿拉善盟、自治区分别启动应急响应,主要负责同志先后到达现场,成立现场指挥部。

现场指挥部制定并不断优化救援方案,对滑塌体及周围边坡等重大风险点进行监测预警,组织救援力量,按照"南北向工作线,东西两侧分别向中部推进"实施救援,在西侧存在滑塌风险的情况下被迫暂停施工,全力推进东侧救援。组织救援人员演练,明确逃生路线,确保救援安全。先后调集救援队伍16支1084人参与救援,抽调公安、卫生健康、电力、通信等部门加强现场保障工作,累计调集车辆、装备1294台(套),应急器材5188件,出动作业机械3137台次,转运土石方1082200 m^3。

(二)露天煤矿滑坡事故案例分析

吕鑫煤业"8·11"滑坡事故

2017年8月11日15时30分左右,晋能集团山西煤炭运销集团和顺吕鑫煤业有限公司(以下简称吕鑫煤业)四采区A6、A7区段西帮发生边坡滑坡事故,造成9人死亡、1人受伤,直接经济损失3432万元。

1. 事故经过

2017年8月11日上午,吕鑫煤业四采区A7区取煤工王某义、刘某龙受A7区负责人刘某华指派,调度指挥31号挖掘机司机方某美、21号挖掘机司机曹某军、58号挖掘机司机张某峰、80号挖掘机司机黄某在下取煤平台作业,同时在下取煤平台的还有A6区工程队现场管理员杜某星。

A6区取煤工洪某调度指挥63号挖掘机司机李某良、86号挖掘机司机臧某雷、666号工程车司机李某旺、336号工程车司机刘某、72号工程车司机于某晶在上取煤平台作业。

15时30分左右,吕鑫煤业加油站员工冯某宏、刘某航驾驶加油车在A7区施工现场为机具加油时发生滑坡事故。在上取煤平台作业的取煤工洪某以及李某良、李某旺、刘某、于某晶各自驾驶机具逃生。臧某雷驾驶86号挖掘机被滑坡土石推落至工区底部,随后被甩入工区底部积水坑内,最终获救。在下取煤平台作业的王某义、刘某龙、A6区工程队现场管理员杜某星、31号挖掘机司机方某美、21号挖掘机司机曹某军、58号挖掘机司机张某峰、80号挖掘机司机黄某和加油站员工冯某宏、刘某航被埋遇难。

2. 事故直接原因

吕鑫煤业四采区A6、A7区段西帮边坡顺倾高陡,底板赋存稳定弱层且倾角大,在底板岩层完整性被破坏且连续降雨的情况下,矿方违规冒险作业,引起边坡失稳,导致滑坡事故发生。

3. 抢险救援

事故发生后，吕鑫煤业未向上级有关部门报告，而是自行展开抢救。8月11日，找到一名受伤人员臧某雷（86号挖掘机司机，骨折受伤）和3名遇难者冯某宏（加油车司机）、刘某航（加油车司机）、曹某军（21号挖掘机司机）的遗体。8月12日在滑坡体下方水坑边找到第四名遇难者杜某星（现场管理员）的遗体。

8月15日0时52分，吕鑫煤业公司法人代表、总经理高某迫于压力，到和顺县公安局投案自首。

8月15日，山西省政府吕鑫煤业"8·11"边坡滑坡事故抢险救援指挥部成立，抢险工作科学有序展开。

至9月8日，9名遇难人员（包括吕鑫煤业自行搜救4人）和被埋压的5台挖掘机、1辆加油车、1辆皮卡车全部找到，抢险救援工作结束。

第九节 尾矿库事故应急救援技术

一、尾矿库安全风险分析与对策

尾矿是以浆体形态产生和处置的破碎、磨细的岩石颗粒，常视为矿物加工的最终产物，即选矿或者有用矿物提取之后剩余的排弃物。尾矿库是指筑坝拦截谷口或围地构成的，用于储存金属非金属矿山进行矿石选别后排出尾矿或其他工业废渣的场所。

（一）尾矿排放方式、筑坝方式风险分析与对策措施

1. 风险分析

（1）堆积坝碾压密实度。因分层碾压密实度受堆高、尾矿含水率、碾压设备等多个因素的影响，可能存在密实度不均匀，密实度不够。

（2）压滤、运输、堆筑设备的可靠性。设备故障造成尾矿不能及时压滤脱水或滤饼不能及时堆筑，导致选厂停产或尾矿浆直接进入尾矿库，增加尾矿库积水。

（3）堆筑顺序。为了方便就近堆放尾矿，优先占用后端库容，将库内积水推向初期坝一侧，影响坝体安全。

2. 对策措施

（1）制定尾矿堆筑计划和作业指导书，精确到月份，每年适时调整，确保堆筑按设计和计划推进。

（2）建立子坝堆筑验收机制。每月对尾矿堆筑进度和质量、岸坡清理、防渗膜铺设、安全文明施工等重点工作严格验收。

（3）严格执行堆筑顺序，从下游至上游堆放干尾渣，分层碾压，平整堆筑子坝。

（4）强化设备维护保养，配置备用设备，增强设备运行可靠性。

（二）排洪系统风险分析与对策措施

1. 风险分析

（1）边坡变形失稳或坍塌，堵塞或损毁排洪构筑物。

（2）尾矿库上游与矿山采场相连，采场有大量采空区和平硐，冰雪融化后易造成突

水，引发泥石流，造成拦洪坝漫顶，淤积排洪明渠。

（3）排洪构筑物受冰冻、洪水影响，出现坍塌、开裂、渗漏，排水盲沟冬季结冰不能正常排水，增加库内积水。

2. 对策措施

（1）加强汛期安全管理，开展巡查排查，及时发现和处置隐患，及时进行清淤和疏通，确保排水畅通。

（2）冰雪融化期密切关注采空区积水动态，提前导流排出地下水和地表水。

（3）汛前对排洪构筑物进行检查修缮，及时维护和更换止水条，在排水盲沟集水井安装水泵，及时排出库内泉水。

（三）防渗及回水系统风险分析与对策措施

1. 风险分析

（1）尾矿中含水或库内积水可能出现少量渗漏，污染地下水。

（2）遇连续暴雨，库内积水超过警戒水位，影响坝体安全。

（3）回水系统设备故障或意外停机，废水无法回抽高位水池造成废水外溢。

（4）回水管道突然爆裂，造成环境污染。

2. 对策措施

（1）在尾矿坝下游至少设 5 口观测井，对水量和水质进行动态检验监测。

（2）加强夏季汛期巡查，库内水位超过警戒水位或长时间处于高水位状态，将库内积水进行处理达标后排放。

（3）维护保养回水系统设备，配置备用水泵、回水管。无法恢复回水系统时，将截渗墙、集水井废水回抽到库内或应急坝内，待恢复正常后再返回生产系统。

（4）加强冬季巡查，及时发现和抢修设备故障，在爆管处采取隔离措施，对周边土壤进行无毒化处理。

二、尾矿库安全监测与预警技术

（一）《尾矿库安全规程》相关规定

（1）尾矿库应设置人工安全监测和在线安全监测相结合的安全监测设施，人工安全监测与在线安全监测监测点应相同或接近，并应采用相同的基准值。监测设施横剖面应结合尾矿坝稳定计算断面布置，监测设施的布置还应满足下列原则：

① 应全面反映尾矿库的运行状态。

② 尾矿坝位移监测点的布置应根据稳定计算结果延伸到坝脚以外的一定范围。

③ 坝肩及基岩断层、坝内埋管处必要时应加设监测设施。

（2）湿式尾矿库监测项目应包括坝体位移，浸润线，干滩长度及坡度，降水量，库水位，库区地质滑坡体位移及坝体、排洪系统进出口等重要部位的视频监控；干式尾矿库监测项目应包括坝体位移，最大坝体剖面的浸润线，降水量及坝体、排洪系统进出口等重要部位的视频监控；三等及三等以上湿式尾矿库必要时还应监测孔隙水压力、渗透水量及浑浊度。

（3）尾矿库在线安全监测系统应符合下列规定：

① 应具备自动巡测、应答式测量功能。
② 应具备传感器和采集设备、供电系统、通信网络故障自诊断功能。
③ 应具备防雷及抗干扰功能。
④ 应具备数据后台处理、数据库管理、数据备份、预警、监测图形及报表制作、监测信息查询及发布功能。
⑤ 应具备与现场巡查、人工安全监测接口，进行数据补测、比测和记录。

（4）尾矿库安全监测预警应由低级到高级分为蓝色预警、黄色预警、橙色预警、红色预警四个等级，设计单位应给出各监测项目的各级预警阈值。各监测项目及尾矿库安全状况各级预警等级的判定应符合下列规定：

① 当同类监测项目的监测点达到4个蓝色预警时，该项目为黄色预警；达到3个黄色预警时，该项目应为橙色预警；达到2个橙色预警时，该项目应为红色预警。
② 当监测项目达到4个蓝色预警时，应计为1项监测项目黄色预警；达到3项黄色预警时，应计为1项监测项目橙色预警；达到2项橙色预警时，应计为1项监测项目红色预警。
③ 尾矿库安全状况预警应由尾矿库安全监测项目的最高预警等级确定。

（二）坝体表面位移监测技术

利用该技术主要掌握尾矿库位移变化趋势，便于尾矿库稳定性分析；及时发现溃坝征兆，便于进行预警。

1. 人工监测技术

（1）全站仪。优势：精度较高。劣势：时间较长。
（2）经纬仪。优势：精度高。劣势：仅用于水平位移。
（3）RTK定位仪。优势：移动便利，测量速度快。劣势：精度较低。
（4）水准仪。优势：精度高。劣势：仅用于垂直位移。

2. 在线监测技术

（1）GNSS（全球导航卫星系统）法。技术原理：应用GNSS卫星定位技术解算坝体位移。优势：受地形、气候条件影响小，点位少时一次性投入较低。劣势：易受电磁环境影响，单点均需进行供电通信，解算周期较长，需要长时间监测方可获得较高精度。
（2）智能全站仪法。技术原理：通过全站仪既定点位测量程序，自动巡测点位坐标。优势：测量周期短，精度较高，供电通信要求低，点位较多时总体投入低，系统扩展便捷。劣势：要求通视条件，易受雨、雾、雪等天气影响。

（三）坝体内部位移监测技术

利用该技术主要掌握尾矿库内部位移变化，及时发现坝体内部管涌、流土征兆；配合表面位移监测共同判断坝体稳定性。内部位移多采用角度测量方法计算位移值，内部位移一般对坝体内部水平方向的位移进行监测。

1. 人工监测技术

目前，坝体内部位移人工监测手段较少，且大部分尾矿库均未进行内部位移人工监测。目前人工测量主要利用陀螺测斜仪，通过测量钻孔不同深度的斜度，计算不同位置的内部水平位移值。

2. 在线监测技术

（1）固定测斜仪。利用固定在钻孔内部的固定测斜仪，测量不同深度坝移角度，进而换算得出水平位移值。

（2）柔性测斜仪。柔性测斜仪又称阵列式测斜仪，在单元节点集成多支高精度的测斜传感器，根据测量要求实时监测孔内各深度的水平位移情况。柔性测斜仪精度高、测量点位多。

（四）浸润线监测技术

浸润线是指水从尾矿库坝体迎水面，经过坝体向下游渗透所形成的自由水面和坝体横剖面的相交线。

浸润线有尾矿库安全"生命线"之称，因此，对浸润线进行监测能够及时发现事故征兆，提前采取措施。

坝体浸润线的高低直接影响整体稳定性程度，若浸润线较高容易引起管涌甚至溃坝事故。浸润线监测示意如图 5-13 所示。

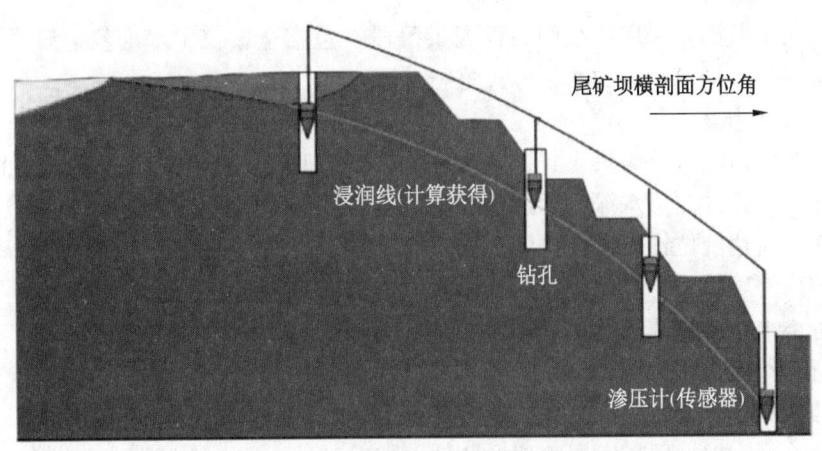

图 5-13 浸润线监测示意图

1. 人工监测技术

浸润线人工测量一般相对简易，多采用电测水位计或简易重锤测量绳，通过读取标尺数据或测量绳长进行测量。

2. 在线监测技术

浸润线在线监测一般采用渗压计进行测量，通过测量水深，并结合安装深度，反算得出浸润线埋深。

（五）干滩长度及坡度监测技术

1. 标准要求

干滩长度应根据坝长和水边线弯曲情况，在干滩较短处设置 1~3 条监测横剖面；干滩坡度应根据干滩平整情况，每 100 m 坝长布置不少于 2 个监测横剖面。监测点间距宜为 10~20 m，坡度变化处应布置监测点。

2. 干滩长度及坡度人工监测

干滩长度及坡度人工监测多采用免棱镜激光测距仪、干滩标尺等方法。免棱镜激光测距仪可通过人工识别水边线，测量精度相对较高；干滩标尺通过预埋在滩面上的距离标尺，利用差值法识别干滩长度，测量精度相对较低。

3. 干滩长度及坡度在线监测

干滩长度及坡度在线监测主要采用自动激光测距仪、超声测距仪和数码相机。自动激光测距仪因自动识别水边线能力较弱，测量误差较大。数码相机属于半自动监测方式，需人工识别水边线，进而读取干滩长度及坡度。目前，采用全自动、准确测量干滩长度和坡度技术的相对较少，多采用超声测距仪，测量滩顶高程、库区内滩面高程，结合库水位高度计算得出干滩长度和坡度。

（六）库水位监测技术

1. 标准要求

库水位监测点应设置在能代表库内平稳水位的位置，宜布置在库内排洪构筑物上。

2. 人工监测技术

库水位人工监测多采用传统的高程测量手段，包括全站仪、水准仪等日常人工观测，可通过安装在排洪构筑物上的水位标尺进行读取。

3. 在线监测技术

库水位在线监测可分为投入式监测法和非接触式监测法 2 种技术。投入式监测法一般采用渗压计、水位计测量水深，通过仪器安装位置计算库水位。非接触式监测法一般采用雷达液位计，雷达液位计安装在排洪沟构筑物上方，通过测量设备与水面的距离计算库水位。冬季结冰的尾矿库，宜采用投入式库水位监测法；采用非接触式监测法时，应采取保温措施，防止结冰影响监测结果。

（七）降水量监测技术

1. 标准要求

降水量监测应根据尾矿库周边地形条件，在空旷处布置 1 个监测点。

2. 人工监测技术

降水量人工监测一般采用集水桶，通过定期测量桶内水位线，达到测量降水量的目的。

3. 在线监测技术

降水量在线监测多采用雨量计进行测量。根据原理不同，雨量计可分为容栅式雨量计、翻斗式雨量计、称重式雨量计等。冬季有降雪的尾矿库，宜采用称重式雨量计，或者自带加温措施的容栅式雨量计或者翻斗式雨量计。

（八）视频监控

1. 监控点布置

视频监控点宜布置在尾矿库重点区域，应对溢流井、滩顶放矿处、排尾管道、坝体下游坡、排洪设施进出口、库水位尺、干滩标杆等部位进行实时视频监控。

2. 视频监控装置

视频监控装置应包括云台、摄像机、供电及通信设施等现场视频设备和视频服务器、大屏幕显示屏、视频记录机、UPS 电源等室内视频监控设备。固定目标监控的摄像机应选用固定焦距镜头,非固定目标监控的摄像机应选用变焦距镜头。夜间监视的摄像机应具有红外线夜视功能。

(九) 其他监测内容

1. 库区滑坡体监测

对库区周边存在的滑坡体进行位移监测,监测要求及技术手段与坝体表面位移相同。

2. 排洪设施监测

排洪设施监测一般采用超声波流量仪和水位计相结合的方式。超声波流量仪和水位计安装在库区排洪设施内,实时监测排洪设施的泄洪流量。

3. 渗流量监测

流量小于 1 L/s 的采用容积法监测;流量为 1~300 L/s 的采用量水堰法监测;流量大于 300 L/s 的采用测流速法。

4. 浑浊度监测

浑浊度监测一般采用电子浊度仪测量库区排水浑浊情况,监测是否出现跑浑现象。

(十) 监测精度指标

地表位移监测精度指标应按表 5-3 确定,其他监测项目监测精度指标应按表 5-4 确定。

表 5-3 地表位移监测精度指标　　　　　　　　　　　　　　mm

监测等级	监测点相对于邻近工作基点或基准点的点位测量中误差和高程测量中误差
Ⅰ级	3.0
Ⅱ级	6.0
Ⅲ级	12.0

表 5-4 其他监测项目监测精度指标

监测项目		监测精度
坝体内部位移		0.25 mm/m
堆积坝坡比		水平距离 50 mm 高差 20 mm
坝体渗流	浸润线	20 mm
	渗流压力	0.5% F.S
	浑浊度	0.5 NTU
	渗流量	5%
库水位		20 mm
库区降水量		0.2 mm
干滩	高程	20 mm
	长度	1 m

(十一) 监测频率及要求

(1) 尾矿库运行时,应按设计及时设置人工安全监测设施和在线安全监测系统,并应按照设计定期进行各项监测。

(2) 尾矿库应每天进行日常巡查,大雨或暴雨期间应在现场实时巡查。人工安全监测设施安装初期应每半个月监测1次,6个月后应每月监测不少于1次。遇下列情况之一时,应增加监测次数:

① 汛期。
② 地震、连续多日下雨、暴雨、台风后。
③ 尾矿库安全状况处于黄色预警、橙色预警、红色预警期间。
④ 排洪设施、坝体除险加固施工前后。
⑤ 其他影响尾矿库安全运行的情形。

(3) 人工安全监测应符合下列规定:
① 应采用相同的观测图形、观测路线和观测方法。
② 应使用相同技术参数的监测仪器和设备。
③ 应采用统一基准处理数据。
④ 每次监测应不少于2名专业技术人员。

(4) 在线安全监测频率应符合下列规定:
① 尾矿库处于正常状态时,在线安全监测频率为1次/10 min ~ 1次/24 h。
② 尾矿库安全状况处于非正常状态时,在线安全监测频率为1次/5 min ~ 1次/30 min。

(5) 尾矿库在线安全监测和人工安全监测的监测成果应定期进行对比分析。每年应进行一次专门数据分析,下列情况下应增加专门数据分析:
① 尾矿库竣工验收时。
② 尾矿库安全现状评价时。
③ 尾矿库闭库时。
④ 出现异常或险情状态时。

(6) 安全监测系统调试运行正常后,在线安全监测与人工安全监测的结果应基本一致,相同监测点在同一监测时间的在线安全监测成果与人工安全监测成果差值,不应大于其测量中误差的2倍。

(7) 尾矿库在线安全监测系统的管理和维护应设置专门技术人员负责。

(8) 尾矿库在线安全监测系统应全天候连续正常运行。系统出现故障时,应尽快排除,故障排除时间不得超过7天,排除故障期间应保持无故障监测设备正常运行,并加强人工监测;系统改建、扩建期间,不得影响已建成系统的正常运行。

(9) 尾矿库安全监测数据应及时整理,如有异常,应及时分析原因,采取对策措施。安全监测信息的分析、管理和发布,应综合现场巡查、人工安全监测和在线安全监测成果进行。

(十二) 安全监测预警信息反馈与信息处置

1. 信息反馈

（1）信息反馈可采用尾矿库在线安全监测系统信息发布、手机短信、邮件、声音报警等方式告知相应部门和人员，红色预警信息应立即用电话方式告知相应部门和人员，并应送达书面报告。

（2）尾矿库企业应结合本企业尾矿库安全管理组织体系，将各级安全管理人员的姓名、部门、职务、邮箱、手机和电话等信息录入尾矿库在线安全监测系统平台。

（3）尾矿库在线安全监测系统应按照管理权限要求将预警信息实时自动反馈给各级安全管理人员。预警事件得到处置且尾矿库运行正常，尾矿库在线安全监测系统应解除预警。

2. 信息处置

尾矿库安全监测预警信息必须立即送达尾矿库企业生产安全管理部门。当尾矿库安全监测项目处于橙色预警时，必须进行隐患检查治理；当尾矿库安全监测项目处于红色预警时，必须采取应急抢险措施。

三、尾矿库事故应急抢险

（一）尾矿坝事故隐患的预防与处理

1. 尾矿坝裂缝的预防与处理

裂缝是尾矿坝较为常见的一种隐患，某些细小的横向裂缝有可能发展成为坝体的集中渗漏通道，有的纵向裂缝也可能是坝体发生滑坡的预兆，应充分重视。

发现裂缝后首先应立即采取临时防护措施，以防止雨水或冰冻加剧裂缝的发展。对于滑动性裂缝的处理，应结合坝坡稳定性分析统一考虑；对于非滑动性裂缝可采取以下措施进行处理：开挖回填是处理裂缝比较彻底的方法，适用于不太深的表层裂缝及防渗部位的裂缝；对于坝内裂缝、非滑动性很深的表面裂缝，由于开挖回填处理工程量过大，可采取灌浆处理。

2. 尾矿坝滑坡的预防与处理

尾矿坝滑坡往往导致尾矿库溃决事故。因此，即使是较小的滑坡也不能掉以轻心。有些滑坡是突然发生的，有些滑坡是先由裂缝开始的，如不及时注意，任其逐步扩大和蔓延，就可能造成重大的垮坝事故。

防止滑坡的发生应尽可能消除促成滑坡的因素。注意做好经常性的维护工作，防止或减轻外界因素对坝坡稳定性的影响。当发现有滑坡征兆或有滑动趋势但尚未坍塌时，应及时采取有效措施进行抢护，防止险情恶化；一旦发生滑坡，应采取可靠的处理措施，恢复并补强坝坡，提高抗滑能力。滑坡抢护中应特别注意安全问题。滑坡抢护的基本原则是：上部减载，下部压重，即在主裂缝部位进行削坡，在坝脚部位进行压坡，尽可能降低库水位，沿滑动体和在附近的坡面上开沟导渗，使渗透水能够很快排出。

因坝身填土碾压不实，浸润线过高而造成的背水坡滑坡，一般应以上游防渗为主，辅以下游压坡、导渗和放缓坝坡，以达到稳定坝坡的目的。滤层上部的压坡体一般用砂、石料填筑，在缺少砂、石料时，可用土料分层回填压实。

对于滑坡体上部已松动的土体，应彻底挖除，然后按坝坡线分层回填夯实，并做好护坡。坝体有软弱夹层或抗剪强度较低且背水坡较陡而造成的滑坡，首先应降低库水位，如清除夹层有困难时，则以放缓坝坡为主，辅以在坝脚排水压的方法进行处理。

3. 尾矿坝管涌的预防与处理

管涌是尾矿坝坝基在较大渗透压力作用下而产生的险情，可采用降低内外水头差，减少渗透压力或用滤料导渗等措施进行处理。

在地基好、管涌影响范围不大的情况下可抢筑滤水围井。在管涌口沙坯的外围，用土袋围一个不太高的围井，然后用滤料分层铺压，其顺序是自下而上分别填 0.2～0.3 m 厚的粗砂、砾石、碎石、块石，一般情况可用三级级配。滤料最好经过清洗，不含杂质，级配应符合要求，或用土工织物代替砂石滤层，上部直接堆放块石或砾石。

蓄水减渗险情面积较大、地形适合且附近又有土料时，可在其周围填筑土埂或用土工织物包裹，以形成水池蓄存渗水，利用池内水位升高来减少内外水头差，以控制险情发展。如塘内压渗，若坝后水塘、积水坑、渠道、河床内积水位较低，且发现水中有不断翻花或间翻花等管涌现象时，不要任意降低积水位，可用芦苇秆和竹子做成竹帘、竹箔、苇箔（或荆篱）围在险处周围，然后在围圈内填放滤料，以控制险情发展。

(二) 尾矿坝事故应急处置

尾矿坝险情常发生在汛期，而重大险情又多发生在暴雨时。汛期尾矿库处于高水位工作状态，调洪库容有所减少，遇特大暴雨极易造成洪水漫顶。同时，浸润线的位置处于高位，坝体饱和区扩大，使坝的稳定性降低。此外，风浪冲击也易造成坝顶决口溃坝。因此，做好汛期尾矿坝抢险工作对于确保尾矿库的安全运行至关重要。

1. 漫顶抢险

尾矿坝多为散粒结构，如果洪水漫顶就会迅速冲出决口，造成溃坝事故。当排水设施已全部使用水位仍继续上升，根据水情预报可能出现险情时，应抢筑子堤，增加挡水高度。

在坝顶不宽、土质较差的情况下，可用土袋抢筑子堤。在铺第一层土袋前，要清理堤坝顶的杂物并耙松表土。用草袋、编织袋、麻袋或蒲包等装土七成左右，将袋口缝紧，铺于子堤的迎水面。铺砌时，袋口应向背水侧互相搭接，用脚踩实，要求上下层袋缝必须错开。待铺叠至预计水位以上时，再在土袋背水面填土夯实。填土的背水坡度不得陡于 1:1。

在缺土、缺石料、浪大、堤顶较窄的情况下，可采用单层木板或埽捆子堤。具体做法是先在堤顶距上游边缘 0.5～1.0 m 处打一排木桩，木桩长 1.5～2.0 m，入土 0.5～1.0 m，桩距 1.0 m，再在木桩的背水侧用钉子、铁丝将单层木板或预制埽捆（长 2～3 m，直径约 0.3 m）钉牢，然后在后面填土压实。

当出现超过设计标准的特大洪水时，应在抢筑子堤的同时，报请上级批准，采取非常措施加强排洪，降低库水位。

2. 风浪冲击抢险

对尾矿坝坝顶受风浪冲击而决口的抢护，除参照上述有关办法处理外，还可采取防浪措施处理。用草袋或麻袋装土（或砂）约 70%，放置在波浪上下波动的部位，袋口用绳缝合，并互相叠压成鱼鳞状。当风浪较小时还可采用柴排护坡防浪，用柳枝、芦苇或其他秸秆扎直径为 0.5～0.8 m 的柴枕，长为 10～30 m，柴枕的中心卷入 2 根 5～7 m 的竹缆作芯子，柴枕的纵向每 0.6～1.0 m 用铅丝捆扎。在堤顶或背水坡钉木桩，用麻绳或竹缆把柴枕连在桩上，然后推放到迎水坡波浪拍击的地段。

3. 尾矿库巡检

加强对尾矿库的巡检，尾矿库的任何事故都不是突然爆发的，而是由隐患逐渐发展扩大，最终导致事故发生的。巡检工作就是从不正常现象的蛛丝马迹上及时发现隐患，以便采取措施消除事故隐患。尾矿库的巡检工作非常重要，应建立巡检制度，规定巡检工作的内容、办法和时间等。

4. 应当遵守的规定

救援队参加尾矿库溃坝事故救援应当遵守下列规定：

（1）疏散周边和下游可能受到威胁的人员，设置警戒区域。

（2）用抛填块石、砂袋和打木桩等方法堵塞决堤口，加固尾矿库堤坝，进行水砂分流，实时监测坝体，保障应急救援人员的安全。

（3）挖掘搜救过程中避免被困人员受到二次伤害。

（4）尾矿泥沙仍处于流动状态，对下游村庄、企业、交通干线、饮用水源地及其他环境敏感保护目标等形成威胁时，采取拦截、疏导等措施，避免事故扩大。

四、尾矿库事故案例分析

新塔公司"9·8"溃坝事故

2008年9月8日7时58分，山西省临汾市襄汾县新塔矿业有限公司（以下简称新塔公司）980沟尾矿库发生溃坝事故，造成277人死亡、4人失踪、33人受伤，直接经济损失9619.2万元。

（一）尾矿库概况

980沟尾矿库是1977年临钢公司为与年处理50000 t铁矿的简易小选厂相配套而建设的，位于山西省临汾市襄汾县陶寺乡云合村980沟。1982年7月30日，尾矿库曾被洪水冲垮，临钢公司在原初期坝下游约150 m处重建浆砌石初期坝。1988年，临钢公司决定停用980沟尾矿库，并进行了简单闭库处理，此时总坝高约36.4 m。2000年，临钢公司拟重新启用980沟尾矿库，新建约7 m高的黄土子坝，但基本未排放尾矿。2006年10月16日，980沟尾矿库土地使用权移交给襄汾县人民政府。

2007年9月，新塔公司擅自在停用的980沟尾矿库上筑坝放矿，尾矿堆坝的下游坡比为1∶1.3~1∶1.4。2008年初以来，尾矿坝子坝脚多次出现渗水现象，新塔公司采取在子坝外坡用黄土贴坡的方法防止渗水并加大坝坡宽度，并用塑料膜铺于沉积滩面上，阻止尾矿水外渗，使库内水边线直逼坝前，无法形成干滩。事故发生前，尾矿坝总坝高约50.7 m，总库容约368000 m^3，储存尾砂约294000 m^3。

（二）事故经过

2008年9月8日7时58分，980沟尾矿库左岸的坝顶下方约10 m处，坝坡出现向外拱动现象，伴随几声连续的巨大响声，数十秒内坝体绝大部分溃塌，库内约190000 m^3 的尾砂浆体倾盆而泻，吞没了下游的宿舍区、集贸市场和办公楼等设施，波及范围约35 hm^2，最远影响距离约2.5 km。

（三）事故直接原因

新塔公司非法违规建设、生产，致使尾矿堆积坝坡过陡。同时，采用库内铺设塑料防水膜防止尾矿水下渗和黄土贴坡阻挡坝内水外渗等错误做法，导致坝体发生局部渗透破坏，引起处于极限状态的坝体失去平衡、整体滑动，造成溃坝。

（四）抢险救援

事故发生后，山西省委省政府组织民兵预备役、公安民警、武警消防救援人员，集结大型装载机、救援车开展抢险救援。在抢险救援过程中，参加现场抢险人员共 25530 人次，出动大型抢险搜救机械 1445 台次，开挖泥土 160 余万立方米，找到遇难者遗体 277 具，抢救受伤人员 33 人。此外，群众报告并经襄汾县人民政府核实，有 4 人在事故中失踪。

第十节 地震灾害应急救援技术

一、地震及次生灾害的危害

地震及次生灾害的危害

地震，是所有自然灾害中给人类社会造成损失最大的一种地质灾害。

地震，往往在人们来不及发现预兆的情况下突然发生，山崩地裂、房倒屋塌，甚至摧毁整座城市，并且在地震之后，火灾、水灾、瘟疫等严重次生灾害更是雪上加霜，给人类带来极大的灾难。

二、地震救援装备的使用

随着城市化进程的加快，钢筋混凝土建筑越来越多，如果遭受地震破坏而发生倒塌，对于地震灾害搜救行动来说，困难可想而知。同时，各种管道线纵横交错，倒塌的建筑物废墟体积大，在这种灾害环境中营救被压埋的受困人员，就必须有一些特殊的营救装备。如重/轻型液压扩张钳、开缝器、钢筋切断器、凿岩机、水泥切割机、液压钻孔机、电弧切割机、无齿锯、切割链锯、双轮异向锯、液压顶杆等。

地震现场营救装备按原理不同大致可分为：内燃类营救装备、电动类营救装备、液压类营救装备、气动类营救装备等多种类型；按功能不同可分为：破拆、剪切、抬升、扩张、牵引等多种类型。

（一）内燃类营救装备

内燃类营救装备是一种由内燃发动机驱动的机械化救援装备。内燃类营救装备品种繁多、功能齐全、用途广泛，工具结构轻巧，比手工工具效率高，不需要外界电力，尤其适合野外救援。

内燃破碎机、内燃链锯、内燃无齿锯、内燃机动泵等都属于内燃类营救装备。内燃类营救装备在地震灾害现场破碎、切割倒塌的建筑物构件效率比较高。

以内燃破碎机为例，内燃破碎机适合在空间比较大的区域开展作业，工作时速度快、效率高，因为有燃油燃烧后产生的废气，不适宜在狭小空间内开展工作。一般情况下，内燃破碎机需双人配合操作,在车辆不能到达的地震灾害现场,较大型内燃类营救装备运输比较困难。

(二) 电动类营救装备

电动类营救装备包括电动凿岩机、电动链锯、电动切钳等多种类型。这种类型的营救装备适合在狭小空间内开展作业,操作简便,无污染,噪声相对较小。

以电动凿岩机为例,电动凿岩机是按冲击破碎原理进行工作的,电动凿岩机工作时活塞做高频往复运动,不断地冲击钎尾,在冲击力的作用下,呈尖楔状的钎头将岩石压碎并凿入一定的深度,形成一道凹痕。活塞退回后,钎子转过一定角度,活塞向前运动,再次冲击钎尾时,又形成一道新的凹痕,两道凹痕之间的扇形岩块被钎头上产生的水平分力剪碎。活塞不断地冲击钎尾,并从钎子的中心孔连续地输入压缩空气或压力水,将岩渣排出孔外,即形成一定深度的圆形钻孔。电动凿岩机更适用于山区地震救援。

(三) 液压类营救装备

液压类营救装备包括液压顶杆、液压千斤顶、液压剪切钳、液压扩张钳等多种类型。因为液压类营救装备稳定性较好,能以较小的体积获得较大的输出力,所以在地震灾害现场搜救行动中液压类营救装备的作用越来越重要。这种装备在剪切钢筋或其他钢材时产生的巨大动力,可能对周围的工作环境产生影响,在确保有安全防护的情况下方可作业。

液压油是液压类营救装备中主要的能量输出介质,一旦出现漏油现象,要及时进行更换或检修。

(四) 气动类营救装备

气动类营救装备由高压气体提供动力,通过气瓶、减压装置、控制器、导管与装备相连接,可对倒塌建筑物狭小空间进行顶升、支护、扩张等作业。

救援工作中使用的高压起重气垫、气球,低压起重气袋及气动顶杆等均属于气动类营救装备。

(五) 其他救援装备

目前搜救装备种类繁多,除了携带个人防护、现场搜索与营救装备以外,还需要携带许多其他救援装备,如发电、照明、通信等装备。

(1) 发电装备:以汽油或柴油为动力,国产发电装备已经有多种型号,可供专业救援人员根据实际情况选择。

(2) 照明装备:移动照明灯具,主要用于夜间、掩埋密闭空间搜救。

(3) 通信装备:在大范围灾害地区通信中断的情况下,卫星电话的效果最好。

(4) 卫星定位装置:主要适用于渺无人烟、容易迷失方向的无人区搜救工作。目前,我国北斗卫星定位装置完全能起到定位、导航作用。

(六) 后勤保障装备

后勤保障装备能保障抢险救援人员的后勤。重大灾难救援周期长、难度大,灾害现场环境恶劣,配备相应的后勤保障装备,能更好地发挥救援人员的战斗力。

(1) 饮食:受灾害现场条件所限,食品与饮用水应该用军用自热食品和便携式净水器、净水药片,以保障每天行动的基本热量和所需水分。

(2) 住宿：以防寒、防潮、防虫，并且透气性好为主，单兵帐篷、羽绒睡袋都可以，能充分保障救援人员休息。

(3) 药品：灾害地区卫生条件差，蚊蝇滋生，必须备足常用药品，如消毒、消炎、防虫内用及外用药，保障救援人员健康。

三、地震救援时的人员搜救技术

通常在地震发生后，我国应急管理部门会立刻响应地质灾害一级紧急预警，迅速抽调救援力量组成强大的救援队伍前往灾区。在地震发生后极有可能发生余震，对群众造成二次伤害，很大程度上影响了救援队的救援效率和效果。近年来地震灾害发生越来越频繁，我国救援队伍肩负的任务也越来越重。要争分夺秒在地震发生后的黄金时间段内展开救援工作，迅速为被困人员搭建起希望的桥梁。

地震救援的核心是人员搜救，熟练地掌握运用搜救技能是救援人员在地震现场快速精确施救的关键。在地震发生的初级阶段，重型装备及大量人力物力难以第一时间到达现场，这时简易的询问法、观察法成了初期救援最有效的手段；中后期在大量装备设施到场的情况下，运用搜救犬与探测仪器能救出更多的被困人员。所以人员搜救方法按搜救的有效性依次分为询问法、观察法、仪器搜救法和搜救犬搜救法等。

（一）地震初期的人员搜救技术

救援人员要在政府和部队的引导下组成救援大队，根据灾区灾害的严重程度、距离远近及难易程度，火速赶往事发地点。到达灾区时，需要结合地质灾害部门分析的出现余震的概率进行下一步计划。在救援准备阶段，震区的救援人员应认真检查救援装备有没有损坏，根据现场的具体情况将救援大队分成若干个小分队开展救援工作。对各个小分队下发具体任务：第一，抓紧摸清灾区的伤亡情况和灾区建筑物的损毁情况，第一时间上报，为下一步科学决策打好基础；第二，在搜救遇险人员时，救援人员应做好群众的心理疏导工作，向群众宣传自救互救的方法，防止在施救过程中出现其他意外；第三，将地震造成的危险物品泄漏及时科学地处理，避免造成不必要的伤害。完成任务分配后，救援人员应根据上级下达的指令，启动地震救援应急预案，携带必要的救援工具前往建筑与人员密集的地方优先搜救，对于受灾程度较低的地区，优先采用空运的方式将救援器械及受灾群众需要的水和粮食等物资运输到各受灾地区。

1. 询问法与观察法搜救

(1) 询问法。在救援中，需要采取不同的救援方式以达到救援效率的最大化。在救援的初期阶段，由于地震破坏交通道路，有些地区可能出现大雾、雨雪天气或者灾区山石较多的情况，先期救援力量携带的救援物资设备较为有限，因此最直接有效的方式就是向灾区群众进行询问，询问法成为地震救援初期阶段确定被困人员方位的最为直接有效的手段；同时，还可通过对埋压群众的询问，判断其受伤情况及各项生命体征。

询问法的优点是：不需要复杂的救援装备，也不需要很多人手，只要找到知情人员，即可开展询问地震现场相关情况，简单有效。但它的缺点也很明显，如果幸存者的心情烦躁，加上地震后的现场环境混乱、嘈杂，被困人员由于害怕往往会出现情绪不稳定的情况，对自己的伤情无法表述，救援人员难以确认获得信息的准确性。只有信息准确，才能确保接下来的救援行动是正确的，否则就是在浪费救援时间。因此，要注意以下几个方面：第一，合理选择询问对象。由于受灾群众年龄、性别、心理承受能力不同，在震后现场，如果可供选择的询问对象较多，要优先询问青壮年人，相比老人及儿童，他们的语言表达能力及认知能力更好，并且面对这种突如其来、破坏力大的灾害，他们的心理承受能力更好，情绪更稳定，能更快地从灾难带来的负面情绪中走出来，因此可以较好地配合救援人员进行询问工作。除此之外，被询问人员还要具有能清楚明白询问者的意图，能清晰地表达出自己周围的情况及被困人员方位的能力。第二，询问内容要明确。作为专业的救援团队，准备询问的问题要清晰，要简洁明了地交代出询问的重点内容，并且询问话语也要让被询问人明白。询问内容包括被埋压人员的位置、状态、数量、姓名、性别、年龄，以及未被困人员的数量、去向等。除了人员信息外，还需要询问震后的四周环境状况，包括建筑物倒塌情况、道路交通情况等。对被困人员的询问除了询问个人的信息、年龄、位置及身体状态，了解其周围建筑物倒塌的特征等情况外，更重要的是做好心理安抚工作。特别需要注意的是，如果被困人员的亲人已经离世，暂不要如实告知，以免使被困人员受到刺激，导致其求生欲望大大降低甚至直接拒绝救援。

(2) 观察法。观察法是由训练有素的救援人员对现场实行搜索，通过敲击发出声响、大声呼喊和辨听废墟里的声响来实行搜索的方法。这种方法所捕获的信息更为准确，在确定被困者的大致方位后，可根据实际情况直接救援。若被困者的方位还不能准确摸清，则可以调集仪器来进行精准定位，以此来锁定被困者的精准方位。

2. 仪器搜救法与搜救犬搜救法

(1) 仪器搜救法。仪器搜救法相比基础的询问法更加精确、高效。仪器能够到达人类所不能到达的一些区域，能精准地捕获被困人员的位置及他们的生命体征，对于营救生命垂危、无法呼救的被困人员具有明显的优势。

目前，在我国地震救援中普遍采用探测仪进行探测，探测仪主要有生命探测仪、音频探测仪、红外探测仪等。生命探测仪能够较快地检测出人的感官系统，在救援中对呼吸微弱的被困人员都可以感知到，并确定其所在位置，因此，在救援工作中使用较多。

音频探测仪具有灵敏度高的优势，甚至人体发出的微弱气息，都可以将声音的位置准确检测到。如果施救现场较为嘈杂，可能会影响其检测效果。因此，可以将音频探测仪以环形的方式逐渐排开，向各个方向进行搜索，确定最强的探测信号位置后，其他的探测仪探头会一并指向被困者的位置，救援人员便可以直观地确定被困者的具体位置展开施救。

(2) 搜救犬搜救法。与仪器搜救法可以共同使用的是搜救犬搜救法。相对于人类而言，搜救犬的听力约是人类听力的 20 倍，嗅觉更是百倍于人类，而且在光线微弱地区，搜救犬的搜救能力更能得到充分发挥。利用搜救犬灵敏的嗅觉，在救援人员的牵引下分成小组，搜寻废墟中人类的气息。在一轮搜救结束后要对搜救犬轮岗调换，以保证搜救犬的体力，提升搜救效率。因此在震后的搜救工作中，由搜救犬进行搜索，再配合生命探测仪等仪器，对被困人员的位置进行准确定位。

(二) 施救方法

被困人员具体位置等情况确认后，首先要通过从上至下的方式逐层清除被困人员身上的废墟。如果被困人员身上为大型的建筑物倒塌废墟，人员无法将它搬移，可以采用水泥切割机、液压凿岩机等将大面积的建筑物进行切割和破碎；如果是钢筋类的物体，可以采用金属切割机将其割断，随后再进行搬移。需要注意的是，在机器作业前，必须先确认被困人员身上被压迫的部位，对被困人员暴露的部位采取妥善保护，避免受地震影响部分的建筑物突然掉落，对被困人员造成二次伤害；避免在搬运过程中有些被困人员由于受长时间的重压，一旦挪开瞬间造成血液上涌致使其死亡或截瘫。与清除法可以同时使用的是起重支撑施救法，运用起重机器和施救设备将被困人员身体上的建筑结构扩宽，如用千斤顶、起重气垫等将建筑顶起，给被困人员留出足够的空间。

四、高空绳索救援技术

高空绳索救援是指救援人员使用以绳索为主的装备在高空进行的救援，是利用绳索对救援人员自身进行保护和对遇险人员实施救助的一种救援方法。

（一）救生绳的基本概念和分类

1. 救生绳的基本概念

救生绳是上端固定悬挂，供人们手握进行滑降的绳子。救生绳主要用作救援人员个人携带的一种救人或自救工具，也可以用于运送救援器材，还可以在火情探察时作为标绳使用。

救生绳能够支持和承受人体重量，降低快速高空下落的风险，降低或减少从高处坠落带来的伤害。救生绳具有器材简便、实用性强、可靠性强、便于携带等特点，在救援领域得到了广泛应用。

随着城市的发展和进步，高楼和高大工业设施林立，在城市、野外、工业、山区发生地震、山体滑坡、火灾等各种复杂环境下利用绳索开展救援，是实施高空抢险救援的一种非常有效的方法。救援人员必须掌握救生绳正确的使用方法，以确保救援行动的成功和安全。

2. 救生绳的分类

常用的救生绳可分为静态救生绳和动态救生绳两种。

（1）静态救生绳：需要固定住身体或负重物体时使用。静态救生绳具有较大的强度和耐久性，不容易产生明显的变形，并且在固定住身体时会比较平稳且不易滑动。静态救生绳一般都是单股结构。

（2）动态救生绳：需要快速下降或上爬时使用。动态救生绳不适用于固定住身体或负重物体，因为它的弹性比较大，会引起较大的震荡和额外的力量，从而对使用者造成更大的危险。动态救生绳一般都是双股结构。

（二）救生绳的使用方法

1. 救生绳使用前的检查

（1）检查救生绳是否有损伤，如有损伤，应当进行修补或者更换后再使用。

（2）测量好救生绳的长度，确定好救生方法及救援方案。

（3）检查救生绳的连接件是否牢固。

如果用于火灾救援，需要穿戴好个人防护装备，如呼吸器、消防服等。

2. 救援人员的正确姿势

在使用救生绳时，救援人员必须掌握正确的姿势，以确保救援行动的成功和安全。

（1）救援人员必须将安全带系紧，同时将绳子穿过安全带。

（2）手握救生绳，并将其拉紧，可以在不借助外力的情况下提升身体及支撑其他物品。

（3）救援人员应当放松身体，尤其是双脚不能太用力，在悬挂的过程中尽量让身体垂直，这样能够减少身体的转折和碰撞。

（4）如果有必要，可以将脚用力扭曲，使其在垂直状态下让脚部能够滑动到合适的位置。

3. 下降时的注意事项

救援人员下降时一定要注意绳索的窜动幅度，减少绳索磨损，确保人身安全。

（1）下降时救援者双脚不能重叠，需要弯曲自己的膝盖，以滑动行进并且需要控制下降的速度。

（2）救援人员在下降的过程中，要时刻留意绳索的窜动幅度及绳索的张力，以免造成卡顿、滞留等意外事故。

（3）下降过程中，救援人员必须保证身体的稳定性，尤其是突发状况导致掉落时，可以利用手部的力量抵抗冲击力，从而保证人身安全。

4. 上爬时的注意事项

救援人员在进行上爬时同样要注意绳索的张力和窜动幅度，避免突发事件的发生。

（1）上爬时救援人员需要将双脚分开，类似于攀爬的姿势，一个脚跟站在绳子上，另一个脚跟向墙壁或者其他物体倚靠，然后抓住绳子上爬。

（2）救援人员需要控制自己的重心，防止重心过于靠前或靠后，造成爬升速度不均匀。

（三）使用救生绳时的注意事项

（1）使用救生绳时，一定要选择受过高空绳索救援专业训练的救援人员进行救援操作，以确保救援安全和效果。

（2）救生绳应当及时更换，不能超过其使用寿命，严禁使用损坏、磨损严重的救生绳进行救援。

（3）在使用救生绳时，要注意观察周边情况，以防发生意外。

五、伤员转运技术

伤员转运是指在地震灾害应急救援中，应急救援队对受伤人员进行初步救助并将其从危险区域转移至安全区域救治点的行动，它贯穿整个救援过程。在救援过程中，通常先整理伤员，确认伤员意识是否清醒，检查受伤部位，检查呼吸、心跳，视情况调整伤员姿势，进行简易处理后，根据伤员不同的伤情和灾区情况，实施伤员转运。

伤员转运通常有3种方式：一是徒手转运；二是器材转运；三是交通工具转运。在实际救援中，救援人员要灵活运用这些转运方法。

（一）徒手转运

在地震灾害救援现场，因为废墟结构不稳或余震频繁发生，所以救援人员应立即将伤员转离危险区。对于伤情不严重的伤员，来不及准备救援装备器材时，通常采用徒手的方式将伤员迅速转运。徒手转运通常分为单人徒手转运和双人徒手转运。

1. 单人徒手转运

（1）掮法。掮法通常在伤员需要紧急转运且没有骨折脱臼、胸部无损伤的情况下实施。此法转运伤员速度快，耐力强，便于观察、寻找转运伤员的行动路径。动作要领是：救援人员将伤员扶起后，双腿屈曲，将伤员的胸、腹部置于队员的肩部上，左手抱住伤员的右手臂，右手抱紧伤员的右腿，站起行进。

（2）抱法。抱法主要针对体重轻、身材较小的伤员。此法简单便捷、易于操作。动作要领是：救援人员先将伤员单臂搭于肩上，一只手托起伤员背部，另一只手托起伤员下肢，抱起行进。

（3）拖行。拖行主要适用于狭小空间中转运平躺或者处于坐位的伤员。转运狭小通道中平躺的伤员时，由于通道狭小，有时仅容1人通行，转运比较困难，救援人员要根据现场周围环境对伤员进行拖行。动作要领是：救援人员将双手置于伤员肩部下，抓住其衣物，并用两前臂托起伤员头部，向出口方向拖拉伤员，若通道不平，可在伤员身下垫木板或者用担架转运伤员。转运狭小空间中处于坐位的伤员时，由于作业空间小，移出伤员难度大，救援人员要根据现场条件拖行。动作要领是：救援人员先将伤员的双脚移出至营救出口处，用身体贴近伤员，再用靠近出口一侧的手从伤员出口侧的腋窝下穿过，支撑伤员下颌，并将伤员头部轻轻向后放置于救援人员肩上，尽可能保持颈部直立，用另一只手从伤员另一侧腋窝下伸出，抓住伤员出口侧手腕，将伤员移至安全区域。

（4）背负。背负主要适用于可站立或坐下的伤员，但不适用于手臂骨折者。此法便于救援人员观察周围情况，快速转运。动作要领是：救援人员扶伤员站立，背对着伤员，将伤员的两只手臂搭在自己的肩膀上，使其两手腕在胸前交叉，握住手腕，使伤员的胸部紧靠自己的背部，用两只手分别抱住伤员的左右大腿，调整、转运伤员。

2. 双人徒手转运

（1）椅托式转运法。椅托式转运法通常适用于有一定知觉和头脑清醒但不能行走的伤员，不适用于颈椎受伤者。此法便于救援人员观察伤员及周围情况，通常分为双手搭人椅转运和四手搭人椅转运两种方法，当伤员不能支撑上身时，通常采用双手搭人椅转运。动作要领是：两名救援人员分别蹲在伤员两侧，一名救援人员的右手和另一名救援人员的左手手指弯向掌心呈钩状，相互抓牵，形成一个座，托住伤员臀部，两人分别用另一只手相互抓牵，支撑伤员背部，伤员两只手分别搭于救援人员肩部，托起伤员行进。当伤员的手及手臂能支撑上身时，可采用四手搭人椅转运。动作要领是：救援人员手心朝下分别用右手握住左手腕，环绕伤员的腿部，左手相互握住对方的右手腕，将伤员的两手臂搭于救援人员的肩部，抬起伤员行进。

（2）拉车式搬运法。拉车式搬运法通常适用于有一定行动能力的伤员。此法便于救援人员观察伤员及周围情况，多用于短途转运。动作要领是：一名救援人员托起伤员头颈部使其呈坐姿状，用胸部贴近其背部，再用两只手从伤员腋窝下伸出握住其手腕；另一名救援人员蹲在伤员一侧，将伤员的两腿交叉叠压，抱住其小腿，抬起伤员，向前行进。

（二）器材转运

在地震灾害救援现场，为了安全地把伤员从危险地带转移到救治地点，通常利用器材转运。器材转运的优点是：一是可实现长时间、长距离路线转运；二是可以较好地转移伤势严重的伤员，比如脑颅、颈椎、脊柱、胸腔、关节等部位受伤。器材转运通常分为利用绳索转运和利用担架转运。

1. 利用绳索转运

利用绳索转运伤员的方法通常分为绳索式背法和绳索式抱法。其主要特点是易于操作、长途转运，但不能用于伤势严重的伤员。

（1）绳索式背法。绳索式背法通常用于单人长途搬运伤员。由于地震的破坏作用，废墟现场复杂多样，此法能够便于救援人员观察行走路径，还可简单清理路径上的障碍物，但此法不适用于特别胖和特别高大的伤员。动作要领是：救援人员将伤员双手搭于肩上，使其胸部紧靠自己的背部，用双手分开伤员的两腿，再用绳索穿过伤员的腋窝下和背部，绳两端从队员的肩部通过并在胸前交叉两次，然后救援人员将绳两端由内侧向外侧在伤员大腿上缠绕一圈，并在自己腹前利用双平结把绳两端连接在一起，抱住伤员两腿后站起，向前行进。

（2）绳索式抱法。绳索式抱法通常用于单人长途搬运伤员，但此法要求救援人员在能力范围内转运伤员。其特点是，如果转运时间长，便于救援人员随时观察伤员的情况，还可简单清理路径上的障碍物。动作要领是：救援人员利用绳索制成一个绳圈，先套于伤员臀部，再斜套入自己的肩部，将伤员抱起行进；或者将绳索制成三套腰结，先用两个绳圈套住伤员的大腿，再用第三个绳圈斜套入队员的肩部，最后将伤员抱起行进。

2. 利用担架转运

利用担架转运伤员主要是对有颅部、颈椎、脊柱、胸腔、骨折、脱臼和不便于行动的伤员进行转运，是最安全、最常用的伤员转运方法。

由于担架的规格不同，采用的转运方法也不同，为了避免压迫伤员的受伤部位，通常使用硬质板式担架转运。

由于地震破坏力大，周围道路建筑物损坏严重，救援人员经常会在瓦砾堆中或者不平的路面上转运伤员，为了保证伤员身体安全，通常由4名救援人员抬运担架，并对伤员进行固定保护。动作要领是：两名救援人员利用拉车式搬运法，其余救援人员再托起伤员的臀部，协力将伤员放置于担架上，伤员的脚部朝向担架前进方向，然后救援人员利用绳索的一端用卷结固定在担架手柄上，用绳索的另一端依次穿过固定环上，分别固定伤者的躯干、四肢及膝盖下方，然后把绳索的另一端固定在担架的另一个手柄上，最后救援人员面对前进方向抬起担架，头高脚低式行进，始终保持担架平衡。

（三）**交通工具转运**

受灾地区在遭受重大地震灾害侵袭后，其地理交通环境、各类房屋建筑以及各工作部门的服务体系等都会受到不同程度的打击，甚至出现运作瘫痪。特别是当灾区医疗服务机构由于种种原因，无法向大批灾区伤员尤其是危重伤员提供及时的救治时，这些伤员的转运工作便成为灾害救援中的重要工作之一。及时高效的转运不仅可以减少危重伤员的死亡率，而且使医疗卫生资源得到合理利用。

由于转运距离远近不一、地区路况有差异以及伤员病情不断变化，转运方式的选择十分复杂。常用的转运方式有陆运和空运，具体的转运工具有汽车、火车、飞机等。

在转运过程中，无论用汽车、火车还是用飞机，伤者及担架都必须严格固定，防止途中颠簸、摆动造成的损害。同时还要密切注意伤者的脸色、呼吸和心跳，出现异常立即抢救。

在转运伤员时，救援人员要根据不同情况灵活运用转运方法，无论徒手转运、器材转运还是交通工具转运，都要遵循准确快捷、安全高效的原则将伤员转运到救治点。在伤员转运中需要注意以下几点：一是要时刻关注、安慰伤员，增强其求生的信心；二是要量力而行，加强自我防护，保持昂扬斗志；三是要胆大心细，科学转运，避免二次伤害；四是要履职尽责，团结协作，高效救援。

第六章 矿山事故隐患排查与治理

生产安全事故隐患排查与治理工作是《安全生产法》规定的重要内容之一，是安全生产标准化建设的重要基础。《安全生产事故隐患排查治理暂行规定》（安全监管总局令第16号）对此项工作作出了具体的规定。建立健全安全隐患排查治理体系，贯彻落实以人为本的科学发展观，充分体现"安全第一、预防为主、综合治理"的方针，是安全生产工作理念、监管机制、监管手段和方法的创新与发展，把隐患排查与治理和安全生产工作逐步纳入科学化、制度化、规范化的轨道。

第一节 矿山事故隐患的分级、分类及特点

一、矿山事故隐患分级

矿山事故隐患（以下简称事故隐患）是指矿山企业违反安全生产法律、法规、规章、标准、规程和安全生产管理制度的规定，或者因其他因素在生产经营活动中存在可能导致事故发生的物的危险状态、人的不安全行为和管理上的缺陷。

按照事故隐患的影响范围、整改难易程度和危害程度，矿山事故隐患分为一般事故隐患和重大事故隐患。

1. 一般事故隐患

一般事故隐患是指危害或整改难度较小，发现后能够立即整改排除的隐患。

2. 重大事故隐患

重大事故隐患是指危害和整改难度大，应全部或者局部停产停业，并经过一定时间整改治理方能排除的隐患，或者因外部因素影响致使生产经营单位自身难以排除的隐患。

二、矿山事故隐患分类

根据隐患排查主要内容划分的原则，结合隐患排查实际工作情况，从现场操作方面对隐患排查进行划分，可分为基础管理类隐患和现场管理类隐患两部分。

1. 基础管理类隐患

基础管理类隐患主要针对矿山企业资质证照、安全生产管理机构及人员、安全生产责任制、安全生产管理制度、安全操作规程、教育培训、安全生产管理档案、安全生产投入、应急救援、特种设备基础管理等方面存在的缺陷。基础管理类隐患，在矿山企业自查时主要通过查阅资料获得。

（1）生产经营单位资质证照类隐患，主要是指矿山企业在采矿证、安全生产许可证、营业执照等方面存在的不符合法律法规的问题和缺陷。

（2）安全生产管理机构及人员类隐患，主要是指矿山企业未根据自身生产经营的特点，未依据相关法律法规或标准要求，设置安全生产管理机构或者配备专（兼）职安全生产管理人员。如煤矿未设置安全生产管理机构，仅配备兼职安全生产管理人员。

（3）安全生产责任制类隐患。根据矿山企业的规模，安全生产责任制涵盖矿山主要负责人、安全生产负责人、安全生产管理人员、区队长、班组长、岗位员工等层级的安全生产职责。矿山企业应建立健全全员安全生产责任制，未建立健全全员安全生产责任制或责任制建立不完善的，属于此类隐患。

（4）安全生产管理制度类隐患。根据矿山企业的特点，安全生产管理制度主要包括：安全生产教育和培训制度、安全生产检查制度、劳动防护用品配备和管理制度、安全生产奖励和惩罚制度、生产安全事故报告和处理制度、隐患排查制度、领导带班下井制度、职业健康规章制度等。矿山企业缺少某类安全生产管理制度或者某类制度不完善时，则称其为安全生产管理制度类隐患。

（5）安全操作规程类隐患。矿山企业缺少岗位操作规程或者岗位操作规程制定不完善的，则称其为安全操作规程类隐患。

（6）教育培训类隐患。教育培训包括对矿山企业主要负责人、安全管理人员、从业人员以及特种作业人员的教育培训。矿山企业应根据相关法律法规，满足培训时间、培训内容的要求。矿山企业未开展安全生产教育培训或者培训时间、培训内容不达标的，称其为教育培训类隐患。

（7）安全生产管理档案类隐患。安全生产记录档案主要包括：安全检查记录档案、安全生产奖惩记录档案、安全生产会议记录档案、检查及巡查记录、事故管理记录档案、安全费用台账、领导带班下井记录、职业危害申报档案、职业危害因素检测与评价档案、工伤社会保险缴费记录、教育培训记录档案、劳动防护用品配备和管理记录档案等。矿山企业未建立安全生产管理档案或档案建立不完善的，属于安全生产管理档案类隐患。

（8）安全生产投入类隐患。矿山企业应结合本单位实际情况，建立安全生产资金保障制度，安全生产资金投入（或称安全费用），应当专项用于下列安全生产事项：安全技术措施工程建设、安全设备设施的更新和维护、安全生产宣传教育和培训、劳动防护用品配备、其他保障安全生产的事项。矿山企业在安全生产投入方面存在的问题和缺陷，称为安全生产投入类隐患。

（9）应急管理类隐患。应急管理包括应急机构和队伍、应急预案和演练、应急设施设备及物资、事故救援等方面的内容，具体包括：制定应急管理制度；按要求和标准建立应急救援队伍（矿山救护队），队伍建设和人员配备等达到相关规定；按规定编制安全生产应急预案；定期开展应急演练；按相关规定和要求建设应急设施、配备应急装备、储备应急物资，并进行经常性检查、维护保养，确保其完好可靠等。矿山企业在应急救援方面存在的问题和缺陷，称为应急救援类隐患。

（10）特种设备基础管理类隐患。凡涉及生产经营单位在特种设备相关管理方面不符合法律法规的内容，均归于特种设备基础管理类隐患。这类隐患主要包括特种设备管理机构和人员、特种设备管理制度、特种设备事故应急救援、特种设备档案记录、特种设备的检验报告、特种设备保养记录、特种作业人员证件、特种作业人员培训等内容。

2. 现场管理类隐患

现场管理类隐患主要针对特种设备现场管理、生产设备设施、场所环境、从业人员操作行为、消防安全、用电安全、职业卫生现场安全、有限空间现场安全、辅助动力系统、相关方现场管理等方面存在的缺陷。现场管理类隐患，需要矿山企业对作业现场进行实地检查，了解隐患的分布情况，以便更有针对性地开展安全生产管理工作，制定相应的对策措施。

（1）特种设备现场管理类隐患。矿山特种设备包括锅炉、压力容器（含气瓶）、压力管道、电梯、起重机械、场（厂）内专用机动车辆等，这类设备自身及其现场管理方面存在的缺陷，属于特种设备现场管理类隐患。

（2）生产设备设施及工艺隐患。矿山企业生产设备设施及工艺方面存在的缺陷，称为生产设备设施及工艺类隐患，该类隐患中包括重大危险源使用和管理存在的问题和缺陷。

（3）场所环境类隐患。矿山企业场所环境类隐患主要包括矿山环境、仓库作业、火工品作业等方面存在问题和缺陷。

（4）从业人员操作行为类隐患。"三违"即违章指挥、违章作业、违反劳动纪律。从业人员操作行为类隐患主要包括"三违"行为和防护用品佩戴等。

（5）消防安全类隐患。矿山企业消防方面存在的缺陷，称为消防安全类隐患，包括应急照明、消防设施与器材等。

（6）用电安全类隐患。矿山企业涉及用电安全方面的问题和缺陷，称为用电安全类隐患，主要包括配电室，配电箱、柜，电气线路敷设，固定用电设备，插座，临时用电，潮湿作业场所用电，安全电压使用等。

（7）职业卫生现场安全类隐患。职业卫生专项管理中，涉及生产经营单位在职业卫生现场安全方面不符合法律法规的内容，均归于职业卫生现场安全类隐患。这类隐患主要包括禁止超标作业，检、维修要求，防护设施，公告栏，警示标识，生产布局，防护设施和个人防护用品等方面存在的问题和缺陷。

（8）有限空间现场安全类隐患。有限空间现场安全类隐患主要包括：有限空间作业审批、危害告知、先检测后作业、危害评估、现场监督管理、通风、防护设备、呼吸防护用品、应急救援装备、临时作业等方面存在的问题和缺陷。

（9）辅助动力系统类隐患。辅助系统主要包括压缩空气站、乙炔站、煤气站、天然气配气站、氧气站等为矿山企业提供动力或其他辅助生产经营活动的系统。

（10）相关方现场管理类隐患。涉及相关方现场管理方面的缺陷和问题，属于相关方现场管理类隐患。

三、矿山事故隐患特点

矿山事故隐患因矿体品种、赋存条件、开采方式、开采方法、生产工艺、安全管理等方面的差异，呈现出不同的特点。

（1）煤炭开采往往伴随煤与瓦斯涌出，从而形成了瓦斯煤尘爆炸、煤与瓦斯突出等事故隐患。

（2）地质构造复杂多样性，产生了水害、顶板危害、冲击地压（岩爆）、矿震和自然发火、高温等事故隐患。

（3）井下作业场所潮湿、阴暗、狭窄等状况，往往带来机电设备误操作、运输脱节、施工材料供应不及时等隐患。

（4）生产工艺的复杂性往往带来采煤、掘进、机电运输、通风、排水等环节发生故障的隐患。

（5）安全生产管理的缺陷能够导致非法开采、超层越界开采、开采秩序混乱、安全管理制度不健全不完善、违规违章行为屡禁不止等隐患。

因此，矿山企业的各种事故隐患危害比其他行业严重且频繁，矿山企业要认真贯彻执行《安全生产法》和《矿山安全法》等规定，按照不同种类矿山安全技术规范的要求，切实加强事故隐患排查防范工作，制定有效的事故预防措施，保障矿山企业正常的生产秩序和职工的人身安全，推动矿山企业健康稳定发展。

第二节　隐患排查方法、内容与治理技术

一、隐患排查方法

隐患排查是指矿山企业组织安全生产管理人员、工程技术人员和其他相关人员对本单位的事故隐患进行排查，并对排查出来的事故隐患，按照事故隐患的等级进行登记，建立事故隐患信息档案。隐患排查方式如下：

（1）建立矿山企业内外部的事故隐患举报、信息收集方式，包括举报电话、网络举报、来信来访等各种途径收集事故隐患信息。

（2）通过外部安全检查、评价和检测等发现矿山企业事故隐患。

（3）通过对事故隐患排查重点部位的日常监控发现事故隐患。

（4）通过岗位作业人员的作业过程检查等方式发现事故隐患。

（5）通过班组、部门和企业的日常排查、专项排查、全面排查等定期检查方式发现事故隐患。

（6）通过专业安全评估等专业技术方式，发现隐蔽性、专业性的事故隐患。

（7）通过安全生产标准化企业自评、职业健康安全管理体系内审等方式发现各类事故隐患。

（8）通过对企业及同行业发生的未遂事件、事故原因分析发现的各类事故隐患。

二、事故隐患排查形式及内容

1. 作业过程隐患排查

作业过程隐患排查是指从业人员每次上岗前、作业中、作业结束后，根据要求对作业设备设施、作业环境、个人防护等方面进行检查。

（1）每次上岗作业前进行班前检查，重点检查工作岗位相关设备、设施、安全装置和个体防护等方面的事故隐患。

（2）作业中，应根据岗位安全规程的要求，对岗位设备设施运行的安全状态、安全操作行为、作业环境的安全条件等进行自查。

（3）作业结束后，应对作业现场进行检查，确保电源、气源及设备断电、断气，确保不留存危险物品，按规定对现场进行清理，如有遗留问题，应向下班次人员交接。

（4）发现隐患应立即停止作业并采取措施排除，无法排除的立即报告；作业过程检查的情况，通常记录在岗位交接班记录、岗位运行记录本内。

2. 日常隐患排查

日常隐患排查是指班组长和安全员的日常安全检查；专业技术人员和管理人员的日常检查；事故隐患排查重点部位的日常监控等，重点检查本生产单元相关设备、设施、场所及从业人员遵章守纪等方面的事故隐患。

（1）班组长通常在每天班前、班中、班后进行检查，每周进行一次系统检查；检查的内容是人员安全行为、设备设施和作业环境的安全状态、作业安全管理的状况等；检查结果通常记录在交接班记录本或班组活动记录本内。

（2）矿山企业专兼职安全员的日常检查，覆盖现场各部位，主要是现场安全，检查结果通常记录在部门安全员日常检查记录表或记录本内。

（3）矿山企业根据实际情况，可安排基层或专业科室的技术人员、管理人员，对工艺、设备、电气、仪表等涉及安全生产的相关项目进行专业日常检查。

（4）事故隐患排查重点部位的日常监控可采用事故隐患实时监控、分级监控法、变更情况监控法。

① 事故隐患实时监控：将事故隐患发生过程进行分解，确定事故隐患发生的参数，通过对参数的实时监控，实时判定事故隐患。此种方法对参数设置、判定方法的准确性、适宜性，以及实时监控设备的要求高，对事故隐患监控责任人也有基本的技能要求。

② 分级监控法：提前确定重点监控部位的监控负责人、监控频次、监控方法、监控标准和监控内容，形成各监控点的检查表、监控卡或监控记录表等，并按要求实施监控；此方法主要通过人的监控，因此监控标准和监控人的责任心、技能和判断能力非常重要。

③ 变更情况监控法：发生人员、设备设施、工艺、场所用途、周边施工等变更时，增加临时性的实时监控，防止由于变更带来的事故隐患。

3. 全面隐患排查

全面隐患排查是指以保障安全生产为目的，以安全生产责任制、各项专业管理制度和其他相关安全生产管理制度落实情况为重点，各有关专业和部门共同参与的全面检查生产经营场所、周边环境、设备设施的安全状况，贯彻执行安全生产相关法规、标准的情况，以及落实本单位安全生产规章制度的情况。

（1）部门级全面隐患排查由部门负责人组织实施，安全员、专业技术人员和相关管理人员参加；企业级全面隐患排查由企业主要负责人组织并参加，安全生产管理人员和相关管理人员、专业技术人员、工会或员工代表等参加。

（2）矿山企业级全面隐患排查至少每半年组织一次，部门级全面隐患排查至少每季度组织一次。

（3）大中型企业集团全面隐患排查应单独建立隐患排查计划方案，确定隐患排查内容、路线及时间安排、参加人员等。全面隐患排查时，应依据事故隐患判定标准进行检查，其中对重点部位的检查内容，应依据矿山企业的重点部位事故隐患排查表进行。

（4）实施全面隐患排查时，现场发现的事故隐患应要求责任部门立即整改，现场无法立即整改的，应形成"事故隐患整改通知和记录单"下发至事故隐患治理的责任部门。"事故隐患整改通知和记录单"应包括事故隐患所在部门/现场、隐患治理责任部门/负责岗位、发现的事故隐患及治理要求、事故隐患原因分析、治理措施及完成情况、治理验收和效果验证等，并由治理责任部门和验收人员签字。

4. 专项隐患排查

专项隐患排查是指针对某些场所、时段、特性进行的专门检查，通常包括专项安全检查、季节性和节假日安全检查、专业安全评估、事故类比隐患排查等。

本行业、领域发生较大以上生产安全事故的，企业应及时开展专项排查。

（1）专项安全检查是指矿山企业负责安全生产、设备、技术等业务的管理机构，以矿山事故隐患排查治理专业技术队伍为骨干，对重点工艺系统、设备设施、专业技术等方面进行的有针对性的检查。

（2）季节性隐患排查是指根据各季节特点开展的专项隐患检查。检查内容主要有：

① 春季以防火、防风、防静电、防解冻坍塌为重点。

② 夏季以防雷暴、防设备容器高温超压、防洪、防暑降温为重点。

③ 秋季以防火、防静电、防凝保温为重点。

④ 冬季以防火、防雪、防冻、防凝、防滑、防静电为重点。

（3）重大活动及节假日前后隐患排查主要是指对五一、十一、元旦、春节及其他长假、重要活动前后进行的集中检查，通常由安全管理部门组织进行检查。检查内容主要有：

① 检查的重点是动火、施工、消防、治安、值班、供电等安全内容。

② 检查中，应对生产装置是否存在异常状况和隐患、备用设备状态、备品备件、生产及应急物资储备、企业保卫、应急工作等进行检查；其中应对干部带班值班、紧急抢修力量安排、备件及各类物资储备和应急工作进行重点检查。

（4）专业安全评估是指针对矿山专业性、技术性较强的设备、设施和系统，以及安全检查难以发现的隐蔽性问题，采用专业技术手段，对照相应技术标准进行深入、细致、系统的安全评估，以消除隐蔽性、深层次的事故隐患。其主要评估内容包括：

① 工艺技术涉及的事故隐患，如技术参数失控、材料特性导致危险等。

② 设备设施的运行状态等涉及的事故隐患，如设备系统和安全装置存在的事故隐患、设备更新后未加装配套的安全装置等。

③ 设备设施的历史状态等涉及的事故隐患，如电气线路老化、配电系统过载保护失效等。

（5）事故类比隐患排查是指在未遂事件、事故发生后，对企业内和同类企业发生的事故采取举一反三的措施，针对相关部门、部位进行专项安全检查。

三、煤矿事故隐患及治理要求

1. 煤矿重大事故隐患

煤矿重大事故隐患治理方案由煤矿主要负责人负责组织制定并实施，应当包括治理的目标和任务、采取的方法和措施、经费和物资的落实、负责治理的机构和人员、治理的时限和要求、安全措施和应急预案。

2024年1月24日《煤矿安全生产条例》（国务院令第774号）颁布，自2024年5月1日起施行。《条例》规定煤矿企业有下列情形之一的，属于重大事故隐患，应当立即停止受影响区域生产、建设，并及时消除事故隐患：

（1）超能力、超强度或者超定员组织生产的。

（2）瓦斯超限作业的。

（3）煤（岩）与瓦斯（二氧化碳）突出矿井未按照规定实施防突措施的。

（4）煤（岩）与瓦斯（二氧化碳）突出矿井、高瓦斯矿井未按照规定建立瓦斯抽采系统，或者系统不能正常运行的。

（5）通风系统不完善、不可靠的。

（6）超层、越界开采的。

（7）有严重水患，未采取有效措施的。

（8）有冲击地压危险，未采取有效措施的。

（9）自然发火严重，未采取有效措施的。

（10）使用应当淘汰的危及生产安全的设备、工艺的。

（11）未按照规定建立监控与通信系统，或者系统不能正常运行的。

（12）露天煤矿边坡角大于设计最大值或者边坡发生严重变形，未采取有效措施的。

（13）未按照规定采用双回路供电系统的。

（14）新建煤矿边建设边生产，煤矿改扩建期间，在改扩建的区域生产，或者在其他区域的生产超出设计规定的范围和规模的。

（15）实行整体承包生产经营后，未重新取得或者及时变更安全生产许可证而从事生产，或者承包方再次转包，以及将井下采掘工作面和井巷维修作业外包的。

（16）改制、合并、分立期间，未明确安全生产责任人和安全生产管理机构，或者在完成改制、合并、分立后，未重新取得或者及时变更安全生产许可证等的。

（17）有其他重大事故隐患的。

2. 煤矿一般事故隐患

煤矿一般事故隐患是指煤矿各部门、各专业人员在隐患排查中发现的危害或整改难度较小，发现后能够立即整改排除的隐患。除《煤矿安全生产条例》《煤矿重大事故隐患判定标准》所列的重大隐患外，其他不符合《煤矿安全规程》《矿山救援规程》《煤矿安全生产标准化管理体系基本要求及评分方法》《防治煤与瓦斯突出细则》《煤矿防治水细则》《防治煤矿冲击地压细则》《煤矿防灭火细则》、安全技术操作规程、作业规程等相关规程、标准、文件规定的情况，均属于一般隐患。

煤矿一般隐患

煤矿一般事故隐患由煤矿区队、班组负责人或者有关人员立即组织整改，常见一般隐患见表6-1。

表6-1 煤矿常见一般隐患

隐患类别	隐患行为表现
安全管理一般隐患	未及时修订、更新各项安全生产规章制度
	未制定安全生产年度计划和专项工作方案
	未按要求制定矿长安全生产承诺制度
	年度安全生产目标责任考核奖惩不到位
	安全生产责任制教育培训工作未纳入安全生产年度培训计划
	年度安全教育培训计划缺少安全生产责任制内容
	未建立健全领导带班下井交接班制度
	值班、带班、交接班记录未按要求填写
	对存在风险的工作场所、岗位和有关设备设施，未设置明显警示标志
	入井人员携带烟草、点火物品或穿化纤衣服
	未对从业人员进行事故隐患治理技能教育和培训
	无施工措施牌板或牌板内容与现场情况不符
	修改已批准的设计方案未按规定及时上报审批
	未将安全培训工作纳入本单位生产经营工作计划
	未按照统一的培训大纲组织培训，造成培训学时不符合规定
	未建立健全从业人员安全培训档案
	入井（场）人员未戴安全帽、自救器、标识卡、矿灯等个体防护用品的，未穿带有反光标识的工作服
	煤矿未建立入井检身制度和出入井人员清点制度
	发放不合格仪器、仪表，检测不合格的自救器继续使用
煤矿采掘一般隐患	立井井筒过预测涌水量大于 $10 \ m^3/h$ 的含水岩层或者破碎带时，未采用地面或者工作面预注浆法进行堵水或者加固
	注浆前，未编制注浆工程设计和施工组织设计
	向井下输送混凝土时，未制定安全技术措施
	施工15°以上斜井（巷）时，未制定防止设备、轨道、管路等下滑的专项措施
	距掘进工作面10 m内的架棚支护，在爆破前未加固
	对爆破崩倒、崩坏的支架未先行修复，之后进入工作面作业

表 6-1（续）

隐患类别	隐 患 行 为 表 现
煤矿采掘一般隐患	耙装机作业时，其与掘进工作面的最大和最小允许距离未在作业规程中明确
	使用凿岩台车、模板台车时，未制定专项安全技术措施
	吊盘上放置的设备、材料及工具箱等未固定牢靠
	悬挂吊盘、模板、抓岩机、管路、电缆和安全梯的凿井绞车，未装设制动装置和防逆转装置，且未设有电气闭锁
	井巷交叉点，未设置路标，未标明所在地点，未指明通往安全出口的方向
	未严格执行"行人不行车，行车不行人"的规定
	采（盘）区结束后、回撤设备时，未编制专门措施，未加强通风、瓦斯、顶板、防火管理
	采煤工作面回采前未编制作业规程
	情况发生变化时，未及时修改作业规程或者未补充安全措施
	采用钻爆法掘进的岩石巷道，未采用光面爆破
	打锚杆眼前，未采取敲帮问顶等措施
	巷道架棚时，支架腿未落在实底上，支架与顶、帮之间的空隙未塞紧、背实
	采煤工作面采用密集支柱切顶时，两段密集支柱之间未留有宽 0.5 m 以上的出口
	出口间的距离和新密集支柱超前的距离未在作业规程中明确规定
	采煤机上未装有能停止工作面刮板输送机运行的闭锁装置
	使用掘进机、掘锚一体机、连续采煤机掘进时，未使用内、外喷雾装置
	锚杆钻车作业时未有防护操作台或支护作业时未将临时支护顶棚升至顶板
	用刮板输送机运送物料时，未制定防止顶人和顶倒支架的安全措施
	更换巷道支护时，在拆除原有支护前，未先加固邻近支护
	拆除原有支护后，未及时除掉顶帮活矸和架设永久支护
煤矿机电运输一般隐患	在大于 16°的倾斜井巷中使用带式输送机，未设置防护网，未采取防止物下滑、滚落等安全措施
	列车通过的风门，未设有当列车通过时能够发出在风门两侧都能接收到声光信号的装置或声光信号装置损坏
	使用的蓄电池动力装置，充电未在充电硐室内进行或检修未在车库内进行或测定电压时未在揭开电池盖 10 min 后测试
	运送人员的车辆未采用专用车辆
	人员乘坐人车时，不听从司机及跟车工的指挥，开车前未关闭车门或者未挂上防护链

表6-1（续）

隐患类别	隐患行为表现
煤矿机电运输一般隐患	倾斜井巷内使用串车提升时，在上部平车场接近变坡点处，未安设能够阻止未连挂车辆滑入斜巷的阻车器
	采用无轨胶轮车运输时，未建立无轨胶轮车入井运行和检查制度
	罐笼提升矿车时，罐笼内未安设阻车器
	非专职人员或者非值班电气人员擅自操作电气设备
	不按规定穿戴防护用品操作高压电气设备
	手持式电气设备手柄和接触部分没有良好绝缘
	容易碰到的、裸露的带电体及机械外露的转动和传动部分未加装护罩或者遮栏等安全防护设施
	永久性井下中央变电所和井底车场内的其他机电设备硐室，未采用砌碹或者其他可靠的方式支护或采区变电所未用不燃性材料支护
	移动式和手持式电气设备未使用专用橡套电缆
	立井使用罐笼提升时，井口、井底和中间运输巷的安全门未与罐位和提升信号联锁
	在罐笼同一层内人员和物料混合提升
	钢丝绳牵引带式输送机，上下人员的20 m区段内输送带至巷道顶部的垂距小于1.4 m，行驶区段内小于1.0 m
	采用无轨胶轮车运输时，未建立无轨胶轮车入井运行和检查制度
	运行电机车的闸、灯、警铃（喇叭）、连接装置和撒砂装置，任何一项不正常
	电机车未进行年审或不合格而使用
	运输绞车、回柱绞车和调度绞车运输未安装使用声光信号
	钢丝绳牵引带式输送机，输送带的宽度小于0.8 m，运行速度超过1.8 m/s，绳槽至输送带边的宽度小于60 mm
	机电设备运行的各种记录不填、少填、漏填
	罐笼装车未按规定使用挡车装置
"一通三防"一般事故隐患	贯通巷道，停掘的工作面未保持正常通风，未设置栅栏及警标
	矿井通风系统图未按规定绘制
	矿井未制定主要通风机停止运转的应急预案
	因检修、停电或者其他原因停止主要通风机运转时，未制定停风措施
	压入式局部通风机和启动装置安装在进风巷道中，距掘进巷道回风口小于10 m
	采区变电所及实现采区变电所功能的中央变电所未有独立通风系统

表 6-1（续）

隐患类别	隐患行为表现
"一通三防"一般事故隐患	风筒末端与工作面距离超过作业规程规定
	未经通风部门允许私自在通风设施上穿洞、穿管线、拆除墙体上的管路造成漏风
	采空区密闭墙未设置观测孔、措施孔或者孔口无防漏风装置
	永久风门未实现联锁而又未设专人看管
	未及时清除巷道中的浮煤，未及时清扫、冲洗沉积煤尘或者未定期撒布岩粉
	未严格执行"一炮三检"及"三人连锁"程序化爆破制度
	放炮时撤人距离或躲炮烟时间不够
	突出危险采掘工作面爆破作业时，未按规定执行远距离爆破
	突出煤层掘进工作面使用风镐作业
	井口房和通风机房附近 20 m 内，有烟火或者用火炉取暖
	在井下和井口房，采用可燃性材料搭设临时操作间、休息间
	未建立自救器管理制度和管理人员岗位责任制
	未建立自救器动态管理台账、检修记录、报废记录、班检记录
	永久性密闭墙未定期检查密闭墙外的空气温度、瓦斯浓度，密闭墙内外空气压差以及密闭墙墙体
	井工煤矿炮采工作面未采用湿式钻眼、冲洗煤壁、水炮泥、出煤洒水等综合防尘措施
	井工煤矿采煤工作面回风巷未安设风流净化水幕
	井工煤矿掘进井巷和硐室时，未采取湿式钻眼、冲洗井壁巷帮、水炮泥、爆破喷雾、装岩（煤）洒水和净化风流等综合防尘措施
	井下煤仓（溜煤眼）放煤口、输送机转载点和卸载点，以及地面筛分厂、破碎车间、带式输送机走廊、转载点等地点，未安设喷雾装置或者除尘器
	喷射混凝土时，未采用潮喷或者湿喷工艺，未配备除尘装置对上料口、余气口除尘的
	距离喷浆作业点下风流 100 m 内，未设置风流净化水幕
煤矿地质灾害防治与测量一般事故隐患	地质防治水管理制度、措施内容缺项、不合理
	未按规定填绘、上报有关技术资料和图纸，或填绘、报送时间超过规定要求
	水害威胁采掘工作面水文地质分析报告未经矿总工程师组织审批，或报告内容针对性不强，缺乏可操作性
	无矿井地测防治水业务工作会议记录
	矿井水文观测系统不健全
	对已停用或报废的地质勘探钻孔或水文孔未及时封闭，或虽封孔但未提交封孔报告

表6-1（续）

隐患类别	隐患行为表现
煤矿地质灾害防治与测量一般事故隐患	每年雨季前未对水泵、水管、闸阀、配电设备和线路进行全面检修
	每年雨季前未对全部工作水泵和备用水泵进行1次联合排水试验，提交联合排水试验报告
	探放水地点未加强支护，存在空顶、空帮等不安全因素
	探放水地点或其附近未安设专用电话
	水害威胁工作面无避水灾路线指示标志
	未按规定悬挂地质及水文地质超前探测管理牌板或管理牌板填写内容错误
	擅自挪动物探或钻探允许进尺牌或允许进尺牌未上锁
	在预计水压大于0.1 MPa的地点探放水时未提前固结套管并做耐压试验
	不按规定进行导线测量，延设中心、腰线
	不按规定对测量仪器进行定期校验

四、矿山事故隐患排查治理责任体系和工作制度

（一）法律法规中关于隐患排查治理的相关规定

（1）《安全生产法》规定，生产经营单位应当建立健全并落实生产安全事故隐患排查治理制度，采取技术、管理措施，及时发现并消除事故隐患。事故隐患排查治理情况应当如实记录，并通过职工大会或者职工代表大会、信息公示栏等方式向从业人员通报。其中，重大事故隐患排查治理情况应当及时向负有安全生产监督管理职责的部门和职工大会或者职工代表大会报告。

（2）《安全生产事故隐患排查治理暂行规定》规定，生产经营单位应当建立健全事故隐患排查治理制度。生产经营单位主要负责人对本单位事故隐患排查治理工作全面负责。

根据法律规定，矿山企业是矿山事故隐患排查、治理和防控的责任主体。要建立健全事故隐患自查自治工作机制，将事故隐患排查治理纳入安全生产责任制，健全完善事故隐患排查、治理、奖惩、考核等工作制度，明确本单位负责人和各级、各岗位人员的事故隐患排查治理和防控责任，编制本单位事故隐患排查治理标准清单，对从业人员进行事故隐患排查治理技能教育和培训，对生产经营场所进行定期排查和专项排查，及时发现并消除事故隐患。对排查出的事故隐患，制定措施及时治理，并将治理情况如实记录，向从业人员通报。

按照"党政同责、一岗双责、齐抓共管、失职追责""管行业必须管安全、管业务必须管安全、管生产经营必须管安全"和"谁主管、谁负责"的原则，完善事故隐患排查治理责任体系。矿山主要负责人是事故隐患排查治理第一责任人，对事故隐患排查治理工作全面负责；分管安全工作负责人协助主要负责人履行事故隐患排查治理职责；分管技术

工作负责人对事故隐患排查治理工作负技术管理责任；其他负责人对分管业务范围内的事故隐患排查治理工作负责。生产经营单位业务主管部门对本业务范围内的事故隐患排查治理工作负责；安全监管部门对事故隐患排查治理负监督管理责任，对事故隐患排查治理的过程进行监督考核；区队长、班组长对本工作区域内的事故隐患排查治理工作负责；各岗位从业人员对本岗位的事故隐患排查治理工作负责。

（二）矿山企业关于隐患排查治理的相关规定

矿山企业应建立主要负责人全面负责的事故隐患排查治理体系，明确分管负责人、各科室、区（队）、班组、岗位人员相应职责，建立健全事故隐患排查治理相关制度，成立矿山企业事故隐患排查治理领导小组，由主要负责人担任组长，同时可以成立事故隐患排查治理专业组，按采掘、一通三防、机电运输、地质灾害防治与测量等专业分组，分别组织开展事故隐患排查治理工作，其他负责人担任其职责范围专业组组长。

1. 领导小组的主要职责

（1）负责研讨和制定矿井事故隐患排查治理责任体系和工作制度。

（2）统领矿井事故隐患排查治理各项工作，适时召开事故隐患排查治理体系建设工作会议，分析、研究、部署各项工作。

（3）分战线、分专业组织开展事故隐患排查治理工作。

（4）指导协调各单位开展事故隐患排查治理工作，并进行督查考核等。

2. 矿山主要负责人职责

（1）矿山安全第一责任人，对事故隐患排查治理工作全面负责。

（2）制定并颁布矿井事故隐患排查治理相关制度、文件、工作责任体系。

（3）每月组织分管负责人及相关科室、区（队）对重大安全风险管控措施落实情况、管控效果及覆盖生产各系统、各岗位的事故隐患至少开展1次排查，排查前制定工作方案，明确排查时间、方式、范围、内容和参加人员。

（4）每月组织召开事故隐患治理会议，对事故隐患的治理情况进行通报，分析重大安全风险管控情况、事故隐患产生的原因，编制月度统计分析报告，布置月度安全风险管控重点，提出预防事故隐患的措施。

（5）带班下井过程中跟踪带班区域重大安全风险管控措施落实情况，排查事故隐患，记录重大安全风险管控措施落实情况和事故隐患排查情况。

（6）对重大安全风险管控措施落实及管控效果标准、事故隐患分级标准，以及事故隐患（含措施不落实情况）排查、登记、治理、督办、验收、销号、分析总结、检查考核工作作出规定并落实。

（7）重大事故隐患按照责任、措施、资金、时限、预案"五落实"的原则，组织制定专项治理方案，并组织实施，治理方案按规定及时上报等。

3. 矿山分管负责人职责

（1）协助矿长制定、落实执行事故隐患排查治理管理制度。协助矿长开展全矿事故隐患排查治理工作，在各自分管范围内开展事故隐患排查治理工作。

（2）对全矿事故隐患排查治理负监督与检查职责，负责监督检查各级安全生产管理人员岗位责任制和业务保安责任制履行情况。

（3）督促业务科室负责人、分管负责人、技术人员、生产组织（区队）单位主要负责人对覆盖分管范围的重大安全风险管控措施落实情况、管控效果和各岗位开展隐患排查。

（4）督促各科室部门负责人召开月度隐患排查和治理分析会，分析重大安全风险管控情况、事故隐患产生的原因，编制月度统计分析报告，布置月度安全风险管控重点，提出预防事故隐患的措施。

（5）带班下井过程中跟踪带班区域重大安全风险管控措施落实情况，排查事故隐患，记录重大安全风险管控措施落实情况和事故隐患排查情况。

（6）对矿井事故隐患排查治理工作负监察责任，负责监督、协调检查各级事故隐患排查治理工作等。

4. 业务科室职责

（1）负责本专业分管范围内的隐患排查治理工作，及时参加矿井月度隐患大排查和治理分析会议，对覆盖分管范围的重大安全风险管控措施落实情况、管控效果和开掘、"一通三防"、机电运输、顶板管理等方面事故隐患组织排查并召开治理分析会议。

（2）负责编制事故隐患排查治理安全技术措施，制定具体整改方案。

（3）现场指导隐患治理安全技术措施及整改方案的实施等。

5. 区（队）、班组及岗位人员职责

（1）区队职责。每天组织本队管理人员对本单位区域内的重大安全风险管控措施落实情况、管控效果和事故隐患进行排查一次，对排查出的事故隐患，按事故隐患分级采取有针对性措施进行整改，及时向有关领导和部门汇报事故隐患排查治理工作情况，并登记建档，做好跟踪落实工作，汇总后上报安全部门存档。

（2）班组职责。负责本班组区域内的重大安全风险管控措施落实情况、管控效果和隐患排查治理，到作业场所后首先排查事故隐患，确认无事故隐患后方可作业。在作业中经常排查事故隐患，现场遇有危及人身安全的隐患，立即向本队和矿安全生产调度室汇报，先撤出作业人员，等隐患处理后再作业，本班组的隐患治理工作及时向区（队）汇报。

（3）岗位人员职责。负责本岗位的重大安全风险管控措施落实情况、管控效果和事故隐患排查。在作业过程中对作业环境、设备、设施、劳动防护等随时进行事故隐患排查，并及时消除整改。各岗位人员每班必须填写隐患排查记录，经整理汇总后上报班组存档。

第七章　地面火灾处理技术

近年来，地面火灾事故频繁发生，给人民生命财产安全造成严重威胁。本章着重分析地面及建筑物火灾特点和演变规律，介绍常用灭火器材及其使用方法，阐述地面火灾扑灭技术，为及时、有效地处置地面火灾事故提供了参考，最大限度地保护人民生命财产安全。

第一节　地面及建筑物火灾的特点和演变规律

一、地面及建筑物火灾的特点

（一）火势蔓延快

地面及建筑物附近往往会有电动车、旧纸箱、旧衣服等可燃物品，建筑物内部也有许多易燃装修材料，因此，一旦着火，火势蔓延很快。

（二）疏散困难

有些人消防意识不强，发现火情不知所措，没有第一时间报告并组织逃生，加上老弱病残人员行动不便，一旦烟雾弥漫，能见度低，疏散更加困难。

（三）灭火困难

有的单位或老旧居民区疏于管理，消防通道常被车辆或杂物占据，导致消防车辆通行困难，难以在最短时间内到达灭火有利位置扑灭初期火灾，丧失最佳战机。高层建筑高达几十米，甚至几百米，随着建筑高度的增加，在起火前室内外温差所形成的热风压大，在起火后由于温度变化引起烟气运动的火风压大，因而发生火灾时烟气蔓延、扩散迅速、蔓延途径多，易形成立体火灾。

二、地面及建筑物火灾的演变规律

（一）地面及建筑物火灾的发展阶段

根据室内火灾温度随时间的变化特点，将地面及建筑物火灾的发展分为初起、成长、猛烈、衰减 4 个阶段。

1. 火灾初起阶段

建筑物发生火灾后，最初阶段只是起火部位及其周围可燃物着火燃烧。

火灾初起阶段的特点是：

（1）燃烧范围不大，仅限于点火源附近，室内温差大，只在燃烧区域及其附近存在高温，室内平均气温不高。

（2）火灾发展速度较慢，火势不够稳定。

（3）火灾发展时间受火源、可燃物性质、分布、通风条件影响，长短差别较大，一般为 5~20 min。

从火灾初起阶段的特点可见，火灾初起阶段燃烧面积小，用少量的灭火剂就可以把火扑灭，该阶段是灭火最有利的时机，因此应争取及早发现，把火灾及时控制消灭在起火点。为此，在建筑物内设置火灾自动报警系统和自动灭火系统，配备适当数量的灭火器是很有必要的。

火灾初起阶段是人员疏散的有利时机。火灾初起阶段时间持续越长，就有更多的机会发现火灾和灭火，更有利于人员安全撤离。发生火灾时人员若在这一阶段不能疏散出房间，就很危险了。

2. 火灾成长阶段

建筑物火灾初起阶段后期，火灾燃烧面积迅速扩大，室内温度不断升高，热对流和热辐射显著增强。当发生火灾的房间内温度达到一定值时，聚积在房间内的可燃物分解产生的可燃气体突然起火，整个房间充满了火焰，房间内所有可燃物表面全部都卷入火灾之中，燃烧很猛烈，温度升高很快。

火灾成长阶段的特点是：

（1）火灾规模迅速扩大、高温。

（2）释放出可燃气体。

（3）全面起火、轰燃。在限定空间内，可燃物的表面全部卷入燃烧的瞬变状态称为轰燃。发生轰燃的临界条件主要有两种：一种是以到达地面的热通量达到一定值为条件，认为要使室内发生轰燃，地面可燃物接收到的热通量应不小于 $20~kW/m^2$；另一种是以顶棚下的烟气温度接近 600 ℃ 为临界条件。试验表明，在普通房间内，如果燃烧速率达不到 40 g/s 是不会发生轰燃的。如果物品的燃烧速率足够高，一件物品也能发生轰燃。

火场实践表明，当室内天棚及门窗充满高热浓烟，或者烟从窗口上部喷出，并呈翻滚现象，这是室内有可能发生轰燃的预警信号；如果烟只停留在天棚顶部，一般无轰燃危险，但当烟向下降并出现滚动现象时，轰燃即将发生。

总之，轰燃是室内火灾最显著的特征之一，具有突发性。它的出现，标志着火灾从成长期进入猛烈燃烧阶段，即火灾发展到不可控制的程度，增大了周边建筑物着火的可能性，若在轰燃之前，火场被困人员仍未从室内逃出，将会有生命危险。

3. 火灾猛烈阶段

轰燃发生后，室内所有可燃物都在猛烈燃烧，放热量加大，因而房间内温度升高很快，并出现持续性高温，最高温度可达 1100 ℃ 左右。火焰、高温烟气从房间的开口大量喷出，把火灾蔓延到建筑物的其他部分。

这个时期是火灾最盛期，破坏力极强，门窗玻璃破碎，建筑物的可燃构件均被烧着，建筑结构可能被毁坏，或者导致建筑物局部或整体倒塌破坏。这个阶段的延续时间与起火原因无关，主要决定于室内可燃物的性质和数量、通风条件等。

为了减少火灾损失，针对最盛期温度高、时间长的特点，在建筑防火中应采取以下主要措施：

(1) 在建筑物内设置具有一定耐火性能的防火分隔物，把火灾控制在一定的范围内，防止火灾大面积蔓延。

(2) 适当地选用耐火时间较长的建筑结构，使其在猛烈的火焰作用下，保持应有的强度和稳定性，确保建筑物发生火灾时不倒塌破坏，为人员疏散、救援人员扑救火灾及灾后恢复、重建创造条件。

4. 火灾衰减阶段

经过猛烈燃烧之后，室内可燃物大都被烧尽，火灾燃烧速度递减，温度逐渐下降，燃烧向着自行熄灭的方向发展。一般把室内平均温度降到温度最高值的80%，作为猛烈燃烧阶段与衰减阶段的分界值。

该阶段燃烧虽然停止，但火场的余热还能维持一段时间的高温，为200~300℃。火灾衰减阶段温度下降速度比较慢，当可燃物基本烧光之后，火势即趋于熄灭。

火灾衰减阶段的特点是：

(1) 可燃物减少。

(2) 燃烧速度减慢。

(3) 温度下降。

针对该阶段的特点，应防止建筑构件因较长时间受高温作用和灭火射水的冷却作用而出现裂缝、下沉、倾斜或者倒塌破坏，确保消防人员的人身安全。

由此可见，火灾在初起阶段容易控制和扑灭，如果发展到猛烈阶段，不仅需要动用大量的人力和物力进行扑救，而且可能造成严重的人员伤亡和财产损失。

(二) 地面及建筑物内火灾蔓延的主要方式

火灾蔓延的方式有3种：热辐射、热对流和热传导。地面及建筑物内火灾蔓延的主要方式是热对流，即高温烟气的蔓延就是火势的蔓延。

建筑物内火灾蔓延途径：内墙门，外墙窗口，楼板上的孔洞、建筑物内的各种管道竖井，房间隔墙，穿越楼板、墙壁的管线和缝隙。

建筑物内火灾蔓延模式：水平蔓延和垂直蔓延。

邻近建筑物间火灾的蔓延形式：热对流、热辐射和飞火。

第二节 灭 火 器 材

一、灭火器材的种类及用途

灭火器材主要包括灭火器具、消火栓系统和破拆工具等三大类。

(一) 灭火器具

灭火器具主要包括灭火器、灭火毯和灭火器挂具及其他灭火器具。

1. 灭火器

灭火器又称灭火筒，灭火器内放置灭火剂，是一种可携式灭火工具。灭火器是常见的防火设施之一，存放在公共场所或可能发生火灾的地方。不同种类的灭火器内装填的灭火剂成分不一样，专为不同的火灾而设置，使用时必须注意，以免产生相反效果及发生危险。

灭火器按充装的灭火剂分类，可分为水基型灭火器、干粉型灭火器（ABC灭火器）、二氧化碳灭火器和洁净气体灭火器等4类。常用的是干粉型灭火器和水基型灭火器。水基型灭火器又分为水型灭火器和泡沫灭火器。

2. 灭火毯

灭火毯也称防火毯、消防毯、阻燃毯、消防被、灭火被和逃生毯等，其灭火的主要原理是隔绝空气，具有小巧轻便、可多次使用、无失效期等优点。灭火毯不仅可以覆盖在着火物品上进行紧急灭火，而且可以在发生火灾时披在身上逃生。

3. 高倍数泡沫灭火机

高倍数泡沫灭火机（以下简称发泡机），是用高倍数起泡药剂和压力水混合后，经旋叶式喷嘴，均匀地喷涂在发泡网上，借助风机风流吹动，使气液两相物质的体积数百数千倍地膨胀，形成机械空气泡沫连续不断地发射，将有限空间（如仓库、油罐等）充满，从而将火扑灭。

发泡机在灭火时，能迅速以全淹没或覆盖的方式充满防护空间灭火并不受防护面积和容积大小的限制，可用以扑救A类火灾和B类火灾。高倍数泡沫绝热性能好、无毒、可排除有毒气体、形成防火隔离层，并对在火场灭火人员无害。

按发泡机的特性尺寸及发泡量不同，可分为大、中、小型发泡机。

4. 气体灭火装置

气体灭火装置是通过化学反应或者燃油燃烧产生无氧气体（如CO_2、N_2等）作为灭火介质，并使这些气体在整个防护区内或者保护对象周围的局部区域达到灭火浓度实现灭火。气体灭火装置适用于有限空间（如仓库、资料室、车库等）的火灾扑救。

使用气体灭火装置灭火的优点是：

（1）灭火效率高。达到灭火浓度的气体灭火剂将充满整个房间，对房间内各处的立体火均有很好的灭火作用。

（2）对火的抑制速度快，可以快速将火灾控制在初期。实验证明，气体灭火装置长则几分钟、短则几秒钟就可以将火扑灭，极大地避免了恶性火灾事故的发生。

（3）使用范围广。气体灭火装置可以有效地扑灭固体火灾、液体火灾、气体火灾，还可以扑救电气设备火灾，因此，具有较宽的灭火范围。

（4）对被保护物不造成二次污损。灭火后灭火剂很快挥发，对保护对象无损害。实验证明，气体灭火在灭火的同时或者火灾扑灭以后，棉毛、织物、纸张可正常使用，精密仪器、计算机和其他电气设备可继续运行，对储存的信息无影响。

气体灭火装置不适用于人员密集场所、氧化剂或者含氧的化学制品、能与CO_2发生反应等火灾的扑救。气体灭火装置不能扑灭固体物质的深位火灾。

5. 灭火器挂具

灭火器挂具是用以悬挂、固定或支承灭火器等灭火器材的挂钩、固定架或支架等。

（二）消火栓系统

消火栓系统包括室内（建筑物内部）消火栓系统和室外（建筑物外部）消火栓系统。

1. 室内消火栓系统

室内消火栓系统是一种安装在室内的固定消防连接设备，主要包括消火栓箱、水带、水枪。

遇有火警时，根据箱门的开启方式，按下门上的弹簧锁，销子自动退出，拉开箱门（或直接打碎箱门玻璃）后，取下水枪拉转水带盘，拉出水带，同时把水带接口与消火栓接口连接上，按下箱体内的消火栓报警按钮，把室内消火栓手轮顺开启方向旋开，即能进行喷水灭火。

2. 室外消火栓系统

室外消火栓系统是一种安装在室外的固定消防连接设备，主要包括室外地上式消火栓、室外地下式消火栓和室外直埋伸缩式消火栓。

室外地上式消火栓在地上接水，操作方便，但易被碰撞、易受冻；室外地下式消火栓防冻效果好，但需要建较大的地下井室，且使用时操作不便。室外直埋伸缩式消火栓平时压回地面以下，使用时拉出地面工作。其比地上式消火栓能避免碰撞，防冻效果好；比地下式消火栓操作方便，直埋安装更简单。

室外消火栓系统在大型石化消防设施中广泛应用，由于地区的安装条件、使用场地不同，石化消防水系统已多数采用稳高压水系统，消火栓也由普通型逐渐转化为可调压型消火栓。

（三）破拆工具

破拆工具包括消防斧、切割工具等。

二、灭火器材管理

（1）定点摆放，不能随意挪动。

（2）定人管理，做到消防器材管理责任到人，经常检查消防器材，发现丢失、损坏应立即上报领导及时补充。

（3）定期对灭火器进行普查更换灭火剂，定期巡查消防器材，保证它们处于完好状态。

三、常用灭火器的使用方法

（一）干粉灭火器

干粉灭火器是用二氧化碳气体作动力喷射干粉的灭火器材。手提式干粉灭火器有 1 kg、2 kg、3 kg、4 kg、5 kg、8 kg，手提式干粉灭火器只能喷 10~20 s，所以只能灭小火，一般在火灾初发期使用。一般商店和公共场所等都要配备。

干粉灭火器使用方法如下：

（1）手提灭火器把，在距离起火点 3~5 m 处，将灭火器放下，在室外使用时注意占据上风方向。

（2）使用前先将灭火器上下颠倒几次，使筒内干粉松动。

（3）拔下保险销，一只手握住喷嘴，使其对准火焰根部；另一只手用力按下压把，干粉便会从喷嘴喷射出来。

（4）要左右喷射，不能上下喷射，灭火过程中应保持灭火器直立状态，不能横卧或颠倒使用。

(二) 泡沫灭火器

泡沫灭火器的灭火原理是灭火时能喷射出大量二氧化碳及泡沫，它们能黏附在可燃物上，使可燃物与空气隔绝，达到灭火的目的。泡沫灭火器适用于扑救一般B类（液体）火灾，如油制品、油脂火灾等，也可适用于A类（固体）火灾，但不能扑救B类火灾中的水溶性可燃、易燃液体的火灾，如醇、酯、醚、酮等物质火灾，也不能扑救带电设备及C类（气体）和D类（金属）火灾。

泡沫灭火器使用方法如下：

（1）右手拖着压把，左手托着灭火器底部，轻轻取下灭火器。

（2）手提灭火器到现场。

（3）右手捂住喷嘴，左手执筒底边缘。

（4）把灭火器颠倒过来呈垂直状态，用力上下晃动几下，然后放开喷嘴。

（5）右手抓筒耳，左手抓筒底边缘，把喷嘴朝向燃烧区，站在离火源约8 m的地方喷射，并不断前进，围着火焰喷射直至把火扑灭。

（6）灭火后，把灭火器卧放在地上，喷嘴朝下。

四、灭火器有效性检查

（1）检查灭火器铅封是否完好。

（2）检查灭火器的压力表指针是否有效，指在绿色区域为有效、可用；指在红色区域为失效，需要更换或重装灭火剂。

（3）检查灭火器喷嘴的完好程度，若有破损，及时更换。

（4）检查灭火器的软管是否完好，若有问题，及时更换。

（5）检查灭火器是否在有效期内，若即将到期，及时更换。

第三节 地面火灾扑灭技术

一、地面火灾现场扑救注意事项

（1）扑救火灾时要首先确保自身安全，穿戴好消防装备。扑救火灾过程中要注意保持沉着冷静，严格按照扑救程序进行扑救。

（2）灭火器材和设备的使用必须符合消防技术要求，能够有效阻止火势蔓延，减少火灾损失。

（3）局部轻微着火，不危及人员安全时，应充分利用就近的消防器材直接灭火。

（4）局部着火可以扑灭但有蔓延扩大可能时，在不危及人员安全的情况下，立即通知周围人员灭火，并向上级汇报。

（5）用水灭火时必须有足够的水量，人要站在上风方向作业，水射流由火源的边缘逐渐推向中心，以免产生过量的水蒸气伤人。用水扑救高处火灾时应注意安全，使用消防水管等器材将火势扑灭，不得轻易往下泼水。不宜用水扑灭油料火灾。

（6）电气设备发生火灾时，先切断火区的电源，防止在处理火灾的过程中救援人员触电。在电器火灾电源无法切断或者无法确认电源是否断开的情况下，一律按带电扑救处置，扑救人员必须使用干粉灭火器、消防砂等不导电的灭火器材进行灭火，严禁用水灭火。

二、善后工作

（1）火灾扑灭后，要派人监护现场，消灭余火，发现危险情况及时上报。

（2）起火单位应当保护现场，做好火场封存、遗留证据保护工作，配合有关部门展开火灾调查工作，接受事故调查。协助有关部门查明火灾原因，核定火灾损失，查明火灾责任，未经应急救援指挥部的同意，不得擅自清理火灾现场。

（3）要对灭火器材和设备进行归还、更换和修复，确保其状态良好，使用有效。对于因火灾造成的场地、设备、车辆和物品的损坏等，要及时进行清理和修复，杜绝二次灾害发生。

（4）对于地面火灾扑救工作，应定期进行督促检查和评估，逐步完善管理机制，并及时整改存在的问题。

第八章 自我防护技术

矿山救援队是处理矿井火、瓦斯、煤尘、水、顶板等灾害事故的专业队伍,实行标准化、准军事化管理和24 h战备值班备勤,是一支职业性、技术性较强的特殊队伍。矿山救援队在煤矿抢险救灾、预防检查消除事故隐患、协助煤炭企业搞好员工救援知识教育培训等方面发挥了重要作用,为煤炭工业的安全发展作出了特殊贡献。但是在抢险及其他作业过程中,因违章指挥、违章作业或者技术与装备等方面出现问题导致的矿山救援队应急救援人员自身伤亡,不仅会扩大事故,延误和影响灾害事故的处理,而且会造成极坏的社会影响。因此分析和总结矿山救援队自身伤亡的教训,采取积极预防措施有效避免救援队员自身伤亡意义重大。

第一节 矿山救援队自身伤亡原因及影响因素分析

据不完全统计,在矿山事故抢险救灾过程中,瓦斯煤尘爆炸事故救援、煤与瓦斯突出事故救援、火灾事故救援、启封火区及启封密闭排放瓦斯恢复通风的工作中,自身伤亡事故的发生概率较高。

救援队自身伤亡事故的特点主要体现在:
(1) 救援人员自身伤亡地点大都在窒息区内(有毒有害气体超限的灾区)。
(2) 救援人员自身伤亡突发性、偶然性不可预见。
(3) 救援人员在处理灾害事故时违章指挥、违章作业造成自身伤亡事故。
(4) 救援人员工作中疏忽大意、存在侥幸心理,造成自身伤亡事故。
(5) 在灾区工作时,对灾区周围环境不了解、装备不完好、措施落实不到位、气体检测不及时,贸然行动造成自身伤亡事故。

通过分析救援队自身伤亡事故案例可知,造成矿山救援队自身伤亡的原因主要有以下4种影响因素,即身体健康因素、装备仪器因素、违章因素和救援队本身不可抗拒的突发因素。

一、身体健康因素造成的自身伤亡

人的身体素质是指人体在活动中所表现出来的力量、速度、耐力、灵敏、柔韧等机能。身体素质是一个人体质强弱的外在表现,它的好坏直接反映了人们在日常生活中承受能力的强弱。作为一名矿山救援指挥员,身体素质的强弱直接影响着抢险救灾工作的开展,影响着救灾决策和救灾任务完成的速度和质量。

二、装备仪器因素造成的自身伤亡

应急救援装备是应急救援人员的作战武器。要提高应急救援能力,保障应急救援工作的高效开展，迅速化解险情，控制事故，就必须为应急救援人员配备专业化的应急救援装备。装备配备水平是应急救援能力的根本基础与重要标志。

矿山救援装备是应急救援人员处理各类矿井灾害事故的专业武器和生命安全保障。矿山救援装备主要包括正压氧气呼吸器、检测类仪器、探测类仪器和惰性气体发生装置等。正压氧气呼吸器作为应急救援人员在灾区抢险救灾工作必备的个人防护装备，是确保应急救援人员生命安全的第一要素，由于日常维护保养和管理不到位，造成呼吸器系统故障，如仪器跑（漏）气、呼吸软管损坏、部件老化、氢氧化钙药剂过期失效、氧气瓶压力不足等都是造成自身伤亡的原因。

三、违章因素造成的自身伤亡

违章因素造成的自身伤亡主要包括：违章指挥、违章作业和管理不到位。

1. 违章指挥

【案例】2013年吉林八宝煤业发生瓦斯爆炸事故，从3月28日16时至3月29日19时30分的27.5 h内，八宝煤矿井下-416采区附近采空区相继发生3次瓦斯爆炸。在连续发生爆炸的情况下，该矿不仅没有立即撤出井下全部作业人员，而且在3月29日21时左右强令施工人员再次返回实施密闭施工作业，导致21时56分发生第4次瓦斯爆炸，造成36人死亡。当时井下共有367人作业，即-416采区发生3次瓦斯爆炸后，进行封闭火区作业时，其余4个采区并没有撤出作业人员。

2. 违章作业和管理不到位

【案例】2019年10月22日14时20分左右，陕西省彬长大佛寺矿业有限公司发生较大瓦斯窒息事故，造成陕煤彬长矿业公司救援中心4名救援队员死亡、1人受伤，直接经济损失948.7万元。

自身伤亡经过：

10月21日0点班，矿井用抽采管直径108 mm，伸入密闭墙内2 m，对闭墙内瓦斯进行抽放。抽放前，闭墙内瓦斯浓度为70%~75%，CO浓度为0%，抽放8 h后，闭墙内瓦斯浓度0.14%，一氧化碳浓度0%，氧气浓度20%。

10月21日8时45分，该矿组织人员开始启封高抽巷外墙，22日0点班高抽巷外墙及黄土清理完毕。

在这期间，12名救护队员携带10台Biopak240R正压氧气呼吸器，在大佛寺煤矿矿灯房领取12台自救器入井，在墙外待命。

10月22日9时20分左右，救援中心开始启封高抽巷闭最后一道墙，13时40分左右密闭墙打开2.7 m²。

13时45分，救援中心开始执行高抽巷探查任务，由小队长陈某带领王某豪和李某乐各佩用1台正压氧气呼吸器，携带光学瓦斯检测仪及CO检测仪进入巷道，行至约200 m处王某豪测得瓦斯浓度80%，500 m处瓦斯浓度85%，800 m处瓦斯浓度90%，CO浓度为0%。行至履带式扒装机二运机头前3 m处（里程809 m）三人观察巷道情况后，转身返回时，陈某说："我的呼吸仪器不太正常，帮我检查一下"，随后，李某乐检查了他的呼吸器，发现吸气软管根部破裂，随即李某乐帮陈某捏着吸气软管，三人跑步回撤。跑至

第40节风筒处（里程400 m处），陈某晕倒，李某乐出去求救，王某豪留下看守陈某。

李某乐跑出闭墙后，急呼："陈某呼吸器软管断了，人已经倒了，赶紧进去救人"。随后，王某军带着李某、小张某、苏某、段某军、钟某6人佩用正压呼吸器并携带大张某的呼吸器进入救人。6人到现场后，发现王某豪、陈某仰卧倒地，氧气呼吸器面罩均已脱落，两人紧挨着。6人开始施救，王某军给王某豪佩用自救器，李某和小张某给陈某佩用备用呼吸器（指大张某的仪器）。随后王某军让小张某先出去求助，让苏某看护陈某，其余四人搬运王某豪。

在撤退20 m左右时，李某发现王某军晕倒，面罩已脱落，又开始给王某军佩戴自救器。不一会，钟某说："自己胸口发闷"，随后撤出，剩下李某、段某军、苏某三人继续抢救王某军。此时，李某说："自己没氧气了"，让苏某和段某军继续抢救，自己出去求助。

李某乐经带队的救援中心副主任臧某喜同意，佩用小张某的呼吸器并携带七八台压缩氧自救器二次进入救人。途中碰到李某，得知王某军也倒了，继续行进约380 m处时，李某乐发现王某军、王某豪、陈某三人倒在地上，苏某、段某军正给王某军戴自救器。苏某见到李某乐后说："我的氧气压力不足了，得先出去"，之后苏某便出去。

李某乐和段某军继续给王某军戴自救器，此时，苏某又折返回来说："自己的呼吸器没有氧气了需要更换自救器"。段某军帮苏某戴好自救器后搀扶着苏某向外撤，途中遇见焦某军佩用并携带一台自救器向里进，简单沟通后两人继续外撤，到密闭口时苏某已陷入昏迷。

此时巷道内只剩李某乐一人对王某军进行施救，直到呼吸器压力报警，随即撤出。

之后救援中心备班队前来救援，将倒在巷口里约30 m处的焦某军救出。随后将王某军、王某豪、陈某从380 m处救出。

事故直接原因：救援队员在高浓度瓦斯巷道探察作业过程中，一名队员呼吸器吸气软管被裸露的锚杆头刮破，造成氧气快速外泄，救援队员吸入高浓度瓦斯气体，导致窒息事故发生，其他队员后续救援不当，造成事故扩大。

事故间接原因：

（1）彬长救援中心、大佛寺煤矿对启封41211－1#高抽巷风险分析研判不足，对启封后探查工作不重视，思想麻痹大意。①救援中心未严格按照大佛寺煤矿《41211－1#高抽巷启封方案和瓦斯排放安全技术措施》的要求编制探查方案和安全技术措施，编制的《大佛寺煤矿41211－1#高抽巷启封及排放瓦斯安全行动计划》不完善，探查人数、携带装备、应急措施等内容缺失。②启封期间大佛寺煤矿、救援中心总指挥和副总指挥均未全程在岗指挥。

（2）彬长救援中心管理混乱。①救援装备日常维护保养不到位。苏某所用呼吸器吸气软管根部破损后，未及时更换。李某所用呼吸器舱盖卡扣损坏后未更换。段某军所用呼吸器呼气和吸气软管装反。②技术管理流程没有落实。参加10月19日大佛寺煤矿41211－1#高抽巷启封专题会的人员，未及时将《41211－1#高抽巷启封方案和瓦斯排放安全技术措施》送达救援中心主任、总工程师等相关人员，直至事故发生后救援中心主任询问，才将该方案和措施给中心主任。③规程贯彻流于形式。救援中心对自己制定的《大佛寺煤矿41211-1#高抽巷启封及排放瓦斯安全行动计划》未认真组织学习贯彻，总指挥、井下基地现场实际总指挥和部分救护队员未学习。④未开展战前检查工作。入井前未进行战前检查，入井指战员携带装备不足，12名指战员仅携带10台正压呼吸器，无备用呼吸器、自救器（临时使用大佛寺煤矿压缩氧自救器）、灾区电话、备用氧气瓶（2个）、苏生器、担架、更换的部件等装备。⑤现场指挥严重违规。未按照救护规程要求设井下待机小队；仅安排3名救护队员进入41211-1#高抽巷侦查，事故发生后，1名救护队员未佩戴呼吸器（只佩戴压缩氧自救器）单独进入危险区域。

（3）安全技术审批把关不严。①救援中心参加了大佛寺煤矿41211-1#高抽巷启封专题会议，但未共同审签《41211-1#高抽巷启封方案和瓦斯排放安全技术措施》。②救援中心未按《矿山救护规程》规定，与大佛寺煤矿有关部门共同研究制定《大佛寺煤矿41211-1#高抽巷启封及排放瓦斯安全行动计划》，救援中心安全行动计划审签流于形式、把关不严。

（4）彬长救援中心安全培训不到位。救护队员对《矿山救护规程》及煤矿相关法规掌握不清，安全意识淡薄，安全技术素质差。参与救援的王某军、陈某、李某等的《应急救援培训证书》已过期。

（5）彬长矿业集团对救援中心监督检查和安全管理不力。未能及时发现救援中心存在的管理混乱等问题，未能及时配齐救援中心指战员，特别是工程技术人员和指挥人员；事故发生时，未配备安全技术科、救援装备科工作人员，同时缺编1名副总工程师，3名技术管理人员，2名中队长，4名副中队长。集团领导对彬长救援中心管理人员思想滑坡、精神松懈，战斗力不强失察。

四、救援队本身不可抗拒的突发因素造成的自身伤亡

突发性、不确定性的其他因素对救援队构成严重的威胁，是当前科技条件下救援队本身难以预料和不可抗拒的。如在处理矿山事故过程中发生的瓦斯二次爆炸、连续性爆炸、冲击地压等。随着科学技术的进步与发展，先进的预警监测设备的出现和监测技术的运用，此类问题可以逐渐加以解决，更好地保护应急救援人员的生命安全。

第二节　违章指挥及预防措施

一、违章指挥的概念

违章指挥是指安排或者指挥应急救援人员违反国家有关安全的法律、法规、规章、制度或者企业安全管理制度及工种岗位安全技术操作规程进行作业的行为。违章指挥是"三违"中危害最大的行为。造成的影响和损害程度也较为严重，且违章指挥具有一定的隐蔽性和不可抗拒性。一般来说，违章指挥者大多是管理人员，也有操作工。违章指挥的危害主要有：

（1）可能引发事故，给救援队员和违章指挥者造成人身伤害。

（2）即便没有引发事故，也会在队伍中造成恶劣影响，不仅会造成救援队员对指挥

员的反感，影响指挥员的威信，也会对救援队员今后的违章行为形成一种反面例子。

二、发生违章作业和违章指挥的根源

（1）对违章作业和违章指挥的严重危害性认识不够。

（2）不能正确处理好安全与效益、安全与任务的关系。在安全与效益、安全与任务发生矛盾冲突时，有些人往往考虑自身和小团体的利益多一些，心存侥幸心理，冒险违章指挥和违章作业。

（3）在导向上存在重效益轻违章、重任务轻安全的现象。

（4）安全管理责任制、安全技术措施不落实，管理松懈。有些指挥员不能严格要求自己，重生产工作任务的完成，轻安全规章的执行，工作中存在带头违章作业和违章指挥的行为。

（5）日常管理检查不到位，造成仪器、装备不完好，维护保养不到位，值班备勤人员不到位或人数不足。

（6）法律法规意识淡薄，以自我为中心，为完成救援任务不顾灾区现场实际和上级指令，冒险蛮干，最终造成自身伤亡事故。

三、预防措施

（1）建立一个快速的、强有力的、专业力量强的救灾指挥部是救援队成功处理矿井灾害事故的关键，也是有效避免救援人员自身伤亡的重要前提和保证。为了避免和消除救援期间指挥程序的混乱和随意性，指挥部的救援命令下达对象必须是现场参战救援队的大队领导，实行垂直管理，一级对一级负责，传达指挥部的指令，接收下级的救援进度报告并及时反馈给矿井救灾指挥部。

（2）大队领导要根据救援队自身真实的综合实战能力和现场灾害事故的实际情况，合理建立井下基地，制定灾区探察、气体检测、现场处置等方面的安全技术措施和具体救援行动计划，确保依法、依规、安全、科学、有效、快速地完成矿山灾害事故救援的工作任务。

（3）应急救援要讲究科学，不能蛮干，更不能有令不行、有禁不止。煤矿是高危行业，必须依靠技术、敬畏技术，对违背技术问题的决策要敢于说"不"。

（4）要尊重科学，提升队伍专业技术水平和操作技能：

① 矿山救援队从事抢险救援工作必须严格遵守国家相关法律规定等，定期对全体应急救援人员开展系统性的救援理论、救援技术、救援技能、案例分析研讨等方面理论技能的培训学习，将常态化的演习训练、救援仪器操作纳入培训学习的重点内容。

② 应急救援人员要持证上岗，按照规定接受年度培训学习，不断进行知识储备和更新，掌握前沿新技术、新装备、新战法，为实战奠定坚实的理论基础。

③ 矿山救援队要大力开展实战化训练，实现以练促战，在基本功训练上要从难、从严、从实战出发，遵循由浅至深、逐步提高、精益求精的训练原则。

（5）全面提升指挥员的综合素质。要想成为一名出色的指挥员，必须要在长期事故救援实践中淬火强能。各级指挥员要深入演习训练一线，在重大任务、艰苦环境、复杂事故中锻炼提升自己。要分析研究新战法、新装备、新技术在演习训练中的效能发挥,提高自身在突发特定情况下处置各种问题的能力、应急应变能力、快速反应能力、临场处置能力,使实践历练真正起到培养良好指挥能力素养的作用。

(6) 加强军事化管理,强化指挥员责任担当,不断提高业务能力素养。矿山救援队是准军事化队伍,各级指挥员要能够依托指挥事故一线灾区探察提供的信息精准分析、科学谋划、快速决断;对新技术、新战法、新装备,能够知晓其新在何处、强在哪里,扬长避短发挥出最佳效能,与其他救援力量协同配合联合救援,确保做到"召之即来、来之能战、战之必胜"和"首战用我。用我必胜"。

第三节 违章作业及预防措施

一、违章作业的概念

违章作业是指不按照法律法规、规章制度,以及作业规程和救援人员安全技术操作规程规定的操作顺序和方法所进行的作业。违章作业具有以下特点:

(1) 违章是个别指挥员的习惯动作,具有顽固性、多发性,个别指挥员不重视技术业务和安全知识的学习,盲目地凭着经验和习惯做法开展日常安全技术工作、事故救援等。

(2) 违章作业行为是个别指挥员潜在的陋习,对个别文化和技术素质较低的违章者很容易缺乏警惕。

(3) 指挥员的违章行为常常传习到新队员身上,并难以纠正。

(4) 启封密闭排放瓦斯工作时,不佩机、出动人数少于6人、不设待机小队,装备携带不齐全,不坚持分断排放措施,心存侥幸,导致违章作业。

(5) 救援队仪器装备维护保养制度、装备检查制度落实不到位,导致仪器装备不完好,"带病"作业,影响救援任务的完成和救援人员的安全。

(6) 不遵守值班备勤制度,不落实监护措施,出现安全问题。

(7) 在事故抢险救援中,只为完成救援任务而不落实救援行动计划和安全措施,耍大胆,逞个人英雄主义,造成救援失败。

二、违章作业的原因分析

(1) 安全意识淡薄,自我保护、自我防护意识差。

(2) 麻痹侥幸心理。个别救援队指挥员认为偶尔违章不会产生什么后果,或者认为别人也这样做就没有出事,因此,无视有关的安全技术操作规程,麻痹大意,无视警告,不按操作规程办事。

(3) 平时不注重技术业务专业知识和新技术、新装备的学习运用。有的救援队指挥员工作中漫不经心,我行我素,将岗位安全责任制、岗位操作规程、专业技术扔在脑后,把领导的忠告和同事的提醒当作耳旁风,一意孤行。

(4) 懒惰蛮干,贪图方便。有的救援队指挥员工作时不愿多出力,要小聪明,总想走捷径，操作时投机取巧，图一时方便，结果造成违章操作。

（5）安全监督不够。对一些习惯性违章现象熟视无睹，放松管理，对一些严重违章现象存在漏查或查处力度不够的情况。特别是在工作任务重、时间紧的情况下，一味强调按时完成工作任务，从而使部分救援队员滋生了忽视安全的习惯和心态。

（6）个别指挥员未按规定做好仪器装备维护保养，未落实定期检查制度，导致仪器装备不完好、不合格。

（7）个别指挥员未落实安全技术措施，未按规定确保出动人数、执行待机制度，抢险救灾安全技术措施未严格执行、违反规程的有关规定等。

（8）救灾中对上级管理人员或者指挥员的错误决策未果断拒绝，导致次生事故的发生。

三、预防措施

（1）建立完善的安全管理制度和可操作性强的安全技术操作规程，并严格要求全体应急救援人员共同遵守和执行。同时建立安全工作奖惩机制，确保应急救援人员岗位安全责任制职责明确，实现责、权、利的统一，激发应急救援人员遵章守纪、刻苦训练、敢打胜仗、用我必胜的积极性，牢固树立"人民至上，生命至上，安全救援，科学救援"的理念，筑牢安全生产的最后一道防线。

（2）定期有针对性地开展安全教育、新技术、新战法、新装备、救援案例研讨及安全法律法规等内容的学习和培训，不断提高应急救援人员安全意识和操作技能，通过案例的现身说法、警示教育不断提高应急救援人员安全防范、识别和纠正违章行为的自主能力。强化各级应急救援人员遵章守纪意识和技术业务理论水平，使应急救援人员真正树立起"安全第一"的观念，确保入心入脑。

（3）各级应急救援人员要起到模范带头作用，在学习训练过程中严格遵守操作规程，规范井下基地建立、灾区探察、现场处置、气体检测、创伤急救、事故处理的程序，带队指挥员要养成严谨细致的工作作风，具有敏锐的观察力、良好的心理素质和应对突发事故的应急应变能力。加大基层应急救援人员日常管理和监督检查力度，使各级应急救援人员行为规范化、标准化，养成良好的岗位工作习惯。

（4）煤矿救援队各级应急救援人员要牢固树立遵守法规光荣、违章作业可耻的安全理念，强化应急救援人员的日常安全检查、安全宣传教育、安全知识培训等活动，提高应急救援人员的安全责任意识和忧患意识，使全体应急救援人员认识到安全工作的重要性，增强遵章守纪的自觉性，营造安全文化氛围，创造出适合发展需求的安全文化内涵。

（5）加大救援安全仪器装备材料的投入。煤矿救援队要大力营造安全、和谐的学习工作环境，确保所有救援装备合格率、完好率均达到100%，对所有救援装备进行科学化、规范化的管理，防止因装备管理不善发生事故，并加强日常装备维护保养的督导检查，落实应急救援人员装备定期维护保养制度，实现仪器装备的动态合格。

（6）扎实开展实战化的救援训练演练工作。和平年代，模拟实战化的演练训练是提高应急救援人员综合素质的根本保证，救援队要开展经常性的高温浓烟环境等实战化训练，开展服务矿井常见灾害事故的训练演练，探索符合队伍实际救援的路径和办法，为矿井安全生产保驾护航。

（7）坚持24 h战备值班值守制度，装备模块化管理，值班人数符合规程规定，随时做好闻警出动的全面准备。

（8）加强矿山救援队军事化管理，养成服从命令、听从指挥、雷厉风行的工作作风。在抢险救灾中坚持依法、依规、科学施救。秉持"生命至上，人民至上，安全救援，科学救援"的救援新理念，确保做到快速、高效、安全救援。

第九章 应急救援心理

矿山救援队员既要掌握物质性的救灾技术，又要掌握一定的心理救助技术，这是现代社会物质救灾与心理救灾的双重任务决定的。面对巨大的心理压力，救援人员需要使用自己掌握的心理救助技术进行自我调节，同时，更需要心理学方面的专业人员对其进行心理危机干预，使心理危机创伤尽快得到抚慰，防止救援人员产生"灾后综合征"影响救援效率。

第一节 心理应激基本理论

一、心理应激反应

心理应激是有机体在某种环境刺激作用下由于客观要求和应付能力的不平衡而产生的一种适应环境的紧张反应状态。心理应激反应主要表现在以下几个方面：

（1）情绪方面。会表现出惊慌和恐惧、焦虑和悲伤、茫然和哭叫、抑郁和强迫、沮丧和麻木等情况。

惊慌：据可查的数据表明，面对突发灾难，大多数人的第一反应都是惊慌失措，不知道如何面对和解决所发生的一切。之所以出现这种现象，主要是由于人们缺乏应对的经验。

恐惧：灾难事件发生后，造成周边环境发生了巨大的破坏和人员伤亡，使人有一种身处绝境的感觉，从而产生极大恐惧。

焦虑：由于突然之间亲友遇难、原来的幸福生活遭到了破坏，美好的生活一去不返，自身生命又受到威胁，对于今后的生活存在着很大的不确定，往往会产生焦虑心理。

悲伤：面对灾难事件人们常表现出极度的悲伤，如气馁、哭泣、神情恍惚、意志消沉和负罪感。

茫然：灾害面前，个体常出现不知所措的状态，表现为一定程度的定向障碍和注意狭窄，否认灾害发生的一切改变，变得麻木、淡漠、意识清晰度下降，不理会外界的刺激，呼之不应，一般可持续数分钟到数小时。

哭叫：多数人会在灾害发生的那一刻，无法控制自己而情不自禁地哭叫，往往是一种悲痛欲绝和沮丧无望的表现。

抑郁：灾后人们往往表现出心境低落、思维迟缓、意志活动减退，从闷闷不乐到悲痛欲绝，轻者自卑抑郁，重者悲观厌世，甚至有自杀企图或行为。

强迫：灾害会造成部分人产生强迫思维和强迫行为。如表现为虽然极力抵抗但却无法控制灾害发生时的画面、声音、气味等反复在脑海中出现，或预感灾害将要重现。

（2）认知方面。会出现过度理性化、强迫性回忆或健忘、不幸感或自怜、无能为力感、否认、自责或罪恶感等情况，主要表现为注意力不集中、缺乏自信、无法做决定、健忘等。

（3）行为方面。表现出行为退化、做事注意力不集中、骂人或打架、社交退缩、过度依赖他人、敌意或不信任他人等情况。

（4）生理方面。表现出心跳加快、呼吸困难、肌肉紧张、食欲下降、肠胃不适、腹泻、头痛、疲乏、失眠、做噩梦等情况。

二、灾后心理应激的三个阶段

（1）应激阶段。主要是灾难发生后的几天至一周左右，对应救灾行动中的救助时期。当个体受到外界强烈的危险信号刺激时，身体的各种资源被迅速、自动地动员起来用以应对压力。由于灾难的突发性，个体尚未来得及从理性层面思考心理上的巨大冲击，因此诸多心理问题以潜在的方式存在，或表现为一些身体症状，如头疼、发烧、虚弱、肌肉酸痛、呼吸急促、腹泻、胃部难受、没有胃口和四肢无力等症状。如不及时处理将会导致严重的心理障碍。应激阶段的第一要务是生存，人们会联合起来对抗灾难，受灾个体会和救灾人员一起营救生命和抢救财产，表现出全力以赴、乐观的特征和很多亲社会行为。

（2）冲击阶段。一般是灾难发生后的两周至半年左右，对应救灾行动中的安置时期。在这一阶段，生存已经得到保证，身体的防御反应会稳定下来，警戒反应的症状也会消失，心理应激进入抵抗期。在应激阶段，身体为了抵抗压力，在生理上做出了调整，付出了高昂代价，虽然能够很好地应付最早出现的应激源，却降低了对其他应激源的防御能力。所以在冲击阶段，各种身心疾病或心理问题会凸显出来。在灾难发生一个月内，受灾民众最为普遍的心理问题是急性应激障碍（ASD），随着时间流逝，急性应激障碍会逐渐消失，大多数经历灾难的人通过自我恢复慢慢地恢复到灾前状态。但是，有相当比例的人很难通过自身努力和社会支持系统缓解症状，反而由急性应激障碍（ASD）发展成为创伤后应激障碍（PTSD）。如果在这一时期给予及时的心理援助，将会降低心理问题恶化的概率。

（3）复原阶段。一般在灾难发生半年后，对应救灾行动中的重建时期。在这个阶段，大部分人已经恢复常态，但有一定比例的人仍可能受灾难阴影的影响，这种影响与社会已有的矛盾交织一起，会产生系列社会问题，此时需要执行长期的心理援助计划，如果压力持续出现，身体的衰竭期就会到来，持续时间可能是灾后几个月到几年。这一时期，体内的能量已耗光，紧张激素也消耗殆尽，如果没有其他缓解压力的办法，就会出现心理障碍、身体健康受损和防御能力完全崩溃的结果。灾难给人们心理造成的伤害往往是长期的。据估计，灾难之后有5%的人会终生出现创伤后应激障碍（PTSD）症状。另外，有些人的症状会在几个月甚至几年后才出现。

第二节 矿山救援队心理训练

矿山救援队员心理训练是指通过有意识的外部和内部活动对矿山救援队员的心理过程和个性心理进行影响和调节的活动过程。通过这种过程，提高矿山救援队员在灾情现场的心理适应能力。

一、影响成功救援的异常心理状态

心理状态是人的心理活动在某一段时间内的特征，如分心、疲劳、激情、镇定、紧张、松弛、克制、欲望等。由于人的心理结构复杂多样，人的心理活动千变万化，很难详尽叙述，因此下面只对常见的与影响成功救援关系较密切的心理状态做一些分析。

1. 侥幸心理

严格地说，侥幸心理并不是一个心理学中的专门概念，而是人们在日常生活中经常使用的一个词语。侥幸心理的含义大致是当某种行为既可以导致有利后果，也可以导致不利后果的情况下，行为人认为不利后果不会发生的主观判断。可以这么说，凡是知道操作行为有一定危险，但仍然冒险操作的人，都可以认为是存有侥幸心理的。在侥幸心理驱使下的冒险行为所带来的好处有多种多样，如省时省事、收入提高、减少疲劳、引起羡慕、社会心理满足等。侥幸心理是职工冒险和违章的重要因素。

2. 盲目自信与麻痹心理

盲目自信心理表现为：认为这是"经常干的工作"、"不知干过多少次、自己很有把握"、"不会有危险"等。麻痹心理是指由于经验的影响，或者认为作业太简单，因而对危险视而不见的心理过程。盲目自信和麻痹心理常常是联系在一起的，即因自信而麻痹。在这样的心理状态支配下，作业者往往心不在焉，凭经验、印象、习惯进行操作，检查时走马观花。作业时漫不经心，没有意识到操作方法有错误；在作业过程中，也没有注意到出现异常情况。当突然出现与预料相反的客观条件变化时，由于没有心理准备，原有的定式遭到破坏，因此往往表现为惊慌失措、手忙脚乱，未能采取得力措施，最终造成事故。矿山救援中类似的例子比比皆是。

3. 逞能好强心理

争强好胜和强烈自我表现欲属于马斯洛需要层次理论中的高层次需要，这种需要较强烈的人，可以牺牲安全需要为代价换取逞能好强心理的满足。有逞能心理的人虽然对安全知识略知一二，但往往在其逞能心理支配下，为表现自己，头脑发热，产生盲目行为，结果却事与愿违，造成事故。

逞能好强心理是青年人较普遍的心理特征，一些青年人会在这种心理的驱使下，头脑发热，干出一些冒险的、愚蠢的事情，使一些本来不该发生的事故发生了。

4. 捷径心理

捷径心理是人类行为的共同特征，图省事、走捷径的心理人皆有之。实际上，捷径心理是由人类追求个人利益最大化的需求而产生的。这里所说的个人利益是广义的概念，包括多挣钱、省时间、少费力、图舒服、获尊重等。在企业生产过程中，捷径心理的表现形式多种多样,常见的是在"要钱不要命"的错误思想支配下,只讲进度效率,不要安全;只抓生产,不讲安全;不愿受安全规程的制约,简化必不可少的操作步骤,或违反操作规程,往往导致事故发生。

5. 屈服心理

屈服心理多数是在某些权势的压力下形成的。由于人们预感有权势的人会在其指令被违抗的情况下采取制约自己的措施,从而在权势面前妥协让步,放弃原则,违心地进行违章作业。

屈服心理的另一种表现是从众行为。具有这种心理因素的人,常常看到别人或大多数人怎么做,他也随波逐流跟着怎么做,否则会感觉不合群,不近常理,怕被别人笑话,屈服于传统的习惯势力和舆论压力。这种心理往往具有一定的传染性和蔓延性,严重威胁安全生产。

6. 恐惧心理

由于某些工种或岗位发生事故频率高,使一部分职工产生"谈虎色变"的心态,思想胆怯,工作缩手缩脚,心神不安;也有的职工在突如其来的变故面前缺少心理准备和承受能力,惊慌失措或束手无策,导致反射性行为而发生伤害事故。

7. 爱美心理

这里所说的爱美心理与马斯洛需要层次理论中的审美心理需要是有区别的。这里所说的爱美心理实际上来自人的社会交往需要和尊重需要,即人们希望通过自身的外在形象,给周围的其他人以某些方面的吸引力,从而增加自己社会交往的机会和地位。爱美之心,人皆有之,爱美本身并不是坏事。但在企业生产过程中,会有一些职工,特别是青年工人,将不适合生产作业的爱美心理带进生产岗位现场,产生不安全行为。

8. 逆反心理

心理学家认为,人的动机具有内隐性的特征,逆反心理便是动机的内隐性的特征之一。逆反心理往往在年轻人身上比较明显,其表现一般是"你让我这样,我偏要那样"。逆反心理通常是在受到处罚或思想上带有某种偏见时产生的,有了逆反心理,就会引起心理上的不认同,产生与领导或规章制度相抵触和对抗的情绪。逆反心理的行为表现一般有两种:一种是明着故意与安全操作规程或有关制度对着干;另一种是隐蔽的抵触行为,阳奉阴违,对于别人因自己违章而提出的批评劝阻,当面虚心接受,中止违章行为,过后不久,又故态复萌,我行我素。

除了上述几种易于引发事故的心理状态外,还有一些心理状态也与救援行为有关,如对工作的厌倦感、不良的心境和激情、生理和心理紧张等。

二、救援行动前和救援行动中的心理特点

1. 救援行动前的心理特点

(1) 紧张状态。矿山救援队员在学习训练、劳动、就餐、休息等时间突然听到出动警铃声,神经活动就会立即紧张。适度的紧张是一种积极的心理准备状态,能有效地保证战斗任务的完成;而过于紧张,则会妨碍人员的活动,是一种消极的心理状态。

(2) 恐惧状态。恐惧状态是在心理紧张的基础上,由于灾害现场情况的表象或想象

到可能发生的危险对个人生命的威胁而产生的心理现象。恐惧状态是一种消极的心理状态，会妨碍矿山救援队员的正常活动。

（3）乐观状态。这种心理的产生一般基于两种原因：一种是对灾害现场比较了解，感到战斗行动难度不大，呈现出乐观状态；另一种是对灾害现场估计过低，把复杂的事情想象为简单，把困难的事情想象为容易，是一种盲目乐观的临战心理。

（4）淡漠状态。淡漠状态心理机制是由于出现保护性能和兴奋过程减弱而使心理紧张程度降低，表现为人体机能变化不显著，缺乏意志活动的主动性和灵活性，是一种消极的心理状态。

2. 救援行动中影响矿山救援队员心理的主要因素

（1）高温。火灾或爆炸产生的高温能强烈地刺激矿山救援队员的神经，强化兴奋，而削弱抑制，造成动作在时间和空间上的失调。高温破坏矿山救援队员的生理机能，造成头昏、虚脱、疲乏无力等，出现痉挛、幻觉，以致失去知觉，停止正常的心理活动。

（2）浓烟。浓烟里的毒性气体能强烈地刺激矿山救援队员的感觉器官，造成眼睛流泪、睁不开眼、头昏眼花，甚至失去活动能力。

（3）噪声。救援现场的巨大噪声，容易造成矿山救援队员注意力分散，感觉和知觉能力下降，心慌意乱无法进行思维和判断，听不清指挥员的命令，影响战斗行动。

（4）活动空间狭小。矿山救援队员为了及时处置灾情，常常要钻进巷道变形比较狭小的活动空间工作；在这种狭小的空间里，矿山救援队员的工作受到影响，不但有压抑感还容易产生厌烦、急躁等消极情绪。

（5）外界干扰。灾害救援现场的外界干扰主要来自受灾单位或受灾个人、帮助救灾人员等。一是外界人员的集中、慌乱、恐惧情绪等，对救援队员有一定的传染作用；二是外界人员的过激性或侮辱性语言，使矿山救援队员产生不耐烦、暴躁、愤怒等激情状态；三是外界干扰导致不正确的行动，影响整个灾害救援的成效。

（6）危险情况。矿山救援队员在灾情中若感觉到具有爆炸、倒塌、中毒等危险情况时，或主观想象到某种危险时，就会本能地使神经活动紧张，表现出畏惧的神态。尤其是看到人员伤亡时，精神就极度紧张，恐惧心理会进一步加剧，甚至畏缩不前，声音及四肢发生颤抖、出虚汗、小便失禁。

（7）战斗状态。灾情救援状态能对矿山救援队员的心理产生多种影响。战斗比较顺利时，容易产生麻痹心理；战斗受阻时，容易产生急躁情绪；当多次努力都未奏效时，容易产生泄气情绪。

（8）初次遇到灾害现场。新队员初次参加灾害抢险与老队员初次遇到未经历过的灾害现场相比，两者的心理状态比较接近，易产生紧张、恐惧的情绪。

三、心理训练计划的制定与心理训练检验

1. 制订心理训练计划

制定心理训练计划非常重要，每个矿山救援基层组织都应该制定心理训练计划。心理训练计划既可单独制订，也可以与其他计划一起制订。为使心理训练具有针对性，还应根据各类专业人员的工作和每个人的心理特征制定相应的心理训练计划。

2. 心理训练检验

每项心理训练结束后,要及时检验训练效果,便于调整或充实训练结构、内容和方法。建立心理训练档案是检验训练效果的基础工作,档案中应记录训练前、训练中、训练后每个人的心理指标和生理指标。心理指标和生理指标可以通过观察、询问或测量(血压、心率、脉搏)的形式进行考核。考核方法可以采取单项因素考核法和综合因素考核法。单项因素考核法是对某一项心理因素进行考核评价。综合因素考核法是对整个心理训练的各种心理因素(如记忆、观察、想象、情绪等)进行考核评价。

四、心理训练的内容

1. 一般心理训练

一般心理训练是指每个矿山救援队员都进行的训练,是各项心理训练的基础性训练。一般心理训练要注重以下几个方面的培养:

(1) 培养责任心和事业心。责任心和事业心是矿山救援队员必须具备的心理条件,也是心理训练的一项重要任务,通过加强政治思想教育、法制教育、职业道德教育以及价值观的培养等方式来实现。

(2) 培养和发展4种能力,即观察、想象、记忆和思维能力。培养和发展这4种能力有助于提高智力、增强意志品质,是保证矿山救援队员顺利完成事故处理任务的重要心理条件。

(3) 培养情绪的稳定性。情绪是与机体生理需要是否获得满足相联系的最简单的体验。稳定的情绪是矿山救援队员在事故救援中顺利完成战斗任务的心理条件,任何恐惧、焦躁、惊慌失措都会对救援工作带来影响。情绪的稳定性要求:掌握知识、熟悉对象、增强心理适应能力、加强自我调整和控制。

(4) 培养意志品质。意志是人自觉地调节自己的行动去克服困难,以实现预定目标活动的心理过程。良好的意志品质是实现意志行动的根本保证。培养良好的意志品质要求:确立信心,明确目的;采取有针对性的方法训练和实践;加强自我教育等。

(5) 培养自我心理调节能力。自我心理调节也称自我心理训练。指通过有意识的意志活动达到稳定的情绪,使心理活动达到最佳临战状态。自我心理的调整方法很多,主要有转移法、语言提示法、身体活动法、自我监督法和暗示法。

2. 专业心理训练

专业心理训练是指对不同工作岗位上的矿山救援队员,依据其职责分工的需要,进行不同的心理训练。

矿山救援队员的心理训练重点是消除慌乱、恐惧的情绪,培养勇敢顽强、坚韧不拔、不抛弃、不放弃、不达目的誓不罢休的意志品质。

(1) 训练胆量。胆量只有在危险的条件中才能培养提高。一般应在黑暗中和在烟火情境中训练,在爆炸、倒塌、中毒等危险条件下训练,也可以到医院存放尸体的太平间去训练。

(2) 训练毅力。有意识地造成矿山救援队员的心理疲劳和身体疲劳,磨炼矿山救援队员的意志,培养不怕疲劳、连续作战的坚强斗志。训练方法可采取让矿山救援队员重复去完成单调的劳动或训练，磨炼其抗心理疲劳的能力；在高温状态下进行各种训练，培养其克服和战胜困难的意志；也可通过爬山、长跑等训练毅力。

（3）训练观察能力。重点是训练矿山救援队员观察冒顶、爆炸等危险征兆的能力。

（4）训练反应能力。快速反应能力是矿山救援队员适应复杂多变的救灾现场能力。一般通过差别感受性训练、体育训练来取得。

（5）训练紧急情况下的自救能力。使矿山救援队员掌握灾害救援现场避险的有关知识，提高面临危险的预判能力；进行必要的灾害救援现场自救训练，掌握灾害救援现场自救的方法；体验危险情境（根据需要设置危险情境），增强其沉着、冷静和自制的能力。

3. 集体心理训练

矿山救援队员进行灾害处理是救援队的集体行动，每个矿山救援队员都必须进行集体心理训练。集体心理训练就是有意识地对每个矿山救援队员的心理过程和个性心理特征施以影响，实行统一行动，协调一致，提高集体战斗的能力。

（1）培养和谐的集体心理。

① 增强集体团结力。集体团结的内在因素是集体成员之间的友谊和互助。教育集体中的每个成员建立同志式的团结，能相互关心，相互帮助。

② 保持良好的心境。心境的好坏能影响一个人的全部行为和生活。心境与人的需要有一定的关系，当需要不能满足时就会影响人的心境。同时心境还与家庭、领导和同事间关系、工作环境、生活状态等有一定的关系。

（2）培养一致的集体目标。奖励对维护一致性的集体目标具有积极的激励作用，处罚对偏离集体的目标具有纠正和制止作用。

（3）培养服从心理。救援队是与多种灾害事故作斗争的战斗集体。在战斗中矿山救援队员必须服从指挥员的统一指挥，形成集体的力量，决不能各行其是。集体中每个成员要养成自觉维护上级的权威、自觉服从上级领导安排的习惯。即使指挥员的命令违背个人意愿也必须执行，并能自觉地克服困难，保证任务完成。通过队列训练、班（队）战术训练、战术演习、训练竞赛等方法来培养服从心理。

第三节　心理素质培养

应急救援工作多是在极其复杂危险的环境中进行，对于矿山救援队员来说，每一次出任务都带有一定的危险性，这是对救援人员心理素质的严峻考验。特别是当矿山救援队员感到自身生命受到威胁时，很容易产生恐惧心理；在救援过程中的突发意外，又极易使救援人员在心理上受到严重刺激，形成条件反射。而不正常的心理状况，有可能诱发现场救援人员失去理智，不能自控，从而做出冒险行动，最终造成自身伤亡事故，为此，在日常训练中，应着重加强矿山救援队员的心理素质培养。

一、注重救援案例，通过经验教学提高救援人员对矿山灾害的认知

为了加强矿山救援队员的心理素质培养，必须不断丰富各类矿山灾害的救援案例经验教学，一方面是为了让矿山救援队员对各类矿山灾害拥有足够丰富的经验认知，也对各种

矿山灾害中可能遇到的险情和任务有更明确的感受；另一方面，通过案例教学，矿山救援队员可以实现个人心理问答："如果面对这样的险情，我会不会紧张？我应该怎么处理？我能否完成任务？"从而实现对个人心理素质的培养。特别是对于新队员来说，可能还没有实际参与过任何救援任务，所以需要借助一些救援案例来吸取他人的经验教训，借鉴老队员的真实经历，来排除自身对矿山灾害的紧张心理，在参与救援任务时可以更从容地正视灾害事故，进而明确自身的任务和责任，指导自己需要从哪些方面着手才能科学、安全、快速、有效地完成救援工作。

二、注重实战经验总结，提升队员心理素质

十次练不如一次战。矿山救援队员心理素质的培养离不开实战的历练，只有真正拥有丰富的作战经验，才能保证矿山救援队员在执行任务时面对突发情况以及各种纷繁复杂的突发险情时可以保持沉着冷静地思考和应对。为此，在每一次矿山事故救援任务完成后，都应该开展一次或多次的总结会，总结实战中的经验、教训、心得、感悟和规律。要从思想上认识到矿山灾害的危害性、抢险救援任务的艰巨性和复杂性，而不是在完成任务后沾沾自喜而忽视总结经验的重要性。实战救援任务顺利完成后，救援队员要进行反思"本次任务完成的是否圆满？如果采取其他方法开展救援是否能够挽回更多的经济损失或避免人员伤亡？自己在面对险情时是否存在心理紧张的情况而造成了救援工作的延误？今后应怎样加强？"等等。如此才能不断地提升矿山救援队员的心理素质和综合能力。

三、强化矿山救援队员技能培训，保障心理素质建设

个人救援技能的全面性是矿山救援队员心理素质得以高能建设的强效保障。所谓"艺高人胆大"说的就是这个道理。想要加强矿山救援队员的心理素质培养与建设，就必须加强矿山救援队员的各项救援专业能力的培训力度。首先，对于矿山救援队员的选拔标准要做到严格，确保各项基本素质符合国家要求的基本标准；其次，加强日常常备训练，借助各类模拟器材对矿山救援队员的救援能力、救援基础知识、个人防护技能等展开全方位训练，增强队员的应急反应能力和应对突发事件的能力。如高温浓烟的实战训练、恶劣环境的生存训练、生产安全事故的模拟训练、生产安全事故原因分析的训练等等。尤其是对矿山救援队员非常容易产生恐惧心理的训练，在面对他人生命财产的安全和本人生命安全受到严重威胁的情况下，救援队员能否保持冷静的判断力和大无畏的牺牲精神是矿山救援队员的高标准要求。要完善救援相关的规章制度，规范矿山救援队员的救护行为和技能，确保矿山救援队员在任务执行的过程中可以更加规范、有的放矢地进行操作。

另外，在很多矿山灾害救援任务的执行中，往往都需要矿山救援队员完成一定的搜救任务，在搜救的过程中，就会应用到一些专业化的搜救设备和仪器，在通信技术和信息技术高度发达的今天，这些设备和仪器也在不断更新换代，这就需要矿山救援队员不断学习，对这些专业的设备设施进行全面的掌握和了解，懂得应用各类专业设备进地行搜救工作，以保证最佳的救护时间，从而更快地挽救人民的生命。同时，在搜救过程需中，矿山救援队员很可能需要长时间进行野外单兵作战，这就需要队员拥有一定的自救能力，自救能力也是以矿山救援队员拥有良好的心理素质为前提的。

四、加强矿山救援队员保障措施,提高其心理安全感

矿山救援队员良好心理素质的培养,除了要求矿山救援队员拥有丰富的实践经验、强大的自我救援能力、专业的救援技能外,还需要保持一定的心理安全感。这种心理安全感是保证矿山救援队员可以安心、放心的执行救援任务的基础。为此,除需要在对矿山救援队员展开训练和培养外,还需要对每一次执行救援任务的矿山救援队员给予强有力的保障措施,让他们在心理上明白自己在外开展救援工作的时候,身后拥有一支强大的后勤保障队伍在支持,无论身处何地、遇到何种危险、陷入何种险情当中,自己的队友一定能在第一时间找到自己并实施营救,如此才能消除他们的后顾之忧,帮助矿山救援队员提高心理安全感和信念感,让矿山救援队员可以放心的执行任务。

在装备保障方面,例如:为矿山救援队员配备最先进的室外作业服、新型氧气呼吸器、通信设备、信号发生设备等,从而让矿山救援队员清楚地明白个人的生命安全已得到全方位的保障,即使自己深陷险地也可以通过先进的装备实现自救,同时也可以通过通信设备与外界取得联系或者运用信号发生设备让其他队友知晓自己的位置。只有在矿山救援队员认为个人安全得以保证的前提下,他们的心理安全感才会提高,才能在灾害面前保持情绪稳定,面对危险不恐惧、不紧张,才能更加高效地完成抢险救援任务。

第十章 医疗急救

现场医疗急救主要是指应急救援人员对受伤人员进行及时的现场救治。现场医疗急救的原则是使用徒手和无创技术，简单迅速地抢救伤员，并尽快将伤员移交给专业医护人员。本章对救援队员应掌握的急救基本知识、急救技能、自救互救等内容进行重点介绍。

第一节 运动医学基本理论

运动医学是将医学与体育相结合的综合应用科学。研究与运动有关的医学问题，运用医学知识和技术对运动参与者进行医学监督和指导，以达到预防和治疗损伤、保证运动员健康、增强体质、提高运动成绩的目的。

运动医学主要包括：运动医务监督、运动创伤学、运动营养学、医疗体育等四部分内容。

一、运动医务监督

医务监督是指在医学观察下合理科学地进行体育运动，以期达到保证健康，预防运动伤病，提高运动技术水平的目的。

多年来，国内外运动生理、生化学者对评定运动员身体机能的指标和方法进行了大量的研究，推出了很多行之有效的生理、生化指标和方法。目前，适用于运动员身体机能评定的生理、生化指标涉及心血管、内分泌、免疫、氧转运及利用、骨骼及软组织损伤、物质能量代谢及代谢调节能力、神经系统等多个方面，评定方法的可靠性和准确性也越来越高。

运动医务监督的主要评定指标包括：脉搏、血压、最大吸氧量、血红蛋白、尿蛋白、血乳酸、血尿酸、睾酮等。

二、运动创伤学

在体育健身运动和竞技体育过程中发生的各种损伤，统称为运动损伤。运动创伤学主要研究运动损伤的发生规律、机理、防治措施和伤后的康复训练等问题。

运动伤病产生的主要原因包括：全身性疲劳、局部性疲劳、注意力不集中、准备活动不充分、动作技术不合理、外部环境变化、运动负荷不合理、训练方法不合理、生活规律变化等。

运动性损伤的预防原则和具体措施如下：

（1）加强思想教育。
（2）合理安排训练。

（3）认真做好运动前的准备活动。
（4）加强易伤部位的力量训练和伸展性练习。
（5）加强保护和自我保护。
（6）加强运动现场安全管理。

三、运动营养学

运动营养学主要研究合理利用食物以满足人体需要，以提高运动能力。

日常运动训练需补充的基础营养包括：糖、脂肪、蛋白质、维生素、矿物质、水等，合理的营养补充是运动员保持良好健康和运动能力的物质基础，对运动员的机能状态、体力适应、运动后机体的恢复和伤病防治均有良好效果。

第二节 医疗急救基本知识

一、创伤急救基本知识

血液是维持生命的重要物质，成年人血容量约占体重的8%，即（4000~5000）mL，如出血量为总血量的20%（800~1000 mL）时，会出现头晕、脉搏增快、血压下降、出冷汗、肤色苍白、少尿等症状，如出血量达总血量的40%（1600~2000 mL）时，就有生命危险。出血伤员的急救，只要稍拖延几分钟就会造成危及生命的伤害。因此，创伤出血是最需要急救的危重症之一。现场创伤急救处理技术主要指止血、包扎技术，主要目的是减少出血，防止休克、保护伤口。

止血术是创伤急救技术之首。创伤出血分为内出血和外出血，外出血是现场急救重点。理论上将出血分为动脉出血、静脉出血、毛细血管出血。动脉出血时，血色鲜红，有搏动，量多，速度快；静脉出血时，血色暗红，缓慢流出；毛细血管出血时，血色鲜红，慢慢渗出。若当时能鉴别，对选择止血方法有重要价值，但有时受现场的光线等条件的限制，往往难以区分。

伤口包扎在急救中应用范围较广，可起到保护创面、固定敷料、防止感染和止血、止痛作用，有利于伤口早期愈合。包扎应做到动作轻巧，不要碰撞伤口，以免增加出血量和疼痛感，接触伤口面的敷料必须保持无菌，以免增加伤口感染的机会，包扎要快且牢靠，松紧度要适宜。

二、烧伤急救基本知识

烧伤是由于火焰、热液、蒸汽、电流等热源作用于人体所引起的局部或全身性损害，煤矿井下发生火灾、瓦斯及煤尘爆炸、触电等事故时，常致人烧伤，属于热烧伤。由于热源温度的高低和接触人体位置不同，接触时间长短不一，浅者伤及皮肤各层，深者可达肌肉、骨骼。严重烧伤时可引起休克、全身感染，最后导致身体多个器官功能衰竭，危及生命。

救援人员发现烧伤伤员时，应采取以下急救措施：

（1）首先应使伤员迅速脱离灼热物体及现场，尽快设法以就地翻滚、按压、泼水等方法扑灭伤员身上的火、力求尽量缩短烧伤时间。

（2）立即用冷水直接反复冲洗创伤面 30 min 左右，小面积肢体烧伤时，若有可能可用冷水浸泡 10～30 min，彻底清除皮肤上的余热，以减轻伤势和疼痛，少起水疱，降低伤面深度。

（3）脱衣困难时，应快速将衣领、袖口、裤腿提起，反复用冷水浇泼，待冷却后再脱去伤员的衣服，用被单或毯子包裹覆盖伤面和全身。

（4）衣服和皮肉贴住时，切勿强行拉扯，可用剪子剪开粘连周围的衣服，再进行包扎。水泡不应弄破，焦痂不应扯掉。烧伤创口不应涂任何药物，只需用敷料覆盖包扎即可。

（5）检查有无并发症，如有呼吸道烧伤，面部五官烧伤，一氧化碳中毒、窒息、骨折、脑震荡、休克等并发症，要及时予以抢救处理。

（6）转运要快速，少颠簸，途中应有医护人员照顾，随时注意预防窒息和休克的发生。

三、触电急救基本知识

发生触电事故后，首先不要惊慌，应采取以下急救措施：

（1）立即切断电源，或以绝缘物将电源移开，使伤员迅速脱离电源，防止救护者触电。

（2）将伤员迅速移至通风安全处，解开衣扣、裤带，检查有无呼吸、心跳。若呼吸、心跳停止时，应立即进行心脏按压和口对口人工呼吸术以及输氧等抢救措施。

（3）轻型伤员可给予保暖，对烧伤、出血及骨折等症，应给予及时的包扎、止血及骨折固定。

（4）情况稳定后，迅速转运出井至医院进行综合治疗。

四、中毒窒息急救基本知识

1. 气体中毒现场急救措施

（1）发现中毒者，首先应迅速给其佩用 2 h 氧气呼吸器或隔离式自救器，然后将中毒者从险区运送到新鲜风流中或地面。进入有毒气体中毒场所，应急救援人员一定要佩用氧气呼吸器或隔离式自救器。

（2）迅速将中毒者口、鼻腔内的黏液、血块、泥土及碎煤等清除，并将上衣、腰带解开，脱去胶鞋，打开气道，保持中毒者呼吸道畅通。

（3）使中毒者平卧，保持安静，尽可能减少中毒者肺部的活动。对中毒者进行保暖，用棉被或毯子将身体盖起来。

（4）为促使中毒者体内毒物的排除，要及时输氧或进行人工呼吸，对心脏停搏的，要进行胸外心脏按压。二氧化氮和二氧化硫中毒时，会使伤员发生肺水肿，不能采用人工呼吸，以避免对肺部造成刺激。若必须用苏生器苏生时，只可配纯氧苏生。最好是在苏生器供氧的情况下，使伤员能进行自主呼吸。一氧化碳中毒输氧时可掺入 5%～7% 的二氧化碳，以兴奋呼吸中枢，促进恢复呼吸机能。在施行口对口人工呼吸时施救者应防止吸入伤员的呼出气或衣服内逸出的有毒有害气体，以免发生二次中毒。

（5）对氨气中毒者有眼、皮肤烧伤时，可用清水或2%硼酸溶液彻底冲洗15 min以上。硫化氢中毒、眼部损伤者，尽快用清水或2%碳酸氢钠溶液冲洗，再用4%硼酸水洗眼。因氯是硫化氢的良好解毒物，可将浸以氯水溶液的棉花团、手帕等放入中毒者口腔内。对二氧化硫中毒的伤员，有条件时可让其服用牛奶、蜂蜜或用苏打溶液漱口，以减轻刺激。

（6）快速转送至医院进行综合救治。

2. 窒息现场急救措施

窒息是指因外界氧气不足、其他气体过多或者呼吸系统发生障碍而致呼吸困难甚至停止呼吸。窒息会导致全身各器官组织缺氧、二氧化碳滞留，造成组织细胞代谢障碍、功能紊乱和受损。

窒息的现场急救必须立即置伤员于空气新鲜、通风良好的地方，开放气道，并给予吸氧。

（1）中毒性窒息，必须迅速将伤员送到空气新鲜的地方，进行苏生抢救，必要时做口对口人工呼吸及吸氧。

（2）外伤性窒息，首先应迅速清除口、鼻腔的煤泥、煤渣及血块、痰、呕吐物等，以保持呼吸道畅通，然后处理伤情，封闭胸部开放伤口，固定肋骨骨折。

（3）对因窒息而昏迷的伤员，一定要取侧卧位，使口中的分泌物流出，同时，把舌头拉出口外，防止舌后坠堵住呼吸道。

第三节　急救技术及演练

一、心肺复苏

由于外伤、疾病、低温、中毒、高温、淹溺、电击等原因，致使心跳、呼吸骤停，必须在数分钟内采取急救措施，促使心脏、呼吸功能恢复从而保护和促进脑功能的恢复。这是基础生命复苏支持，即气道保持通畅、人工呼吸和人工循环，重点是维持脑的血氧供应，故又称心肺脑复苏（CPR）。

开始复苏的时间是关键：4 min内开始复苏者，约50%可被救活；4~6 min开始复苏者，10%可以救活；超过6 min者存活率仅4%；10 min以上开始复苏者，存活可能性极小。

（一）心肺复苏操作要求及方法

（1）在判定事发现场安全、配备个人防护装备后，开始施救。

（2）快速判断患者反应，确定意识状态，判断有无呼吸或呼吸异常（如仅仅为喘息），应在5~10 s内完成。判断方法：轻拍或摇动遇险者，并大声呼叫："您怎么了"。如果遇险者有头颈部创伤或怀疑有颈部损伤，只有在绝对必要时才能移动患者，对有脊髓损伤的遇险者不适当地搬动可能造成截瘫。

(3) 呼救及寻求帮助。一旦确定遇险者已昏迷，应立即呼救，招呼最近的响应者，寻求帮助拨打急救电话。注意：决不可离开遇险者去呼救。如现场只有一个施救者，则先进行 2 min 的现场心肺复苏后，再联系求救。或当有人时，请别人向急救中心求救。协助者的主要任务是协助现场心肺复苏初级救生。向急救医疗救护系统求救时，应讲清事故地点、回电号码、遇险者病情和治疗简况。

(4) 将遇险者放置心肺复苏体位。将遇险者仰卧于坚实平面如木板上，使头、颈、躯干无扭曲，平卧有利于血液回流，并泵入脑组织，以保证脑组织血供。方法：翻动遇险者时，要使头、肩、躯干、臀部同时整体转动，防止扭曲。翻动时尤其注意保护颈部，单人抢救时一手托住其颈部，另一手扶其肩部，使遇险者平稳地转动为仰卧位。注意施救者跪于遇险者肩旁，将遇险者近侧的手臂直举过头，拉直其双腿或使膝略呈屈曲状。

施救者的位置：应跪于遇险者的肩部水平，这样施救者不需移动膝部就能实施人工呼吸和胸外心脏按压，且有利于观察遇险者的胸腹部。

(5) 判断有无动脉搏动（应在 5～10 s 内完成）。由于颈动脉为中心动脉，在周围动脉搏动消失时仍可触及脉搏，且可在不脱衣服情况下检查，故十分可靠和方便。方法：用一手的食指、中指轻置遇险者喉结处，然后滑向气管旁软组织处（相当于气管和胸锁乳突肌之间）进行触摸颈动脉搏动，如图 10-1 所示。注意触摸颈动脉不能用力过大，以免推移颈动脉；不能同时触摸两侧颈动脉，以免造成头部供血中断；不要压迫气管，以免造成呼吸道阻塞；检查不应超过 10 s；颈部创伤者可触摸肱动脉或股动脉。

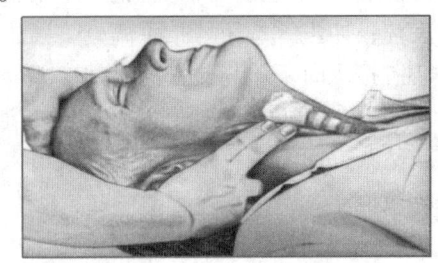

图 10-1 判断有无动脉搏动

(6) 胸外心脏按压。胸外心脏按压时，收缩压可达 100 mmHg，平均动脉压为 40 mmHg；颈动脉血流仅为正常的 1/4～1/3，这是支持大脑活动的最小循环血量。因此，进行胸外心脏按压时，患者应平卧，最好头低脚高位，以增加脑的血流供应。

定位：施救者用靠近遇险者下肢手的食指、中指并拢，指尖沿其肋弓处向上滑动（定位手），中指端置于肋弓与胸骨剑突交界即切迹处，食指在其上方与中指并排。另一只手掌根紧贴于定位手食指的上方固定不动，如图 10-2 所示；再将定位手放开，用其掌根重叠放于已固定手的手背上，两手扣在一起，固定手的手指抬起，脱离胸壁，如图 10-3 所示。

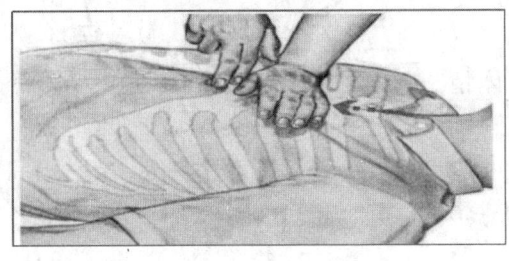

图 10-2 心肺复苏定位

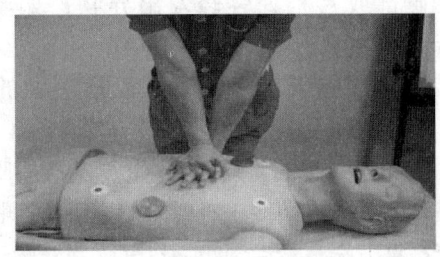

图 10-3 心肺复苏

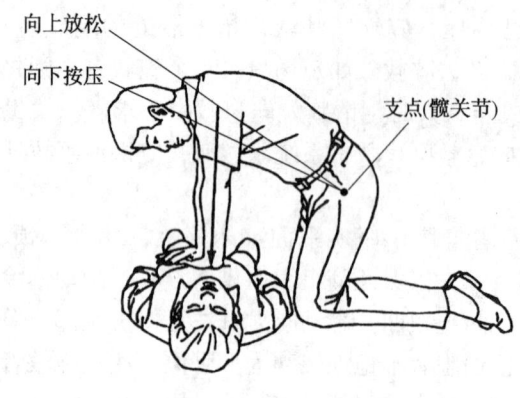

图10-4 心肺复苏简图

姿势：施救者双臂伸直，肘关节固定不动，双肩在遇险者胸骨正上方，用腰部的力量垂直向下用力按压，如图10-4所示。

频率：100~120次/min。

深度：成人5~6 cm。

下压与放松时间比：1:1。

注意：按压时手指不应压在胸壁上，两手应重叠扣在一起，固定手的手指抬起，否则易造成肋骨骨折；按压位置应正确，否则易造成按压无效，剑突、肋骨骨折而致肝破裂、血气胸；按压时施力不垂直，易致压力分解，摇摆按压易造成按压无效或严重并发症；冲击式按压、抬手离胸、猛压等，易引起骨折。按压与放松要有充分时间，即胸外心脏按压时下压与放松的时间应相等。

（7）畅通呼吸道。凡意识丧失的遇险者，即使有微弱的自主呼吸，均可由于舌根回缩或坠落，而不同程度地堵塞呼吸道入口处，使空气难以或无法进入肺部，这时应立即通畅呼吸道。

① 仰头举颏法（或仰头举颌法）：施救者一只手的小鱼际肌放置于遇险者的前额，用力往下压，使其头后仰，另一只手的食指、中指放在下颌骨下方，将颏部向上抬起。这是一种最常用的开放呼吸道徒手操作法。但操作时应注意手指不要压迫颏下软组织，以防呼吸道受压；也不要压迫下颌，使口腔闭合。

② 下颌前移法（托颌法）：施救者位于遇险者头侧，双肘支持在遇险者仰卧平面上，双手紧推双下颌角，下颌前移，拇指牵引下唇，使口微张。此法适用于颈部有外伤者。因此法易使施救者操作疲劳，也不宜与人工呼吸相配合，故在一般情况下不予应用。

③ 清除口腔内异物：一般只适用于可见异物，且为昏迷患者。打开气道时发现异物需立即清理。施救者的拇指与食指交叉，前者抵患者下齿列，后者抵上齿列，两指交叉用力，强使口腔张开。或先用拇指及其余四指紧握下颌，并向前下方提牵，使舌离开咽喉后壁，以使异物上移或松动。然后用另一手的食指（缠纱布）沿其颊部内侧插入，在咽喉部或舌根处轻轻勾出异物，如图10-5所示。

（8）实施人工呼吸。可根据患者的具体情况，采用以下不同的人工呼吸方法：

① 口对口人工呼吸：首先要保持遇险者呼吸道通畅，施救者用按于患者前额一手的拇指与食指捏紧鼻翼下端，然后深吸一口气，张开嘴巴，双唇包绕封住遇险者的嘴外缘，施救者用力向遇险者口

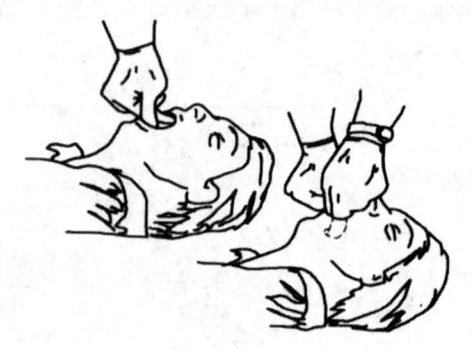

图10-5 清除口腔异物

内吹气。吹气时间1 s以上，吹2口气应在（3~4）s内，每次吹气量500~1000 mL或每次吹气时观察遇险者胸部，胸部上抬即可。开始应连续两次吹气，如只做人工呼吸，以后每隔5 s吹1次气，相当于每分钟吹气10~12次。吹气时应观察患者胸部有无起伏：有起伏者，人工呼吸有效，技术良好；无起伏者，口对口吹气无效，可能气道通畅不够、吹气不足或气道有阻塞，应重新开放气道或清除口腔异物。口对口吹气时，应注意每次吹气量不要过大，若超过1200 mL可造成胃扩张；吹气时不要按压胸部，以免肺部受损伤或气体进入胃内。

② 口对鼻人工呼吸：当遇险者牙关紧闭、口腔严重损伤或颈部外伤时应用此法。施救者一手置于遇险者前额使其头后仰，另一手提起遇险者下颌并闭合口腔，深吸气后，用口与遇险者的鼻腔密封吹气，同时观察遇险者胸部有无起伏。呼气时应启开患者的口腔或分开双唇，以利于呼出气体。约每5 s吹气1次，相当于每分钟吹气12次。此法产生胃扩张的机会较少，但有鼻出血或鼻阻塞时不能使用。

（二）单人和双人现场心肺复苏操作要求

1. 单人心肺复苏

由同一个施救者顺次轮番完成胸外心脏按压和口对口人工呼吸。

施救者测定遇险者无脉搏，立即进行胸外心脏按压30次，频率100~120次/min，然后俯身打开气道，进行2次连续吹气，再迅速回到遇险者胸侧，重新确定按压部位，再做30次胸外心脏按压，如此往复进行。

进行5次循环（2 min左右）后，再次检查脉搏、呼吸（要求在5~10 s内完成）。若无脉搏呼吸，再进行5次循环，如此重复操作。

2. 双人心肺复苏

由两名施救者分别进行胸外心脏按压和口对口人工呼吸。其中一人位于遇险者头侧，另一人位于遇险者胸侧。按压频率仍为100~120次/min，按压与人工呼吸的比值仍为30∶2，即30次胸外心脏按压给以2次人工呼吸。位于患者头侧的施救者承担监测脉搏和呼吸，以确定复苏的效果。5个周期按压/吹气循环后，若仍无脉搏呼吸，两名施救者进行位置交换。

（三）心肺复苏有效和终止的指征

1. 心肺复苏有效的指征

（1）瞳孔：若瞳孔由大变小，复苏有效；反之，瞳孔由小变大、固定、角膜混浊，说明复苏失败。

（2）面色：由发绀转为红润，复苏有效；变为灰白或陶土色，说明复苏无效。

（3）颈动脉搏动：按压有效时，每次按压可摸到1次搏动；如停止按压，脉搏仍跳动，说明心跳恢复；若停止按压，搏动消失，应继续进行胸外心脏按压。

（4）意识：可见患者有眼球活动，并出现睫毛反射和对光反射，少数患者开始出现手脚活动，说明复苏有效。

（5）自主呼吸：出现自主呼吸，复苏有效，但呼吸仍微弱者应继续口对口人工呼吸。

2. 心肺复苏终止的指征

一旦进行现场心肺复苏，急救人员应负起责任，不能无故中途辍止。若有条件确定下列指征，且进行了 30 min 以上的心肺复苏，才可考虑终止心肺复苏。

（1）脑死亡：深度昏迷，对疼痛刺激无任何反应；自主呼吸持续停止；瞳孔散大固定；脑干反射全部或大部分消失，包括头眼反射、瞳孔对光反射、角膜反射、吞咽反射、睫毛反射。

（2）无心跳和脉搏。

二、止血

现场止血术常用的有 3 种，使用时要根据具体情况，可选用一种，也可以把几种止血法结合一起应用，以达到最快、最有效、最安全的止血目的。

（一）局部压迫止血

局部压迫止血适用于较小伤口的出血，方法是使用纱布、绷带、三角巾对伤口进行加压包扎，压迫约 10 min。如果现场无上述材料，可以使用清洁的毛巾、衣物、围巾等覆盖伤口、包扎或用力压迫。对肢体的加压包扎，加压量达到止血目的即可，不宜过大，否则会影响肢体的血液循环。

（二）动脉压迫止血

对于局部压迫仍无法达到止血目的的伤者，可以采用动脉压迫止血的方法，简单地说就是压迫出血部位近端的大动脉，阻止出血部位的血流供应达到止血的目的。但是，因为动脉存在有丰富的侧支循环，故指压法一般只限于暂时性的应急止血，而且效果有限，不能持久。所以，通常是在紧急情况下先用指压止血，然后依具体部位和伤情再改用其他方法。

（1）头部出血：压迫面动脉或颞浅动脉可以止头面部的出血。

（2）颈部出血：通常指压在第五颈椎横突水平的一侧颈总动脉，可以止头面部的出血，但不可同时压迫双侧颈总动脉，这样会导致脑缺血。

（3）肩部出血：肩部的血供来自锁骨下动脉的分支，所以指压点位于锁骨上窝、胸锁乳突肌锁骨头的外侧，向后对准第一肋骨则可压迫锁骨下动脉。

（4）上肢出血：根据伤的部位可以压迫腋动脉或肱动脉以达到止上肢出血的目的。指压腋动脉可以从腋窝的中点压向肱骨头，指压肱动脉可以从肱二头肌内侧压向肱骨干。

（5）下肢出血：可以指压股动脉以止血，压迫部位以腹股沟韧带下方为常用。

（三）止血带止血法

止血带止血法只适用于四肢大出血，其他止血法不能止血时才用此法。止血带有橡皮止血带（橡皮条和橡皮带）、气性止血带（如血压计袖带）和布制止血带。

使用止血带的注意事项：

（1）部位：上臂外伤大出血应扎在上臂上 1/3 处，前臂或手大出血应扎在上臂下 1/3 处，不能扎在上臂的中 1/3 处，因该处神经走行贴近肱骨，易被损伤。下肢外伤大出血应扎在大腿根部或大腿中下 1/3 交界处。

（2）衬垫：使用止血带的部位应该有衬垫，否则会损伤皮肤。止血带可扎在衣服外面,把衣服当衬垫。

(3) 松紧度:应以出血停止、远端摸不到脉搏为合适。过松达不到止血目的,过紧会损伤组织。

(4) 时间:一般不应超过 1 h,如果需要延长止血时间,延长时间不要超过 4 h。原则上每 30 min 到 1 h 要放松 1 次,放松时间为 1~2 min。

(5) 标记:使用止血带者应有明显标记贴在前额或胸前易发现部位,写明时间。如立即送往医院,可以不写标记,但必须当面向值班人员说明扎止血带的时间和部位。

三、包扎

(一) 包扎材料

1. 三角巾

用边长为 1 m 的正方形白布或纱布,将其对角剪开即分成两块三角巾,90°角称为顶角,其他两个角称为底角,外加的一根带子称为顶角系带,斜边称为底边。为了方便不同部位的包扎,可将三角巾折叠成带状,称为带状三角巾,或将三角巾在顶角附近与底边中点折叠成燕尾式,称为燕尾式三角巾,如图 10-6 所示。

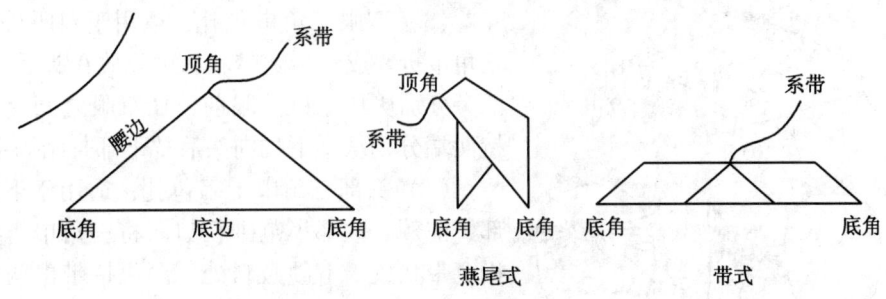

图 10-6 三角巾

2. 绷带卷

绷带卷也称绷带,用长条纱布制成,长度和宽度有多种规格,常用的有宽 5 cm、长 600 cm 和宽 8 cm、长 600 cm 两种。

(二) 包扎方法

1. 头部包扎

(1) 三角巾帽式包扎:适用于头顶部外伤。先在伤口上覆盖无菌纱布(所有的伤口包扎前均先覆盖无菌纱布,以下不再重复),把三角巾底边的正中放在伤员眉间上部,顶角经头顶拉到枕部,将底边经耳上向后拉紧压住顶角,然后抓住两个底角在枕部交叉返回到额部中央打结,如图 10-7 所示。

(2) 三角巾面具式包扎:适用于颜面部外伤。把三角巾一折为二,顶角打结放在头正中,两手拉住底角罩住面部,然后双手持两底角拉向枕后交叉,最后在额前打结固定。可以在眼、鼻处提起三角巾,用剪刀剪洞开窗,如图 10-8 所示。

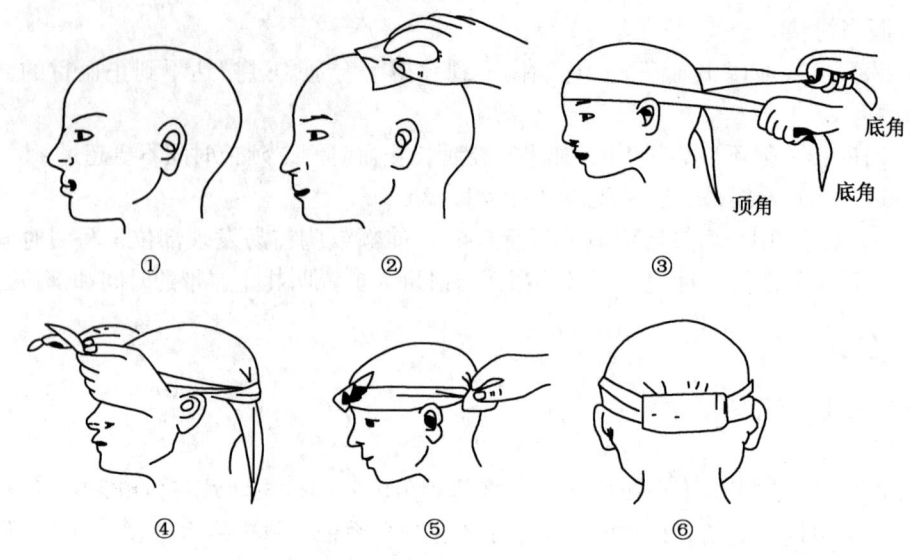

图 10-7 三角巾帽式包扎

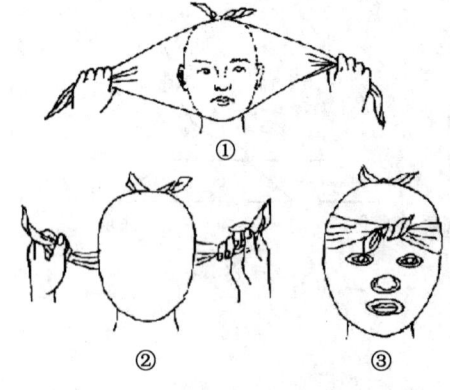

图 10-8 三角巾面具式包扎

（3）双眼三角巾包扎：适用于双眼外伤。将三角巾折叠成三指宽带状，中段放在头后枕骨上，两旁分别从耳上拉向眼前，在双眼之间交叉，再持两端分别从耳下拉向头后枕下部打结固定。

（4）头部三角巾十字包扎：适用于下颌、耳部、前额、颞部小范围伤口。将三角巾折叠成三指宽带状放于下颌敷料处，两手持带巾两底角分别经耳部向上提，长的一端绕头顶与短的一端在颞部交叉成十字，然后两端水平环绕头部经额、颞、耳上、枕部与另一端打结固定，如图 10-9 所示。

2. 颈部包扎（适用于颈部外伤）

三角巾包扎：将伤员健侧手臂上举抱住头部，将三角巾折叠成带状，中段压紧覆盖的纱布，两端在健侧手臂根部打结固定，如图 10-10 所示。

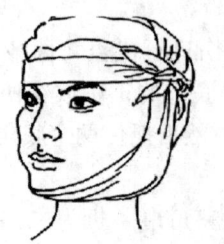

图 10-9 头部三角巾十字包扎

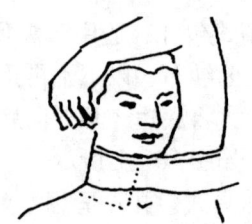

图 10-10 三角巾颈部包扎

3. 胸、背、肩、腋下部包扎

（1）胸部三角巾包扎：适用于一侧胸部外伤。将三角巾的顶角放于伤侧的肩上，使三角巾的底边正中位于伤部下侧，将底边两端绕下胸部至背后打结，然后将三角巾顶角的系带穿过底边与其固定打结，如图 10-11 所示。

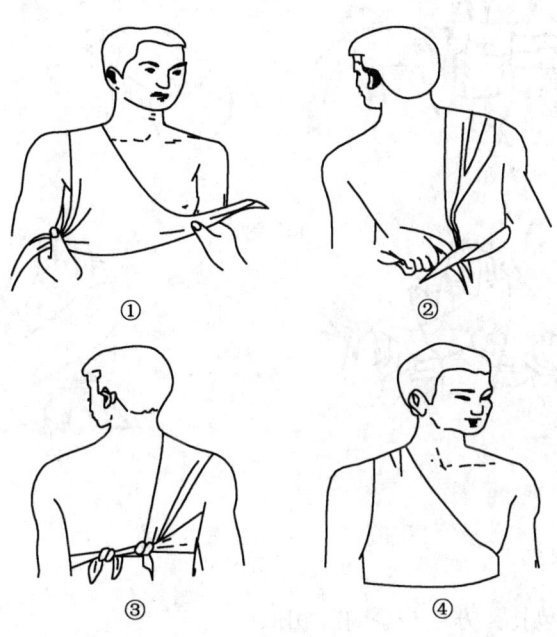

图 10-11 胸部三角巾包扎

（2）背部三角巾包扎：适用于一侧背部外伤。方法与胸部包扎相似，只是前后相反。

（3）侧胸部三角巾包扎：适用于单侧胸外伤。

（4）肩部三角巾包扎：适用于一侧肩部外伤。将三角巾的夹角对着伤侧颈部，巾体紧压伤口的敷料上，底部包绕上臂根部打结，然后两角分别经胸、背拉到对侧腋下打结固定。

（5）腋下三角巾包扎：适用于一侧腋下外伤。

4. 腹部包扎

双手持三角巾两底角，将三角巾底边拉直放于胸腹部交界处，顶角置于会阴部，然后两底角绕至伤员腰部打结，最后顶角系带穿过会阴与底边打结固定。

5. 四肢包扎

（1）上肢、下肢绷带螺旋形包扎：适用于上、下肢除关节部位以外的外伤。先在伤口敷料上用绷带环绕两圈，然后从肢体远端绕向近端，每缠一圈盖住前圈的 1/3～1/2 呈螺旋状，最后剪掉多余的绷带，然后用胶布固定。肘、膝关节处使用"8"字形绷带包扎。

（2）手部三角巾包扎：适用于手外伤。将带状三巾的中段紧贴手掌，将三角巾在手背交叉，三角巾的两端绕至手腕交叉，最后在手腕绕一周打结固定，如图 10-12 所示。

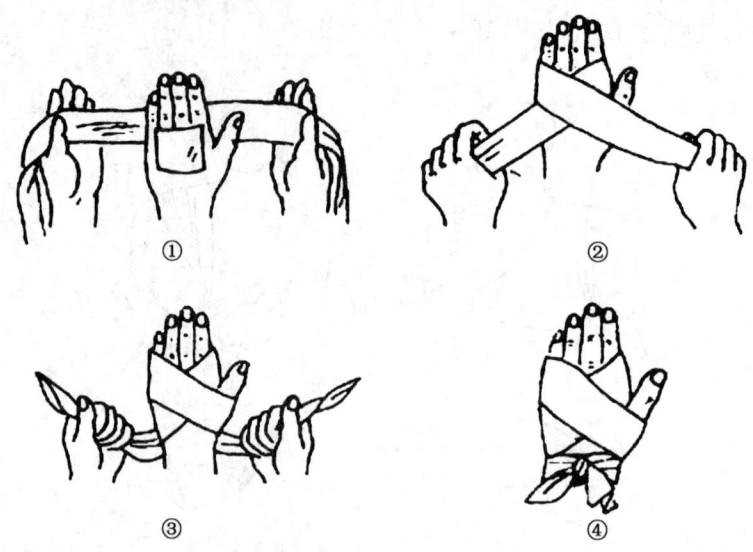

图 10-12 手部三角巾包扎

（3）脚部三角巾包扎：方法与手包扎相似。

四、骨折固定

固定是针对骨折的急救措施，可以防止骨折部位移动，具有减轻伤员痛苦的功效，同时能有效地防止因骨折断端的移动而损伤血管、神经等组织造成的严重并发症。固定时动作要轻巧，固定要牢靠，松紧要适度，皮肤与夹板之间要衬垫适量的软物，尤其是夹板两端骨突出处和空隙部位更要注意，以防局部受压引起缺血性坏死。

实施骨折固定前要注意伤员的全身状况，如心脏停搏要先复苏处理，如有休克要先抗休克或同时处理休克，如有大出血要先止血包扎然后再固定。

（一）固定材料

木制夹板是最常用的固定器材，有各种长短规格，外包软性敷料。还有钢丝夹板、充气夹板、负压气垫、塑料夹板及其他固定材料，如特制的颈部固定器、股骨骨折的托马固定架，紧要时就地取材的竹棒、木棍、树枝等。

（二）固定方法

1. 四肢骨折固定

（1）上肢骨折固定。用一块长夹板放至手臂内侧，上端位于腋下，下端超过手指尖，于腋下、肘上、肘下、手部共绑扎4道，打结在上肢外侧靠近夹板处，手部打在手背上，如图 10-13

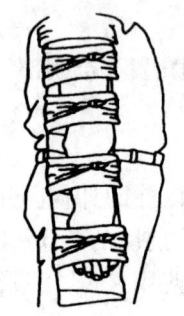

图 10-13 上肢骨折固定

所示。

（2）手指骨骨折固定。利用冰棒棍或短筷子作小夹板，另用两片胶布作黏合固定。若无固定棍棒，可以把伤肢黏合固定在健肢上，如图10-14所示。

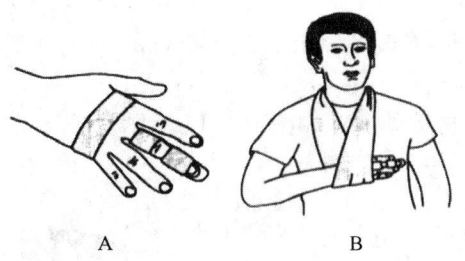

图10-14 手指骨折固定

（3）股骨骨折固定。将伤员置于背夹板上，于上胸部（腋下）、下胸部、髋部、大腿根部、膝上、膝下和踝部绑扎7条三角巾绷带固定，同时在另一条腿踝部绑扎1道绷带以增加稳定性，如图10-15所示。

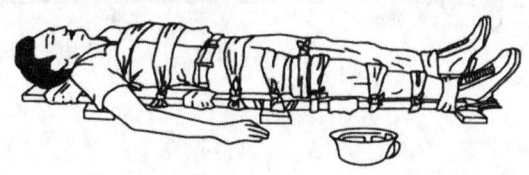

图10-15 股骨骨折固定

也可用一块长夹板（长度为伤员的腋下至足跟）放在伤肢侧，另用一块短夹板（长度为会阴至足跟）放在伤肢内侧；用6条带状三角巾，分别在胸部（腋下）、髋部、大腿根部、膝上、膝下及脚踝处环绕伤肢包扎固定。

（4）胫、腓骨骨折固定。在小腿下面放一块长夹板（自臀部下方至足跟），外侧放一块短夹板（自膝部至脚踝），6条带状三角巾绑扎固定，如图10-16所示。

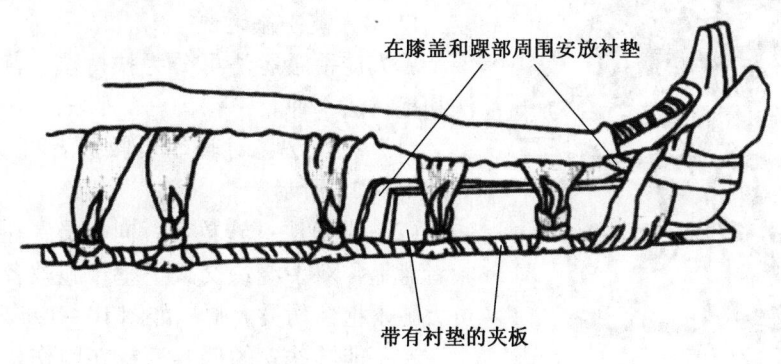

图10-16 胫、腓骨骨折固定

也可与股骨骨折固定相似,只是夹板长度稍超过膝关节即可,至少4道绷带绑扎固定。

2. 脊柱骨折固定

脊柱包括颈、胸、腰椎骨折,需坚固背板固定,一般应用脊柱固定板或背夹板进行有效固定。

背夹板固定法:平托抬高或滚身法上背夹板,前额、下颌、绕双肩、胸上部、胸下部、髋部、沿双侧大腿根部(腹股沟)、双大腿(膝上)、双小腿(膝下)及双踝共15条绷带绑扎固定;打结均在夹板外侧,如图10-17所示。

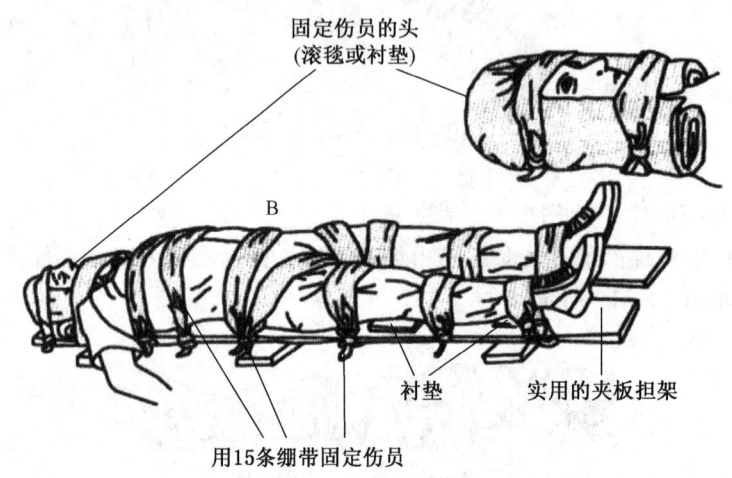

图10-17 背夹板固定法

五、伤员搬运

经过现场急救处理的伤员,需要进一步到医院救治,但在搬运过程中,采取的方法不当,容易造成神经、血管的损伤,加重伤情,给患者增加额外的痛苦。下面介绍几种搬运方法。

(一)徒手搬运法

1. 单人徒手搬运法

单人徒手搬运法可分为扶持法、背负法、肩负法和抱持法4种。

(1)扶持法:对轻伤员救援者可扶持着他走,如图10-18所示。

(2)背负法:施救者背向伤员,让伤员伏在施救者背上,双手绕颈交叉下垂;施救者用两手自伤员大腿下抱住伤员大腿,如图10-19a所示。

在不能够站立的低巷道或在因伤员昏迷不能站立的情况下,施救者可躺于伤员的一侧,一手紧握

图10-18 扶持法

伤员的肩部，另一手抱其腿部后用力翻身，使伤员负在施救者的背上，而后慢慢爬行或慢慢起身，如图10－19b所示。

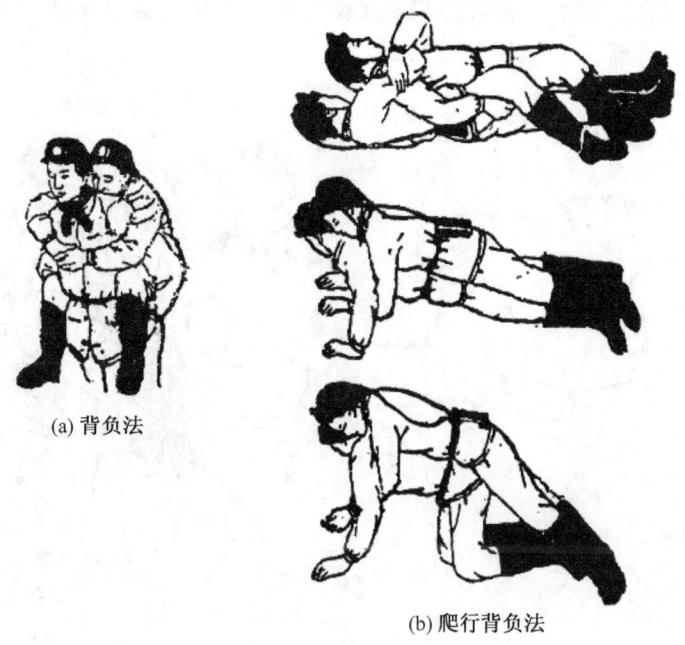

(a) 背负法

(b) 爬行背负法

图10－19　背负法

(3) 肩负法：把伤员的腹部担在施救者的右（左）肩上，右（左）手抱住伤员的双腿，左（右）手握住伤员的右（左）手，或以右（左）手将伤员的双腿与右（左）手一并抱住，如图10－20所示。

(4) 抱持法：施救者一手扶伤员的脊背，一手放在伤员的大腿后面，将伤员抱起来行走，如图10－21所示。

图10－20　肩负法

图10－21　抱持法

2. 双人徒手搬运法

双人徒手搬运法可分为双人抬坐法和双人抱法两种。

（1）双人抬坐法：两个施救者将双手互相交叉呈"井"字形握紧，使伤员坐在上面，双手扶住急救者的肩部，如图10-22所示。

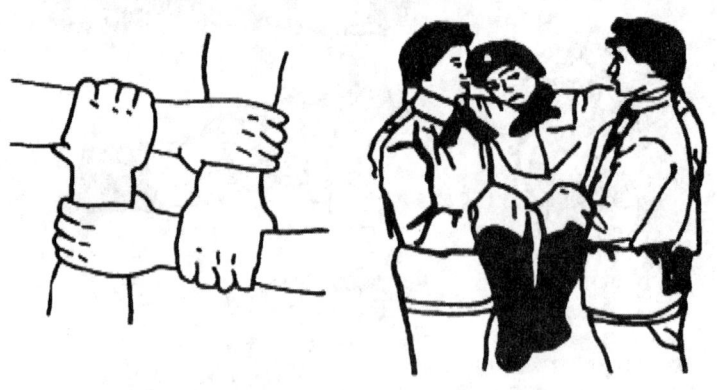

图10-22　双人抬坐法

（2）双人抱法：施救者1人抱住伤员的臀部、腿部；另1人抱住肩部、腰部，如图10-23所示。

图10-23　双人抱法

（二）担架搬运法

对重伤员一定要用担架搬运抬送。搬运伤员的担架可用专门的医用担架，也可就地取材，用木板、竹笆、绳子、毛毯、木棍和帆布等绑扎而成。

向担架上抬放伤员时，首先把准备好的担架平放在伤员的一侧，两个施救者站在伤员的另一侧,其中一人抱住伤员的颈部及下背部,另一人抱住伤员的臀部和大腿,平稳地把伤员托起放在担架上。

如果伤员伤情很重,可3人站在伤员的同侧或两侧,1人抱住伤员的上背部和颈部,1人抱住臀部和大腿,第3人托住腰和后背,动作一致而平稳地把伤员托起放在担架上,如图10-24所示。

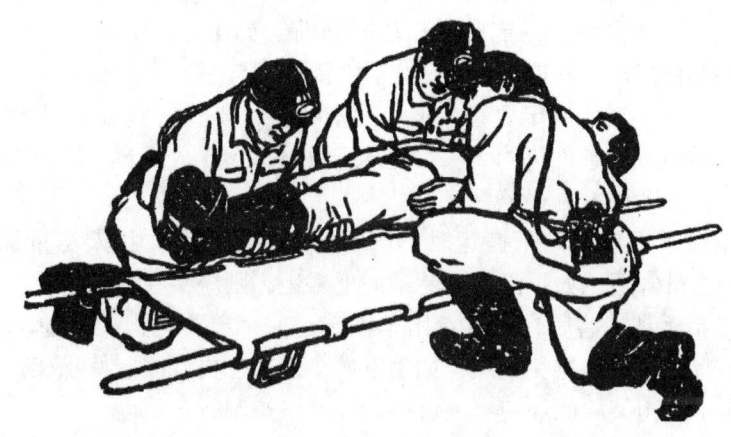

图10-24 担架搬运法

搬运脊柱骨折的伤员时千万要注意,不可随便搬动和翻动伤员,也绝对不可用抬、扛、背、抱的方法搬运,还不能用帆布或用绳索等绑扎的软担架抬运,一定要用木板做的硬担架抬运,如图10-25所示。伤员放到担架上以后,要让其平卧,腰部垫上一个衣服垫,然后用三四根布带把伤员固定在木板上,以免在搬运中滚动或跌落,否则,极易造成脊柱移位或扭转,刺伤血管和神经,造成下肢瘫痪。

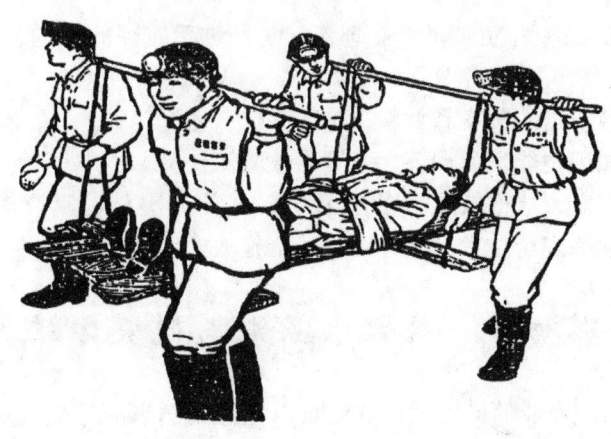

图10-25 搬运脊柱骨折伤员的方法

伤员搬运到井下大巷后，可连同担架一起固定在专用的人车或空矿车上，在施救者看护下立即向地面医院转送。

（三）搬运伤员的注意事项

（1）在搬运转送前，一定要先做好对伤员的检查和进行初步的急救处理，以保证转运途中的安全。

（2）要根据伤情的轻重，确定适当的搬运方法。

（3）用担架抬运伤员时，一定要使伤员脚朝前，头在后。这样后面的抬送人员能随时看到伤员的面部表情。如发现有异常变化时，能立即停下来及时抢救。

（4）搬运行进中，动作一定要轻，脚步一定要稳，步伐一定要力求迅速而一致。千万要避免摇晃和震动。如条件许可，一副担架要另派 2~3 人跟随，以便随时接力更换，保证搬运的速度，有医护人员跟随更好。

（5）在井下沿下山巷道向下搬运时，伤员的头要在后面，担架尽量保持前低后高，以保证平稳和使伤员舒适。如果沿上山巷道向上搬运，则应头在前，脚在后。

（6）将伤员抬运到大巷后，如有专用车辆转送，一定要把担架平稳地放在车上并固定，车辆速度不宜太快，以避免颠簸；如用空矿车运送，更要固定好担架，把伤员牢固地绑在担架和车身上，担架两侧还应有人看护，并严格控制行车速度。

（7）在抬运转送中，一定要给伤员盖好毯子或其他衣物，使其身体保温，防止受寒受冻。

（8）抬运人员在救护伤员时，一定要时刻保持沉着镇定，不论遇到什么情况，都不可惊慌失措。

六、急救演练

医疗急救演练是针对队伍医疗急救技术开展的专项演习训练，是对救护队员现场救治伤员能力的综合检验，要立足实战，密切配合，力求演练实效，不断提升急救水平，应做好以下几项工作：

（1）参演队员要认真学习贯彻急救演练方案，熟悉演练的目的、内容、程序和具体要求。

（2）准备好急救所需的装备和材料，确保齐全、完好。

（3）加强急救知识技能学习训练，安全高效救治伤员。

（4）遵守演练规定，严格按照演练方案实施。

（5）严格执行演练安全技术措施，确保安全施救。

第四节　自救、互救与避灾方法

矿井发生事故后，专业的矿山救援队伍难以立即到达事故地点组织抢救。实践证明，事故发生初期，而在灾区的井下作业人员如能及时采取措施，正确地开展自救互救，就能使初期事故得到控制，为下一步救灾创造条件，遇到大型突发事故发生时，也可以减少人员伤亡，降低事故危害程度。各类灾害事故时避灾自救与互救措施分述如下。

一、瓦斯与煤尘爆炸事故时的自救与互救

1. 防止瓦斯爆炸时遭受伤害的措施

据亲身经历过瓦斯爆炸的人员回忆，瓦斯爆炸时感觉到附近空气有颤动的现象发生，有时还发出嘶嘶的空气流动声，并有耳鸣现象，一般被认为是瓦斯爆炸前的预兆。井下人员一旦发现这种情况，要沉着、冷静，采取措施进行自救。具体方法是：背向空气颤动的方向，俯卧倒地，面部贴在地面，以降低身体高度，避开冲击波的强力冲击，并闭住气暂停呼吸，用毛巾捂住口鼻，防止把火焰吸入肺部。最好用衣物盖住身体，尽量减少肉体暴露面积，以减少烧伤。爆炸后，要迅速按规定佩戴好自救器，弄清方向，沿着避灾路线，赶快撤退到新鲜风流中。若巷道破坏严重，不知撤退是否安全时，可以到棚子较完整的地点躲避等待救援。

2. 掘进工作面发生瓦斯爆炸后的自救与互救措施

如发生小型爆炸，掘进巷道和支架基本未遭破坏，遇险人员未受直接伤害或受伤不重时，应立即打开随身携带的自救器，佩戴好后迅速撤出受灾巷道到达新鲜风流中。对于附近的伤员，要协助其佩戴好自救器，帮助撤出危险区。不能行走的伤员，在靠近新鲜风流30~50 m范围内，要设法抬运到新风中，如距离远，则只能为其佩戴自救器，不可抬运。撤出灾区后，要立即向矿调度室报告。

如发生大型爆炸，掘进巷道遭到破坏，退路被阻，但遇险人员受伤不重时，应佩戴好自救器，千方百计疏通巷道，尽快撤到新鲜风流中。如巷道难以疏通，应坐在支护良好的棚子下面，或利用一切可能的条件建立临时避难硐室，相互安慰、稳定情绪，等待救助，并有规律地发出呼救信号。对于受伤严重的人员要为其佩戴好自救器，使其静卧待救。并且要利用压风管道、风筒等改善避难地点的生存条件。

3. 采煤工作面瓦斯爆炸后的自救与互救措施

如果进回风巷道没有发生垮落而被堵死，通风系统破坏不大，所产生的有害气体较易被排除。这种情况下，采煤工作面进风侧的人员一般不会受到严重伤害，应迎风撤出灾区。回风侧的人员要迅速佩用自救器，经最近的路线进入进风侧。

如果爆炸造成严重的垮落冒顶，通风系统被破坏，爆源的进回风侧都会聚积大量的一氧化碳和其他有害气体，该范围内所有人员都有发生一氧化碳中毒的可能。为此，在爆炸后，没有受到严重伤害的人员，要立即打开自救器佩戴好。在进风侧的人员要逆风撤出，在回风侧的人员要设法经最短路线，撤退到新鲜风流中。如果冒顶严重撤不出来，首先要把自救器佩用好，并协助重伤员在较安全地点待救；附近有独头巷道时，也可进入暂避，并尽可能用木料、风筒等设立临时避难场所，并把矿灯、衣物等明显的标识物，挂在避难场所外面明显的地方，然后进入室内静卧待救。

二、煤与瓦斯突出时的自救与互救

1. 发现突出预兆后现场人员的避灾措施

在采煤工作面发现有突出预兆时，要以最快的速度通知人员迅速向进风侧撤离。撤离中快速打开隔离式自救器并佩用好，迎着新鲜风流继续外撤。如果距离新鲜风流太远时，

应首先到避难所或利用压风自救系统进行自救。

掘进工作面发现煤和瓦斯突出的预兆时，必须向外迅速撤至防突反向风门之外，之后把防突风门关好，然后继续外撤。如自救器发生故障或佩用自救器不能安全到达新鲜风流时，应在撤出途中到避难所或利用压风自救系统进行自救，等待救援。

2. 发生突出事故后现场人员的避灾措施

在有煤与瓦斯突出危险的矿井，作业人员要把自己的隔离式自救器带在身上，一旦发生煤与瓦斯突出事故，立即打开外壳佩戴好，迅速外撤。在撤退途中，如果退路被堵或自救器有效时间不够，可到矿井专门设置的井下避难所或压风自救装置处暂避，也可寻找有压缩空气管路的巷道、硐室躲避。这时要把管子的螺丝接头卸开，形成正压通风，延长避难时间，并设法与外界保持联系。

三、矿井火灾事故时的自救与互救

（1）首先要尽最大的可能迅速了解或判明事故的性质、地点、范围和事故区域的巷道情况、通风系统、风流及火灾烟气蔓延的速度、方向以及与自己所处巷道位置之间的关系，并根据矿井灾害预防和处理计划及现场的实际情况，确定撤退路线和避灾自救的方法。

（2）撤退时，任何人无论在任何情况下都不要惊慌、不能狂奔乱跑。应在现场负责人及有经验的老工人带领下有组织地撤退。

（3）位于火源进风侧的人员，应迎着新鲜风流撤退。

（4）位于火源回风侧的人员在撤退途中遇到烟气有中毒危险时，应迅速戴好自救器，尽快通过捷径绕到新鲜风流中去或在烟气没有到达之前，顺着风流尽快从回风出口撤到安全地点；如果距火源较近而且越过火源没有危险时，也可迅速穿过火区撤到火源的进风侧。

（5）如果在自救器有效作用时间内不能安全撤出时，应到设有储存备用自救器的硐室换用自救器后再行撤退，或是寻找有压风管路系统的地点，以压缩空气供呼吸之用。

（6）撤退行动既要迅速果断，又要快而不乱。撤退中应靠巷道有联通出口的一侧行进，避免错过脱离危险区的机会，同时还要注意观察巷道和风流的变化情况，谨防火风压可能造成的风流逆转。人与人之间要互相照应，互相帮助。

（7）如果无论是逆风或顺风撤退，都无法躲避着火巷道或火灾烟气可能造成的危害，则应迅速进入避难硐室；没有避难硐室时应在烟气袭来之前，选择合适的地点就地利用现场条件，快速构筑临时避难硐室，进行避灾自救。

（8）逆烟流撤退具有很大的危险性，在一般情况下不要这样做。除非是在附近有脱离危险区的通风出口，而且又有脱离危险区的把握时；或是只有逆烟撤退才有争取生存的希望时，才采取这种撤退方法。

（9）撤退途中，如果有平行并列巷道或交叉巷道时，应靠有平行并列巷道和交叉巷口的一侧撤退，并随时注意这些出口的位置，尽快寻找脱险出路。在烟雾大、视线不清的情况下，要摸着巷道壁前进，以免错过联通出口。

（10）当烟雾在巷道里流动时，一般巷道上部烟雾浓度大、温度高、能见度低，对人的危害也严重，而靠近巷道底板情况要好一些，有时巷道底部还有比较新鲜的低温空气流动。为此，在有烟雾的巷道里撤退时，在烟雾不严重的情况下，即使为了加快速度也不应直立奔跑，而应尽量贴着巷道底板和巷壁，摸着铁管或管道等爬行撤退。

（11）在高温浓烟的巷道撤退还应注意利用巷道内的水浸湿毛巾、衣物或向身上淋水等办法进行降温，改善自己的感觉，或是利用随身物件等遮挡头部、面部，以防高温烟气的刺激。

（12）在撤退过程中，当发现有发生爆炸的前兆时（当爆炸发生时，巷道内的风流会有短暂的停顿或颤动，应当注意的是这与火风压可能引起的风流逆转的前兆有些相似），有可能的话要立即避开爆炸的正面巷道，进入旁侧巷道，或进入巷道内的躲避硐室；如果情况紧急，应迅速背向爆源，靠巷道的一帮就地顺着巷道爬卧，面部朝下紧贴巷道底板、用双臂护住头面部并尽量减少皮肤的外露部分；如果巷道内有水坑或水沟，则应顺势爬入水中。在爆炸发生的瞬间，要尽力屏住呼吸或是闭气将头面浸入水中，防止吸入爆炸火焰及高温有害气体，同时要以最快的动作戴好自救器。爆炸过后，应稍事观察，待没有异常变化迹象，就要辨明情况和方向，沿着安全避灾路线，尽快离开灾区，撤到有新鲜风流的安全地带。

四、矿井透水事故时的自救与互救

1. 透水后现场人员撤退时的注意事项

透水后，应在可能的情况下迅速观察和判断透水的地点、水源、涌水量、发生原因、危害程度等情况，根据灾害预防和处理计划中规定的撤退路线，迅速撤退到透水地点以上的水平，而不能进入透水点附近及下方的独头巷道。

行进中，应靠近巷道一侧，抓牢支架或其他固定物，尽量避开压力水头和泄水流，并注意防止被水中滚动的矸石和木料撞伤。

如透水破坏了巷道中的照明和路标，迷失行进方向时，遇险人员应朝着有风流通过的上山巷道方向撤退。

在撤退沿途和所经过的巷道交叉口，应留设指示行进方向的明显标志，以引起救援人员的注意。

人员撤退到竖井，需从梯子间上去时，应遵守秩序，禁止慌乱和争抢。行动中手要抓牢，脚要蹬稳，切实注意自己和他人的安全。

如唯一的出口被水封堵无法撤退时，应有组织地在独头工作面躲避，等待救援人员的营救。严禁盲目潜水逃生等冒险行为。

2. 透水后被围困时避灾自救措施

当现场人员被涌水围困无法退出时，应迅速进入预先筑好的避难硐室中避灾，或选择合适地点快速构筑临时避难硐室避灾。迫不得已时，可上巷道中的高冒空间待救。如系老窑透水，则须在避难硐室外建临时挡墙或吊挂风帘，防止被涌出的有毒有害气体伤害。进入避难硐室前，应在硐室外留设明显标志。

在避灾期间，遇险作业人员要有良好的精神心理状态，情绪安定、自信乐观、意志坚强。要做好长时间避灾的准备，除轮流担任岗哨观察水情的人员外，其余人员应静卧，以减少体力和空气消耗。

避灾时，应用敲击的方法有规律、间断的发出呼救信号，向营救人员指示躲避处的位置。

被困期间断绝食物后，即使在饥饿难忍的情况下，也应努力克制自己，决不嚼食杂物充饥。需要饮用井下水时，应选择适宜的水源，并用纱布或衣服过滤。

长时间被困在井下，发觉救护人员到来营救时，避灾人员不可过度兴奋和慌乱，以防发生意外。

五、冒顶事故时的自救与互救

1. 采煤工作面冒顶时的避灾自救措施

迅速撤退到安全地点。当发现工作地点有即将冒顶的征兆，而当时又难以采取措施防止采煤工作面顶板冒落时，最好的避灾措施是迅速离开危险区，撤退到安全地点。

遇险时要靠煤帮贴身站立或到木垛处避灾。从采煤工作面发生冒顶的实际情况来看，顶板沿煤壁冒落是很少见的，因此，当发生冒顶来不及撤退到安全地点时，遇险者应靠煤帮贴身站立或卧倒。在一般情况下不可能压垮或推倒质量合格的木垛，所以，如遇险者所在位置靠近木垛时，可撤至木垛处避灾。

遇险后立即发出呼救信号。冒顶对人员的伤害主要是砸伤、掩埋或隔堵。冒落基本稳定后，遇险者应立即采用呼叫、敲打（如敲打物料、岩块，可能造成新的冒落时，则不能敲打，只能呼叫）等方法，发出有规律、不间断的呼救信号，以便救援人员和撤出人员了解灾情，组织力量进行抢救。

遇险人员要积极配合外部的营救工作。冒顶后被煤矸、物料等埋压的人员，不要惊慌失措，在除条件允许外切忌采用猛烈挣扎的办法脱险，以免造成事故扩大。被冒顶隔堵的人员，应在遇险地点有组织地维护好自身安全，构筑脱险通道，配合外部的营救工作，为提前脱险创造良好条件。

2. 独头巷道迎头冒顶被堵人员避灾自救措施

遇险人员要正视已发生的灾害，切忌惊慌失措，坚信矿领导和同志们一定会积极进行抢救。应迅速组织起来，主动听从现场班组长和有经验老工人的指挥。团结协作，尽量减少体力和隔堵区的氧气消耗，有计划地使用饮水、食物和矿灯等，做好较长时间避灾的准备。

如人员被困地点有电话，应立即用电话汇报灾情、遇险人数和计划采取的避灾自救措施。否则，应采用敲击钢轨、管道和岩石等方法，发出有规律的呼救信号，并每隔一定时间敲击一次，不间断地发出信号，以便营救人员了解灾情，组织力量进行抢救。

维护加固冒落地点和人员躲避处的支架，并经常派人检查，以防止冒顶进一步扩大，保障被堵人员避灾时的安全。

如人员被困地点有压风管，应打开压风管给被困人员输送新鲜空气，并稀释被隔堵区域的瓦斯浓度，但要注意保暖。

六、矿山救援队员的自救互救

在抢险救灾过程中，矿山救援队员难免遇到各种各样险情，如果自救互救措施采取得当，就可能避免伤害或减轻伤害程度。如果措施采取不当，就可能造成伤害或加重伤害程度。在遇到瓦斯、煤尘、火灾、水灾、顶板事故时的应急措施基本与前面所述相同。这里，主要介绍救援队在灾区进行侦察或作业时遇到身体不适或仪器发生故障时如何自救互救。

1. 矿山救援队员的自救

呼吸器发生故障时的自救。救援人员在灾区工作时，可能遇到呼吸器发生故障，这时应沉着冷静，根据情况采取不同措施，如果是定量孔被堵或流量减小，应该按手补；如果是压力表或高压跑气，应当关住气瓶阀门，然后间断的开关气瓶阀门。这两种情况发生时都必须报告小队长，采取补救措施。

2. 矿山救援队员的互救

救援人员在灾区工作时，可能由于各种原因需要互救：

（1）身体不适时的互救。救援人员在灾区侦察时可能遇到头晕、恶心，这时千万不能慌也不能乱跑，这可能是发生中暑或是呼吸器药品吸收二氧化碳不充分造成的。正确的方法应该立即按氧气呼吸器手动补给补气，并发出求救信号，告诉队友自己的感觉。小队长可根据情况开展互救，并令全小队护送该队员退出灾区。

（2）正压呼吸器发生余压报警时的互救。如果是氧气瓶压力不足，应立即给该队员更换备用氧气瓶。如果是由于高压漏气，此时应当立即给该队员更换备用呼吸器，然后全队退出灾区。

第五节　急救器材的使用及维护

一、负气压式骨折固定保护气垫

负气压式气垫担架、骨折固定保护气垫采用真空成型原理，以高分子纤维为主体，适合人体生理骨骼肢体各部骨折固定，它能避免在转送伤者过程中因骨折部位移动而加重伤势，能有效防止因现场处理不当及送院过程造成二次损伤。

1. 使用方法

（1）颈托、颈部护板使用方法。伤员颈部受伤可选取普通颈托，将颈托顶端托住下颚，环绕颈部拉紧后贴上魔术贴即可。将护板环绕于颈部贴紧，用专用气筒抽出空气，硬固即可。

（2）躯体夹板（气垫）使用方法。伤员的腰椎、骨盆、肋骨等部位骨折，将伤员平卧于气垫上，将固定带、肩吊带固定好，用专用气筒抽出气垫内空气，待气垫硬固后拧紧阀门。

（3）短（长）臂夹板（气垫）使用方法。伤员的臂部骨折，应选用长度适中的夹板气垫缠绕于受伤部位，将固定带穿过扣环并拉紧，用专用气筒抽出气垫内空气，气垫硬固后拧紧阀门。

（4）弯曲夹板（气垫）使用方法。伤员的臂部骨折，呈弯曲状，应选用弯曲夹板气垫敷于受伤部位，将固定带穿过扣环并拉紧，小臂向胸部上扶并套上吊带用气筒抽出气垫内空气,气垫硬固后拧紧阀门。

(5) 全(大)腿气垫夹板使用方法。伤员的股骨、腿部骨折,应选取全(大)腿夹板气垫缠绕受伤部位,将固定带穿过扣环并拉紧,接上气筒进行抽气,气垫硬固后拧紧阀门。

(6) 气垫担架的使用方法。将伤员轻轻抬放于气垫担架上平卧,将固定带穿过扣环并拉紧,接上专用气筒抽出担架内空气,气垫硬固后拧紧阀门,便可转移运送伤员。

2. 维护保养

(1) 防止尖利物品扎伤固定气垫表面。

(2) 阀门不要随便拧动。

(3) 使用时应防止漏气,如发现气垫变软,应立即抽出空气。

(4) 气垫可多次使用,再次使用前必须消毒,以防止交叉感染。

二、自动苏生器

自动苏生器是对中毒或窒息的伤员自动进行人工呼吸或者输氧的急救器具。它能连续地把新鲜氧气自动输入被抢救人员的肺内,又能自动将肺内的气体抽除,达到人工呼吸的目的;还可以吸除被抢救人员呼吸道内的分泌物或异物。目前国家(区域)矿山应急救援队常用的 ASZ-30 型自动苏生器

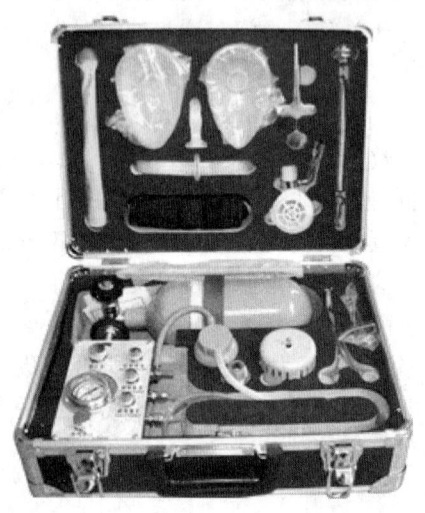

图 10-26　ASZ-30 型自动苏生器

如图 10-26 所示。

1. 操作方法

以 ASZ-30 型自动苏生器为例,说明苏生器的操作方法:

(1) 打开氧气瓶开关,如果外接氧气瓶已接好,就打开外接氧气瓶的氧气,将苏生器里面的氧气瓶关闭。

(2) 接好自动肺,套好面罩,将自动肺杠杆拉到抽气位置,压在伤员面部,压紧程度以不漏气为准。打开配气阀开关,此时自动肺便自动交替工作充气和抽气。

(3) 为防止氧气进入伤员胃内,应用手轻压伤员喉头中部环状软骨,关闭食道。当伤员胸部有明显起伏状态时,说明氧气已进入伤员肺部内,压喉可以停止。

(4) 苏生时间较长时,可以用头带将面罩固定。

(5) 注意观察外接氧气瓶中的压力,当压力接近 1 MPa 时就打开仪器里面的氧气瓶供氧,更换外接氧气瓶。如果苏生时间较长,可更换成 40 L 大氧气瓶,氧气量一般应调在 80%,一氧化碳中毒的伤员应调在 100%。

(6) 苏生中如自动肺杠杆突然动作过快,此时可用食指和中指轻轻托起伤员下颌,使呼吸道畅通。如仍无效,则说明伤员呼吸道内有痰(或堵塞物),应立即取下面罩,进行抽痰,抽完痰后继续苏生。如伤员出现呕吐时,应及时清除呕吐物;如伤员发生严重痉挛时,必须及时对其进行处置(防止伤员咬伤舌头或者损伤其他器官),待不影响人工呼

吸时，再恢复苏生工作。

（7）如遇有 2 名伤员时，则重伤员使用自动肺，轻伤员使用自主呼吸供氧并配合人工呼吸。

（8）如属于一氧化碳中毒的伤员，要用自主呼吸阀进行输氧，氧气调节环必须调在 100% 的供氧位置。属于腐蚀性气体中毒的伤员，不准使用自动肺强行进行人工呼吸，只能使用自主呼吸阀供氧。

（9）经过自动肺苏生后有了自主呼吸能力的伤员，应立即将口咽中的口咽导气管取出，改用自主呼吸阀供氧。

2. 维护保养

（1）仪器使用后，必须彻底清洗和消毒，用完的空氧气瓶要充好氧气。

（2）要避免阳光直射，以防胶质件老化，日常保存室温不超过 30 ℃。

（3）苏生器要有专人负责和保管，确保处于良好状态。

第十一章　矿山安全生产技术

本章主要讲述了矿山地质、矿图等基础知识，以及矿山开采、巷道掘进与支护、爆破、粉尘防治、机电安全、通风安全、尾矿库安全等技术知识。通过这些知识的学习，使矿山救援队员对矿山事故的成因、矿山生产与矿山灾害事故的关系有一个基本认识，为搞好抢险救援工作奠定坚实的基础。

第一节　矿山地质基础知识

一、矿物

矿物是指在各种地质作用中产生和发展着的、在一定地质和物理化学条件处于相对稳定的自然元素的单质和他们的化合物。矿物具有相对稳定的化学组成，呈固态者还具有确定的内部结构，它是组成岩石和矿石的基本单元。

二、岩石

（一）岩石及其物理力学性质

岩石是在各种地质作用下，由一种或者多种矿物有规律地组合成的矿物集合体。岩石的物理力学性质表现在变形特性、强度特征、破坏形式三个方面。

（二）煤层的顶底板岩石

在煤的形成过程中，煤层上下同时形成许多岩层。根据顶底板岩层相对于煤层的位置和垮落性能、强度等特征的不同，可以分为以下类型：

1. 顶板岩石

从采煤工作的角度，根据顶板岩层变形和垮塌的难易程度，可将煤层的顶板岩层分为伪顶、直接顶、基本顶3种。

伪顶：位于煤层之上，随采随落的极不稳定岩层。其厚度一般在0.5 m以下，多由页岩、炭质页岩组成，不易支护。

直接顶：位于煤层或者伪顶之上，具有一定的稳定性，移架或者回柱后能自行垮落的岩层。其厚度一般为1~2 m，多由页岩、泥岩、粉砂岩及少量的石灰岩组成。但某些砂岩、石灰岩的直接顶还需人工强制放顶。

基本顶：位于直接顶或煤层之上，厚度及岩石强度较大难以垮落的岩层。基本顶一般只发生缓慢下沉，在采空区上方悬露一段时间，达到相当面积之后才垮落一次。岩性多为砂岩和石灰岩。

2. 底板岩石

煤层的底板岩石可分为直接底及基本底两种。

直接底：位于煤层之下硬度较低的岩层。厚度一般为几十厘米至几米。直接底通常为泥岩、页岩或黏土岩。如果直接底的岩性是遇水后膨胀的黏土岩，可造成巷道底鼓与支架插底，轻者影响巷道运输与工作面支护，重者可使巷道遭受严重破坏。

基本底：位于直接底或者煤层之下的较硬岩层，常为厚层砂岩、石灰岩等。

三、地质构造

沉积岩层和煤层在形成时，一般都是水平或者近水平的，在一定范围内是连续完整的。但后来由于受到地壳运动的影响，使岩层失去了连续性和完整性，其形态和产状发生了变化。这种由地壳运动引起的岩层变形和变位的结果叫作构造变动，构造变动按其表现形式，主要分为褶皱和断裂两类。这种由地壳运动造成岩层空间形态的变化，称为地质构造。

（一）褶皱和断裂

1. 褶皱构造

褶皱构造是指组成地壳的岩层受构造力的强烈作用，使岩层形成一系列弯曲且未丧失连续性的构造。褶皱构造的基本单位叫作褶曲。褶曲就是岩层的一个弯曲。

（1）褶曲的基本形态：一般把褶曲的基本形态分成背斜和向斜两种。

（2）褶曲的要素：核部、翼部、轴面、轴线、枢纽。

（3）褶曲的分类：根据褶曲轴面的产状，分为直立褶曲、倾斜褶曲和倒转褶曲。

2. 断裂构造

岩层在外力或内力作用下，产生了机械破坏，使岩体丧失连续性和完整性，不论发生位移与否，都认为岩层产生了断裂。断裂后，两侧岩层若没有发生显著位移，称为裂隙或节理；若发生了显著位移则称为断层。

（1）裂隙。裂隙按成因可分为原生裂隙、风化裂隙和构造裂隙。根据裂隙的产状和岩层的产状关系，可分为走向裂隙、倾向裂隙和斜交裂隙。

（2）断层。岩层沿断裂面发生显著位移的断裂构造称为断层。为了描述断层的性质、位置和空间形态，给断层的各个部位以一定的名称，这些断层的基本组成部分叫作断层要素。根据断层上下盘相对移动的方向，可分为正断层、逆断层和平推断层。根据断层面的倾角，又把逆断层分为冲断层（断层面倾角大于45°）、逆掩断层（断层面倾角为45°~25°）和辗掩断层（断层面倾角在25°以下）。根据断层走向与岩层走向的关系，断层又分为走向断层、斜交断层。断裂构造发育的地区，经常是许多断层以某种组合形式出现，其中有地堑和地垒、叠瓦状构造、阶梯状构造。

（二）煤（岩）层的产状要素

为了说明倾斜煤（岩）层的空间形态，常用产状要素来表示，即煤（岩）层的走向、倾向及倾角。煤（岩）层的产状要素如图11-1所示。

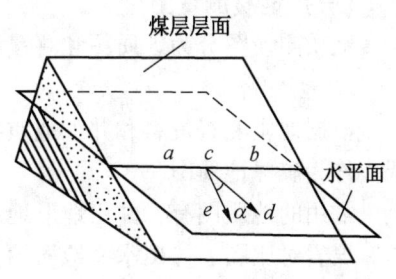

α—倾角；ab—走向线；
cd—倾向线；ce—倾斜线

图11-1 煤（岩）层的产状要素

(1) 走向：煤层层面与水平面的交线称为走向线，走向线两端所指的方向就是走向。

(2) 倾向：在煤层层面上与走向线垂直的线称为倾斜线，倾斜线的水平投影所指的方向称为倾向。

(3) 倾角：煤层层面与水平面所夹的最大锐角称为倾角。倾角的大小反映煤层的倾斜程度。

煤层倾角在0°~90°之间变化，煤层倾角越大，开采难度越大。

（三）地质构造对安全生产的影响

(1) 瓦斯矿井中，在断层带附近及褶曲核部，易积聚大量瓦斯，有可能发生煤与瓦斯突出事故。

(2) 在褶曲核部和断层带附近，一般岩石比较破碎，顶板控制不善，容易造成冒顶事故。

(3) 断层带和裂隙发育地段是地下水的良好通道，当采掘工作至此时，会使矿井涌水量增加或发生突水事故。

(4) 地质条件复杂的地段，工作面布置往往不正规，需要多掘巷道，造成无效进尺，使掘进率比正常情况显著增大。

(5) 采煤工作面出现断层，会给回采工作造成困难，影响正规循环作业，甚至使生产中断。尤其是断层的大量出现，还会影响煤层的开采价值，损失国家资源和增加煤炭开采成本。

第二节 矿图基础知识

一、矿图的概念

矿井在地质勘探、设计、建设、生产过程中需要绘制和应用一系列图纸，这些图纸统称为矿图。

二、矿图的分类

矿图一般分为三大类：地质测量图、设计工程图和生产管理图。

（一）地质测量图

地质测量图分为地质图和测量图。

1. 地质图

根据地质勘查资料和井下地质编录资料经分析推断绘制的主要反映矿井地质情况的图纸，称为矿井地质图。

常用的地质图有：井田地形地质图、煤层底板等高线图、各种地质剖面图、各种柱状图、煤岩对比图、井田水文地质图和资源储量计算图等。

2. 测量图

根据地面及井下实际测量的资料绘制而成的图纸，称为测量图。测量图随矿井采掘情况的变化而逐步测量并添绘。

常用的测量图有：井田区域地形图、工业场地平面图、采掘工程图、水平主要巷道平面图、井上下对照图和主要保护煤柱图等。

（二）设计工程图

由设计部门设计并绘制的一系列图纸，称为设计工程图。

煤矿设计包括矿井初步设计、矿井改扩建设计、矿井水平延深设计、采区设计和单项工程设计等。每类设计须绘制相应的图纸用以说明设计方案和设计内容。

（三）生产管理图

用于指导矿井日常生产工作的主要图纸称为生产管理图，如采掘工程平面图、采掘计划图和各类安全、生产系统图。

《煤矿安全规程》相关规定如下：

（1）井工煤矿必须按规定填绘反映实际情况的下列图纸：

① 矿井地质图和水文地质图。

② 井上、下对照图。

③ 巷道布置图。

④ 采掘工程平面图。

⑤ 通风系统图。

⑥ 井下运输系统图。

⑦ 安全监控布置图和断电控制图、人员位置监测系统图。

⑧ 压风、排水、防尘、防火注浆、抽采瓦斯等管路系统图。

⑨ 井下通信系统图。

⑩ 井上、下配电系统图和井下电气设备布置图。

⑪ 井下避灾路线图。

（2）露天煤矿必须按规定填绘反映实际情况的下列图纸：

① 地形地质图。

② 工程地质平面图、断面图。

③ 综合水文地质图。

④ 采剥、排土工程平面图和运输系统图。

⑤ 供配电系统图。

⑥ 通信系统图。

⑦ 防排水系统图。

⑧ 边坡监测系统平面图。

⑨ 井工采空区与露天矿平面对照图。

三、矿图的作用

在矿山生产过程中，人们要借助矿图系统地了解矿山及井上下自然条件及其变化情况，掌握采掘、采剥作业的进展情况，及时解决地质勘探、采矿设计、生产管理和安全管理等一系列实际问题。矿图的作用如下：

（1）矿图可用于确定矿山、井田边界，选择开拓、开采方案，划分开采水平，布置采区和采掘工作面等。

（2）矿图可作为预留地表及井下重要建筑物和其他安全煤柱的重要依据，为保护建筑物和防止水灾、火灾等事故的发生创造有利条件。

（3）根据矿图可以了解矿山地质构造，煤（岩）层的产状变化，瓦斯含量、涌出量及煤和瓦斯涌出的分布规律，且经过分析可以进行地质构造和瓦斯预测、预报，可以指导采掘、采剥作业进展情况，有利于安全生产。

（4）矿图中标明有煤（岩）的风化带、变薄带、火成岩侵入带，井下火区、水淹区、老空区等，为矿山安全生产管理提供重要依据。

（5）在矿山事故应急救援过程中，矿图对了解发生事故区域的方位、判断被困人员的位置、规划救援人员的行进路线，以及确定救援设备安设地点等方面具有重要的参考作用。

四、矿图的特点

矿图是反映矿山及井田的边界、规模、矿产类型、储量、采掘工程等资料的图纸，是矿山企业最重要的技术资料，是矿山企业安全生产必不可少的基础图件。

以井工煤矿为例，矿图与其他图纸相比较，具有以下几个特点：

（1）矿图的内容要随着采矿工程的进展逐渐增加、补充、修改。

（2）矿图的测绘区域根据矿层分布和掘进巷道部署情况而定，常常是分水平测绘。

（3）矿图反映的是井下巷道复杂的空间关系，以及矿体和围岩产状与各种地质破坏，测绘内容多，读图较困难。

（4）采用实测与编绘的方法，以实测资料为基础，再辅以地质、水文、采掘等方面的技术资料绘制而成。

五、识读矿图

（一）识图的基础内容

（1）首先阅读图名和比例尺，根据图名就能知道该图的用途。矿图一般是缩小的，故图中的比例尺（又叫缩尺）常用分数或比例式表示，例如：1/500、1/1000 或 1∶500、1∶1000 等。

（2）识别图的坐标和方向。在矿图中通常采用平面直角坐标系，它是由两条互相垂直的直线组成的方格网。煤矿用的方格网大多为 10 cm×10 cm，一般纵坐标表示南北方向（X 轴），横坐标表示东西方向（Y 轴）。在图纸上通常画有指北针，如图 11-2 所示，方格的实地长度是 100 m。

图纸上任何一点 A 的位置，可由该点到坐标轴的垂直距离来确定，即该点的坐标 (X_a, Y_a)，如图 11-2 中的位置为：

$$X_a = 1700 + Aa_1 = 1700 + 80 = 1780 \text{ m}$$
$$Y_a = 2300 + Aa_1 = 2300 + 50 = 2350 \text{ m}$$

由坐标指北方向起，顺时针方向旋转量到某直线的夹角，称为该直线坐标方位角。方位角可以从 0°到 360°。由于直线是有方向的，所以两个点构成直线，因起止点的不同，

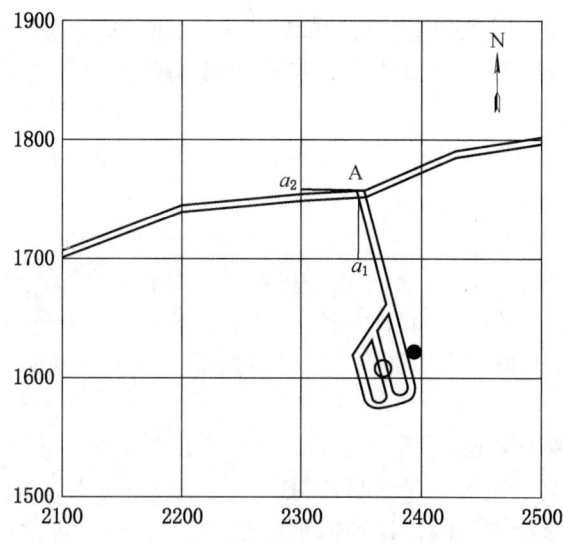

图 11-2 正方格网

其方位角也不相同,且相差 180°。

(3) 等高线的识读。同一等高线上的各点标高相同,等高线上所标数值为正值(+)时,数值越大标高越高;为负值(-)时,数值越大标高越低。等高线的距离越近,则表示地形或煤层倾角越大;等高线距离越远,则表示地形或煤层倾角越小。等高线呈曲线说明地形或煤层有起伏与褶皱现象,波折越多起伏越多,波折越大起伏越大。

(4) 地质构造、地面建筑物、河流等可依据图纸的各种图例符号加以识别。

(二) 采掘工程平面图识图及方法

1. 采掘工程平面图的基本概念

采掘工程平面图是反映煤层内巷道布置、工程进度和回采情况,以及煤层、地质情况的图纸。采掘工程平面图是将开采煤层或开采分层内的实测地质情况和采掘工程情况,采用正投影的原理投影到水平面上,按一定比例绘制的图件。

2. 采掘工程平面图的内容

(1) 地面建筑物、河流、湖泊、铁路、主要井巷及其保护煤柱的边界、井田技术边界和井田隔离煤柱边界。

(2) 地面近井点、井下导线点和水准点。

(3) 水平主要巷道及硐室,以及特征点的高程。

(4) 沿煤层掘进的全部巷道和回采工作面,以及巷道的掘进日期,斜巷的倾角,煤层的产状要素、回采年月。

(5) 断层和煤层的交面线。

(6) 穿过本煤层的钻孔、煤层露头线及其产状。

(7) 岩浆侵入体在煤层中的边界及范围。

(8) 发火区的边界与永久性防火密闭。
(9) 瓦斯突出地点,以及突出时间和强度。
(10) 水淹地区、透水地点及永久性水闸门或隔水墙。
(11) 煤层尖灭地区。
(12) 丢煤地区。
(13) 剖面线。

3. 识读各种巷道的方法

矿井巷道由各类井巷组成,有水平的、倾斜的,也有竖直的,有煤层的顶板岩巷、底板岩巷,还有平穿顶底板及煤层的石门等。这些巷道分布在不同的位置上,组成了一个纵横交错的巷道网。识读采掘工程平面图,应具备判读巷道在空间的形态、位置及其相互关系的基本知识。

(1) 识读看图步骤及要点:

① 看标题栏、图名、比例尺、编制日期。
② 看图例,检查坐标方格网,找到指北标志。
③ 看煤层的走向和倾向。
④ 根据煤层等高线和地质构造符号,看煤层的产状、构造。
⑤ 找到进风口和风井出风口,从井口到井底车场找出主要石门、水平运输大巷、主要上下山、人行道、开拓方式、采煤方法、采区巷道布置、运输和通风系统等。
⑥ 识读全矿井、采区或采煤工作面巷道布置。
⑦ 掌握采掘情况。
⑧ 将平面图和剖面图结合起来识读。

(2) 竖直、倾斜和水平巷道的判读:

立井、暗(立)井等属于竖直巷道,在平面图左边标注井口及井底的高程,箭头向里表示进风井,向外表示出风井。两高程之差即为井深。

在平面图上,要注意区别钻孔和立井的符号。在采掘工程平面图上,立井与巷道是联系的,而钻孔一般是孤立的。

斜井、暗斜井、上(下)山等均属于倾斜巷道,其特点是倾角较大;平硐、石门、运输大巷、回风大巷、区段运输巷、区段回风巷,顺槽等属于水平巷道(并非绝对水平,坡度一般为 3‰~5‰)。

在采掘工程平面图上判断各种巷道倾斜与否,除了看巷道的符号和名称外,主要根据巷道底板的高程确定。如某采掘工程平面图注明了巷道名称,可知上山为斜巷,顺槽及运输平巷为平巷;若未注明巷道名称,但根据巷道底板高程的变化关系,同样可以判断是平巷还是斜巷。

(3) 相交、相错和重叠巷道的判读。巷道在空间中有相交、相错或重叠等 3 种位置关系。

相交巷道是指两条方向不同的巷道相交于同一平面图上,两相交巷道交点处的高程应相等。

相错巷道是指两条方向与高程均不同的巷道在空间中相错。在平面图上表示两条巷道相交，但交点处高程不等。

重叠巷道是指两条高程不同的巷道位于同一竖直面内。在平面图上表示为两条巷道重叠在一起，但高程相差较大。

（4）煤巷和岩巷的判读。煤巷是指在煤层内开掘的巷道，如上（下）山、顺槽、开切眼等。岩巷是指在煤层顶、底板岩层内开掘的巷道，多属于主要巷道，如立井、斜井、平硐、石门、水平运输大巷等。在采掘工程平面图上，除了根据名称来识别岩巷或煤巷外，主要依据巷道高程和煤层底板高程的关系来判断。在同一点上，若巷道高程与煤层底板高程大致相同，则为煤巷；若巷道高程与煤层底板高程相差较大（高差大于煤厚时），则为岩巷。

（三）其他矿图识图及方法

1. 矿井通风系统图

矿井通风系统图是表示矿井通风网络、通风设备设施、风流方向和风量等参数的图件。

（1）分类：矿井通风系统平面示意图、矿井通风系统工程平面图和矿井通风系统立体示意图。

（2）主要内容：

① 矿井进风井、回风井数目及布置方式。

② 矿井通风网络结构。

③ 矿井通风设备型号、台数、主要技术参数、安装位置。

④ 矿井通风网络新鲜风流、污浊风流的方向、路线。

⑤ 各巷道、硐室、采煤工作面、掘进工作面名称及通过风量。

⑥ 矿井通风设施及其位置。

（3）识读内容：

① 识读矿井开拓开采巷道布置及采掘情况。

② 识读矿井通风方式、通风方法，采掘工作面、硐室通风系统。

③ 识读矿井总风量及各用风地点的风量；主要通风机、局部通风机设置位置及有关技术参数。

④ 识读矿井通风设施种类、数量及位置。

2. 矿井安全监测系统图

矿井安全监测系统是利用现代传感技术、信息传输技术、计算机信息处理控制技术对煤矿井下瓦斯等环境参数进行实时采集、分析、存储和超限控制的装置。

矿井安全监测系统图是表示矿井安全监测系统井下信息传输电缆、分站及各种传感器布置和有关技术参数的图件。

矿井安全监测系统图的识图用途如下：

（1）分析矿井井下监测系统信号传输电缆、井下分站、传感器布置的合理性，发现问题及时处理。

（2）指导矿井日常瓦斯等参数的监测工作，如随着工作面的推进，调整传感器及分站位置、数量等。

(3) 了解井下作业场所瓦斯等有害气体浓度，分析其涌出量及规律，掌握矿井瓦斯等有害气体的涌出情况，制定有效的防治瓦斯等有害气体措施。

(4) 评价矿井抗灾能力强弱及现代化管理水平高低。

(5) 用于矿井瓦斯管理。

3. 井下避灾路线图

井下避灾路线图是表示矿井发生灾害时，井下人员安全撤离灾区至地面的路线图纸，是矿井安全生产必备图纸。

(1) 主要内容：

① 矿井安全出口位置。

② 矿井通风网络进风风流、回风风流的方向、路线。

③ 井下发生瓦斯、煤尘爆炸，煤与瓦斯突出，矿井火灾时的井下避灾路线。

④ 井下发生水灾时的避灾路线。

⑤ 矿井巷道名称。

(2) 分类及用途。井下避灾路线图主要有：井下避灾路线工程平面图、井下避灾路线示意图和井下避灾路线立体示意图3种，其用途是：

① 用于井下职工安全基本知识培训，使职工熟悉井下避灾路线，具备一定的防灾抗灾能力。

② 部署、指导和实施矿井救灾演习工作。

③ 矿井一旦发生灾害，井下灾区工作人员可以根据事故性质、所处位置，按照井下避灾路线图规定的路线，安全且迅速地撤离至地面，避免或减少人员伤亡。

④ 井下发生灾害后，井下避灾路线图是制定和实施井下被困人员营救方案的重要依据之一。

第三节　矿山开采技术

矿山开采是指用人工或机械对有利用价值的天然矿物资源的开采。根据矿床埋藏深度的不同和技术经济合理性的要求，矿山开采分为井工开采和露天开采两种方式。矿物资源埋藏较深的采用井工开采，接近地表和埋藏较浅的采用露天开采。

一、井工开采

由于矿体埋藏较深，要将矿物采出来必须开凿由地表通往矿体的巷道，如立井、斜井、斜巷、平巷、平硐等。矿井基本建设的重点就是开凿这些井巷工程。矿井开拓方式按井筒（硐）形式不同可分为立井开拓、斜井开拓、平硐开拓和综合开拓。

（一）立井开拓

主井、副井均为立井的开拓方式，称为立井开拓。立井开拓的适应性强，一般不受煤层倾角、厚度、瓦斯、水文等自然条件的限制；立井井筒短，提升速度快，提升能力大，作副井特别有利；对井型特大的矿井，可采用大断面井筒，装备两套提升设备；大断面可满足大风量的要求；由于井筒短，通风阻力较小，对深井更有利。对于煤层埋藏较深，表土层厚，水文情况复杂，需要特殊施工方法或者开采近水平煤层和多水平开采急倾斜煤层的矿井，一般采用立井开拓。

（二）斜井开拓

主井、副井均为斜井的开拓方式称为斜井开拓。

根据井田及阶段划分方式不同，可以组合成各种斜井开拓方式，如斜井单水平分区式、斜井单水平分带式、斜井多水平分区式和斜井多水平分段式等。

斜井开拓井筒施工工艺、施工设备和工序比较简单，掘进速度快，井筒施工单价低，初期投资少；地面建筑、井筒设备、井底车场及硐室都比立井简单，井筒延深施工方便，对生产干扰少，不易受地下含水层的威胁；主提升带式输送机有很大的提升能力，可满足特大型矿井主提升的需要；斜井井筒可作为安全出口，一旦发生透水事故人员可迅速撤离。

（三）平硐开拓

由地表掘进直接通到矿体的水平巷道称为平硐，以平硐作为主要开拓巷道的开拓方式称为平硐开拓。

根据平硐与煤层的相对位置和用作运煤的平硐水平及数量不同，平硐开拓方式分为以下 3 种形式：

（1）走向平硐：平硐与煤层走向平行。

（2）垂直走向平硐：平硐与煤层走向垂直或斜交。

（3）阶梯平硐：有两个或两个以上平硐开采水平。

（四）综合开拓

在复杂的地形、地质及开采技术条件下，有时采用单一的井筒形式开拓在技术上是有困难的，在经济上是不合理的。各种开拓方式的开采形式各有其优点，若将两种开拓方式的主要优点结合起来，就形成了综合开拓。综合开拓是指立井、斜井、平硐等任何两种或两种以上的开拓方式的组合。综合开拓更适用于大型矿井开采。

井工煤矿的生产系统主要有采煤系统、运煤系统、运料及排矸系统、通风系统、供电系统、排水系统和安全监控系统等。

二、露天开采

露天开采是采用采剥设备在敞露的条件下，以山坡露天或凹陷露天的方式，一个阶段、一个阶段地向下剥离岩石和采出有用矿物的一种采矿方法。露天开采与井工开采相比有很多优点，如建设速度快、劳动生产率高、成本低、劳动条件好、作业相对安全、矿物回收率高、贫化损失小等。尤其是随着大型高效露天采矿及运输设备的发展，露天开采将得到更加广泛的应用。

露天开采时先将覆盖在矿体上面的土岩剥离，自上而下把矿体分为若干梯段，直接在露天进行采矿。露天开采要遵循"采剥并举，剥离先行"的原则组织生产。露天矿开采工艺主要包括钻孔、爆破、采装与运输、排土。这几项工作完成好坏及它们之间的配合程度，是露天采矿的关键。

1. 钻孔

在露天开采过程中，硬岩平台必须进行爆破使其松碎，故按设计要求采用钻孔机械打出炮孔，装药爆破后使其破碎成一定规格的块度，以便采装。钻孔方法主要包括热力破碎钻孔和机械破碎钻孔2种方法。钻孔设备主要有火钻、钢绳式冲击钻、潜孔钻、牙轮钻、凿岩台车。目前主要应用的设备有牙轮钻、潜孔钻、凿岩台车。

2. 爆破

爆破是露天煤矿开采的重要工艺环节，通过爆破作业，将整体矿岩进行破碎及松动，形成一定形状的爆堆，为后续采装作业提供工作条件。露天煤矿钻孔、爆破作业必须编制钻孔、爆破设计及安全技术措施，并经矿总工程师批准。钻孔、爆破作业必须按设计进行。爆破前应当绘制爆破警戒范围图，并实地标出警戒点的位置。

3. 采装与运输

采装与运输是密不可分的，两者相互影响、相互制约。目前采装与运输工艺的发展趋势主要体现在采装与运输设备的大型化，采装与运输环节的一体化、连续化和自动化。

4. 排土

排土是将剥离下来的土岩运输到排土场进行排弃。目前，露天矿山排土技术发展趋势为：采用高效率的排土工艺与排土设备，提高排土能力；提高堆置高度；适时进行排土场复垦。

第四节　巷道掘进与支护技术

一、巷道掘进技术

在煤（岩）体中，采用一定的手段把煤（岩）破碎下来，形成地下空间，接着对这个空间进行支护的工作，叫作巷道掘进。掘进的主要工序有破岩、装岩、运输和支护，辅助工序有排水、掘砌水沟、通风、铺轨和测量等。

（一）破岩技术

在巷道掘进中，破碎岩石是一项主要工序。破碎岩石常用的方法有钻孔爆破破岩法和综合机械化破岩法。

1. 钻孔爆破破岩法

钻孔爆破破岩法（以下简称钻爆法），在采用钻爆法掘进巷道时，施工工艺参数往往是以钻爆工序为主配合其他工序确定的。钻孔爆破技术主要包括岩巷光面爆破技术、毫秒爆破技术、断裂控制爆破技术等。

在钻孔爆破作业时，应根据爆破说明书进行工作面炮眼布置。编制爆破说明书和爆破图表时，应根据岩石性质、地质条件、设备能力和施工队伍的技术水平等，合理选择爆破参数，尽量采用先进的爆破技术。

2. 综合机械化破岩法

综合机械化破岩法（以下简称综掘法），综掘法是近年来迅速发展起来的一种先进的巷道掘进技术，其关键设备是综合掘进机，主要以悬臂掘进机和刀盘掘进机为主。综合掘进机是集切割、装载及转运降尘等功能于一体的大型高效联合作业机械设备，综合掘进机用于巷道掘进施工，可以连续掘进，实现破、装、运一体化，减少掘进工序。综合掘进机具有掘进速度快、效率高、巷道成型规整、岩体免遭爆破震动、煤巷煤岩巷快速掘进的特点。

(二) 装岩与运输

巷道装岩有人工装岩和机械装岩，运输机械有刮板输送机、带式输送机和电机车等。

(三) 巷道支护技术

支护的作用在于改善围岩稳定状况和控制围岩运动发展速度，以维护安全的工作空间。支护方式的选择，取决于巷道用途、服务年限和围岩的稳定状况等。对受采动影响小的巷道，可采用沉缩量小的刚性支护，如井下运输大巷、井底车场等一些开拓巷道；对受采动影响较大的不稳定巷道，可采用可缩性支护，如准备巷道和回采巷道。

1. 拱形砌碹支护

拱形砌碹支护是以料石、砌块为主要材料，以水泥砂浆胶结或者以混凝土现场浇灌而成的连续整体式支护。石材及混凝土支架一般为拱形，由基础、墙和拱顶三部分组成。

拱形砌碹支护适用于服务年限长或者断面尺寸较大的开拓巷道和硐室，或者用于围岩很破碎、顶板不稳定、有大面积淋水的地段。

2. 金属支架支护

金属支架一般分为U型钢拱形可缩性支架和矿用工字钢支架。

(1) U型钢拱形可缩性支架是国内外使用最广泛的一种架型，一般由拱形顶梁、棚腿和连接件组成。根据巷道断面尺寸、主要来压方向及围岩移近量大小的不同，可采用节数不同的结构形式，一般为3~5节。拱形支架断面参数对支架承载能力有一定的影响。多铰摩擦U型钢拱形可缩性支架是一种屈腿拱形支架，将多铰支架与U型钢拱形可缩性支架合成一体，兼具两者的优点。多铰结构能适当调整支架断面形状以适应围岩不均匀荷载和变形，使支架受力均匀；铰结构本身还能减小支架弯矩，提高支架承载能力。同时铰结构靠近型钢可缩接头，使型钢搭接位置处弯矩减小、轴力增大，改善支架的可缩性能。

(2) 矿用工字钢支架。矿用工字钢支架支护体系中的缩量包括柱腿插入底板量、架后破碎矸石压缩、接榫处木垫压缩和支架本身的挠曲变形等。由于可缩量很小，矿用工字钢支架只能在围岩比较稳定、变形较小、压力不大的巷道中使用。梯形刚性支架是使用最多的一种架型，有一梁二柱和加设中柱两种基本形式，梁、腿之间有接榫结构，柱腿下部焊有底座。

3. 锚杆支护

锚杆支护是把围岩锚固起来，形成支架与围岩共同作用的受力整体，从而减小围岩变形，防止围岩冒落。在层状岩层中，锚杆可将薄层的岩层锚固在一起形成组合梁，锚杆还可以把松软围岩牢固悬吊在坚固稳定的岩层上；在非层状岩层中，锚杆可将巷道周围的岩块彼此拉紧使其形成一个拱。

锚杆支护的优点是：坚固、耐用，安全可靠，巷道维护量少；施工工艺简单，劳动强度低；可紧跟掘进工作面，便于组织掘进支护平行作业和一次成巷；占用施工净空间少，节省材料，费用低。锚杆支护的缺点是：人工打顶板眼困难；单纯的锚杆支护不能封闭围岩表面，不能防止围岩风化和脱落，最好和其他支护方式联合使用。

4. 锚网支护

锚网支护是将金属网用托板固定或者绑扎在锚杆上所形成的支护形式。金属网用来维护锚杆间的围岩防止小块松散岩石掉落，也可以用作喷射混凝土的配筋。

5. 锚喷支护

在巷道掘进后，向围岩钻孔，并在孔内插入锚杆对围岩进行人工加固，利用围岩本身的支撑能力以达到维护巷道的目的。为防止围岩风化或者破碎，可以在锚固以后再喷射混凝土（或喷水泥砂浆），这样可以增强支护效果。

锚喷支护的优点是施工速度快、机械化程度高、成本低、节省材料等。

6. 锚网喷联合支护

锚网喷联合支护是取锚杆支护和喷射混凝土支护二者的优点，在喷射混凝土之前敷设金属网，喷射后形成钢筋混凝土层，提高了喷层的整体性，改善了喷层的抗拉性能，这就形成了锚网喷联合支护，可以有效地支护松散破碎的软弱岩层。

锚网喷联合支护是一种先进的支护方式。其优点是当围岩不稳定时，该支护方式具有工艺简单、机械化程度高、施工速度快、巷道掘进工程量小、支护材料消耗少、成本低等优点。

7. 组合锚杆支护

组合锚杆支护是以锚杆为主要构件并辅以其他支护构件而组成的锚杆支护系统。组合锚杆支护是近年来发展起来的新型锚杆支护形式，一般用于煤巷支护，其类型主要有锚梁（带）网支护和锚杆桁架支护等。

二、盾构机在煤矿巷道掘进与支护中的应用

盾构掘进技术在隧道、地铁等领域的应用十分广泛，具有掘进速度快、机械化程度高、劳动强度低等优势，是一种比较先进的施工技术。目前，国外一些煤矿将盾构掘进技术应用于煤矿井下巷道掘进，并取得了良好的技术效果。我国很多煤矿也开始尝试盾构掘进技术在煤矿中的应用，并取得一定的实践经验。

盾构施工法与传统的钻爆施工相比，在破、装、运、支等关键工序均有明显优势，因此掘进效率高。盾构施工法施工工序如下。

1. 破、装、运工序

盾构施工法采用机械式破岩掘进，破岩采用带有滚刀的刀盘挤压岩石剥落成小块岩石，装岩、运岩通过刀盘铲刀将岩石碎块带到刀盘后方刮板输送机，然后通过盾构机自带一运带式输送机、二运带式输送机转载；与钻爆施工法相比，盾构施工法机械化程度高，破岩速度快，装岩、运岩可以实现连续、高效操作。

2. 支护工序

巷道掘进支护分为临时支护和永久支护。盾构施工法采用机器前头的护盾进行临时支护，安全、高效、方便；永久支护利用设备自身的风动钻机或液压钻机进行锚杆锚索的打孔、安装，省时、省力、施工质量高、劳动强度低等，同时部分永久支护可滞后于掘进平行作业，缩短了永久支护时间。

3. 盾构机掘进施工的优缺点

盾构机掘进施工的优点如下：
（1）掘进速度快，施工效率高。
（2）机械化水平高，劳动强度低。
（3）施工环境好，工作效率高。
（4）围岩扰动小、巷道断面好，有利于支护。
（5）安全性高。

盾构机掘进施工的缺点如下：
（1）临时支护护盾具有一定的适应性，围岩破碎时支护受影响。
（2）转向性能较差，对岩层起伏适应有限。
（3）对巷道围岩硬度有要求，有一定的适应条件。
（4）没有排水设备，影响下山施工。
（5）前期准备复杂，对准备硐室、安装技术、安装时间要求较高，前期投入较大。

由于煤矿的特殊性，盾构施工法在井下大断面岩巷中的应用还处在起步阶段，对地质条件变化的适应性仍需提高。煤矿井下大断面岩巷掘进在提升掘进设备的前提下，需要突破顶板安全和围岩控制技术，加强设备维修维护力量，实现主要工序的全机械化和连续性，实现各个部分协同集成作业。

第五节　矿山爆破安全技术

矿山爆破是指在矿山的岩石、矿石或者煤炭中装进炸药，利用炸药的爆炸威力把岩石、矿石或者煤炭破碎成一定的块度，为随后的采、装、运创造条件。

一、矿山爆破常用爆炸物品

矿山用炸药有硝铵类炸药、水胶炸药、硝化甘油炸药和乳化油炸药等。我国矿山广泛使用的炸药有硝铵类炸药，包括铵梯炸药、铵油炸药、铵松蜡炸药和含水硝铵类炸药等。

常用的起爆器材有雷管（火雷管、电雷管）、导爆索、导爆管、导火索等。根据使用的起爆器材种类不同，起爆方法有火雷管起爆法、电雷管起爆法、导爆索起爆法、导爆管起爆法和联合起爆法等。煤矿井下必须使用矿用防爆型（矿用增安型除外）发爆器起爆电雷管和炸药。为了保证爆破作业安全可靠，防止拒爆，一般在较大规模爆破时使用联合起爆法起爆，同时敷设两种起爆网路。

在有瓦斯、煤尘爆炸危险的煤矿井下必须使用经主管部门批准，符合《煤矿安全规程》规定的煤矿许用炸药和煤矿许用电雷管。

二、爆破作业的主要安全要求

（1）各种爆破作业必须使用符合国家标准或者行业标准的爆炸物品，不准使用擅自制造的炸药。

（2）进行爆破工作的群采矿山、矿点，必须设爆破工作负责人、爆破工和爆炸物品保管员。这些人员应了解所使用的爆炸物品的性能、爆破技术和有关的安全知识。

(3) 凡从事爆破作业的人员，都必须经过培训，考试合格并持证上岗。

(4) 矿山进行浅孔爆破时，应有爆破说明书。其内容包括装药量、装药结构、充填长度、起爆方法等。

(5) 爆破作业地点有以下情况之一时，禁止进行爆破作业：有冒顶或者边坡滑落危险；通路不安全或者通路阻塞；进行中深孔、深孔爆破时，爆破参数或者施工质量不符合设计要求；工作面有涌水危险或者炮眼温度异常；危险边界上未设警戒；光线不足或者无照明。

(6) 进行爆炸物品的加工、运输和爆破作业人员禁止穿化纤衣服。

(7) 爆破作业必须在白天进行，严禁在雷雨时进行，严禁裸露爆破。

(8) 在高温区、自然发火区进行爆破作业时，必须遵守下列规定：

① 测试孔内温度。有明火的炮孔或者孔内温度在80 ℃以上的高温炮孔采取灭火、降温措施。

② 高温孔经降温处理合格后方可装药起爆。

③ 高温孔应当采用热感度低的炸药或者将炸药、雷管作隔热包装。

(9) 爆炸物品的领用、保管和使用必须遵守下列规定：

① 爆炸物品的领用、保管和使用必须严格执行账、卡、物一致的管理制度。

② 严禁发放和使用变质失效及过期的爆炸物品。

③ 爆破后剩余的爆炸物品，必须当天退回爆炸物品库，严禁私自存放和销毁。

(10) 爆炸物品的验收、存放和起爆药卷的加工必须遵守下列规定：

① 爆炸物品车到达爆破地点后，爆破区域负责人应当对爆炸物品进行检查验收，无误后双方签字。

② 在爆破区域内放置和使用爆炸物品的地点，20 m以内严禁烟火，10 m以内严禁非工作人员进入。

③ 加工起爆药卷必须距放置炸药的地点5 m以外，加工好的起爆药卷必须放在距炮孔炸药2 m以外。

(11) 炮孔装药和充填必须遵守下列规定：

① 装药前在爆破区域边界设置明显标志，严禁与工作无关的人员和车辆进入爆破区。

② 装药时，每个炮孔同时操作的人员不得超过3人；严禁向炮孔内投掷起爆具和受冲击易爆的炸药；严禁使用塑料、金属或者带金属包头的炮杆。

③ 炮孔卡堵或者雷管脚线、导爆管及导爆索损坏时应当及时处理；无法处理时必须插上标志，按拒爆处理。

④ 机械化装药时由专人现场指挥。

⑤ 预装药炮孔在当班进行充填，预装药期间严禁连接起爆网路。

⑥ 装药完成撤出人员后方可连接起爆网路。

(12) 爆破安全警戒必须遵守下列规定：

① 必须有安全警戒负责人，并向爆破区周围派出警戒人员。

② 爆破区域负责人与警戒人员之间实行"三联系制"。

③ 因爆破中断生产时，立即报告矿调度室，采取措施后方可解除警戒。

（13）安全警戒距离应当符合下列要求：

① 抛掷爆破（孔深小于45 m）：爆破区域正向不得小于1000 m，其余方向不得小于600 m。

② 深孔松动爆破（孔深大于5 m）：距爆破区域边缘，软岩不得小于100 m、硬岩不得小于200 m。

③ 浅孔爆破（孔深小于5 m）：无充填预裂爆破，不得小于300 m。

④ 二次爆破：炮眼爆破不得小于200 m。

（14）起爆前，必须将所有人员撤至安全地点。接触爆炸物品的人员必须穿戴抗静电保护用品。

（15）爆破后检查必须遵守下列规定：

① 爆破后5 min内，严禁检查。

② 发现拒爆，必须向爆破区负责人报告。

③ 发现残余爆炸物品必须收集上缴，集中销毁。

三、起爆安全技术

（一）火雷管起爆安全技术

火雷管起爆易产生事故的原因包括导火索及火雷管的质量问题、火雷管早爆、火雷管起爆延迟、火雷管拒爆。主要预防措施包括：

（1）加强导火索及火雷管的制造、存储、运输等管理工作，认真选购和检查导火索和火雷管，严格控制导火索和火雷管的质量。

（2）建立健全检验制度，在操作中避免过度弯曲或折断导火索，由专人听炮响声并数炮，或者由数炮器数炮。有瞎炮或者可能有瞎炮时，应加倍延长进入炮区的时间。

（3）加强爆破工的培训，提高其专业知识水平，改进操作技术。

（二）电雷管起爆安全技术

电雷管起爆易产生事故的原因有电雷管的早爆、拒爆、延迟爆炸等。杂散电流、雷电和静电是引起电雷管早爆事故的主要因素。预防杂散电流引起电雷管早爆事故的主要措施有：采用防杂散电流的电爆网路；采用抗杂散电流的电雷管；采用非电起爆方法；加强爆破线路的绝缘，不用裸线连接。预防雷电引起电雷管早爆事故的措施有：禁止在雷雨天气进行电雷管爆破，在爆破区域内设立避雷系统，采用屏蔽线爆破，采用非电起爆方法。预防静电引起电雷管早爆事故应采取的措施包括：增加炸药水分，采用抗静电雷管，采用非电起爆方法。

必须保证电雷管质量合格，而且为同厂同批号产品。

为了减少电雷管拒爆和延迟爆炸现象的发生，除了要严格检测爆炸物品、保证爆炸物品质量外，还要采取准确可靠的起爆网路，消除网路设计方面的缺陷，同时严格执行操作规程。

（三）导爆管起爆和导爆索起爆安全技术

在设计导爆管起爆网路时，不能采用环形网路，即传爆的初始位置与终了位置不能相隔太近。应特别注意采用正确的连接方法，防止导爆索网路拒爆事故的发生。在有瓦斯煤尘爆炸危险的矿山，禁止使用导爆管。

四、爆炸物品的储运和管理

爆炸物品库的位置、结构和设施等的设置，要符合《爆破安全规程》《煤矿安全规程》的规定和要求，经主管部门审定，并报当地公安部门批准。爆炸物品的管理、存放、收发和运输必须符合《爆破安全规程》《煤矿安全规程》的有关规定。

经过检验确认失效的爆炸物品或者不符合国家标准及技术条件的爆炸物品，都应销毁。销毁爆炸物品时，必须登记造册并编制书面报告，报告中应说明被销毁爆炸物品的名称、数量、销毁原因、销毁方法、销毁地点和时间，并报有关部门。

五、爆破事故的预防措施

（1）保持爆破安全距离。爆破时必然会产生爆破地震、空气冲击波、碎石飞散及有害气体，危及爆破区域附近人员、设备、建筑物及井巷等的安全。因此，编制爆破设计时必须确定爆破危害范围并指定安全距离。安全距离主要包括爆破地震的安全距离、空气冲击波的安全距离、个别碎石飞散的安全距离、电力起爆的安全距离、有害气体扩散的安全距离。

（2）精心编制爆破设计。在编制爆破设计之前必须做到情况明确；设计时要确定最大允许装药量，然后合理选取爆破参数，选择合理的延发时间，作出切实可行的爆破方案；制定爆破事故预防措施；对设计文件要严格审核把关。

（3）精心施工。各级人员持证上岗，组成严格的管理体制；根据工程特点，分别制定各种安全制度，明确岗位责任、关键技术、操作细则；按规程要求做好爆炸物品检验；确保装药、堵塞、连线三个关键工序的施工质量；做好爆后安全检查和处理。

（4）炸药爆炸后，要等现场充分通风后再进入施工人员作业，这是由于炸药爆炸后含有对人身有害的气体，进入现场时间过早有可能导致人员气体中毒等其他事故发生。

（5）加强安全管理。按规程要求报管理部门审批、备案；建立、健全严格的指挥管理组织；建立质量保证体系，制定质量保证大纲和各工序质保程序。

第六节 矿山粉尘防治技术

在矿山建设、生产过程的各个环节都产生大量的粉尘。煤矿、非煤矿山、采石场的作业面是产生粉尘的重点场所。矿山粉尘影响安全生产，威胁职工的身体健康。对于煤矿来说，有效控制粉尘、降低粉尘浓度、改善作业环境、杜绝煤尘爆炸事故，是矿山安全生产的重要环节；抓好矿山综合防尘治理工作，对促进煤矿安全生产建设、保障职工身体健康、创造一个优良环境具有重大意义。

一、矿尘的产生及分类

（一）矿尘的产生

矿尘是指在矿山生产和建设过程中所产生的各种煤、岩等微粒的总称。

在矿山生产过程中,如钻孔作业、爆破作业、掘进机及采煤机作业、顶板控制、矿物的装载及运输等各个环节都会产生大量的矿尘。同一矿山产尘的多少也因地因时发生着变化。一般来说,在现有防尘技术措施下,各生产环节产生的浮游矿尘比例大致为:采煤工作面产尘量占45%~80%,掘进工作面产尘量占20%~38%,锚喷作业点产尘量占10%~15%,运输通风巷道产尘量占5%~10%,其他作业点产尘量占2%~5%。各作业点随着机械化程度的提高,矿尘生成量也将增大,因此防尘工作更加重要。

矿山作业的各个生产过程都可能产生矿尘,按井下作业地点划分,采掘工作面的矿尘浓度最高,其次为运输系统的各转载点的矿尘浓度。

(二) 影响矿尘产生量的主要因素

(1) 地质构造。地质构造破坏严重的地区,断层、褶曲比较发育,煤岩较为破碎,矿尘产生量大。

(2) 煤层赋存条件。在同样技术条件下,开采厚煤层比开采薄煤层的产尘量大;开采急倾斜煤层比开采缓倾斜煤层的产尘量大。

(3) 煤岩的物理性质。节理发育、结构疏松、水分低、脆性大的煤岩,开采时产尘量较大;反之较小。

(4) 采掘机械化程度和开采强度。如煤矿井下,矿尘的70%~85%来自采掘工作面,采掘机械化程度的提高和开采强度的加大使产尘量大幅度增加。不同的采掘方法及有无防尘措施,其产尘浓度相差很大。

(5) 工作环境的温度和风速。在其他条件相同的情况下,如果井下作业环境温度高、湿度低,则悬浮在空气中的粉尘浓度大。风速过大,会将已沉积的矿尘吹扬起来;风速过小,影响井下供风量和矿尘吹散。最佳的排尘风速要根据不同作业的特点确定,国内外普遍认为,掘进工作面的最佳排尘风速为 $0.25 \sim 0.5 \text{ m/s}$。

(三) 矿尘的分类

1. 按矿尘的存在状态划分

(1) 浮游矿尘(以下简称浮尘):悬浮于矿内空气中的矿尘。

(2) 沉积矿尘(以下简称落尘):从矿井空气中沉降下来的矿尘。

浮尘和落尘在不同环境下可以相互转化,浮尘因受自重作用可以逐渐沉降下来变成落尘,而落尘受到机械振动、暴风冲击及巷道中风速的变化等外界条件干扰时,它可以再次飞扬,又成为浮尘。

浮尘在空气中飞扬的时间不仅与尘粒的大小、重量、形式等有关,还与空气的湿度、风速等大气参数有关。矿山除尘研究对象是悬浮于空气中的矿尘。

2. 按矿尘的粒径组成范围划分

(1) 全尘(总矿尘),各种粒径的矿尘之和,对于煤尘常指粒径在 1 mm 以下的尘粒。

(2) 呼吸性矿尘,主要指粒径在 $5 \text{ }\mu\text{m}$ 以下的微细尘粒,它能通过人体上呼吸道进入肺区,是导致尘肺病的病因,对人体危害很大。

粉尘粒径越小、游离二氧化硅的含量越高,引起尘肺病的程度越重,病情发展越快,危害也越大。

二、矿尘的主要计量指标

1. 矿尘浓度

矿尘浓度是表示矿尘量大小的参数之一,是指空气中所含浮尘的数量,一般用两种指标来量度:

(1) 质量法:每立方米空气中所含浮尘的毫克数,单位为 mg/m^3。

(2) 计数法:每立方厘米空气中所含浮尘的粒数,单位为粒$/cm^3$。

我国采用质量法计量粉尘浓度。

2. 矿尘产生强度

矿尘产生强度是指生产过程中产生的矿尘量,常用相对产尘强度即每采掘 1 t 或 1 m^3 煤(岩)所产生的矿尘量来表示,单位为 mg/t 或 mg/m^3。

3. 矿尘沉积量

矿尘沉积量是指单位时间在巷道表面单位面积上所沉积的矿尘量,单位为 $g/(m^2 \cdot d)$。这一指标用来表示巷道中沉积矿尘的强度,是确定岩粉撒布周期的重要依据。

4. 矿尘分散度

矿尘分散度是指矿尘的整体组成中各种粒度的尘粒所占的百分比。分散度有两种表示方法:

(1) 重量百分比。用各种粒级尘粒的重量占总重量的百分数来表示,叫作重量分散度。

(2) 数量百分比,用各种粒级尘粒的颗粒数占总颗粒数的百分数来表示,叫作数量分散度。

矿尘分散度是衡量矿尘颗粒大小构成的一个重要指标。矿尘总量中微细颗粒多,所占比例大时,称为高分散度矿尘;反之,如果矿尘中粗大颗粒多,所占比例大,就称作低分散度矿尘。矿尘分散度越高,危害性越大,越难捕获。

粒级是根据粒度大小和测试目的划分的,我国工矿企业将矿尘粒级划分为 4 级:小于 2 μm、2~5 μm、5~10 μm 和大于 10 μm。

三、矿尘防治的基本技术

(一) 减尘技术

减尘是指减少和抑制尘源产尘,从而减少井下空气中煤尘的浓度。减尘一是减少产尘总量和产尘强度;二是减少呼吸性矿尘所占的比例。它是防尘技术措施中最积极最有效的措施,主要包括向煤岩体注水、湿式打眼、湿式作业等措施。

1. 向煤层注水湿润煤体

向煤层注水是在采煤和掘进之前,利用钻孔向煤层注入压力水,使水沿着煤层的层理、节理或裂隙向四周扩散并渗入煤体里面的微孔中,增加煤的水分,使煤体和其内部的原生煤尘都得到预先润湿。同时,使煤体的塑性增强,以减少采掘时生成煤尘的数量。这是防治煤尘的根本措施。注水钻孔可分为平行于工作面的长孔注水及垂直于工作面的短孔注水,注水后用水泥浆封堵孔口。

一般来说，中厚煤层的吨煤注水量为 0.015~0.03 m³/t；厚煤层的吨煤注水量为 0.025~0.04 m³/t。机采工作面及水量流失率大的煤层取上限值，炮采工作面及水量流失率小或者产量较小的煤层取下限值。

在实际注水中，常把在预定的湿润范围内煤壁出现均匀"出汗"（渗出水珠）的现象，作为判断煤体是否全面湿润的辅助方法。煤层注水使煤体内的水分增加。一般来说，当水分增加到 1% 时，就可以收到降尘效果。水分增加量越大，效果越好。

影响煤层注水效果的因素：一是煤层注水效果同煤层的裂隙及孔隙的发育程度有关；二是煤层注水效果与煤层的埋藏深度和地压的集中程度有关，埋藏越深、地压越集中的地方，煤层的孔隙被压紧，透水性越差。

2. 采空区灌水

采空区灌水是在开采近距离煤层群的上组煤或者采用分层法开采厚煤层时（包括急倾斜水平分层），利用往采空区灌水的方法润湿下组煤和下分层煤体，防止开采时生成大量的煤尘。

3. 湿式作业

湿式作业是利用水或者其他液体，使之与尘粒相接触而捕集矿尘的方法。

（1）湿式凿岩、钻孔。该方法的实质是在凿岩和打钻过程中，将压力水通过凿岩机、钻杆中心孔源源不断地送入钻孔并充满孔底，使钻孔过程中形成的粉尘湿润并排出，不至于飞扬。一般干式打眼产尘量占掘进总产尘量的 70%~80%。而湿式打眼，其飞扬到空气中的粉尘量只占总产尘量的 10%~20%。

（2）水封爆破和水炮泥。水封爆破和水炮泥都是由钻孔注水湿润煤体演变而来的，它将注水和爆破联结起来，不仅起到消除炮烟和防尘作用，而且提高了炸药的爆炸效果。

① 水封爆破。水封爆破是在工作面打好炮孔后，先注入压力不超过 4.903×10^6 Pa（50 kg/cm²）的高压水，使之沿煤层节理、裂隙渗透，直到煤壁见水为止。然后装入防水炸药，再将注水器插入炮孔进行水封。

② 水炮泥。水炮泥是用装水的专用塑料袋填于炮孔内代替黏土使用。它借助炸药爆炸时产生的压力将水压入煤层的裂隙中湿润煤体，同时，水汽化成水雾，湿润尘粒，起到降尘作用。

（二）降低浮尘

一般采用喷雾洒水来降低浮尘。喷雾洒水是将压力水通过喷雾装置的喷雾器（又称喷嘴），在旋转及冲击的作用下，使水流雾化成细微的水滴喷射于空气中，用水湿润、冲洗初生或沉积于煤堆、岩堆、巷道周壁、支架等处的矿尘，以达到降尘的目的。

我国矿山普遍采取湿式凿岩和洒水降尘等防尘技术。湿式凿岩、钻孔是指在凿岩和打钻过程中，将压力水通过凿岩机、钻杆送入并充满孔底，以湿润、冲洗和排出产生的矿尘。洒水降尘是用水湿润沉积于岩堆、煤堆、巷道周壁、支架等处的矿尘，当矿尘被水湿润后，尘粒间会互相附着凝集成较大的颗粒，附着性增强，矿尘就不易飞起。

1. 对产尘源喷雾洒水

（1）掘进机喷雾洒水。掘进机喷雾分为内喷雾和外喷雾两种。外喷雾多用于捕集空气中悬浮的矿尘，内喷雾则通过掘进机切割机构上的喷嘴向割落的煤岩处直接喷雾，在矿尘生成的瞬间将其抑制。较好的内外喷雾系统可使空气中含尘量减少 85%~95%。

（2）采煤机喷雾洒水。采煤机的喷雾系统分为内喷雾和外喷雾两种方式。采用内喷雾时，水由安装在截割滚筒上的喷嘴直接向截齿的切割点喷射，可保证在滚筒转动时只向切割煤体的截齿供水，形成"湿式截割"。

（3）液压支架移架和放煤口放煤喷雾洒水。液压支架移架和放煤口放煤是综采放顶煤工作面主要产尘源之一，采取有效的治理技术加以防治势在必行。

（4）转载点喷雾。转载点降尘的有效方法是封闭＋喷雾装置。通常在转载点（即采煤工作面输送机与顺槽输送机连接处）加设半密封罩，罩内安装喷嘴，以消除飞扬的浮尘，降低进入采煤工作面的风流含尘量。

（5）爆破喷雾。爆破过程中，产生大量的粉尘和有毒有害气体，在炮采炮掘工作面爆破前后喷雾洒水，不仅起到良好的降尘效果，还可消除或者减轻炮烟的危害，缩短通风消除炮烟的时间。喷雾装置有风水喷射器和压气喷雾器两种。

（6）装岩洒水。煤（岩）体爆破后，使用雾化喷头将水洒向煤（岩）体表面使其层层湿透，注意洒水量达至湿润程度即可。然后，喷雾装置对准铲斗或耙斗装岩活动区域，射程大体与活动半径一致。随着装岩机或耙斗机向前推进，喷雾装置随之向前安放。同时，在耙斗机尾部装设防尘喷雾装置，从而降低装载、转运途中粉尘产生的系数。

（7）其他地点的喷雾。除上述地点、工艺的喷雾洒水外，在煤仓、溜煤眼及运输过程等产尘环节均应实施喷雾洒水。

2. 巷道水幕净化风流

水幕是净化入风流和降低污风流矿尘浓度的有效方法。水幕是在敷设于巷道顶部或两帮的水管上间隔地安上数个喷雾器喷雾形成的。喷雾器的布置应以水幕布满巷道断面尽可能靠近尘源为原则，并保证设施齐全、灵敏可靠。净化水幕应安设在支护完好、壁面平整、无断裂破碎的巷道内，一般安设位置为：

（1）矿井总进风净化水幕安设在距井口 20~100 m 巷道内。

（2）采区进风净化水幕安设在风流分叉口支流内侧 20~50 m 巷道内。

（3）采煤工作面回风净化水幕安设在距工作面回风口 10~20 m 回风巷内。

（4）掘进回风净化水幕安设在距工作面 30~50 m 巷道内。

（5）巷道中产尘源净化水幕安设在尘源下风侧 5~10 m 巷道内。

雾化后的细小水滴散布在空气中，与飘浮在空气中的尘粒碰撞，尘粒湿润后下沉，达到净化空气的目的。

3. 冲洗井巷壁帮

定期对井巷壁帮进行冲洗，把附着在壁帮的浮尘清洗干净，避免浮尘干燥后在不合理的风速下再次扬起。另外也净化井巷壁帮，保持井巷清洁。

（三）除尘措施

除尘措施有两种：一种是通风排尘；另一种是除尘装置捕集除尘。

1. 通风排尘

（1）一般巷道和工作地点的通风排尘。通风排尘措施是稀释和排出作业地点悬浮的矿尘，防止其过量积聚的有效措施。通风排尘的效果取决于风速和风量。

（2）掘进巷道的通风排尘。选择合理的掘进除尘系统，是抽尘净化技术效果好坏的关键因素。掘进除尘系统有两种：①长压短抽掘进除尘系统；②长抽掘进除尘系统。

要注意除尘对通风工艺的要求，主要包括压、抽风筒口相互位置的关系；压、抽风量的匹配；长压局部通风机和长抽除尘局部通风机的安装位置。

2. 除尘装置捕集除尘

除尘装置（或除尘器）是指把气流或空气中含有的固体粒子分离并捕集起来的装置，又称集尘器或者捕尘器。除尘装置多用于煤（岩）巷掘进工作面。

根据是否利用水或者其他液体，除尘装置可分为湿式和干式两大类。

（1）湿式除尘装置主要有湿式振弦栅除尘器和涡流控尘与湿式旋流除尘器两种。

① 湿式振弦栅除尘器。湿式振弦栅除尘器有两种结构形式：一种是固定式振弦栅式除尘器，常称为振弦栅除尘器；另一种是旋转式振弦栅除尘器，常称为旋转栅除尘器。旋转栅除尘器只比振弦栅除尘器多了一个旋转栅，除尘效果虽然有所提高并具有良好的脱水作用，但是工作阻力较大。

② 涡流控尘与湿式旋流除尘器。涡流控尘与湿式旋流除尘器是采用涡流控尘和旋流除尘相结合的综合除尘原理净化机掘（综掘）工作面的含尘气流。湿式旋流除尘系统主要由电动旋流器、导向装置、脱水器、水箱、污水泵及抽出式局部通风机等组成。

（2）干式除尘装置。干式除尘措施是把局部产尘点首先密闭起来，防止矿尘飞扬扩散，然后再将矿尘抽到集尘器内，集尘器将含尘空气中的粗尘阻留，使空气净化的技术措施。干式除尘装置常在缺水或者不宜用水作业（如干式凿岩时要密闭尘源）等特殊情况下使用。

目前，国内矿山使用的干式捕尘凿岩机有带捕尘罩的孔口捕尘和不带捕尘罩的孔底捕尘两种。孔底捕尘较孔口捕尘的防尘效果好，而且使用方便。干式孔底捕尘又分为中心抽尘和旁侧抽尘两种。

3. 泡沫除尘技术

泡沫除尘技术主要通过水与发泡剂有效混合，借由发泡器及泡沫高压喷射设备，对尘源或者含尘空气中的矿尘颗粒进行"无间隙"的泡沫灭尘与吸附。矿用泡沫抑尘装置产生的泡沫通过良好的覆盖、湿润、黏附等方式作用于粉尘，使粉尘得到全面包覆，从根本上阻止粉尘的产生及向外扩散，进而有效降低采掘工作面粉尘浓度，提高抑尘效率，降低抑尘成本，改善采掘工作面环境，提高井下作业人员的工作效率，有效降低采掘一线作业人员尘肺病的发病率。

（四）隔尘措施

1. 防尘口罩

矿井要求所有接触矿尘作业人员必须佩戴防尘口罩。对防尘口罩的基本要求是：阻尘率高、呼吸阻力小、有害空间小、佩戴舒适、不妨碍视野。普通纱布口罩阻尘率低、呼吸阻力大，潮湿后有不舒适的感觉，应避免使用。

2. 防尘安全帽（头盔）

防尘安全帽（头盔）又称送风头盔，在头盔间隔中安装有微型轴流风机、主过滤器、预过滤器，面罩可自由开启。

3. 隔绝式压风呼吸防尘装置

隔绝式压风呼吸防尘装置是利用矿井压缩空气，通过离心力脱去油雾、活性炭吸附等，经减压阀减压同时向多人均衡配气以供呼吸的装置。

第七节　矿山机电安全技术

在矿山生产建设过程中，离不开采掘、运输、提升、通风、排水、破碎、选矿和变配电等各种电气与机械设备。但是，机电设备有时会因使用、维护不当而造成损坏，从而影响矿山的正常生产，甚至会发生各种机电伤害事故。

一、矿山机械安全技术

为了能科学地对矿山设备进行管理，矿山企业应建立设备管理制度、设备使用和维护保养制度、设备维修制度、设备事故处理制度等。预防矿山机械伤害的措施主要有：

（1）良好的设备安全性能。设备的操纵机构要灵敏、可靠，便于操纵。

（2）必要的安全保护装置。对危险设备装设防护罩壳、栏杆或者栅栏门等装置。要装设各种保险装置，以避免人身和设备事故。保险装置包括锁紧件、缓冲装置、防过载装置、限位装置、限压装置、闭锁装置和制动装置等。矿山要装设各种必要的报警装置。

（3）良好的作业环境条件。要为设备的使用和安装、检验创造必要的环境条件，如设备所处的空间不能过于狭小、现场整洁、有良好的照明等。

（4）加强维修工作。要保证设备的安全运行，除了要设计、制造安全性能优良的设备外，设备的安装、维护、检验工作十分重要，尤其是对于移动频繁的采掘和运输设备，要保证安装和维修质量。

二、矿山电气安全技术

（一）矿山电压等级

（1）煤矿井下各级配电电压和各种电气设备的额定电压等级，应当符合下列要求：①高压不超过 10000 V；②低压不超过 1140 V；③照明和手持式电气设备的供电额定电压不超过 127 V；④远距离控制线路的额定电压不超过 36 V；⑤采掘工作面用电设备的电压超过 3300 V 时，必须制定专门的安全措施。

（2）采用架线电机车运输时，架空线的直流电压不得超过 600 V。

（3）露天矿高压电力网的配电电压，一般为 6 kV 和 10 kV。

（4）露天矿的低压配电，一般采用 380 V 和 380 V/220 V。

（二）矿山电气安全基本措施

矿山电气安全基本措施包括直接触电防护措施、间接触电防护措施、电气作业安全措施、电气安全装置、电气安全操作规程、电气安全用具、电气火灾消防技术等。

1. 《煤矿安全规程》对井工煤矿电气设备保护装置的主要规定

（1）井下高压电动机、动力变压器的高压控制设备，应当具有短路、过负荷、接地和欠压释放保护。井下由采区变电所、移动变电站或者配电点引出的馈电线上，必须具有短路、过负荷和漏电保护。低压电动机的控制设备，必须具备短路、过负荷、单相断线、漏电闭锁保护及远程控制功能。

（2）井下配电网路（变压器馈出线路、电动机等）必须具有过流、短路保护装置。

（3）井上、下变电所的高压馈电线上，必须具备有选择性的单相接地保护；向移动变电站和电动机供电的高压馈电线上，必须具有选择性的动作于跳闸的单相接地保护。

井下低压馈电线上，必须装设检漏保护装置或者有选择性的漏电保护装置，保证自动切断漏电的馈电线路。

每天必须对低压漏电保护进行1次跳闸试验。

煤电钻必须使用具有检漏、漏电闭锁、短路、过负荷、断相和远距离控制功能的综合保护装置。每班使用前，必须对煤电钻综合保护装置进行1次跳闸试验。

（4）井上、下必须装设防雷电装置，并遵守下列规定：

① 经由地面架空线路引入井下的供电线路和电机车架线，必须在入井处装设防雷电装置。

② 由地面直接入井的轨道、金属架构及露天架空引入（出）井的管路，必须在井口附近对金属体设置不少于2处的良好的集中接地。

（5）电压在36 V以上和由于绝缘损坏可能带有危险电压的电气设备的金属外壳、构架，铠装电缆的钢带（钢丝）、铅皮（屏蔽护套）等必须有保护接地。

2. 《煤矿安全规程》对露天煤矿电气设备保护装置的主要规定

（1）高压配电线路应当装设过负荷、短路、漏电保护；低压配电线路应当装设短路和单相接地（漏电）保护；高压电动机应当装设短路、过负荷、漏电和欠压释放保护；低压电动机应当装设过流、短路保护；中性点接地的变压器必须装设接地保护；低压电力系统的变压器中性点直接接地时，必须装设接地保护。

（2）变（配）电设施、油库、爆炸物品库、高大或者易受雷击的建筑，必须装设防雷电装置，每年雨季前检验1次。

（3）采场必须选用户外型电气设备，所有高、低压电气设备裸露导电体必须有安全防护。

（4）变电所（站）的各种继电保护装置每2年至少做1次试验。

（5）接地和接零应当符合下列要求：

① 采场的架空线主接地极不得少于2组。主接地极应当设在电阻率低的地方，每组接地电阻值不得大于4 Ω，在土壤电阻率大于1000 Ωmm^2/m的地区，不得超过30 Ω。移动设备与架空线接地极之间的电阻值不得大于1 Ω。接地线和设备的金属外壳的接触电压不得大于36 V。

② 高压架空线的接地线应当使用截面大于35 mm^2的钢绞线。

③ 采用橡套电缆的专用接地芯线必须接地或者接零，严禁接地线作电源线。

④ 50 V以上的交流电气设备的金属外壳、构架等必须接地。

⑤ 连接电气设备与接地母线应当使用截面不小于50 mm^2的耐腐蚀的铁线，严禁电气设备的接地线串联接地，严禁用金属管道或者电缆金属护套作为接地线。

⑥ 低压接地系统的架空线路的终端和支线的终端必须重复接地，交流线路零线的重复接地必须用独立的人工接地体，不得与地下金属管网相连接。

第八节 通风安全技术

一、通风安全的重要性

通风安全就是保证风流畅通、风速、风量等符合有关规定，风流中甲烷、二氧化碳等有害气体的浓度、作业地点的温度不超过规定等。对于井工煤矿安全生产，矿井通风是"一通三防"（通风、防瓦斯、防尘、防火）工作的基础，是煤矿安全生产的重要基础保障。

矿井通风是指借助于机械或者自然风压，将适量的地面空气连续输送到井下各用风地点供给人员呼吸，稀释并排出各种有害气体和矿尘，以降低环境温度，创造良好的井下工作环境，保障井下作业人员的生命安全和身心健康，并在发生灾变时能够根据应急救援的需要调节和控制风流流动路线，为救援工作创造有利条件。

二、《煤矿安全规程》对矿井通风系统的相关规定

（一）对矿井通风系统的规定

第一百三十九条　矿井每年安排采掘作业计划时必须核定矿井生产和通风能力，必须按实际供风量核定矿井产量，严禁超通风能力生产。

第一百四十二条　矿井必须有完整的独立通风系统。改变全矿井通风系统时，必须编制通风设计及安全措施，由企业技术负责人审批。

第一百五十七条　矿井通风系统图必须标明风流方向、风量和通风设施的安装地点。必须按季绘制通风系统图，并按月补充修改。多煤层同时开采的矿井，必须绘制分层通风系统图。

应当绘制矿井通风系统立体示意图和矿井通风网络图。

（二）对主要通风机的规定

第一百五十八条　矿井必须采用机械通风。主要通风机的安装和使用应当符合下列要求：

（1）主要通风机必须安装在地面；装有通风机的井口必须封闭严密，其外部漏风率在无提升设备时不得超过5%，有提升设备时不得超过15%。

（2）必须保证主要通风机连续运转。

（3）必须安装2套同等能力的主要通风机装置，其中1套作备用，备用通风机必须能在10 min内开动。

（4）严禁采用局部通风机或者风机群作为主要通风机使用。

（5）装有主要通风机的出风井口应当安装防爆门，防爆门每6个月检查维修1次。

（6）至少每月检查1次主要通风机。改变主要通风机转数、叶片角度或者对旋式主要通风机运转级数时，必须经矿总工程师批准。

(7) 新安装的主要通风机投入使用前，必须进行试运转和通风机性能测定，以后每5年至少进行1次性能测定。

(8) 主要通风机技术改造及更换叶片后必须进行性能测试。

(9) 井下严禁安设辅助通风机。

第一百五十九条 生产矿井主要通风机必须装有反风设施，并能在10 min内改变巷道中的风流方向；当风流方向改变后，主要通风机的供给风量不应小于正常供风量的40%。

每季度应当至少检查1次反风设施，每年应当进行1次反风演习；矿井通风系统有较大变化时，应当进行1次反风演习。

第一百六十条 严禁主要通风机房兼作他用。主要通风机房内必须安装水柱计（压力表）、电流表、电压表、轴承温度计等仪表，还必须有直通矿调度室的电话，并有反风操作系统图、司机岗位责任制和操作规程。主要通风机的运转应当由专职司机负责，司机应当每小时将通风机运转情况记入运转记录簿内；发现异常，立即报告。实现主要通风机集中监控、图像监视的主要通风机房可不设专职司机，但必须实行巡检制度。

第一百六十一条 矿井必须制定主要通风机停止运转的应急预案。因检修、停电或者其他原因停止主要通风机运转时，必须制定停风措施。

变电所或者电厂在停电前，必须将预计停电时间通知矿调度室。

主要通风机停止运转时，必须立即停止工作、切断电源，工作人员先撤到进风巷道中，由值班矿领导组织全矿井工作人员全部撤出。

主要通风机停止运转期间，必须打开井口防爆门和有关风门，利用自然风压通风；对由多台主要通风机联合通风的矿井，必须正确控制风流，防止风流紊乱。

(三) 对局部通风的规定

第一百六十二条 矿井开拓或者准备采区时，在设计中必须根据该处全风压供风量和瓦斯涌出量编制通风设计。掘进巷道的通风方式、局部通风机和风筒的安装和使用等应当在作业规程中明确规定。

第一百六十三条 掘进巷道必须采用矿井全风压通风或者局部通风机通风。

煤巷、半煤岩巷和有瓦斯涌出的岩巷掘进采用局部通风机通风时，应当采用压入式，不得采用抽出式（压气、水力引射器不受此限）；如果采用混合式，必须制定安全措施。

瓦斯喷出区域和突出煤层采用局部通风机通风时，必须采用压入式。

第一百六十四条 安装和使用局部通风机和风筒时，必须遵守下列规定：

(1) 局部通风机由指定人员负责管理。

(2) 压入式局部通风机和启动装置安装在进风巷道中，距掘进巷道回风口不得小于10 m；全风压供给该处的风量必须大于局部通风机的吸入风量，局部通风机安装地点到回风口间的巷道中的最低风速必须符合本规程第一百三十六条的要求。

(3) 高瓦斯、突出矿井的煤巷、半煤岩巷和有瓦斯涌出的岩巷掘进工作面正常工作的局部通风机必须配备安装同等能力的备用局部通风机，并能自动切换。正常工作的局部通风机必须采用三专（专用开关、专用电缆、专用变压器）供电，专用变压器最多可向4个不同掘进工作面的局部通风机供电；备用局部通风机电源必须取自同时带电的另一电源，当正常工作的局部通风机故障时，备用局部通风机能自动启动，保持掘进工作面正常通风。

（4）其他掘进工作面和通风地点正常工作的局部通风机可不配备备用局部通风机，但正常工作的局部通风机必须采用三专供电；或者正常工作的局部通风机配备安装一台同等能力的备用局部通风机，并能自动切换。正常工作的局部通风机和备用局部通风机的电源必须取自同时带电的不同母线段的相互独立的电源，保证正常工作的局部通风机故障时，备用局部通风机能投入正常工作。

（5）采用抗静电、阻燃风筒。风筒口到掘进工作面的距离、正常工作的局部通风机和备用局部通风机自动切换的交叉风筒接头的规格和安设标准，应当在作业规程中明确规定。

（6）正常工作和备用局部通风机均失电停止运转后，当电源恢复时，正常工作的局部通风机和备用局部通风机均不得自行启动，必须人工开启局部通风机。

（7）使用局部通风机供风的地点必须实行风电闭锁和甲烷电闭锁，保证当正常工作的局部通风机停止运转或者停风后能切断停风区内全部非本质安全型电气设备的电源。正常工作的局部通风机故障，切换到备用局部通风机工作时，该局部通风机通风范围内应当停止工作，排除故障；待故障被排除，恢复到正常工作的局部通风后方可恢复工作。使用2台局部通风机同时供风的，2台局部通风机都必须同时实现风电闭锁和甲烷电闭锁。

（8）每15天至少进行一次风电闭锁和甲烷电闭锁试验，每天应当进行一次正常工作的局部通风机与备用局部通风机自动切换试验，试验期间不得影响局部通风，试验记录要存档备查。

（9）严禁使用3台及以上局部通风机同时向1个掘进工作面供风。不得使用1台局部通风机同时向2个及以上作业的掘进工作面供风。

第一百六十五条　使用局部通风机通风的掘进工作面，不得停风；因检修、停电、故障等原因停风时，必须将人员全部撤至全风压进风流处，切断电源，设置栅栏、警示标志，禁止人员入内。

第一百六十六条　井下爆炸物品库必须有独立的通风系统，回风风流必须直接引入矿井的总回风巷或者主要回风巷中。新建矿井采用对角式通风系统时，投产初期可利用采区岩石上山或者用不燃性材料支护和不燃性背板背严的煤层上山作爆炸物品库的回风巷。必须保证爆炸物品库每小时能有其总容积4倍的风量。

第一百六十七条　井下充电室必须有独立的通风系统，回风风流应当引入回风巷。

井下充电室，在同一时间内，5t及以下的电机车充电电池的数量不超过3组、5t以上的电机车充电电池的数量不超过1组时，可不采用独立通风，但必须在新鲜风流中。

井下充电室风流中以及局部积聚处的氢气浓度，不得超过0.5%。

第一百六十八条　井下机电设备硐室必须设在进风风流中；采用扩散通风的硐室，其深度不得超过6 m、入口宽度不得小于1.5 m，并且无瓦斯涌出。

井下个别机电设备设在回风流中的，必须安装甲烷传感器并实现甲烷电闭锁。

采区变电所及实现采区变电所功能的中央变电所必须有独立的通风系统。

(四) 对采掘通风的规定

第一百四十八条 矿井开拓新水平和准备新采区的回风，必须引入总回风巷或者主要回风巷中。在未构成通风系统前，可将此回风引入生产水平的进风中；但在有瓦斯喷出或者有突出危险的矿井中，开拓新水平和准备新采区时，必须先在无瓦斯喷出或者无突出危险的煤（岩）层中掘进巷道并构成通风系统，为构成通风系统的掘进巷道的回风，可以引入生产水平的进风中。上述2种回风流中的甲烷和二氧化碳浓度都不得超过0.5%，其他有害气体浓度必须符合本规程第一百三十五条的规定，并制定安全措施，报企业技术负责人审批。

第一百四十九条 生产水平和采（盘）区必须实行分区通风。

准备采区，必须在采区构成通风系统后，方可开掘其他巷道；采用倾斜长壁布置的，大巷必须至少超前2个区段，并构成通风系统后，方可开掘其他巷道。采煤工作面必须在采（盘）区构成完整的通风、排水系统后，方可回采。

高瓦斯、突出矿井的每个采（盘）区和开采容易自燃煤层的采（盘）区，必须设置至少1条专用回风巷；低瓦斯矿井开采煤层群和分层开采采用联合布置的采（盘）区，必须设置1条专用回风巷。

采区进、回风巷必须贯穿整个采区，严禁一段为进风巷、一段为回风巷。

第一百五十条 采、掘工作面应当实行独立通风，严禁2个采煤工作面之间串联通风。

同一采区内1个采煤工作面与其相连接的1个掘进工作面、相邻的2个掘进工作面，布置独立通风有困难时，在制定措施后，可采用串联通风，但串联通风的次数不得超过1次。

采区内为构成新区段通风系统的掘进巷道或者采煤工作面遇地质构造而重新掘进的巷道，布置独立通风有困难时，其回风可以串入采煤工作面，但必须制定安全措施，且串联通风的次数不得超过1次；构成独立通风系统后，必须立即改为独立通风。

对于本条规定的串联通风，必须在进入被串联工作面的巷道中装设甲烷传感器，且甲烷和二氧化碳浓度都不得超过0.5%，其他有害气体浓度都应当符合本规程第一百三十五条的要求。

开采有瓦斯喷出、有突出危险的煤层或者在距离突出煤层垂距小于10 m的区域掘进施工时，严禁任何2个工作面之间串联通风。

第一百五十一条 井下所有煤仓和溜煤眼都应当保持一定的存煤，不得放空；有涌水的煤仓和溜煤眼，可以放空，但放空后放煤口闸板必须关闭，并设置引水管。

溜煤眼不得兼作风眼使用。

第一百五十二条 煤层倾角大于12°的采煤工作面采用下行通风时，应当报矿总工程师批准，并遵守下列规定：

（1）采煤工作面风速不得低于1 m/s。
（2）在进、回风巷中必须设置消防供水管路。
（3）有突出危险的采煤工作面严禁采用下行通风。

第一百五十三条 采煤工作面必须采用矿井全风压通风，禁止采用局部通风机稀释瓦斯。

采掘工作面的进风和回风不得经过采空区或者冒顶区。

无煤柱开采沿空送巷和沿空留巷时，应当采取防止从巷道的两帮和顶部向采空区漏风的措施。

矿井在同一煤层、同翼、同一采区相邻正在开采的采煤工作面沿空送巷时，采掘工作面严禁同时作业。

水采和连续采煤机开采的采煤工作面由采空区回风时，工作面必须有足够的新鲜风流，工作面及其回风巷的风流中的甲烷和二氧化碳浓度必须符合本规程第一百七十二条至第一百七十四条的规定。

第一百五十四条 采空区必须及时封闭。必须随采煤工作面的推进逐个封闭通至采空区的连通巷道。采区开采结束后45天内，必须在所有与已采区相连通的巷道中设置密闭墙，全部封闭采区。

第一百五十五条 控制风流的风门、风桥、风墙、风窗等设施必须可靠。

不应在倾斜运输巷中设置风门；如果必须设置风门，应当安设自动风门或者设专人管理，并有防止矿车或者风门碰撞人员以及矿车碰坏风门的安全措施。

开采突出煤层时，工作面回风侧不得设置调节风量的设施。

（五）对巷道贯通通风的规定

第一百四十三条 贯通巷道必须遵守下列规定：

（1）巷道贯通前应当制定贯通专项措施。综合机械化掘进巷道在相距50 m前、其他巷道在相距20 m前，必须停止一个工作面作业，做好调整通风系统的准备工作。

停掘的工作面必须保持正常通风，设置栅栏及警标，每班必须检查风筒的完好状况和工作面及其回风流中的瓦斯浓度，瓦斯浓度超限时，必须立即处理。

掘进的工作面每次爆破前，必须派专人和瓦斯检查工共同到停掘的工作面检查工作面及其回风流中的瓦斯浓度，瓦斯浓度超限时，必须先停止在掘工作面的工作，然后处理瓦斯，只有在2个工作面及其回风流中的甲烷浓度都在1.0%以下时，掘进的工作面方可爆破。每次爆破前，2个工作面入口必须有专人警戒。

（2）贯通时，必须由专人在现场统一指挥。

（3）贯通后，必须停止采区内的一切工作，立即调整通风系统，风流稳定后，方可恢复工作。

间距小于20 m的平行巷道的联络巷贯通，必须遵守以上规定。

（六）对矿井测风的规定

第一百四十条 矿井必须建立测风制度。每10天至少进行1次全面测风。对采掘工作面和其他用风地点，应当根据实际需要随时测风，每次测风结果应当记录并写在测风地点的记录牌上。

应当根据测风结果采取措施，进行风量调节。

第一百五十六条 新井投产前必须进行1次矿井通风阻力测定，以后每3年至少测定1次。生产矿井转入新水平生产、改变一翼或者全矿井通风系统后，必须重新进行矿井通风阻力测定。

第九节 尾矿库安全技术

一、影响尾矿库安全的主要因素

1. 选址问题

尾矿库在选址时违反法律法规的相关规定，建在饮用水源保护区、重要生态功能保护区，或者靠近河道、公路、铁路及居民生活区，不仅对人民生命财产安全造成严重威胁，而且威胁环境，可能由于有毒物质泄漏给人们生产生活带来不利影响。

2. 设计问题

一是尾矿库在设计时没有经过有资质的设计部门进行工程设计，盲目施工；二是尾矿库在设计时缺少测绘资料、气象资料、水文资料、地质勘察资料等相关技术资料的支撑；三是设计深度不够，导致设计可靠性差，如排洪沟的设计不能达到排洪要求、库容不能满足尾矿堆放等。

3. 工程质量问题

尾矿库的建设没有正规的施工团队，有些企业委托农民工或者自行施工，缺少施工原始记录，使尾矿库运营过程中的维护维修和检测十分麻烦；有的企业随意将施工转包他人，却并未进行有效监督，导致施工人员以次充好、偷工减料，使得工程质量大幅降低。对于施工监管方面，无资质的施工单位缺乏健全的监督管理部门，也没有做好施工竣工验收和备案工作。

4. 安全监测不到位

有的尾矿库仍然采用传统仪器到现场进行测量的监测方法，但观测周期很长、误差较大、单次信息量少、工作量繁多，易受天气、人为和现场条件诸多因素的影响，并且数据资料的整理与分析较为滞后，没有充分利用监测成果为尾矿库安全管理服务。目前安装有科学有效的安全在线监测系统的尾矿库大多是3等及3等以上尾矿库，数量较少。

二、尾矿库安全监管措施及建议

1. 合理选址

尾矿库对周围安全和环境影响巨大，因此选择合理的建造地点十分重要，这也是保障尾矿库安全的基础工作。尾矿库不应设在国家法律、法规规定禁止建设尾矿库的区域以及尾矿库失事将使下游重要城镇、工矿企业、铁路干线或高速公路等遭受严重威胁区域。因此，主管部门在进行审批时，必须考察是否已对尾矿库选址的可行性进行了科学论证。另外，对尾矿库进行详细的地质勘测也是为新建尾矿库提供更全面、更完善的设计依据，可以减少由地质因素产生的设计变更，保证尾矿库整体与局部的稳定性。

2. 提高设计质量

首先，尾矿库的设计必须由已经具备尾矿库设计资质的单位来承担，必须保证设计的基础资料翔实，熟悉国家相关法律法规，保证设计符合国家和行业标准；其次，设计文件需经过相关部门进行审核并出具施工图审核报告，一定要审核通过之后才能开工建设；最后，设置专业化职能监督管理部门，对尾矿库的整个设计、施工和运营过程实施监管，防止企业自行设计、施工。

3. 提高工程质量

尾矿库的施工可以进行合法的招投标活动，使符合条件的施工单位参与竞标，从而杜绝企业自行施工、委托无资质单位或者个人施工、转包工程等现象。监督施工单位严格按照设计方案保质保量完成，全部工程材料需检验合格方能使用。待尾矿库建设完成之后，由质量监管部门进行工程竣工验收并备案。

4. 加强安全管理

为加强尾矿设施的安全管理，应设立不同层次的管理机构各负其责。建立健全安全生产规章制度和安全技术操作规程，加强隐患排查治理，严格按照设计和有关技术规定组织操作。管理人员做好尾矿的排放、筑坝、回水、泄洪、坝体监测等，在满足尾矿堆存需要的同时，必须满足防汛、生产回水所需的库容，并确保有足够的安全超高。严格控制库内水位，当回水与坝体安全要求的沉积滩滩长相矛盾时，应以确保坝体安全为主控制水位。尾矿库排水构筑物应保持疏通，善后封堵工作必须严格按照设计要求施工，并保证质量。尾矿沉积干滩的长度和坡度、下游坝面坡度、澄清距离等，必须按设计或有关技术规定严格控制。应在尾矿库库区设置明显的安全警示标识。尾矿库应每三年至少进行一次安全评价。

5. 加强安全监测

对尾矿库的坝体监测应采用人工安全监测和在线安全监测相结合的方式，按规定的监测频率、监测项目及要求进行监测。尾矿坝的部分观测项目可用肉眼直观判断，如观察坝坡有无明显变形、塌陷、沼泽化、渗水、裂缝及蚁穴鼠洞等。部分观测项目，如坝体的沉降、水平位移、浸润线监测等必须借助仪器设备完成，把每次的监测结果做好记录并保存。在非正常或汛期情况下，按规定应增加监测次数。

6. 加强安全检查

尾矿库安全检查主要包括对尾矿库防洪、尾矿坝、放矿、尾矿库库区、监测系统及其他设施的安全检查。

（1）生产经营单位应定期组织相关人员对尾矿库进行安全检查。安全检查每年应不少于4次，并做好记录；汛期前后、寒冷地区结冰期前应重点进行检查。

（2）安全检查不得使用生产运行日常巡检结果及安全监测数据代替。需要采用仪器进行测量的，应按人工安全监测的要求进行测量，测量仪器的精度不得小于日常人工安全监测仪器的精度。

（3）安全检查后应对检查记录进行整理、分析，对分析结论进行闭环处置，并对检查过程资料进行归档。

7. 加强安全技术培训

对尾矿库相关设施作业人员的安全技术培训，是加强尾矿库安全监督管理的重要内容。他们的技术水平、管理能力直接关系到尾矿库的安危和千万人的生命财产安全。因此必须对他们进行安全技术培训，提高其素质，这是确保尾矿库安全运行的重要工作。

三、尾矿库隐患及重大险情处理

《尾矿库安全规程》规定如下:

(1) 尾矿库存在下列一般生产安全事故隐患之一时,应在限定的时间内进行整治,消除事故隐患:

① 尾矿库调洪库容不足,在设计洪水位时不能同时满足设计规定的安全超高和干滩长度的要求。

② 排洪设施出现不影响安全使用的裂缝、腐蚀或磨损。

③ 经验算,坝体抗滑稳定最小安全系数满足规定值,但部分高程上堆积边坡过陡,可能出现局部失稳。

④ 坝体浸润线埋深小于1.1倍控制浸润线埋深。

⑤ 坝面局部出现纵向或横向裂缝。

⑥ 干式堆存尾矿的含水量偏大,实行干式堆存有一定困难,且没有设置可靠防范措施。

⑦ 坝面未按设计设置排水沟,冲蚀严重,形成较多或较大的冲沟。

⑧ 坝肩无截水沟,山坡雨水冲刷坝肩。

⑨ 堆积坝外坡未按设计设置维护设施。

⑩ 其他不影响尾矿库基本安全生产条件的非正常情况。

(2) 尾矿库存在下列重大生产安全事故隐患之一时,应立即停产,生产经营单位应制定并实施重大事故隐患治理方案,消除事故隐患:

① 库区和尾矿坝上存在未按批准的设计方案进行开采、挖掘、爆破等活动。

② 坝体出现大面积纵向裂缝,且出现较大范围渗透水高位出逸,出现大面积沼泽化。

③ 坝外坡坡比陡于设计坡比。

④ 坝体超过设计坝高,或者超设计库容贮存尾矿。

⑤ 尾矿堆积坝上升速率大于设计堆积上升速率。

⑥ 经验算,坝体抗滑稳定最小安全系数小于规定值的0.98倍。

⑦ 坝体浸润线埋深小于控制浸润线埋深。

⑧ 尾矿库调洪库容不足,在设计洪水位时,安全超高和干滩长度均不满足设计要求。

⑨ 排洪设施部分堵塞或坍塌、排水井有所倾斜,排水能力有所降低,达不到设计要求。

⑩ 干式堆存尾矿的含水量大,实行干式堆存比较困难,且没有设置可靠的防范措施。

⑪ 多种矿石性质不同的尾砂混合排放时,未按设计要求进行排放。

⑫ 冬季未按照设计要求采用冰下放矿作业。

⑬ 设计以外的尾矿、废料或者废水进库。

⑭ 其他危及尾矿库安全运行的情况。

(3) 尾矿库出现下列重大险情之一时,生产经营单位应立即停产,启动应急预案,进行抢险:

① 坝体出现严重的管涌、流土等现象的。

② 坝体出现严重裂缝、坍塌和滑动迹象的。
③ 经验算,坝体抗滑稳定最小安全系数小于规定值的 0.95 倍。
④ 尾矿库调洪库容严重不足,在设计洪水位时,安全超高和干滩长度均不满足设计要求,将可能出现洪水漫顶。
⑤ 排水井显著倾斜,有倒塌迹象的。
⑥ 排洪系统严重堵塞或者坍塌,不能排水或者排水能力急剧降低。
⑦ 干式堆存尾矿的含水量过大,基本不能干式堆存,且没有设置可靠的防范措施。
⑧ 其他危及尾矿库安全的重大险情。

第十二章 矿山救护技术操作

矿山救援队日常进行的技术操作主要有：在演习巷道内挂风障、建造木板密闭墙、架木棚、建造砖密闭墙、安装局部通风机和接风筒、接水管、安装高倍数泡沫发射器、高温浓烟演练等。

第一节 风障建造方法

挂风障的主要目的是临时隔断风流或防止高温浓烟对矿山救援人员的伤害，因此，建造时一定要迅速准确。

所需材料：方木 5 根（40 mm × 60 mm × 2700 mm），板条 6 根（15 mm × 10 mm × 2700 mm），钉子若干。

构筑条件：应在 4 m² 的不燃性巷道内架设。

小队人员在规定的巷道里，按照事先的分工，各就各位，准备就绪后即开始工作。

一、操作流程

（1）用 4 根方木架设带底梁的梯形框架，在框架中间用方木打一立柱。架腿、立柱应坐在底梁上。中柱上下垂直，边柱紧靠两帮，如图 12-1 所示。

（2）风障四周用压条压严，钉在骨架上。中间立柱处竖压 1 根压条，每根压条不少于 3 个钉子，压条两端与钉子间距不应大于 100 mm，如图 12-2 所示。

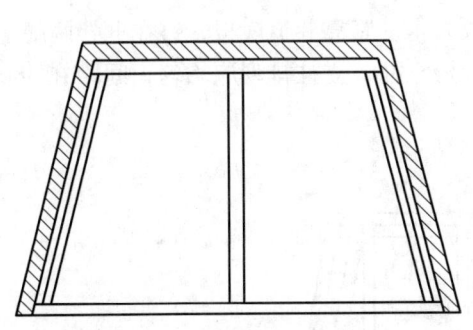

图 12-1 风障框架结构示意图

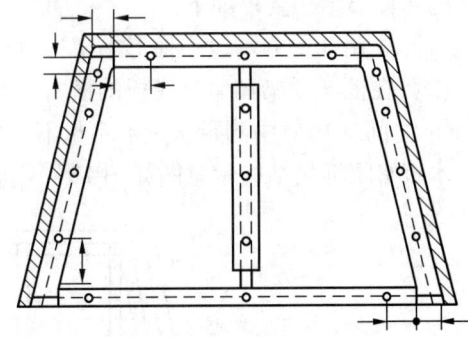

图 12-2 风障压条及钉子位置示意图

（3）同一根压条上的钉子分布大致均匀（相差不应超过 150 mm），底压条上相邻两钉的间距不小于 1000 mm，其余各根压条上相邻两钉的间距不小于 500 mm。钉子应全部钉入骨架内，跑钉、弯钉允许补钉。

(4) 结构牢固，四周严密。

二、操作要求

(1) 按规定结构操作，不得缺少立柱或骨架不牢。

(2) 不得缺少压条和钉子，钉子必须钉在骨架上，钉帽接触到压板，钉子不得距压条的端头大于 100 mm。

(3) 不许压条搭接或压条接头处间隙大于 50 mm。

(4) 中柱与两边柱的边距不许差 50 mm，中柱上下垂度不许超过 50 mm，边柱与帮缝不许大于 20 mm、长度不许大于 300 mm，障面孔隙不许大于 2000 mm^2（从压条距顶、帮、底的空隙宽度大于 20 mm 处开始量长度，计算面积）。

(5) 障面需平整，折叠宽度不许超过 15 mm。

(6) 同一根压条上相邻两钉的间隙必须符合要求。

第二节 木板密闭筑建

木板密闭的主要作用是封闭火区或隔断风流，对密闭墙的质量要求较严，必要时，还需扩帮掏顶，一定要把密闭建造在巷道的实体上，真正做到严密坚固，并具有一定的抗压性。另外，建造时要加快速度。

所需材料：方木 8 根（40 mm × 60 mm × 2700 mm），大板 14 块（15 mm × 200 mm × 2700 mm），小板 4 块（15 mm × 100 mm × 2000 mm），钉子若干。

构筑条件：应在断面为 4 m^2 的不燃性巷道内架设。

一、操作流程

（一）构建骨架结构

构建骨架结构要求如下：

(1) 先用 3 根方木设一梯形框架，再用 1 根方木，紧靠巷道底板，钉在框架两腿上。

(2) 在框架顶梁和紧靠底板的横木上钉上 4 根立柱，立柱排列应均匀，间距在 380 ~ 460 mm 之间（中对中测量，量上不量下）。

木板密闭框架结构示意图如图 12 - 3 所示。

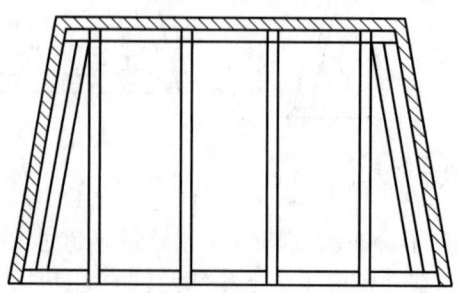

图 12 - 3 木板密闭框架结构示意图

(二) 钉板

钉板要求如下：

(1) 木板采用搭接方式，下板压上板，压接长度不少于 20 mm，两帮镶小板，在最上面的大板上钉托泥板。

(2) 每块大板不少于 8 个钉子 (可一钉两用)，钉子应穿过 2 块大板钉在立柱上。每块小板不少于 1 个钉子，每个钉子要穿透 2 块小板钉在大板上。钉子应钉实，不可以空钉。

(3) 小板不准横纹钉，不可以钉劈 (通缝为劈)，压接长度不少于 20 mm。

(4) 托泥板宽度为 30~60 mm，与顶板间距为 30~50 mm，两头距小板间距不大于 50 mm，托泥板不少于 3 个钉子，两头钉子距板头不大于 100 mm，钉子分布均匀。

(5) 大板要平直，以巷道为准，大板两端距顶板距离差不大于 50 mm。

(6) 板闭四周严密，缝隙宽度不应超过 5 mm、长度不应超过 200 mm。

(7) 结构牢固。

二、操作要求

(1) 板闭骨架要牢固，不能缺立柱，立柱的排列要均匀 (间距 380~460 mm 之间)，不得缺大板，边柱牢固，边柱与顶梁搭接面不许小于 1/2。

(2) 大板钉上后，面要平整，超过 50 mm 为不合格。

(3) 大板压茬不得小于 20 mm，不能缺小板，小板不能钉劈或钉横纹钉，大板钉子要钉在立柱上，小板要坐在大板上，不得有少钉、空钉、弯钉，钉子要钉在大板上，钉帽与板面接实，小板压茬不得小于 20 mm。

(4) 钉托泥板时，托泥板与顶板或小板的间距、两头钉子与板头的间距不得超过规定，均匀误差不大于 100 mm。

(5) 板闭四周缝隙宽度不得超过 5 mm，长度不许超过 200 mm。木板密闭框架结构示意图如图 12-3 所示。

第三节　木棚架设方法

架木棚主要用于矿山救援队在处理冒顶、瓦斯煤尘爆炸事故后的巷道恢复及建造特殊密闭墙等地方。因此，对木棚的质量要求较高，一定要达到牢固稳固和抗压效果。

所需材料：圆木 6 根 (腿长 2000 mm，梁长 1800 mm，小头直径不小于 160 mm)，背板 6 块，锲子 12 块。

构筑条件：应在断面为 4 m² 的不燃性巷道内架设。

一、操作流程

(1) 结构牢固、亲口严密，无明显歪扭，叉角适当。

(2) 棚距 800~1000 mm，两边棚距 (以腰线位置量) 相差不超过 50 mm，一架棚高一架棚低或同一架棚的一端高一端低，相差均不应超过 50 mm，6 块背板 (两帮和棚顶各

2块，图12-4)，楔子准备16块。

(3) 棚腿应做"马蹄"状。

(4) 棚腿窝深度不少于200 mm，工作完成之后，应埋好，与地面齐平，棚子前倾后仰不超过100 mm。

(5) 棚腿大头向上，亲口间隙不应超过4 mm，后穷间隙不应超过15 mm，梁腿亲口不准砍，不准砸。

(6) 棚子叉角范围为180~250 mm（从亲口处作一垂线1 m处到棚腿的水平距离），同一架棚两叉角相差不应超过30 mm，梁亲口深度不少于50 mm，腿亲口深度不少于40 mm，梁刷头应盖满柱顶（如腿径小于梁直径，则两者中心应在1条直线上）。

(7) 棚梁的2块背板压在梁头上，从梁头到背板外边缘距离不大于200 mm，两帮各两块背板，从柱顶到第1块背板上边缘的距离应大于400 mm、小于600 mm，从巷道底板到第2块背板下边缘的距离，应大于400 mm、小于600 mm。

(8) 1块背板打2块楔子，楔子使用位置正确，不松动，不准同点打双楔。

二、操作要求

(1) 结构牢固，亲口间隙超过4 mm（用宽20 mm、厚5 mm的钢板插入10 mm为准）。

(2) 梁头与柱间隙（后穷）超过15 mm（用宽20 mm、厚16 mm的方木插入10 mm为准）均为亲口不严，叉角不在180~250 mm范围，同一架棚两叉角直差超过30 mm均视为不合格。

(3) 不许砍砸棚梁或棚腿亲口唇，少楔子，楔子松动，楔子使用位置不正确，同时打双楔，都视为不合格。

(4) 不许棚腿大头朝下或少背板，棚距不在800~1000 mm范围内（以两腿中心测量），两帮棚距相差超过50 mm，木棚一架高一架低超过50 mm，为不合格。

(5) 棚腿不做"马蹄"柱窝，未埋出地面，背板位置不正确或棚子明显歪扭（以每架棚为一处），梁或腿歪扭差大于50 mm，均为不合格。

(6) 棚梁或棚腿亲口深度不当或每架棚子前倾后仰超过100 mm（在两棚距地面300 mm处拉1条线，从棚梁中点向下吊1条线，线与水平连线的水平距离，即为前倾后仰的检测距离，图12-5）为不合格。

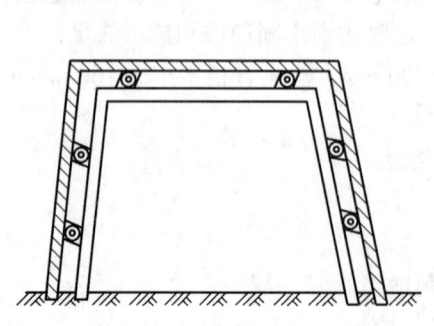

图12-4 木棚背板位置示意图

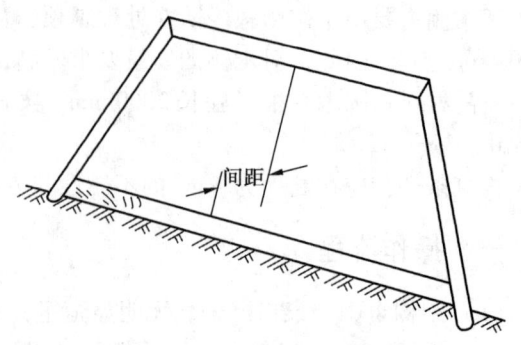

图12-5 木棚前倾后仰检查示意图

第四节 砖密闭筑建

砖密闭墙要适用封闭火区和废旧巷道等,因此,对密闭墙的厚度、墙面质量要求较高,一定要把密闭建在巷道的实体上,使其具有封闭和抗压效果。

所需材料:红砖若干块,堆放在巷道的两侧,拌好泥砂浆。

构筑条件:应在断面为 $4\ m^2$ 的不燃性巷道内进行。

小队长带领小队人员携带工具,佩用氧气呼吸器进入操作现场。

一、操作流程

(1) 密闭墙牢固、墙面平整、浆饱、不漏风、不透光,结构合理,接顶充实,30 min 完成。

(2) 墙厚 370 mm 左右,结构为(砖)一横一竖,不准事先把地找平。按普通密闭施工,可不设放水沟和管孔。

(3) 前倾、后仰不大于 100 mm (从最上一层砖两端的三分之一处挂 2 条垂线,分别测量 2 条垂线上最上及最下一层砖至垂线的距离,存在距离差即为前倾、后仰)。

(4) 砖墙完成后,除两帮和顶可抹不大于 100 mm 宽的泥浆外,墙面应整洁,砖缝线条应清晰,符合要求。

二、操作要求

(1) 墙体牢固(用 1 只手推不晃动),结构合理(按一横一竖施工或竖砖使用大半头),墙面不透光,接顶实(接顶宽度小于墙厚的 2/3,连续长度达到 120 mm 为接顶不实),使用不可燃性材料接顶,封顶前墙面内侧不许有人员。

(2) 墙面平整以砖墙最上和最下两层砖所构成的平面为基准面,墙面任何砖块凹凸,不得超过基准面的正负 20 mm。检查方法:分别连接上宽、下宽各三分之一处,形成 2 条线,在 2 条线上每层砖各查 1 次。

(3) 前倾、后仰大于 100 mm 为不合格。

(4) 砖缝应符合要求。不许有大缝(砖缝大于 15 mm 为大缝,水平缝连续长度达到 120 mm 为 1 处,竖缝达到 50 mm 为 1 处)、窄缝(砖缝小于 3 mm 为窄缝,水平缝连续长度达到 120 mm 为 1 处,竖缝达到 50 mm 为 1 处)、对缝(上下砖的缝距小于 20 mm 为对缝),墙面不得用泥浆抹面。紧靠两帮的砖缝不能大于 30 mm (高度达到 50 mm),否则,按大缝计。接顶处不足一砖厚时,可用碎石砖瓦等非燃性材料填实,间隙宽度大于 30 mm、高度大于 30 mm 时为大缝,该大缝的水平长度大于 120 mm 时为接顶不实。

第五节 局部通风机安装和接风筒

安装局部通风机和接风筒,主要用于排放瓦斯或其他地点的通风,因此,安装时,电源的接头一定要保证质量。接风筒时,要采取双反边的方法,防止风筒脱节或漏风。

所需材料：5.5~11 kW 的局部通风机，防爆开关一个，直径为 400~600 mm 胶质风筒 5 节，电工工具一套。

小队长发出工作信号，按照分工，把电源接头、风筒的接口处理好，送电后，局部通风机正常运转到风筒口出风为止。通风后，不许有风筒脱节，掉环现象。

一、操作流程

(1) 安装和接线正确。
(2) 风筒接口严密不漏风。
(3) 现场做接线头，局部通风机动力线接在防爆开关上，使用挡板、密封圈。
(4) 带风逐节连接 5 节风筒，每节长度为 10 m，直径不小于 400 mm；采用双反压边接头，吊环向上一致。

二、操作要求

(1) 安装与接线正确。
(2) 接头不漏风。
(3) 事先不做线头，正确使用挡板、密封圈。
(4) 带风逐节连接风筒。
(5) 采用双反压边接头，吊环错距不大于 20 mm。
(6) 正确接地线。

第六节　水　管　连　接

接水管主要用于扑灭井下火灾或灌浆注水等，因此，对管子的接头要求较严。另外，在有瓦斯聚积的巷道内安装时，应防止金属的碰撞产生火花，引起爆炸事故。

一、普通水管的操作方法

所需材料：长 2 m、直径为 4 英寸的钢管 5 根，垫圈、螺栓、螺帽、扳手准备齐全。
时间：上 3 个螺丝时，应 5 min 完成；上 4 个螺丝时，应 8 min 完成。

1. 操作流程

(1) 小队长发出工作信号起。小队人员按分工，2 人抬一节管子到规定的地点进行操作。
(2) 负责放垫圈的人，一定要细心把垫圈放正。
(3) 上螺丝时，用力要适度，防止压偏或把垫圈挤出，造成漏水。
(4) 管子接好后，抬高 1 m 左右开始灌水，每个接头不漏水为合格。

2. 操作要求

接头螺丝拧紧，管垫均匀。

二、快速接头水管的操作方法

所需材料：长 5 m、直径为 89 mm 的钢管 5 根，垫圈、管箍、螺栓、螺帽、扳手准备齐全。

时间：应在 10 min 内完成。（快速管箍只有 2 条螺丝）

1. 操作流程

（1）管道进行安装前，需对管口的平整度进行检查，平整度须符合规范要求。

（2）小队长发出信号起，小队人员按分工，3 人一组将管子抬放到规定地点进行操作。

（3）负责放垫圈的队员将橡胶垫圈套到管子卡箍上并向上翻起，其余 1 人抬起另一节管子对接，将橡胶圈扣好，上好管箍。

（4）紧螺丝时，用力要适度，防止压扁或把垫圈挤出，造成漏水。

（5）管子接好后，抬高 1 m 左右开始灌水，每个接头不漏水为合格。

2. 操作要求

管子接头严密不漏水，橡胶垫均匀。

第七节　矿山救援常用技术操作及演练

一、高倍数泡沫灭火机安装使用

高倍数泡沫灭火机应用于扑灭井下大型火灾，因此，安装时一定要选择比较平坦的地点，并有充足的水源。另外，还应对泡沫的质量进行观察，发现问题要立即处理，防止大量供氧，造成火势扩大。

把泡沫灭火机、药剂、比例混合器、发射网、水泵、水龙带等放在距工作地点 20～30 m 的位置。

要求：安装正确、发泡均匀、稳定性好，含水率要达到规定的要求，前后风机的运转方向一致。

小队长发出工作信号，小队人员按事先的分工，开始抬着泡沫灭火机、水泵进行安装，接电源完毕后，开始发泡。

（一）操作流程

（1）在安装地点备好 1 台防爆磁力启动器、3 个防爆插座开关、连好线的四通接线盒、带电源的三相闸刀（或空气开关）及水源。

（2）将高泡机、潜水泵、配制好的药剂、水龙带等器材运至安装地点，进行安装。防爆四通接线盒的输入电缆要接在磁力启动器上，磁力启动器的输入电缆接在三相闸刀电源上，两处接线头应现场做。风机、潜水泵与四通接线盒之间均采用事先接好的防爆插销、插座开关连接和控制，接线、安装应符合防爆要求。

（3）安装完成后，送电开机，发泡灭火。

（二）操作要求

（1）发泡饱满，正确连接地线，磁力启动器盖子上的螺丝全部上完方可送电开机，接线电缆使用密封圈、风机安装正确，能够将火扑灭。

（2）接线正确（线头绕向错误为不合格）。

(3) 螺丝上紧（凡用工具上的螺丝，用手不能拧动）。
(4) 螺丝垫圈、压线金属片齐全。
(5) 发泡满网的三分之二以上。
(6) BGP200 型高倍数泡沫灭火机不得单机运转或风机反转。

二、高温浓烟演练

在日常的训练工作中，高温浓烟演练是接近于井下火灾事故的实战项目，对提高矿山救援队员的业务技术素质和作战能力，以及适应井下灾区的高温浓烟的复杂环境，都有一定的帮助作用。因此，小队长在带领小队进行烟巷演习时应严格要求，有重点地合理安排演习内容，以使训练收到良好的效果。具体内容和运行的顺序如下：

(1) 首先要检测参训人员的体能是否适应高温浓烟的恶劣环境。检测方法是：使参训人员佩用呼吸器在地面急行军 2000 m，15 min 内完成。然后分别对参训人员的血压、心跳、血液中的氧含量进行测试，合格者进入温度 50℃、湿度 100% 的作业区内静坐 15 min 后，再进行体能的上述生理指标测试，合格者方可从事高温浓烟训练工作。

(2) 演习时间不少于 3 h，每月最少进行一次烟巷演习。

(3) 在巷道的规定地点升温，待温度上升到一定数值，达到中等烟雾时，小队人员方可进入。

(4) 在进入灾区前，小队长带领小队人员，对自己所使用的氧气呼吸器进行战前十项检查。并携带齐侦察时的一切装备。

(5) 在烟巷中行进，正小队长在前，副小队长在后，一切联系均用信号。对灾区侦察时，按规定通过上下山、窄巷到达发火地点，如果新队员多，应在发火点附近，让每个队员实地操作瓦斯检定器和一氧化碳检定器，小队长要检查他们的操作顺序和测量结果是否正确。返回时，副小队长在前，正小队长在后。

(6) 返回井下基地后不脱口具，根据时间的多少，安排锯木段，哑铃，拉检力器，个人更换氧气瓶，互换氧气瓶等。

(7) 安排给患者更换 2 h 呼吸器，并按规定搬运出灾区，脱掉口具，小队长指定人员检查患者，准备苏生器，之后进行苏生。

(8) 演习结束后，全小队携带仪器装备返回驻地，并整理自己的仪器与装备。

三、闻警集合与下井准备

（一）闻警集合的标准要求

(1) 不少于 6 人的值班小队集体住宿昼夜电话值班。
(2) 接到事故电话时应打预备铃。
(3) 出动时间：在 60 s 内出动。不需乘车出动时间：白天不超过 120 s，夜间不超过 150 s。
(4) 按军事化矿山救援队行动准则规定列队上车。
(5) 值班队出动后，备班队转入值班队的时间，白天不超过 120 s，夜间不超过 150 s。

(6) 电话值班员必须按规定接清和记清事故电话的内容。

(7) 接电话时间不超过 60 s（由预备铃起到事故警铃止）。

（二）下井准备的标准要求

(1) 按《煤矿救援规程规定》，根据事故类别要求，带全最低限度装备。

(2) 正确地对氧气呼吸器作战前检查，120 s 内完成。

(3) 列队整齐，组织纪律性好。

(4) 领取任务和布置任务明确。

(5) 指战员应着统一战斗服。

第十三章 矿山救援装备（仪器）的使用与管理

矿山救护装备（仪器）是矿山救护队处理各类灾害事故的硬件保障，必须符合国家标准、行业标准和矿山安全有关规定。各级矿山救护队应按照周期对装备（仪器）进行维护和保养，开展常规化学习与训练，确保救护装备（仪器）时刻处于完好可用状态。

第一节 矿山救援个体防护装备（仪器）

一、ZYX45 隔绝式压缩氧自救器

（一）用途
用于矿山及其他有毒有害气体或缺氧环境下，以高压压缩氧气作为氧气源，保护人员正常呼吸并逃离灾区。

（二）技术参数
(1) 额定防护时间：45 min。
(2) 氧气瓶充填压力：19~21 MPa。
(3) 储氧量：≥76 L。
(4) 吸气中氧气浓度：在额定防护时间内吸气中的氧气浓度不低于25%。
(5) 吸气中二氧化碳浓度：在额定防护时间内吸气中的二氧化碳浓度不大于2.0%。
(6) 吸气中无刺激性气体、无有毒有害气体，粉尘量不使佩戴者呼吸受到影响。
(7) 吸气温度：额定防护时间内在 (20±3)℃的环境下，吸气温度<50 ℃。
(8) 通气阻力：防护性能试验后，清净罐的通气阻力不大于200 Pa。
(9) 气密性：
① 高压气密性：高压系统经气密性试验，不漏气。
② 低压气密性：呼吸系统经正压和负压气密性测定，其压力变化值不大于50 Pa。
(10) 供氧性能：
① 定量供氧量：当氧气瓶压力为20~3 MPa时，定量供氧量应不小于1.2 L/min。
② 自动补给供氧量：当氧气瓶压力为20~5 MPa时，供氧量应不小于60 L/min。
③ 手动补给供氧量：当氧气瓶压力为20~5 MPa时，供氧量应不小于60 L/min。
(11) 安全阀开启压力：不大于1 MPa。
(12) 封口带开启力：40~120 N。
(13) 自救器本体从外壳内取出的拉力不大于100 N。

(14) 自动补给阀自动开启压力为 $-100 \sim -400$ Pa。

(15) 排气阀排气压力：$150 \sim 300$ Pa。

(三) 结构与工作原理

1. 结构

自救器主要由高压系统、呼吸系统及 CO_2 过滤系统组成。高压系统包括氧气瓶、氧气瓶开关、减压器、自动手动补给阀和压力表等；呼吸系统由口具、鼻尖、呼吸软管、气囊、排气阀及呼吸阀等组成；过滤系统由清净罐内装入定量的符合标准的 CO_2 吸收剂组成。ZYX45 隔绝式压缩氧自救器结构图如图 13-1 所示。

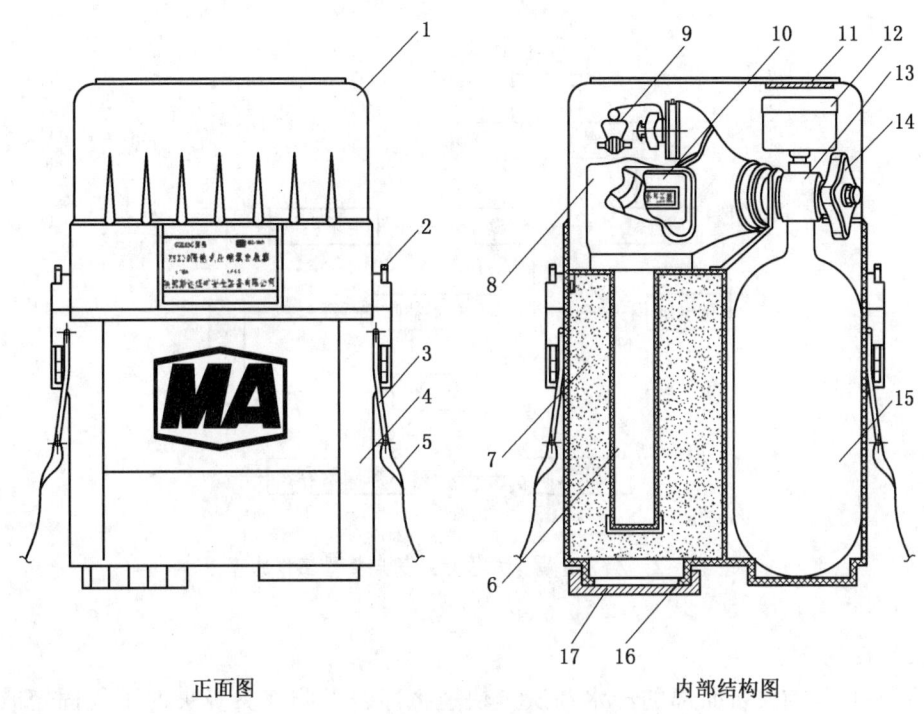

1—上壳；2—插扣；3—背带环；4—下盖；5—背带；6—清净罐；7—药剂；8—气囊；9—鼻夹；10—补压片；11—氧气表观察窗；12—氧气表；13—减压器；14—氧气瓶开关；15—氧气瓶；16—底盖密封圈；17—底盖

图 13-1 ZYX45 隔绝式压缩氧自救器结构图

平时所有系统装置都装在壳体之中，使用者能通过上盖上的观察窗清楚地看到压力表的压力指示。在下壳上设有皮带孔和背带，使用者可固定在矿工皮带上或挎在肩上。

2. 工作原理

逆时针转动氧气瓶开关，高压氧气就从氧气瓶流到减压阀内，经减压后，自动输出 1.2 L/min 的氧气进入气囊，用手指按补压片，氧气以 60 L/min 进入气囊，手离开补压片，补氧停止。

ZYX45 隔绝式压缩氧气自救器还具有自动补氧功能，当呼吸系统为负压时，补压片向内收缩，压迫补气杆（在气囊内）打开补氧机构，氧气以 60 L/min 充入气囊，当气囊鼓起时，补压片离开补气杆，补气停止。如果呼吸系统内的气压超过一定值，气体将从排气阀溢出。

吸气时氧气从气囊，经吸气阀口具进入人体。呼气时气体经过呼吸阀（气囊内）呼气软管进入清净罐，人体呼出的 CO_2 被清净罐内装的吸收剂吸收，余下的氧气进入气囊。如此反复完成人体的呼吸循环，人体的呼吸与外界大气完全隔绝。氧气瓶内氧气的储气量由氧气表显示，通过氧气表观察窗可观察到。

ZYX45 隔绝式压缩氧气自救器工作原理如图 13-2 所示。

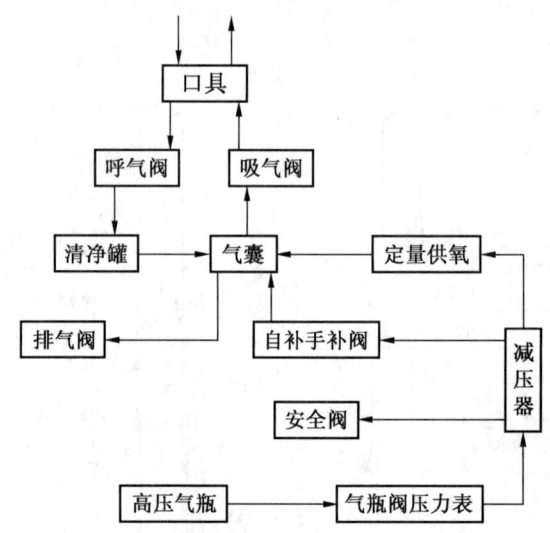

图 13-2　ZYX45 隔绝式压缩氧气自救器工作原理图

（四）使用方法

（1）在操作前要将面部的汗水和灰尘快速擦净，以防在夹鼻夹时不能固定或中途脱落。

（2）使用时应将自救器沿腰带转至胸前，用手扳开扣锁，打开自救器上壳，拉出氧气袋、口具、呼吸软管与鼻夹。

（3）打开氧气瓶开关，开启到最大位置。

（4）拔出口具塞，迅速置口具片于唇齿之间，咬住牙垫，紧闭嘴唇保持气密。

（5）双手将鼻夹弹簧拉开，闭住一口气，将鼻夹准确夹住鼻子、密封鼻孔，用嘴呼吸。

（6）做一次深呼吸，使自动补给气自如。

（7）将挎带套在脖子上，长度调整适当，以口具轻松咬在口中，且头能抬起为宜。然后，将眼镜拿出并佩戴好，不要松动，无烟时不用佩戴。

（8）将腰带长端绕腰一周与短带系牢，使仪器固定在胸前。

（9）上述动作完成后，在现场负责人的带领和指挥下退离灾区。

(10) 使用时应随时观察压力指示计,以便掌握氧气消耗情况,调节劳动量。

(11) 使用该自救器时,当吸入气体的温度略有升高时,是正常情况,应保持沉着,均匀呼吸。

(12) 在确认脱离灾区后,方可摘掉口具、鼻夹。

(五) 注意事项

(1) 自救器禁止代替工作型呼吸器使用。

(2) 组装后,必须全面进行性能检查,使其符合标准要求,保持良好状态。

(3) 氧气瓶内应充装医用氧气,氧气浓度不得低于98%。

(4) 自救器存放环境应干燥,无腐蚀性气体,温度应保持在摄氏零度以上。严禁自救器与油脂混放在一起。

(5) 避免强烈冲击,严禁任意打开。

(6) 在未到达安全地点前不得摘下自救器。

(7) 长期未使用的自救器,每半年必须进行一次药品(二氧化碳吸收剂)检查,并按规定定期进行气密性检查。

二、BIOPAK240R 隔绝式正压氧气呼吸器

(一) 用途

用于救援人员在处理各类灾害事故时对自身呼吸器官的保护,使之免受窒息、有毒有害气体的伤害。

(二) 技术参数

(1) 有效防护时间:240 min。

(2) 气瓶:≥2.2 L/20 MPa。

(3) 佩戴质量:15.4 kg。

(4) 外形尺寸:584 mm×439 mm×178 mm。

(5) 定量供氧量:1.5~2.2 L/min。

(6) 自动补给供氧量:≥80 L/min。

(7) 手动补给供氧量:≥80 L/min。

(8) 自动补给阀开启压力:10~245 Pa。

(9) 余压报警:4~6 MPa。

(10) 绿色 LED 显示:状态完好。

(11) 红色 LED 显示:报警情况。

(12) 蓝色 LED 显示:未放入冰盒指示。

(13) 三色交替闪烁:开机瞬间或更换电池提示。

(14) 排气阀开启压力:400~600 Pa。

(三) 工作原理

高压氧气(医疗氧气)贮存在氧气瓶内,使用时打开气瓶阀,高压氧气经减压器减压后,以稳定流量进入呼吸系统,供佩戴者呼吸使用。使用时,通过面罩与头部的呼吸连接而与外界隔绝。呼气时,吸气阀关闭,呼出的气体经呼气阀、呼气软管而进

入装有 CO_2 吸收剂的呼吸舱内净化。吸气时，呼气阀关闭，呼吸舱中净化后的气体以及定量供给的氧气经降温器（降温后），由吸气软管、吸气阀、面罩进入人体肺部，完成一个呼吸循环。

当佩用者劳动量较小而耗气量较少时，呼吸舱内气体较多，即仓内的压力达到 400～600 Pa 时，排气阀自动排气，将多余气体排入大气中。

当佩用者劳动量较大而耗气量较多时，呼吸舱内的压力降到 10～245 Pa 时，可以通过自动补给阀向系统中补气，保证佩用者的呼吸。

BIOPAK240R 型正压氧气呼吸器原理如图 13-3 所示。

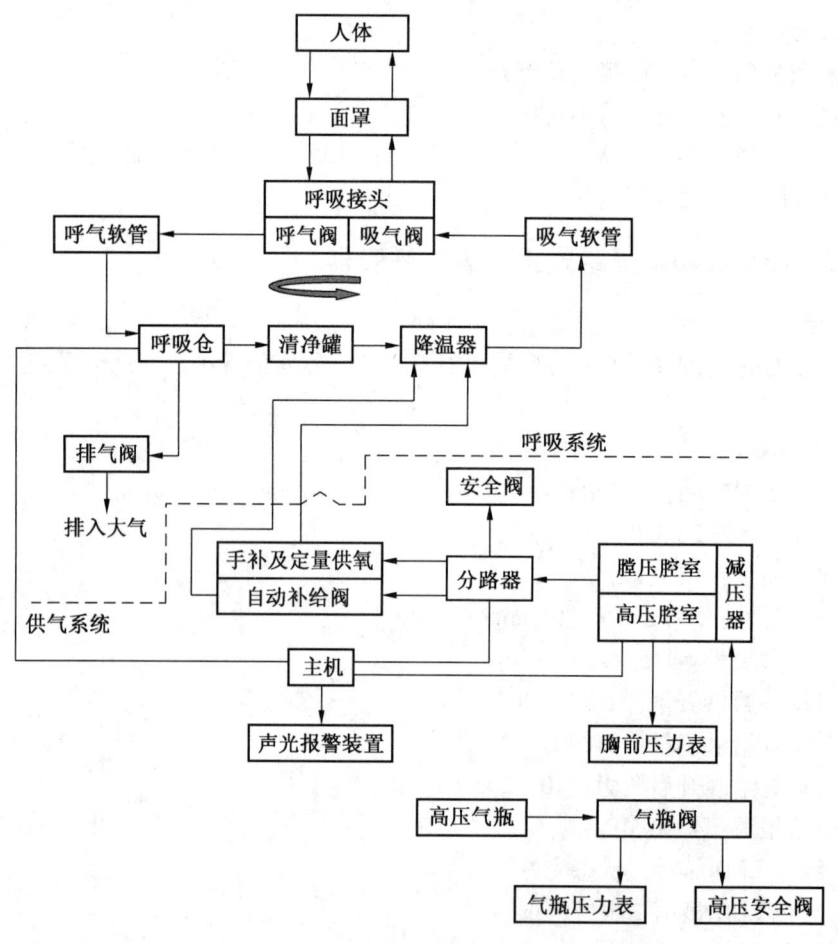

图 13-3 BIOPAK240R 型正压氧气呼吸器原理图

（四）使用方法

（1）使用前检查各项指标是否处于合格状态，必要时应使用专用呼吸器校验仪进行校验。

（2）佩戴时，先将呼吸器倒立放在地上，让呼吸软管保持在自己的前方，将呼吸软管从上往后翻，双手将装备举过头顶，双手插入背带，并让装备从背上慢慢下滑，同时拉紧背带，直到装备完全落在肩部和背部，再扣好腰带，使其固定在臀部上方，调整到舒适为止。

（3）佩戴面罩，面罩上所有头带的松紧都是可以调节的（除顶带外），佩戴十分方便。戴面罩时用双手拉开面罩的头带，从下到上将面部放入面罩中，然后将头带套在头部后方，同时收紧下面的带子，再收紧中部的带子。面罩应安全可靠地套在头上，头带不能过紧，以免影响头部的血液循环。取下呼吸软管上的接头，将其与面罩相连，确保连接良好、可靠。

（4）检查面罩与脸部的气密性，用双手紧紧卡住呼吸软管（使气体不能呼出也不能吸入），努力做深呼吸，面罩会收缩和膨胀，必须确保气体不会从面罩与脸部之间泄漏。

（5）慢慢打开氧气瓶的瓶阀至完全打开，此时蜂鸣器鸣叫一声；压力表显示应在 18~20 MPa 之间，使用人员可正常呼吸。

（6）佩戴结束后，关闭氧气瓶的瓶阀，立即取下面罩。

（7）将佩戴后的装备各部件（面罩、呼吸软管组、冷却器等）进行拆卸、清洗、消毒和干燥处理。

（8）重新换装二氧化碳吸收剂。

（9）氧气瓶重新充填氧气，或换上已充气的备用氧气瓶。

（10）重新组装呼吸器，对呼吸器进行合格性校验。

（五）注意事项

（1）在佩戴装备时，出现自动补给阀和定量供氧装置故障或呼吸舱、气囊内的呼吸气体供应不足而呼吸阻力增大时，可按手动补给阀按钮，每次按 2 s，可根据需要增加手动补给次数，以便维持有充足的呼吸气体供给，及时处理故障。

（2）在佩戴时，使用者出现恶心、头晕或不舒服的感觉，吸气或呼吸感到困难等异常症状，应立即撤出灾区或到新鲜风流处，取下面罩，结束佩用。

（3）在佩戴时，装备出现压力表压力值急剧下降，面罩内有烟雾或其他污染物等故障时，应立即撤出灾区或到新鲜风流处，取下面罩，结束佩用。

三、HYZ4 隔绝式正压氧气呼吸器

（一）用途

用于救援人员在处理各类灾害事故时对自身呼吸器官的保护，使之免受窒息、有毒有害气体的伤害。

（二）技术参数

（1）额定防护时间：≥4 h。

（2）最高工作压力：20 MPa。

（3）氧气瓶容积：2.7 L。

（4）储氧量：在 20 MPa 压力时，储氧量为 540 L。

（5）呼吸舱的有效容积：5 L。

（6）自动补给供氧量：＞80 L/min。

(7) 手动补给供氧量：>80 L/min。
(8) 自动排气阀开启压力：400~700 Pa。
(9) 自动补给阀开启压力：50~200 Pa。
(10) 定量供氧量：(1.6±0.2) L/min。
(11) 二氧化碳吸收剂质量：1.8 kg。
(12) 待机装备质量：10.5 kg。
(13) 温度范围：-20~60 ℃。
(14) 相对湿度：0~100%。

（三）结构及工作原理

1. 结构

HYZ4 隔绝式正压氧气呼吸器由供氧系统、低压呼吸循环系统、安全报警系统及壳体背带系统等四部分组成。

（1）供氧系统：由高压气瓶、减压器、自动补给阀、手动补给阀、定量孔等部件通过管路连接而成。

（2）低压呼吸循环系统：由面罩、呼吸阀、呼吸软管、清净罐（CO_2 吸收罐）、呼吸舱、排气阀、冷却器等组成。

（3）安全报警系统：由报警器、安全阀、肩挂压力表、限流器等组成。

（4）壳体背带系统：由上下壳体、背带及锁定销等组成。

2. 工作原理

HYZ4 隔绝式正压氧气呼吸器气路为隔绝式循环呼吸系统，佩戴者呼出的气体与定量孔所供新鲜氧气混合后进入清净罐，由二氧化碳吸收剂在清净罐内将二氧化碳吸收后，进入呼吸舱，供佩戴者进行连续的吸气、呼气，呼吸与外界大气完全隔离，可使呼吸气体循环使用。HYZ4 型正压氧气呼吸器工作原理如图 13-4 所示。

图 13-4 中箭头表示气体的流动方向，当气瓶开关被打开时，高压氧气经减压后连续供给呼吸舱，当使用者吸气时，呼吸气体从呼吸舱，通过吸气软管进入面罩。当使用者呼气时，气体经过呼气软管，再通过清净罐吸收呼气中的二氧化碳，富氧的气体经冷却器冷却后进入呼吸舱，完成一次循环。

呼吸舱通过压缩弹簧给膜片加载保持舱内压力比外界环境气压稍高的正压。呼吸气体驱动膜片往复运动，改变呼吸舱容积。当舱内气压降低，自动补给阀开启补充氧气，当舱内气压升高，排气阀自动开启，向外界排出多余气体。

隔绝式正压系统的运作可实现三个目的：一是保证在不同的劳动强度下均能提供充足的氧气供正常呼吸（有效性）；二是在整个使用过程中保持较低的呼吸阻力（舒适性）；三是在整个使用过程中绝对保持正压（安全性）。

（四）使用方法

（1）使用前检查各项指标是否处于合格状态，必要时应使用专用呼吸器校验仪进行校验。

（2）佩戴时，先将呼吸器倒立放在地上，让呼吸软管保持在自己的前方，将呼吸软管从上往后翻，双手将装备举过头顶，双手插入背带，并让装备从背上慢慢下滑，同时拉

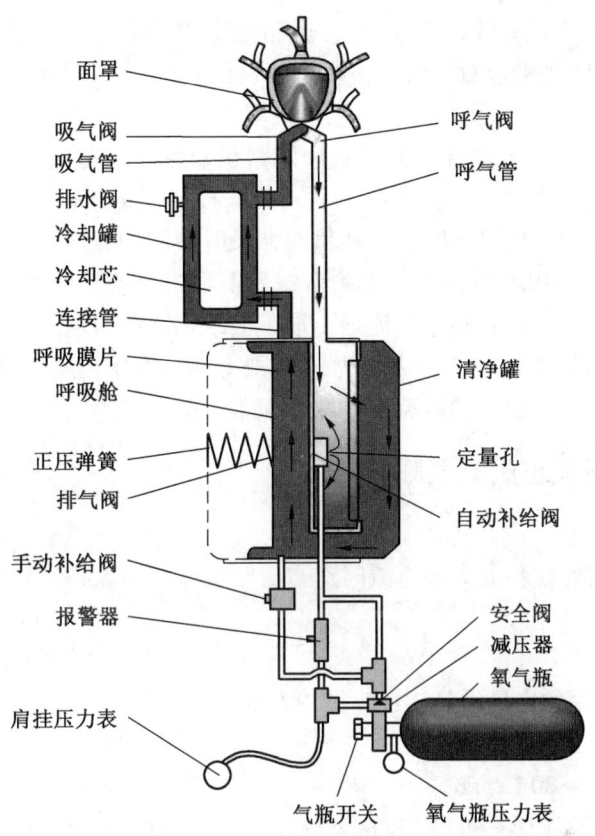

图 13-4 HYZ4 型正压氧气呼吸器工作原理图

紧背带,直到装备完全落在肩部和背部,再扣好腰带,使其固定在臀部上方,调整到舒适为止。

(3) 佩戴面罩,面罩上所有头带的松紧都是可以调节的(除顶带外),佩戴十分方便。戴面罩时用双手拉开面罩的头带,从下到上将面部放入面罩中,然后将头带套在头部后方,同时收紧下面的带子,再收紧中部的带子。面部应安全可靠地套在头上,头带不能过紧,以免影响头部的血液循环。取下呼吸软管上的接头,将其与面罩相连,确保连接良好、可靠。

(4) 检查面罩与脸部的气密性,用双手紧紧卡住呼吸软管(使气体不能呼出也不能吸入),努力做深呼吸,面罩会收缩和膨胀,必须确保气体不会从面罩与脸部之间泄漏。

(5) 慢慢打开氧气瓶的瓶阀至完全打开,此时蜂鸣器鸣叫一声;压力表显示应在 18~20 MPa 之间,使用人员可正常呼吸。

(6) 佩戴结束后,关闭氧气瓶的瓶阀,立即取下面罩。

(7) 将佩戴后的装备各部件(面罩、呼吸软管组、冷却器等)进行拆卸、清洗、消毒和干燥处理。

(8) 重新换装二氧化碳吸收剂。
(9) 氧气瓶重新充填氧气,或换上已充气的备用氧气瓶。
(10) 重新组装呼吸器,对呼吸器进行合格性校验。

(五) 注意事项

(1) 在佩戴装备时,出现自动补给阀和定量供氧装置故障或呼吸舱、气囊内的呼吸气体供应不足而呼吸阻力增大时,可按手动补给阀按钮,每次按 2 s,可根据需要增加手动补给次数,以便维持有充足的呼吸气体供给,及时处理故障。

(2) 在佩戴时,使用者出现恶心、头晕或不舒服的感觉,吸气或呼吸感到困难等异常症状,应立即撤出灾区或到新鲜风流处,取下面罩,结束佩用。

(3) 在佩戴时,装备出现压力表压力值急剧下降,面罩内有烟雾或其他污染物等故障时,应立即撤出灾区或到新鲜风流处,取下面罩,结束佩用。

四、BG4 隔绝式正压氧气呼吸器

(一) 用途

用于救援人员在处理各类灾害事故时对自身呼吸器官的保护,使之免受窒息、有毒有害气体的伤害。

(二) 技术参数

(1) 在 20 MPa 时的定量供氧:1.5~1.9 L/min。
(2) 手动补给:>50 L/min。
(3) 自动补给:>80 L/min。
(4) 定量供氧量:(1.7±0.2) L/min。
(5) 使用温度:-15~40 ℃。
(6) 使用大气压力:900~1200 Pa。
(7) 使用相对湿度:30%~70%。
(8) 氧气瓶:铝内胆玻璃纤维环向缠绕气瓶 (2.2 L)。
(9) CO_2 吸收罐:装吸收剂 2 kg。
(10) 气囊容积:5.5 L。
(11) 降温盒:装冰质量 1.2 kg。
(12) 质量:15.7 kg (含 1.2 kg 冰,面罩和充满氧气的铝内胆玻璃纤维环向缠绕气瓶)。
(13) 外形尺寸:595 mm × 450 mm × 185 mm。

(三) 结构与工作原理

1. 结构

BG4 隔绝式正压氧气呼吸器结构如图 13-5 所示。

2. 工作原理

BG4 隔绝式正压氧气呼吸器是一种带有高压纯氧气体的个人防护装置。呼吸气体在装置的闭合式呼吸系统中循环,呼出的二氧化碳由吸收罐吸收,氧气瓶向闭路系统中供给氧气。在吸入气体前,气体流经降温盒,使气体温度降低从而增加呼吸的舒适度。

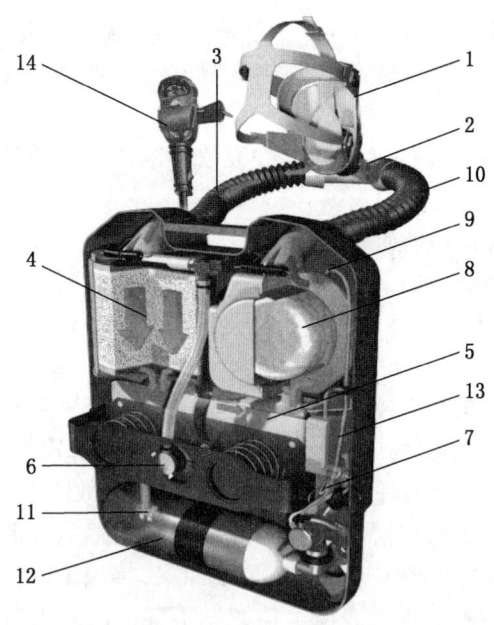

1—全面罩；2—连接管；3—呼气软管；4—CO_2吸收罐；5—呼吸气囊；6—排气阀；
7—自动氧气补给阀；8—降温盒；9—定量氧气补给阀；10—吸气软管；
11—排水阀；12—氧气瓶；13—智能控制器；14—Bodyguard Ⅱ 报警器

图 13-5　BG4 型正压氧气呼吸器结构图

(四) 使用方法

(1) 使用前检查各项指标是否处于合格状态，必要时应使用专用呼吸器校验仪进行校验。

(2) 佩戴时，先将呼吸器垂立放在地上，让呼吸软管位于自己的前方，将呼吸软管从头上往后翻，双手将仪器举过头顶，双手插入背带，并让仪器从背上慢慢下滑，同时用力拉紧肩带，直到仪器完全落在肩部和背部，使其固定在臀部上方。

(3) 戴面罩时，用双手拉开面罩的橡皮头带，使其套住头部，将面部放入面罩中，将头带套在头部后方。首先拉紧下面的带子，再拉紧中部的带子，最后再拉紧顶部的带子，面罩应当安全可靠地套在头上，但不能过紧。

(4) 取下呼吸接头插头的密封盖，将插头插入面罩的插孔中，确保连接牢靠、良好。

(5) 慢慢打开氧气瓶的瓶阀，会听到氧气充入气囊的气流声，电子监测显示器鸣叫一次。检查一下面罩，用双手紧紧握住两旁的呼吸软管（使气体不能进入也不能流出面罩），努力做几次深呼吸，面罩会收缩和膨胀，必须确保空气不会从面罩与面部之间泄漏。

(6) 检查仪器的压力显示，若绿灯闪亮表示仪器工作压力正常，可以使用。红灯闪亮表明仪器压力失常，应立即停止作业，并迅速撤离至安全地方。

（7）佩戴过程中注意低压报警，第一次低压报警压力值是 5~5.5 MPa，报警声持续时间 30 s，若此时工作尚未完成，也应迅速撤离。第二次低压报警压力值为 1 MPa，这时应立即撤离到安全地带，同时，显示器上的蜂鸣器会一起鸣叫，直到氧气瓶被关闭或氧气用尽。

（8）将佩戴后的装备各部件（面罩、呼吸软管组、冷却器等）进行拆卸、清洗、消毒和干燥处理。

（9）重新换装二氧化碳吸收剂。

（10）氧气瓶重新充填氧气，或换上已充气的备用氧气瓶。

（11）重新组装呼吸器，对呼吸器进行合格性校验。

（五）注意事项

（1）在佩戴装备时，出现自动补给阀和定量供氧装置故障或呼吸舱、气囊内的呼吸气体供应不足而呼吸阻力增大时，可按手动补给阀按钮，每次按 2 s，可根据需要增加手动补给次数，以便维持有充足的呼吸气体供给，及时处理故障。

（2）在佩戴时，使用者出现恶心、头晕或不舒服的感觉，吸气或呼吸感到困难等异常症状，应立即撤出灾区或到新鲜风流处，取下面罩，结束佩用。

（3）在佩戴时，装备出现压力表压力值急剧下降，面罩内有烟雾或其他污染物等故障时，应立即撤出灾区或到新鲜风流处，取下面罩，结束佩用。

五、HYZ2 隔绝式正压氧气呼吸器

（一）用途

用于救援人员在处理各类灾害事故时或灾区伤员对自身呼吸器官的保护，使之免受窒息、有毒有害气体的伤害。

（二）技术参数

（1）额定防护时间（中等）：≥120 min。

（2）氧气额定工作气压：20 MPa。

（3）氧气瓶内部容积：1.6 L。

（4）氧气标准状况气体：320 L。

（5）填装氢氧化钙量：1.8 kg。

（6）外形尺寸：515 mm×365 mm×160 mm。

（7）呼吸器净重：9.0 kg（不含氢氧化钙重量、未充氧气时）。

（8）呼气阻力：≤600 Pa。

（9）吸气阻力：0~600 Pa。

（10）定量供氧量：（1.6±0.2）L/min。

（11）自动补给供氧量：>80 L/min。

（12）手动补给供氧量：>80 L/min。

（13）自动补给阀（需求阀）开启压力：10~245 Pa。

（14）适用于大气压力 70~125 kPa、相对湿度 0~100%、温度 -10~60 ℃ 环境中。

（三）结构及工作原理

1. 结构

HYZ2 隔绝式正压氧气呼吸器由供氧系统、低压呼吸循环系统、安全报警系统及壳体背带系统等四部分组成。

（1）供氧系统：由高压气瓶、减压器、自动补给阀、手动补给阀、定量孔等部件通过管路连接而成。

（2）低压呼吸循环系统：由面罩、呼吸阀、呼吸软管、清净罐（CO_2 吸收罐）、呼吸舱、排气阀、冷却器等组成。

（3）安全报警系统：由报警器、安全阀、肩挂压力表、限流器等组成。

（4）壳体背带系统：由上下壳体、背带及锁定销等组成。

2. 工作原理

HYZ2 隔绝式正压氧气呼吸器气路为隔绝式循环呼吸系统，佩戴者呼出的气体与定量孔所供新鲜氧气混合后进入清净罐，由二氧化碳吸收剂在清净罐内将二氧化碳吸收后，进入呼吸舱，供佩戴者进行连续的吸气、呼气，呼吸与外界大气完全隔离，可使呼吸气体循环使用。

当气瓶开关被打开时，高压氧气经减压后连续供给呼吸舱，当使用者吸气时，呼吸气体从呼吸舱通过吸气软管进入面罩。当使用者呼气时，气体经过呼气软管，再通过清净罐吸收呼气中的二氧化碳，富氧的气体经冷却器冷却后进入呼吸舱，完成一次循环。

呼吸舱通过压缩弹簧给膜片加载保持舱内压力比外界环境气压稍高的正压。呼吸气体驱动膜片往复运动，改变呼吸舱容积。当舱内气压降低，自动补给阀开启补充氧气，当舱内气压升高，排气阀自动开启，向外界排出多余气体。

隔绝式正压系统的运作可实现三个目的：一是保证在不同的劳动强度下均能提供充足的氧气供正常呼吸（有效性）；二是在整个使用过程中保持较低的呼吸阻力（舒适性）；三是在整个使用过程中绝对保持正压（安全性）。

（四）使用方法

（1）将冰块或蓝冰装入吸气冷却装置。

（2）将氢氧化钙按要求装入清净罐内。

（3）背好呼吸器本体。

（4）正确连接面具和佩戴，保证面具的气密性。

（5）佩戴结束后，关闭氧气瓶的瓶阀，立即取下面罩。

（6）将佩戴后的装备各部件（面罩、呼吸软管组、冷却器等）进行拆卸、清洗、消毒和干燥处理。

（7）重新换装二氧化碳吸收剂。

（8）氧气瓶重新充填氧气，或换上已充气的备用氧气瓶。

（9）重新组装呼吸器，对呼吸器进行合格性校验。

（五）注意事项

（1）在出现连续进行强烈呼吸时，发现需求阀不动作；吸入气体过热，感觉无法忍受时；呼吸变得困难，眼睛感觉有刺激感，有异味等情况时，应立即使用手动补给阀给氧。

(2) 使用时气瓶开关一定要开到最大,并且要时刻观察压力表的数值。
(3) 根据使用时间,应按压排水阀的按钮,以排出气囊的水分。
(4) 蓄有鬓须或佩戴眼镜者都不能使用本呼吸器。

第二节 矿山救援灭火装备

一、高倍数泡沫灭火机（BGP-200(400)型）

（一）用途

用于煤矿井下、隧道、机库、地下商场等封闭场所,扑灭有限空间大面积火灾,抑制瓦斯爆炸,其对象包括油类、木材、煤炭、橡胶及各种织物等可燃物质火灾,也可广泛地为地面及水上消防服务。

（二）技术参数

1. BGP-200型
(1) 风量：240~260 m^3/min。
(2) 发泡量：180~200 m^3/min。
(3) 耗水量：20 L/min。
(4) 泡沫倍数：500~800。
(5) 泡沫剂浓度：3%~6%。
(6) 泡沫稳定时间：30 min。
(7) 功率：11 kW。

2. BGP-400型
(1) 风量：480~510 m^3/min。
(2) 发泡量：350~400 m^3/min。
(3) 耗水量：20 L/min。
(4) 泡沫倍数：500~800。
(5) 泡沫剂浓度：3%~6%。
(6) 泡沫稳定时间：30 min。
(7) 功率：14 kW。

（三）工作原理

该设备由水、空气、泡沫剂与供分系统有机配合而产生气液集合的泡体,通过隔绝、载水降温及热量交换等三重作用,起到联合灭火的效果。

（四）使用方法

(1) 灭火机组应安装在尽量靠近火源,巷道顶帮坚固、支护完好,供水、供电方便,供风量大于 250 m^3/min,供水量大于 15 m^3/h 的合适地点。

(2) 灭火机的前级泡沫发生器至后级通风机的所有连接部位,都必须加橡胶垫圈牢固锁紧,不准留有缝隙。通风机、水泵的输入电缆线及连接插座必须悬挂在巷道帮上,严禁在底板上乱堆,以防浸湿而造成电源短路。

(3) 机组的整体连接必须成一直线，并平稳固定在发泡位置上，还应有千分之五的流水坡度。

(4) 挡泡沫的密闭墙应牢固严实，顶部要设 300 mm×200 mm 观察孔（用玻璃板密封）；在行人一侧，应设有 0.5 m×0.8 m 的锁风门。向上山发泡时，挡泡沫墙应为反向密闭并加固，以防泡沫反压摧垮。

(5) 发泡网的安装应牢靠，喷嘴对正中心；喷嘴叶轮和喷洒面积调节套旋转灵活，并调好喷嘴的喷洒面积。

(6) 潜水泵进水口的过滤网固定应牢靠，泵体沉入水面深度应不小于 200 mm。

(7) 吸药管抽吸量控制阀门的定位指示应在标定记号的位置上。

(8) 机组接通电源后，必须首先进行短时间的分机试运转，分别检查通风机、水泵是否正常运转，供水管路是否畅通，有无漏水漏电现象。

(9) 打开水泵开关，水泵开始吸水。

(10) 打开通风机开关，风机开始运转。

(11) 将吸药管插入药液桶中吸药，开始发泡。

(12) 发泡结束后，关闭通风机开关，同时拨出吸药管（并将风机进风口堵严）。

(五) 注意事项

(1) 机组工作人员，必须由经过专门培训、具有熟练的操作技术和排除故障能力。

(2) 灭火机组的所有机电设备（通风机、水泵、接线盒、开关、电缆线等），在井下不准带电搬移或带电检修。

(3) BGP－200(400)型高倍数泡沫灭火机是防爆型的消防设备，下井前应严格进行防爆性能检查。

(4) 所有与泡沫流经路线连通的支巷口，都必须封闭。

(5) 对独头巷道施行发泡灭火时，应敷设排气通道。

(6) 利用巷道输送泡沫灭火的有效距离，平巷应控制在 300 m 以内；不大于 15°的上山巷道应控制在 200 m 以内。

(7) 机组在正常发泡时，应严密监视水压表和水柱计，并通过观察孔观看发出的泡沫是否达到灭火标准的要求，判断泡沫在巷道中的输送情况。

(8) 根据封闭灾区巷道的容积，估算需用泡沫量，带足或配足所需的泡沫药剂，做到一次发泡灭火，避免因药剂不够而被迫停机。

二、矿用移动式液态二氧化碳防灭火设备

(一) CPW－2.0 型矿用移动式液态二氧化碳防灭火设备

1. 用途

本装置可在井下单独使用，能够实现惰性降氧、吸热降温、吸附阻化等功能，可在较短的时间内控制和扑灭气体、液体、固体和电气火灾，具有灭火能力强、速度快、使用范围广等特点，可快速进行井下煤层自燃火灾的预防与扑灭。

2. 技术参数

(1) 有效容积：2.0 m^3。

(2) 几何容积：2.11 m³。
(3) 工作压力：2.6 MPa。
(4) 充满率：95%。
(5) 结构型式：卧式。
(6) 外形尺寸：3.0 m×1.4 m×1.5 m。
(7) 空重：1895 kg。
(8) 满重：3955 kg。

3. 结构与工作原理

(1) 结构。CPW-2.0矿用移动式液态二氧化碳防灭火装置主要由低温液体储罐、氮气加压瓶、框架、操作箱、液位计、阀门及管路等组成，其结构图如图13-6所示。

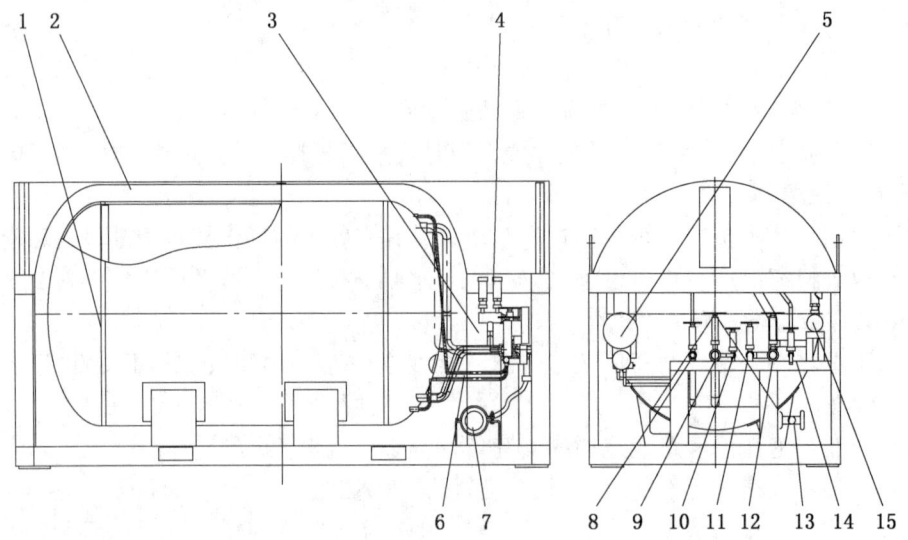

1—低温液体储罐；2—框架；3—操作箱；4—安全阀；5—液位计；6—管路；7—加压氮气瓶；
8—排液阀；9—液体进入阀；10—残液排放阀；11—放空阀；12—气体进出阀；
13—加压阀；14—测满分析阀；15—安全阀切换阀

图13-6 矿用移动式二氧化碳灭火设备结构

(2) 工作原理。液态二氧化碳灭火装置工作时，将保温存储罐内液态二氧化碳自身压力作为动力，经不锈钢远距离液体输送管路流至灾区，通过喷头气化喷射，稀释空气中的氧气浓度，使其达到燃烧所需的含氧量以下使火即刻自动熄灭。

4. 使用方法

(1) 阀门仪表的检查。在充入液体前，必须认真检查阀门是否处于正确位置，仪表是否灵活可靠，液位计、压力表的指针是否在零位，压力表、液位计的接管是否畅通无阻。

(2) 低温储罐的安全操作。低温储罐的安全操作应从气体性质、低温、压力容器等三个方面采取措施，确保操作顺利。使用前检查巷道或硐室内通风是否良好，操作人员防护用具是否佩戴齐全,安全阀是否可靠。

(3) 充液。

① 首次充液(指罐体处于热状态)其步骤如下:连接充液管线,对充液管路进行吹除(每次充液前都应进行)。在液体进出阀未开启前,由液源排出阀向输液管内放入少量液体,同时打开残液排放阀,对其管路进行吹除,以清除管道中潮湿空气和灰尘杂质。打开放空阀、微开液体进出阀由底部进液,此时由于罐体处于热状态,液体进出阀开度要小,待放空阀稳定排气时,可开大液体进出阀,加大充灌速度。当测满分析阀(已先开启)喷出液体时,说明已充满液体,应立即关闭液体进出阀,停止充液,同时打开残液排放阀,排除充液管中的残余气液。拆除输液软管,盖上接头防尘罩。

② 补充充液(指罐体已有低温液体冷态下的充灌)其步骤如下:补充充液程序与首次充液基本相同,所不同的是,罐体已有低温液体,不需要冷却罐体,因此一开始即可由液体进出阀进液。另外,从压力角度来看,还可分为常压充灌和带压充灌。常压充灌:充灌过程中放空阀始终开启,使内筒和大气相通。带压充灌:充灌过程中放空阀关闭,槽内压力高于大气压力。首次充液均采用常压充灌,补充充液可以采用带压充灌。

(4) 排液。由液体进出口阀或排液阀排液。其操作流程如下:打开液体进出口阀或排液阀,当压力表显示压力低于 1.8 MPa 时,打开加压装置加压阀,以免压力减少过快,阀门内形成干冰,堵塞管路,并且充分排出液态二氧化碳,提高二氧化碳利用率。

注意:卸液时不得将罐体内的液体完全排净,必须留存不少于 100 kg 的液体,而且内罐气相压力不低于 0.7 MPa,如果内罐气相压力低于 0.7 MPa,就有可能导致二氧化碳固化,可能会损坏罐体。

5. 注意事项

(1) 储罐应在允许的工作压力范围内进行操作,安全泄压装置能在压力过剩的情况下对储罐起到保护作用。在操作储罐时,要严格遵守安全和操作规定。储罐出厂时内筒均用干燥气体正压封闭,设备投入使用前不得排出其中的气体。液位计及其他配用仪器设备的操作维护按各自的使用说明书的要求进行。

(2) 储罐严禁超装(本储罐充装系数≤0.95),如不遵守此警告,可能会导致严重的人员伤害和重大安全事故。

(3) 储罐的充装、卸液等人员必须进行相关操作的业务知识培训。培训合格后,方能持证上岗。

(4) 在拆卸任何零件或拧松接头之前,要排空盛有液体的储罐,并用安全方式释放挥发气体的压力,外部阀门和接头会变得非常冷,如未加以正确防护,会造成人员灼伤。任何时候如要拆卸零件或拧松接头,必须戴上皮制式棉布防护手套和防护面罩,以免低温对人员的冷冻伤害。只有在确认安全的前提下,方可对储罐进行修理。

(5) 如不小心使皮肤或眼睛接触到液态二氧化碳会导致类似烧伤的冷灼伤,搬运液体要注意不要使其溅落或溢出。要对眼睛、皮肤等易与液体接触的部位进行保护,如产生液体喷射、飞溅或者冷冻气体从设备内强烈喷出,要戴上防护镜或面套,建议戴上易于脱下的防护手套和长套袖,保护胳膊;要穿上无箍口长裤,裤管要盖住鞋子,以挡住溢出的液体。

6. 维护、保养

对设备的合理使用及正确维护，是保证机件正常运转、延长使用寿命、降低维修费用的有效途径。

(1) 绝热性能的保护。对于低温液体储罐重要要求之一是要有良好的绝热性能，蒸发率要小，CPW-2.0型矿用移动式液态二氧化碳防灭火设备采用聚氨酯发泡包扎型贮罐内胆，中间为约100 mm厚的聚氨酯泡沫保温层，外包不锈钢板。严禁敲打和碰撞，避免绝热保护层受到损伤，影响保温效果。

(2) 相容性和清洁度。始终保持储罐清洁、无油和无脂很重要，因为液态二氧化碳的温度要低于空气液化的温度，这样使得液化空气在管线内表面冷凝。如更换零件，只能使用已正确清洁过的零件，不要将已使用过的接头或软管用在储罐上。

(3) 带压贮存应在掌握压力上升与时间变化的关系后进行，并且安全装置稳妥可靠。

(4) 检修新换的管阀必须彻底去除油污后才能装入。

(5) 设备要检修焊接前，必须首先排尽罐中的液体，用无油干燥的空气吹除，使设备中的含氧量小于21%左右才能焊接。

(二) YTMH-2.0型移动式液态二氧化碳防灭火装置

1. 用途

主要适用于煤矿井下、石油化工等危险场所明火火灾的应急抢险熄灭，也可用于预防煤矿采空区自然发火。

2. 技术参数

(1) 保温存储罐个数：8个。

(2) 单节外形尺寸（长×宽×高）：3850 mm×1500 mm×1950 mm。

(3) 单节最大质量：≤3.8 t（未充装）（2 m^3 二氧化碳液体约2.2t）。

(4) 保温存储罐有效容积：2 m^3。

(5) 系统最高工作压力：2.2 MPa（外压）。

(6) 单罐产气量：≥1000 m^3。

(7) 罐内液体日蒸发率：<0.3%。

(8) 存储罐液体放净时间：≤12 min/个。

(9) 存储罐充装系数≥0.95。

(10) 液体放净率≥99%。

(11) 液体存储时间：≥48 d。

(12) 设计温度：内层/外层：-40℃/80℃。

(13) 自增压调控系统：手动、自动。

(14) 单个氮气瓶容量：25 L。

3. 结构与工作原理

(1) 结构。移动式液态二氧化碳防灭火装置，以集液态二氧化碳的灌注、存储、运输和液体汇流、远距离输送及可靠气化等多功能于一体的单节罐车为基础进行组合的形成，主要包括保温存储罐、移动式挂接底座、汇流系统、自增压调控系统和远距离液体输送管道等。灭火装置采用多罐串联结构，保温存储罐包括一个主存储罐和至少一个从存储罐，底座包括分别与主存储罐及从存储罐相对应的主底座及从底座，主底座与第一个从底座之间及后续从底座之间均通过三环链采用首尾相连的方式串联在一起。主底座最前端增设包括排液、汇流用不锈钢金属软管、汇流装置、远距离汇流液体输送管道、喷头及配套的快速接头和控制阀门等主要零部件，便于人员集中操作和连续使用，实现液体的汇流及输送。每个移动式底座前部设置有手动、自动相结合的防冰堵自增压调控系统。液态二氧化碳灭火装置总体结构如图 13-7 所示。

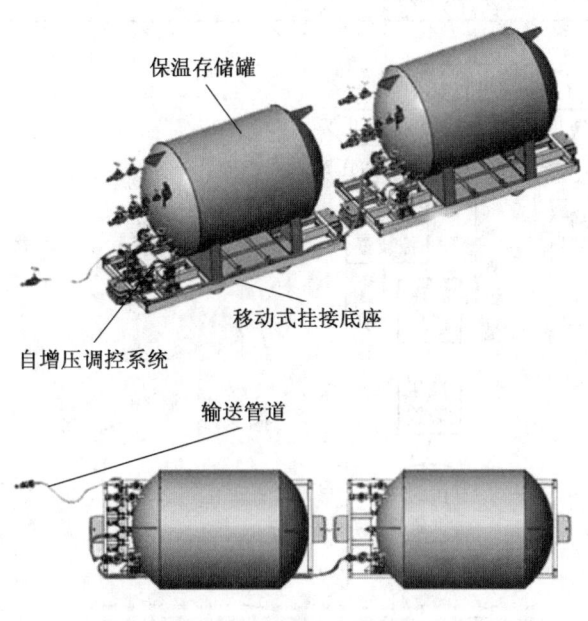

图 13-7 液态二氧化碳灭火装置总体结构图

（2）工作原理。当二氧化碳气体、液体甚至于夹杂少量霜状干冰的混合物喷射向火区时，立即全部汽化而把燃烧处包围起来，起到隔绝稀释氧的作用。当二氧化碳气体浓度占据空气体积的 30% ~ 35%，燃烧因窒息而停止。系统工作时，保温存储罐内液态二氧化碳将自身压力作为动力，经不锈钢远距离液体输送管路流至灾区，通过喷头气化喷射。按标准配置，远距离输送管路长度为 100 m，其末端串接排液总控制阀和喷头，但如果增加长度至一定程度则出口喷射压力与保温存储罐内压力将存在差异，为准确掌握压力损失情况以便合理调节，可在排液总控制阀和喷头之间加装气液共用压力表。在保温存储罐排放液体时，为了保持存储罐中具有 1.2 MPa 以上的压力以避免冰堵的产生，配备有增压调控系统。液态二氧化碳防灭火装置技术原理如图 13-8 所示。

每罐配一只氮气瓶，通过汇流系统排液。压缩气瓶内的高压气体通过固定式不锈钢减压装置，经减压后的气体通过一体化设计的三通接头分成两路，形成以实时观测压力表、液位计上数据为基础的手动控制和以压力调控装置为基础根据存储罐中气压的变化自动补气增压的自动控制两种模式。装备投入使用时，开启排液阀前，打开自动控制模式，在排液后期罐体中的压力接近 1.2 MPa 的紧急情况下，打开手动控制模式，快速补气增压。

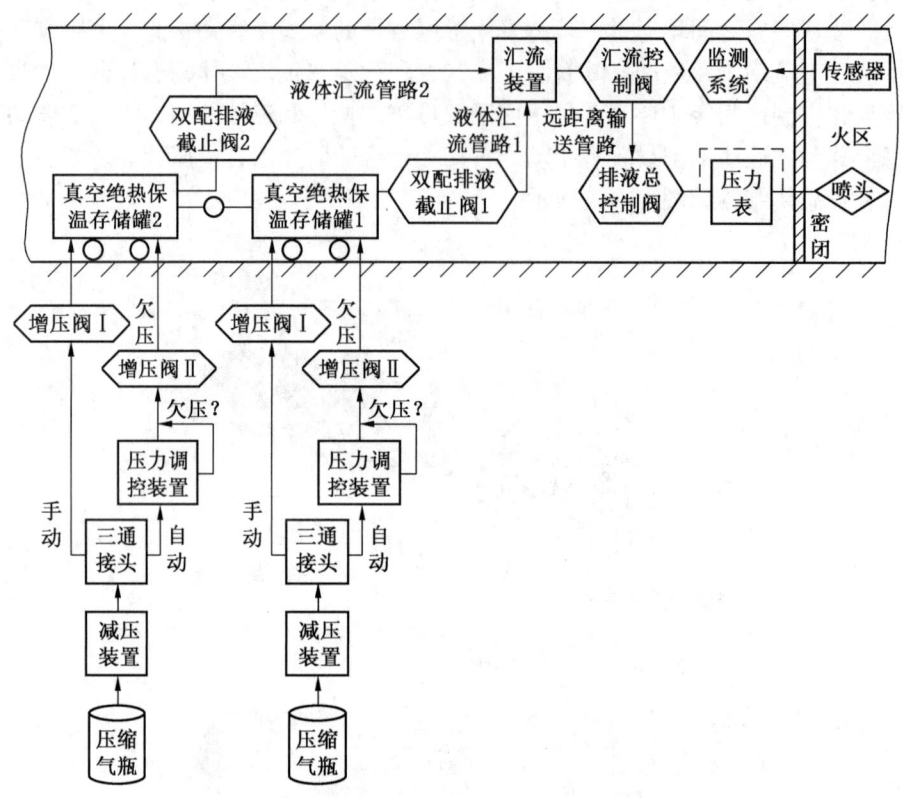

图 13-8 液态二氧化碳防灭火装置技术原理图

4. 使用方法

(1) 打开排液阀及控制阀门:先将第一罐排液阀开启一半,使液体缓缓流入管道,待管内流满液体后将排液阀全部打开,再将输送管路末端阀门打开灌充至火区。

(2) 打开自增压调控系统:在打开排液阀及控制阀门的同时或罐内压力低于 1.8 MPa 时打开氮气瓶瓶阀、自动增压阀,当压力调控装置阀后监测压力低于其压力控制阈值时,气瓶内高压气体通过自动增压管路回流到存储罐内补压。

(3) 存储罐切换排液:当第一罐内液体压力降到 1.2 MPa 时,按步骤 (1) 使第二罐开始排液,同时关闭第一罐排液阀待其压力恢复后继续使用。同理当第二罐、第三罐出现欠压情况时,按以上步骤操作。

(4) 存储罐中应具有 1.2 MPa 以上的压力,如果自动控制模式下存储罐压力没有恢复上升的趋势,则可通过手动增压方式。

(5) 装置排液结束后,关闭排液阀,待 20 min 后(管路内冰霜已基本融化)关闭汇流控制阀及排液总控制阀,拆除各液体输送管路。

5. 注意事项

(1) 使用设备时应首先交替打开各存储罐与汇流排间的排液截止阀,使各存储罐中的液态二氧化碳能够轮流经不锈钢输送管进入汇流装置，通过远距离输送管路流至喷头末端阀门。

(2) 低温绝热容器输出二氧化碳惰性气体，输出管路附近及火区请勿久留，严防泄漏冻伤及窒息伤人。

(3) 设备操作人员必须经培训考核，合格后方可允许上岗，上岗时务必严格按操作规程作业，严防超压、超低温运行。

(4) 本设备为贮运二氧化碳用，不允许用作贮运其他气体。

(5) 保温存储罐属于真空容器，严禁敲打和碰撞，避免外壳受到损伤，禁止在壳体上施焊，否则影响真空度，降低绝热效果。

(6) 保温存储罐长期不使用时，内筒系统应充 0.2 MPa 的二氧化碳气体或干氮气。保温存储罐充液后静置时内筒体中压力不得高于 2.2 MPa，同时也不允许低于 1.5 MPa，应定期对压力表、液位计数据进行巡检。严禁无关人员触碰各类阀门。

第三节　呼吸器校验装备

一、JY-1 型呼吸器校验仪

(一) 用途

主要配备于军事化矿山救护队，对各类型正压氧气呼吸器及其组件的性能进行检查或校验。

(二) 技术参数

(1) 大流量：10~100 L/min。

(2) 小流量：0.05~2.5 L/min。

(3) 高压测量：0~30 MPa。

(4) 中压测量：0~2.5 MPa。

(5) 低压测量：-1000~1000 Pa。

(6) 电源：AC 220 V，5 A。

(7) 外形尺寸：525 mm × 300 mm × 395 mm。

(三) 结构

JY-1 型呼吸器校验仪主要结构如图 13-9 所示。

(四) 使用方法

(1) 安全阀开启性能检验。将气瓶接到仪器左侧外接气源接头上，压力调整螺杆处于松开状态，把堵头拧到高压接口上，把接头拧到中压接口上，把安全阀拧到接头上，打开氧气瓶开关，然后打开仪器气源开关，旋进压力调整螺杆，此时中压表指示开始上升，不断的检查安全阀的气密性，当中压表压力调整到 0.6 MPa 以下时，安全阀不开启，当调到 0.9 MPa 时开始排气则安全阀性能即为正常。

(2) 定量孔性能检验。将呼吸器的氧气瓶接到仪器左侧外接气源接头上，压力调整螺杆处于松开状态，把堵头拧到高压接口上，把接头拧到中压接口上，打开氧气瓶开关，

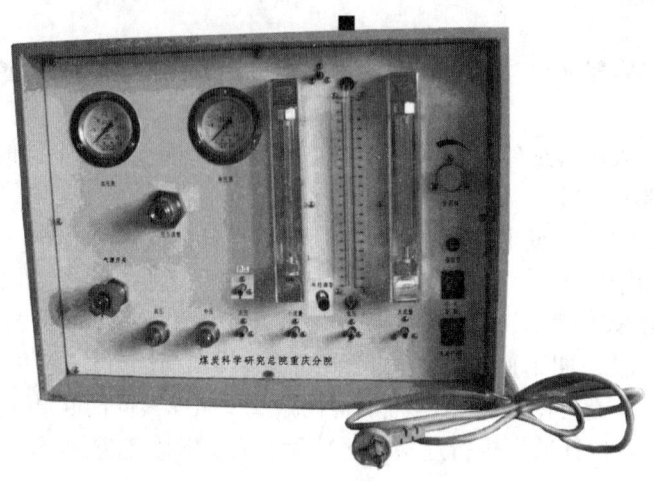

图 13-9　JY-1 型呼吸器校验仪主要结构

再打开仪器的气源开关，此时高压表指示氧气瓶压力，用胶管一端接在小流量接口上，另一端套接在装有定量孔的接头上，旋进压力调整器螺杆，同时观察压力和流量：当压力达到 0.37~0.41 MPa 范围内某一点时，流量读数为 1.4 L/min，定量孔合格。

(3) 减压器的内部压力、定量流量、自补阀检验。将呼吸器的氧气瓶接到仪器左侧外接气源接头上，压力调整螺杆处于松开状态，把接头拧到高压接口上，再把减压器的气瓶接口拧到接头上，把接头组一端拧到减压器安全阀的接口上，另一端接到中压接口上，退出减压器的调节螺帽，打开氧气瓶开关，再打开仪器的气源开关，此时高压表指示氧气瓶压力应在 18 MPa 以上，检查定量孔处、手动补给出口处及壳体各连接处不应漏气，说明减压器的高压阀门等处气密性良好。把检验用胶管一端接到定量孔上，另一端接到校验仪小流量接口上，调节减压器的调节螺帽，中压表压力开始上升，小流量也开始上升，当中压调到 0.37~0.41 MPa 时，关闭气源开关，高压表从高压降到 2 MPa 时流量应稳定在 (1.55±0.15) L/min 范围内，说明减压器性能良好。自补阀在没有压力时应自动归位灵活，触之有弹力感。当给气后阀门应不漏气，用手点压自补杆喷气量大，关闭灵活，即为正常。

(4) 手动补给量检查。在检验减压器内部压力的同时，可以用胶管一端接在仪器大流量接口上，另一端接在减压器手动补给出气口上，按动手动补给按钮，手动补给量在大流量计上直接读出，流量不低于 80 L/min 即为合格。

(5) 低压气密检验。电源开关打到开位置，将检验接头与呼吸器三通接口相连，检验接头的一根管与正压接口相连，另一根与低压接口相连，在排气阀上安一个小套帽，使排气阀在气囊内压力增高时不至开启，按下小泵按钮，向呼吸器低压系统内充气，此时水柱压力开始上升，当压力达到 800 Pa 时，立即用弹簧夹夹住进气管，关闭打气按钮，待稳定后再观察水柱是否下降，并开始计时，在 1 min 内压力下降不超过 30 Pa，表明工作正常。

（6）自动排气压力检验。检查正压气密合格后，松开检验接头，使低压系统内的气体放出，取下正压气密检验时的小套帽，再将检验接头拧到口具上，按下小泵开关按钮连续加压，开始向气囊充气，水柱压力 500 Pa 水柱时，立即用弹簧夹夹住进气管，关闭小泵开关停止充气，打开氧气瓶开关，气囊内压力继续上升，直到排气阀打开，立即读出水柱压力显示值，此时压力应在 400~700 Pa 之间。

（7）定量供氧量检测。将三通保护盖帽盖在三通上，取下插在冰盒直角接头上的定量供氧管，然后将该管直接插到流量校验接头组上，将胶管一端与小流量计接口相连，另一端与流量校验接头组相连，打开被检仪器氧气瓶开关，待稳定后，小流量计的读数即为定量供氧量。定量供氧量应在 1.4~1.7 L/min 之间。

（8）正压特性检验。将氧气瓶压力充到 10 MPa 左右即可，将检验接头与呼吸器三通接口相连。检验接头的一根管与低压接口相连，另一根与大流量接口相连，把分流阀旋钮调节到最小位置，打开氧气瓶开关，迅速按动大泵按钮，同时调节分流阀旋钮使大流量稳定在 80 L/min，此时迅速读取水柱压力计的读数。然后依次关闭大泵电源开关、氧气瓶开关，若读取的水柱压力计的值在零以上，则表明被检产品正压特性合格；反之，则判定为不合格。

（9）自动补给流量检测。正压特性检验时 80 L/min 的抽气量即为自动补给量，此时呼吸器内压力必须处于正压状态。

（10）自动补给压力检测。自动补给压力在正压特性检查时，抽气量调为 10 L/min 时的水柱压力计读数即为自补阀开启的压力值。

（五）注意事项

（1）工作环境、工具均不能受油污染。

（2）严格按使用方法规定的程序操作，特别是高压系统连接时，堵头、接头一定拧紧后再打开气瓶供给高压，以免松脱伤人。

（3）校验仪机箱后盖禁止随便打开，以防触电，必要时要切断电源检查。

（4）水柱计使用前要先注入清水，注水时要先断开电源，拧下注水口螺帽，然后用注射器将水注入到水柱计零位为止，然后拧上螺帽。

二、RZ7000 型呼吸器校验仪

（一）用途

RZ7000 型呼吸器校验仪是全面测试 BG4 正压氧气呼吸器、PSS BG4 正压氧气呼吸器性能的配套产品。

（二）技术参数

（1）压力测试范围：-30~30 mbar；测量精度：限值的 ±1%。

（2）流量测量范围：0.5~4 L/min；测量精度：测量值的 ±5%。

（3）内部测试体积：500 mL。

（4）电源电压：100~240 V（50~60 Hz）。

（5）车载充电器：12 V。

（6）电池：锂离子电池。

(7) 防护等级：IP54（带扣锁盖）。
(8) 外形尺寸：470 mm×357 mm×176 mm。
(9) 质量：8.3 kg。

（三）结构

RZ7000 型呼吸器校验仪主要结构如图 13-10 所示。

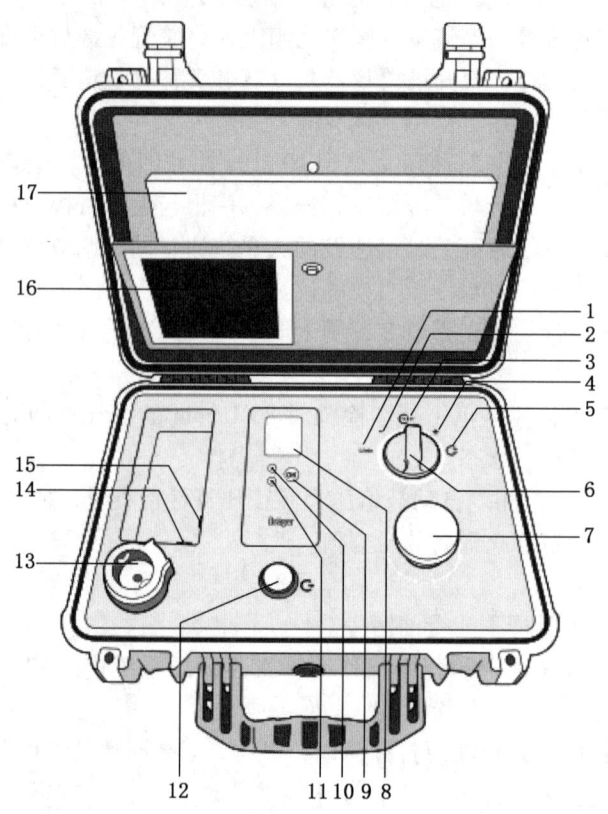

1—流量测量；2—负压密封性测试；3—气密性检测；4—正压密封性测试；5—快速排气；6—选择开关；
7—泵；8—显示器；9—键（开/关/确认）；10—操作键（向上）；11—操作键（向下/菜单）；
12—排气按钮；13—闭路式氧气呼吸器或测试头模接口；14—USB 接口；15—电源接口；
16—文件架；17—格屉（用于放置使用说明书）

图 13-10 RZ7000 型呼吸器校验仪主要结构

（四）使用方法

（1）低压报警响应值测试：将功能开关打到正压位置，按压手泵缓慢供气，压力值在 1.4 mbar 以内时电子报警器发出报警为合格。

（2）吸气阀测试：将呼气软管压死，按压手泵缓慢供气直到压力值瞬间显示为大于 10 mbar，则吸气阀合格。

（3）呼气阀测试：将功能开关打到负压位置后压死吸气软管，按压手泵缓慢抽气直到压力值瞬间显示为小于 -10 mbar，则呼气阀合格。

（4）排水阀测试：将功能开关打到正压位置，用三通护盖将排气阀堵住，按压手泵供气，压力值在 10~18 mbar 之间听到气流声时排水阀开启为合格。

（5）正压系统气密性测试：将功能开关打到关闭位置，按下泄压阀，将压力值下降到 7.5 mbar，按 OK 键开始计时 1 min，计时结束后，压力下降值小于 1 mbar，正压系统气密性合格。

（6）排气阀测试：按下泄压阀将压力泄出，取下测试护盖，将功能开关打到正压位置，按压手泵供气，压力值在 4~7 mbar 之间时开启，排气阀为合格。

（7）定量供氧量测试：用三通护盖堵住排气阀并充满气囊，将功能开关打到流量位置，压力值降到 4.0~4.4 mbar 之间时，打开氧气瓶观察 1 min，待流量数值稳定后，即为该呼吸器的定量供氧。1.6~1.9 L/min 之间为合格。

（8）自动补给阀测试：将功能开关打到负压位置，按压手泵进行泄压，直到自动补给阀开启（能听到气流声），压力值在 0.1~2.5 mbar 之间为合格。

（五）注意事项

（1）充电过程中避免暴露在阳光下。温度极高或极低时，设备自动中断充电过程。

（2）如果长期不使用，则每 6 个月必须将电池电量至少充到 50%，否则电池使用寿命可能变短。

（3）储存温度不超过 60 ℃，存放于无污染、干燥通风的地方。

（4）每次使用后，首先关机（按 OK 键 3 s），将功能开关打到负压位置，把手泵压下并按住，同时将功能开关打到关闭位置，关闭外壳。

三、HAJ-Ⅱ型呼吸器检验仪

（一）用途

HAJ-Ⅱ型呼吸器检验仪，主要用于各种类型氧气呼吸器及其部件低压系统各项性能的测试；与配套的仿人呼吸机及其相关的附具共同使用，也可测试空气呼吸器及其部件低压系统的各项性能。

（二）技术参数

（1）水柱压力计的测量范围：-1300~1300 Pa。

（2）水柱压力计的划分刻度单位：1 mm/10 Pa。

（3）浮子流量计的检测范围及精度：

小流量计：0.05~2.5 L/min（精度 2.5 级）；

大流量计：10~100 L/min（精度 1.5 级）。

（4）气泵供气流量：8~12 L/min。

（5）气泵电源交流电压：220 V。

（6）外形尺寸：300 mm × 190 mm × 420 mm。

（三）构造

HAJ-Ⅱ型呼吸器检测仪结构图如图 13-11 所示。

（四）工作原理

HAJ-Ⅱ型呼吸器检验仪的气源由电动气泵供给，氧气呼吸器的抽气与充气通过气泵

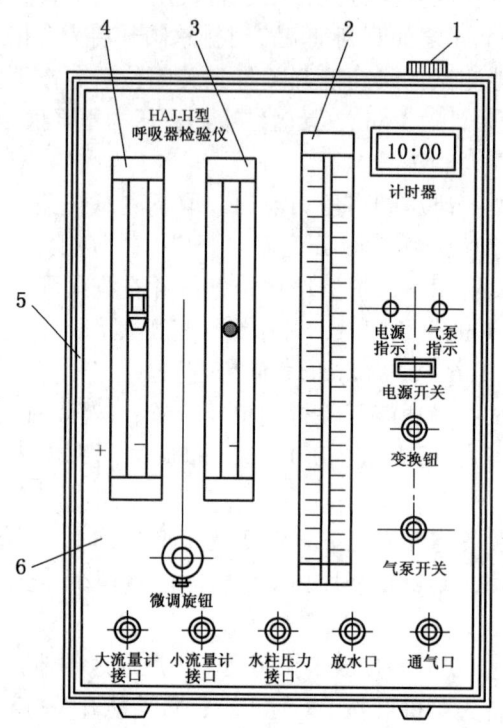

1—贮液盒；2—水柱压力计；3—小流量计；4—大流量计；5—箱体；6—面板

图13-11　HAJ-Ⅱ型呼吸器检测仪结构图

完成。接通电源，打开气泵电源开关，气泵开始工作。气体以 8～12 L/min 的速率通过导气管进入换向阀；气流通过换向阀拉手（钮）动作来改变方向，以实现正压和负压的转换。拉手拉出时气流为负压气流，推入时气流为正压气流。从变换阀流出（入）的气流通过气泵开关阀门（开闭阀门）实现气流的打开与截止，气流经通气口接水柱压力口进入（出）水盒，以实现水柱压力对呼吸器低压系统相关程序的检测。

（五）操作方法

1. 检验仪自身气密性测试

HAJ-Ⅱ型呼吸器检验仪在使用前应进行气密性检查。首先用一根 PU 管（6 mm × 8 mm）一端连接在压力计接口处，另一端与胶球出气口或吸气口相连，按压胶球，观察压力计液面上升（或下降）到 1100 Pa（或 -1100 Pa）时，用弹簧夹夹住连管，此时将气泵开关（开闭拉手）推入，呈关闭状态，再将连管一端从胶球上取下，接于通气口，观察水柱液面刻度位置，在计时 3 min 内，水柱液面变化不大于 10 Pa，气密性合格。

2. 氧气呼吸器的检测

（1）正压气密性检验。先将气泵开关的开闭拉手拉出、换向钮推入，把三通连管带胶塞的一端连接于呼吸器吸（呼）气软管，三通的另两个接口分别接充气胶球和检验仪水柱压力口，再用一根带胶塞的导管一端接检验仪通气口，另端胶塞与呼（吸）气软管接头封塞，用排气阀专用插销插入下壳体底部长孔，旋转 90°，使呼吸器排气阀处于关闭状态。打开气泵电源开关，观察压力计水柱液面，当水柱液面上升到规定值（一般为 1200 Pa）时，立即将开闭拉手推入，电源开关关闭，并开始计时。一般水柱液面保持 1 min 压力下降值≤30 Pa 为合格。

（2）排气阀开启压力检验。从呼吸器下壳体底部长孔内拔出插销，用两根带胶塞的导管，胶塞端分别与呼气和吸气软管接头密闭；导管的另一端分别接通气口和水柱压力口，将换向阀拉手推入，开闭拉手拉出，打开气泵电源开关，向呼吸器系统内供气，同时观察水柱压力计液面。水柱面不再上升时的压力值即为呼吸器排气开启压力。一般开启压力在 400~700 Pa 之间为合格。

（3）自补阀自动补给开启压力检测。在测试排气阀开启压力的基础上（水柱压力计液面稳定在排气开启压力值），将换向阀拉手拉出（此时气泵为抽气状态），同时打开氧气瓶开关向呼吸舱内供气，此时观察水柱压力计液面下降到最低瞬间值时的压力即为自动补给阀开启压力（同时可听到呼吸舱内的补气声音）。一般开启压力在 10~240 Pa 之间为合格。

（4）定量供氧量检测。HAJ - Ⅱ型呼吸器检测仪有两种定量供氧量的检测方法，供不同型号的氧气呼吸器进行检测。

① 将三通连接管的接通气口的一端换接到小流量计口上，另外两端不变，同时将呼（吸）气软管用胶塞堵封，打开呼吸器氧气瓶开关，向呼吸器系统内供气，当气室充满时，观察流量计上的指示值，即为定量供氧值。

② 精确测定法。打开上壳体和呼吸舱盖，取出清净罐，用带专用接头的 PU 导管（4 mm×6 mm）一端接小流量计口，另一端专用接头与自补阀体插接；在呼吸舱周边缝内 45°方向插入木舌板并用力下压膜片（气囊）以防自动补给阀打开；打开氧气瓶开关（氧气瓶压力保持 10 MPa 为标准依据）观察流量计浮子指示的稳定读数值。一般读数在 1.5~1.8 L/min 之间为合格。

（5）自动补给供氧量。打开上壳体及呼吸舱盖，取下呼吸舱膜片（气囊）、舌瓣，把自动补给阀与带导管的专用开启装置连接好，导管一端接大流量计口，然后打开氧气瓶开关（表压 10 MPa），观察大流量计浮子指示值。一般读数大于 80 L/min 为合格。此项性能指标不用于在日常战备维护检测。

（6）手动补给供氧量检验。拆下呼吸舱上手补供氧接头，用带专用接头的导管专用接头端与手补供氧管上螺母连接，另一端与大流量计口接头连接，打开呼吸器氧气瓶开关（表压通常为 10 MPa），按动手补阀，观察大流量计浮子指示值。一般读数大于 80 L/min 为合格。此项性能指标不用于在日常战备维护检测。

（7）呼吸器一些主要部件的检验。

① 呼吸舱和冷却罐的气密性检验。拆开呼吸舱上防扭转胶盖，松开定量供氧接头与手补供氧接头螺母，用专用堵头堵封呼吸舱上定量供氧接头与手补供氧接头，呼（吸）气软管一端用胶塞堵封，另一端接三通连管，三通连管另两端与本检验仪的连接法、充气方法的结果判定同（1），必要时卸取该部件并用胶球充气浸水试验，观察有无气泡溢出。

② 清净罐装药后的通气阻力测试。拆下呼吸舱上的定量供氧与手补供氧接头螺母，

取下呼吸舱、定量供氧管,用带专用接头的导管与开关控制阀接通,打开氧气瓶,由开关控制阀控制通入 30 L/min 的稳定气流,观察记录清净罐内装药后的通气阻力,该指示值减去未装药前系统的空白阻力即为清净罐装药后的通气阻力。测量结果小于 98 Pa 为合格。

(8) 呼吸气阀片逆向漏气量的测定:呼吸气阀片逆向漏气量的测定方法与清净罐装药后的通气阻力测试基本相同,将原接大流量计换接为小流量计后通入该系统 1.5 L/min 的稳定气流,使通气压力保持 100 mm 水柱,测定每分钟漏气量,小于 0.5 L 为合格。

3. 测定正压氧气呼吸器整机性能指标

利用氧气瓶气源测定正压氧气呼吸器整机以下性能指标的简易方法。

(1) 自动补给开启压力测定。用带胶塞的导管一端接检验仪水柱压力计接口,另一端胶塞与呼吸器呼气软管塞死,吸气软管口用胶塞堵死后打开气瓶开关;松开吸气软管胶塞,观察水柱计液面指示值,再堵死吸气软管,聆听呼吸舱内是否有大的气流声,指示值在 50~150 Pa 为合格,没有大声的气流声音,则说明自补阀无泄漏,即正常。

(2) 排气阀开启压力的检测。连接方法同自动补给开启压力测定,打开气瓶开关后再按手动补给阀按钮,观察水柱计液面指示值,直至液面不再上升时的指示值即为排气阀开启压力。

(3) 整机气密性测试。在下壳体底部长孔插入插销并旋转 90°,同自动补给开启压力测定,用带胶塞的导管一端接压力口,另一端胶塞接呼气软管,吸气软管口与充气胶球塞封,打开气瓶按两次手补按钮,马上关闭气瓶并轻按充气胶球,观察水柱计液面升到 1200 Pa 时开始计时 1 min,液面下降值 ≤30 Pa 为合格。

(六) 注意事项

(1) 仪器用完后应将注水口和压力口用螺帽堵塞(工作时再打开),用干布擦净表面,并将全部校验工具附件放入工具袋内。

(2) 水柱压力计注水时应先将零位微调节旋钮全部退出。

(3) 使用水柱压力计时应调整水柱零位。

(4) 使用该型号检测仪时应进行无油脂操作,仪器表面不得有油迹、污迹。

(5) 水柱计、流量计玻璃管如有污迹,应定期拆洗。

(6) 在检测呼吸器气密性时,水柱液面上升或下降幅度不得过大,以免水喷出或被吸入呼吸器系统内部。

(7) 仪器运输时,应放入有减震垫的包装箱内,提手向上,不得倒置,并应设有防雨措施,不准撞击。

(8) 仪器应存放在干燥、通风的室内,防止仪器受到酸、碱、油等杂质腐蚀,环境温度为 5~40 ℃,相对湿度为 30%~80%。仪器要距热源 1.5 m 之外。

四、JMH-E 氧气呼吸器检验仪

(一) 用途

JMH-E 氧气呼吸器检验仪适用于正压氧气呼吸器的整机性能测试及组、部件性能的测试。

(二) 技术参数

(1) 数字微压计测量范围: -3000~3000 Pa。
(2) 数字微压计精度等级: 1级分辨率1 Pa。
(3) 玻璃转子流量计测量范围: 0.05~2.5 L/min。
(4) 玻璃转子流量计测量范围: 12~120 L/min。
(5) 氧气压力表测量范围: 0~1.6 MPa。
(6) 电磁式空气压缩机最大排气量: 38 L/min。
(7) 电磁式空气压缩机的最大出气压力: 0.06 MPa。
(8) 外形尺寸: 400 mm×301 mm×450 mm。
(9) 质量: 9.7 kg。

(三) 构造

JMH-E氧气呼吸器检验仪结构如图13-12所示。

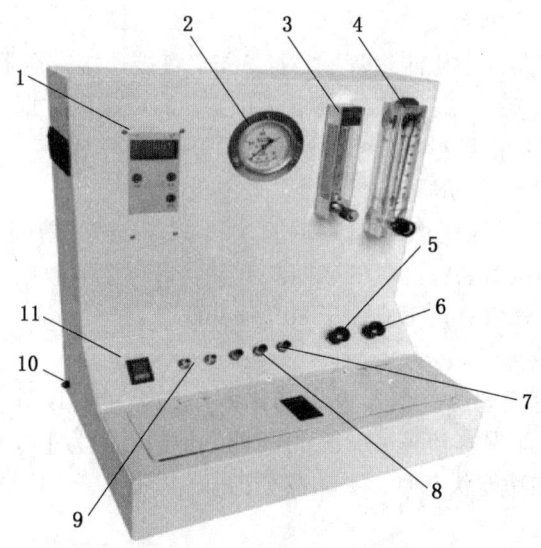

1—数字微压计; 2—压力表; 3—定量流量计; 4—补气流量计; 5—换向阀; 6—开关阀;
7—补气流量计接口; 8—定量流量计接口; 9—压力表接口; 10—数字微压计接口; 11—电源开关

图13-12 JMH-E型呼吸器检验仪结构图

(四) 操作方法

1. 整机下正压气密性能的测试方法

①打开数字微压计开关, 校零; ②将呼吸器水平放置, 打开呼吸器上盖, 在弹簧压板上放置一个排气阀挡块, 挡住排气阀, 然后取下口具盖, 将呼吸器专用的φ33校验盖连接呼吸器口具座; ③将面板上的换向阀推入, 开关阀拉出, 打开电源开关。当微压计显示在800 Pa左右, 立即关闭电源开关和推入开关阀, 观察1 min后数字微压计下降值。舱式检测方法: 将舱式排气阀挡块插入舱式背部中心小孔下按卡住。低压系统经正压气密性试

验，在 1 min 内压力下降值不应大于 30 Pa。

2. 正压氧气呼吸器排气阀开启压力的测定

先将呼吸器水平放置，其测量装置和橡胶软管的连接方法同整机下正压气密性测试，取出排气阀挡块。将面板上的换向阀推入，开关阀拉出，打开电源开关，待数字微压计显示稳定后，关闭开关阀及电源开关，同时打开氧气瓶瓶阀，读出数字微压计稳定后显示的压力值。排气阀的开启压力应为 400～700 Pa。

3. 正压氧气呼吸器自动补气阀的开启压力的测定

先将呼吸器水平放置，其测量装置和橡胶软管的连接方法同整机下正压气密性测试，将换向阀拉出，同时将氧气瓶瓶阀打开，手动补气促使其气囊或舱式内腔压力上升，直至开始排气为止（数字微压计显示数值不继续上升，且能听到排气声音）。然后，打开电源开关，将开关阀拉出，即开始抽气。同时观察数字微压计数值下降到自动补气阀开启，此时记录数字微压计显示的压力值。呼吸器自动补气阀开启时，其低压系统中的压力应为 10～245 Pa。

4. 减压器的定量供氧量的测定

只要将检验仪所配备的中压测量管一端插入 $\phi 4$ 直接连接减压器定量输出管，然后将另一端插入定量流量计接口。打开氧气瓶瓶阀开关，即可读取数据。当呼吸器高压系统压力为 20～2 MPa 时，定量供氧量 $\geqslant$ 1.4 L/min。

5. 减压器的补气供氧量的测定

只要将校验仪所配备的中压测量管一端插入 $\phi 4$ 直接连接减压器定量输出管，然后将另一端插入补气流量计接口。打开氧气瓶瓶阀开关，即可读取数据。当呼吸器高压系统压力为 20～5 MPa 时，补气供氧不应少于 80 L/min。

6. 数字微压计的使用

（1）开机状态：打开电源，仪器进入初始状态，显示屏读数（9999、8888→0000）后，功能区右上部标准工况（流速一）三角闪烁。预热时间为 15 min。

（2）清零：仪器在功能状态时，手动按零键。

（3）选择功能方案：

按功能键选择功能一：实验室状态（气源稳定，功能区上部三角闪烁）。

按功能键选择功能二：标准工况状态（气源波动小，功能区中部三角闪烁）。

按功能键选择功能三：复杂工况状态（气源波动大，功能区下部三角闪烁）。

（五）注意事项

（1）校验仪面板上有数字微压计、玻璃转子流量计和氧压力表。在使用维护和保管过程中应谨慎小心，严防被撞击和震动。

（2）校验仪面板上有数字微压计接口、流量计接口、通气接口和压力表接口等四个接口，每次检测过程中，应仔细检查并核对管路的连接；如接（插）错误，可导致仪器仪表损坏。

（3）避免错误操作校验仪面板上换向阀和开关阀。

（4）在校验仪存放或运输过程中，应防晒、防潮、防震、防撞，严禁任意地拆卸本仪器。

(5) 校验仪在包装内要垂直放置,不能倒放,并避免受到机械损伤。

(6) 校验仪存在的环境温度应在 5~40 ℃内,相对湿度应在 30%~80% 内,与可燃物、腐蚀性物质隔开,并远离热源。

(7) 放置检验仪的房间内应保持清洁,检验仪不用时应装在塑料保护袋内。

第四节 救援通信装备

一、KTT9 型灾区电话

KTT9 型灾区电话主要用于矿山坑道、地下防空设施、地下商场仓库、山洞、隧道、边远山区、电磁波无法传输的区域性场所等。

(一) 使用环境要求和主要性能参数

1. 使用环境要求

(1) 环境温度:-10~40 ℃。

(2) 平均相对湿度:≤95%(+25 ℃)。

(3) 大气压力:80~106 kPa。

(4) 环境噪声:不大于 45 Db。

(5) 环境气体:煤矿井下具有甲烷、煤尘爆炸性气体混合物,但无破坏绝缘的腐蚀性气体的场合。

2. 主要技术参数

(1) 工作频率:300~3000 Hz。

(2) 报警频率:1000±200 Hz。

(3) 单盘通信电缆长度:500±10 m。

(4) 工作电压:DC12 V。

(5) 工作电流:≤35 mA。

(6) 最高开路电压:DC14 V。

(7) 供电端短路电流:≤220 mA。

(8) 连续工作时间:>16 h。

(二) 组成

由两台或多台救灾电话通信盒(以下简称通讯盒)、一台或多台绕线架(含500 m 通信电缆)组成。

1. 通信盒的前面板

通信盒的前面板包含 4 个器件,从左到右依次为:报警开关、耳麦插座、电源开关、电源指示灯。

报警开关:专为戴有防毒面罩通话不便的救护人员配置,其信号设定由救援机构事先确定。通过救援人员从现场发送回来的信号,指挥机构可以了解救援现场的基本情况。

耳麦:救援人员与指挥部进行语言传递的重要工具。

电源开关:控制本台通信盒内 +12 V 电源的开、断。

2. 通信盒的后面板

通信盒的后面板有 5 个部件，从左到右依次为通信 1 插座、充电插座、尾线开关、通信 2 插座、尾线指示灯。

通信 1 插座：也叫入线插座，与上一级电源通信盒连接的（T1）。

充电插座：给内部电池组充电。

尾线开关：其功能是将通信总线引到电源通信盒插座上。

通信 2 插座：也叫尾线插座，与下一级电源通信盒连接的出口（T2）。

尾线指示灯：亮表示本组通信总线或下一级的电源通信盒的总线已连到 T2 插座上。

3. 组站方式

KTT9 便携式通信电话分为两种方式：其一为双站通话距离延伸，其二为多站双向接力，如图 13-13、图 13-14 所示。

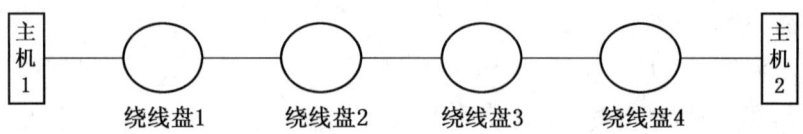

图 13-13 双站通话距离延伸简图

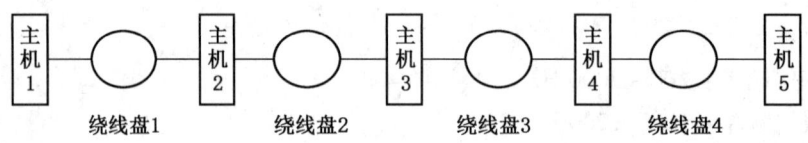

图 13-14 多站双向接力简图

（三）使用方法

1. 连接

（1）将电源开关、尾线开关都置于关断状态（将开关"0"位置按下），其电源指示灯和尾线指示灯熄灭；将耳麦插头插入前面板内，检查接触是否良好。

（2）打开第一级通信盒的电源开关（电源指示灯亮）。将通信电缆的头部插头插入通讯 2 插座（此时因尾部开关没有打开，通信 2 插座没有带电）。

（3）将通信电缆尾部插头插入下一级通信盒的通信 1 插座。

（4）打开第二个通信盒的电源开关，此时不仅第二通信盒的电源指示灯亮了，而且第一级通信盒尾线指示灯也亮了。这样给第一级通信话务员一个信息，第一、第二级通信盒间电缆已接通，尾线开关可以打开了。

（5）第一级通信盒话务员打开尾线开关，此时第一、二级通信盒完全接通，此时双方相互间通话不失真无杂音，并接听到清晰的语音信号，报警操作频响清晰可辨。

（6）重复（2）、（3）、（4）、（5）步骤可以连续第三、四、五……通信盒，每完成一个循环,即可将一台通信盒加入到通话、报警的操作中。

2. 断开

完成通信工作的仪器的断电过程是从后往前进行的。

(1) 最后一名话务员通知前一名话务员,我要退出通话并关掉自己的电源开关。此时虽然最后一台通信盒电源指示灯已灭,但前一台尾线指示灯还亮着(本台总线给它供电),表明其尾线插座仍带电,二者间通信总线仍连着,可以通话。此时前一级话务员禁止带电将 T2 插座上的电缆拔下,后一级话务员也禁止将通信 1 插座上的电缆拔下。

(2) 前级话务员将尾线开关关断,并检查尾线指示灯是否亮着。灯亮表示下一级通信盒电源没关,尾线插座上带着电,所以禁止拔下通讯 2 插座,在确认尾线指示灯已灭后,拔下尾线插座上的插头。此时后一级话务员中断,后一级话务员即可将通信 1 插座上的尾线插头拔下。此时后两级通话中断,后一级话务员即可将通信 1 插座上的电缆拔下,收线。

(3) 重复(1)、(2)步骤可以断开从后到前的各级通信盒的连接电缆。在确认所有通话结束的各级时可以一起关掉电源开关,使整个通路中不再带电,可以进行各自收线。

(4) 双站通话距离延伸方式下结束工作,只要从站的话务员关本通信盒电源并确认主站已关断电源即可收线。若在收线的过程中还要通话,则需手工收线或关断绕线盘上的开关通过摇把收线,来达到收短通话距离的目的。

(四) 使用注意事项

(1) 在具有爆炸危险的环境下工作,灾区电话插、拔插头时插头、插座都严禁带电,以防止由于电火花导致可燃气体发生爆炸。

(2) 每台通信盒 L1、L2 线电源极性应一致。通信 1 插座、通信 2 插座上"1"脚电压为"+","2"脚电压为"-";传输电缆头、尾插头电源极性一定要一致。

(3) 定期检查通信电缆外皮、插头、引线的绝缘性能,如性能降低或漏电须排除故障后再接入系统工作。

(4) 必须在使用前连接完毕,仔细检查插头、插座是否锁紧,因损坏不能锁紧的插座、插头严禁使用,禁止在泄漏现场插接通信插座。

(5) 使用前必须对通信效果、结合部进行检查,确认没有问题后,再进行使用。

(6) 撤离至安全处后,先关闭电源再将整套器材取下收起。

(7) 三芯通信插头插座连接时应对准插头向下直推可自动锁紧,拔下时应拿住活动外壳稍向上用力拉;二芯通信插头连接时要注意插座缺口方向,取下时须将螺母松开拔下。

(8) 插拔插头时,切勿生拉硬拽,以防损坏。

(9) 严禁私自拆卸灾区电话,防止设备失爆。

(10) 充电及更换电池组必须在井上安全场所进行。

二、T900 + Pro 卫星移动电话

T900 + Pro 卫星移动电话主要用于没有地面通信基础设施的地方进行通信或在灾害等情况下应急通信。

（一）性能参数

（1）卫星通信速率（语音）：1.2/2.4/4.0 kbps。

（2）卫星通信速率（短信）：140 字节。

（3）卫星接收频段：2170～2200 MHz。

（4）卫星发射频段：1980～2010 MHz。

（5）天线增益：定点增益 3 dB。

（6）防护等级：IP68。

（二）组成

T900+Pro 卫星移动电话构成如图 13-15 所示。

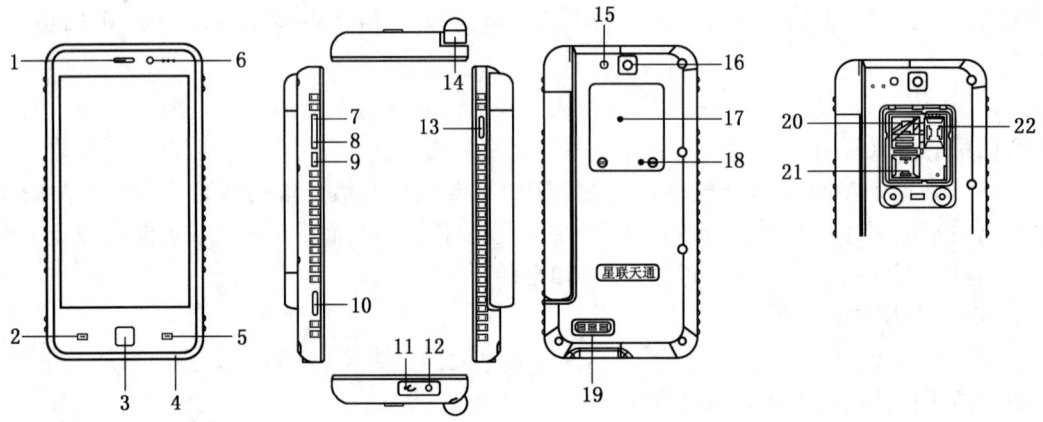

1—听筒；2—返回键；3—指纹/HOME；4—MIC；5—菜单键；6—前摄像头；7—音量+；8—音量-；9—电源；10—SOS 键；11—USB 插口；12—耳机孔；13—PTT 按键；14—天线；15—闪光灯；16—后摄像头；17—SIM 卡盖；18—SIM 卡盖锁；19—喇叭；20—TF 卡；21—卫星卡；22—UIM/SIM 卡

图 13-15　T900+Pro 卫星移动电话构成

（三）使用方法

1. 拨打电话

待机界面上点击 📞 图标打开拨号器。查找或输入号码后点击 📞，选择普通卡拨号。点击 📞 选择卫星卡拨号，通话过程中，点击 📞，可以挂断通话。

2. 发送信息

点击 💬 图标，打开短信，输入联系人和短信内容后，可选择普通卡和卫星卡进行发送短信。

3. 辅助搜星

进入主菜单界面点击 🛰 图标，打开辅助搜星根据手机提示左右、上下摆动手机进行卫星对准，卫星对准连接成功后，方可使用卫星功能。

4. 应急求生（SOS）

进入主菜单界面点击 SOS 图标，打开应急求生，长按 SOS 键 3 s 后启用。若未设置紧急呼叫号码，可进入 SOS 设置页面中编辑呼叫号码及短信号码。

5. 电池充电

将充电器的充电插口连接到设备的充电插口。将充电器插入电源插座，开始为电池充电。

6. 打开、关闭、休眠、唤醒

（1）打开设备时，按住设备电源键，持续一段时间，待出现开机画面，引导进度完成即进入 Android 操作系统。设备初始化需要一定时间，请耐心等待。

（2）关闭设备时，按住设备的电源键，持续一段时间，待弹出关机选项对话框，点按关机关闭设备。

（3）设备处于正常工作状态时，按电源键后，设备会进入休眠状态。

（4）再次按下电源键后，设备会退出休眠进入工作状态。

(四) 使用注意事项

（1）使用卫星移动终端，在户外空旷处使用并将外置天线打开，朝向天通卫星方向，此时会显示信号强度。

（2）切勿在雷雨天气使用，否则可能导致设备故障或电击危险。

（3）设备存放应远离含有酸性物质的液体、湿气等，会腐蚀电子电路板。

（4）避免在有灰尘或不干净的地方存放或使用设备。

（5）避免将设备存放在过热的地方，高温会缩短电子器件寿命。

（6）避免将设备存放在过冷的地方，当设备温度升高时，设备内部会形成湿气，可能会损坏电路板。

（7）避免使用钢笔、铅笔或其他尖锐物品接触屏幕表面以免刮伤屏幕。

第五节 矿山救援检测装备

一、气体检测仪

气体检测仪主要用于矿井环境中气体浓度测定。煤矿常用气体检测仪有一氧化碳检定器、光干涉甲烷测定器、多参数气体检测仪和 CYH25 氧气测定器等。

(一) 一氧化碳检定器

一氧化碳检定器主要由检定管和吸气装置组成。

1. 检定管

（1）检定管的结构如图 13-16 所示，由外壳、堵塞物、保护胶、隔离层及指示胶等组成。保护胶的作用是除去对指示胶变色有干扰的气体，隔离层对指示胶起界限作用。

（2）工作原理：当被测气体以一定的速度通过检定管时，被测气体与指示胶发生化学反应，根据指示胶变色度来确定浓度，此种检定管称为比长式检定管。我国用于煤矿的检定管有一氧化碳（CO）、二氧化碳（CO_2）、硫化氢（H_2S）及二氧化氮（NO_2）等几种。

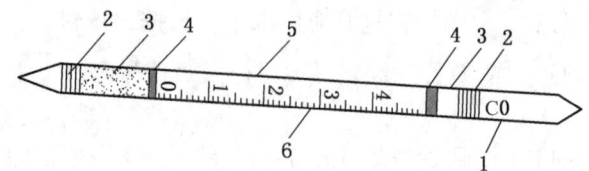

1—外壳；2—堵塞物；3—保护胶；4—隔离层；5—指示胶；6—被测气体浓度的刻度

图 13-16　检定管结构图

① 一氧化碳检定管是以活性硅胶为载体，吸附化学试剂碘酸钾和发烟硫酸作为指示胶，当含有一氧化碳的空气通过检定管时，与指示胶反应，在玻璃管壁形成一个棕色环，随着气流通过，棕色环向前移动，而移动的距离与被测空气中的一氧化碳含量成正比关系，因此当检定管中通过定量空气后，根据变色环移动的距离便可测得空气中的一氧化碳浓度。

② 二氧化碳检定管是以活氧化铝为载体，吸附带有变色指示剂的氢氧化钠作为指示胶。当含有二氧化碳的空气通过检定管时与活性氧化铝上所载的氢氧化钠反应，由原来的蓝色变为白色，白色色柱的长度与被测空气中二氧化碳含量成正比，于是当检定管通过定量空气后，根据白色色柱的长度可以直接从检定管刻管上读出二氧化碳的浓度。

③ 硫化氢检定管也是以活性硅胶为载体，而它吸附的化学剂为醋酸铅，当含有硫化氢的空气通过检定管时，便与指示胶反应，在玻璃壁形成一个褐色的变色柱，变色柱的长度与空气中的硫化氢的含量成正比关系，根据这一原理，便可测得空气中硫化氢的浓度。

2. 吸气装置

J-1 型采样器的构造如图 13-17 所示，由铝合金及气密性良好的活塞所组成，一次抽取气样为 50 mL。活塞杆上有 10 等分刻度，并标有吸入试样的毫升数。

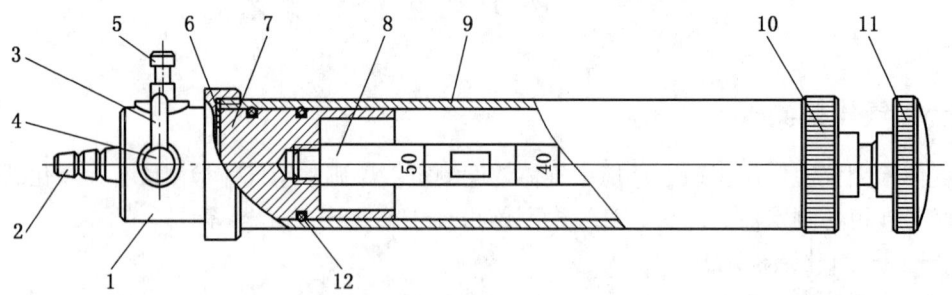

1—变换器；2—采样入口；3—三通阀把；4—三通阀；5—检定管插孔；6—密封垫（活塞筒和变换头）；7—活塞；8—活塞杆；9—活塞筒；10—活塞筒盖；11—手柄；12—密封圈

图 13-17　采样器结构

3. 快速检定器的使用方法

在采样器的前端有一个三通阀，当阀把平放时，是吸取气样位置。取样地点采样器不便进入时,可在气样入口处接胶皮管吸取。阀把置于垂直位置时,可将吸入的气样通过孔压入检定管。阀把处于45°位置时,则是密闭状态。

(1) 采样与送气。不同检定管的采样和送气方法不同。对于不活泼的气体,如 CO、CO_2,一般是将气体吸入采样器,在采样时,应在测定地点将活塞往复抽送 2~3 次,使采样器内原有的空气完全被气样取代。打开检定管两端的封口,把检定管标 "0" 的一端插在采样器的插孔上,然后将气体按规定的送气时间以均匀的速度送入检定管。如果是较活泼的气体,如 H_2S,则应先打开检定管的两端封口,把检定管的浓度标尺上限一端插在采样器的气样入口上,然后以均匀的速度抽气,使气体通过检定管后进入采样器。使用检定管时,无论采用送气还是抽气采样,都应按照检定管使用说明要求准确采样。

(2) 读取浓度值。检定管上印有浓度标尺。浓度标尺零线一端称为下端,测定上限一端称为上端。送气后由变色柱(或变色环)上端所指示的数字,可直接读取被测气浓度。根据变色柱的状况有四种量读方法。

① 变色柱界限与 "0" 线平行,清除无虚影,则变色柱所指示的数字 C 便是被测体的浓度,如图 13-18a 所示。

② 变色柱界限与 "0" 线不平行,则应以变色柱界限所示的两个数字 C_1 或 C_2 的平均值作为测定结果,即 $C=(C_1+C_2)/2$,如图 13-18b 所示。

③ 变色界限为凹面,则应以凹面的最低点和最高点所示的两数值的平均值为其测定结果,即 $C=(C_1+C_2)/2$,如图 13-18c 所示。

④ 变色界限不清楚有虚影。变色柱从 C_1 处往下颜色深度一致,这一段称为变色长度,往上颜色逐渐变浅消失,这一段称为变色柱的虚影,将变色柱长度加虚影的一半作为测定结果,即 $C=C_1+(C_2-C_1)/2$,如图 13-18d 所示。

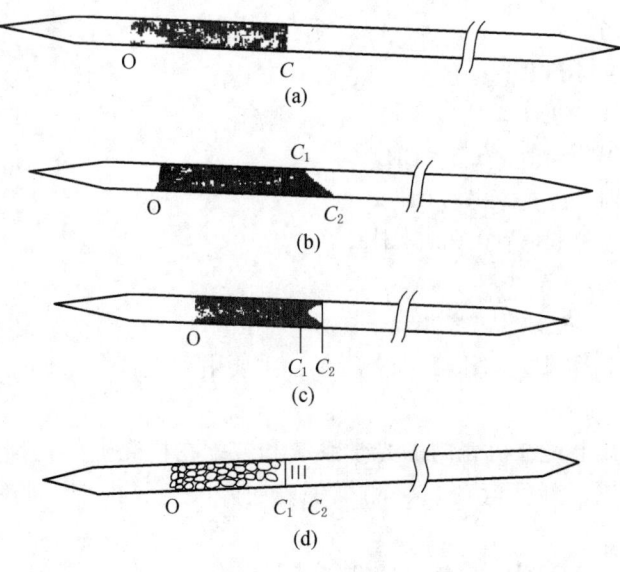

图 13-18 浓度值读取

检定管测定误差大，只能得出大概的数值。

(3) 高浓度气体的测定。如果被测气体的浓度大于检定管的界限，（即气样还未送完，变色已满管）时，应首先考虑测定人员的防毒措施，然后采用下述方法进行测定。

① 稀释被测气体。在井下测定时，先准备一个装有新鲜空气的胶皮囊，测定时先吸收一定量的待测气样，用新鲜空气稀释至 1/2 ~ 1/10，再送入检定管，将测得的结果乘以稀释的倍数，得出被测气体的浓度值。例如用二型 CO 检定管进行测量，先吸取气样 10 mL，后用 40 mL 新鲜空气稀释，用 100 s 的时间，均匀送入检定管，测得浓度为 0.04%，则被测气体的实际浓度为：$0.04\% \times (10+40)\,mL/10\,mL = 0.04\% \times 5 = 0.2\%$。

② 采用缩小送气量和送气时间测定。如采样量为 50 mL，送气时间为 100 s 检定管。测高浓度时，使采样量为 50 mL，送气时间为 100 s，这时被测气体的浓度 = 检定管读数 N。对于采样量为 100 mL 送气时间为 100 s 的检定管，N 可取 2 或 4；如果要求采样量为 50 mL，送气时间为 100 s，N 最好不要大于 2，因 N 过大，采样量太少，容易产生较大的误差。

(4) 低浓度气体的测定。如果气样中被测气体浓度低，结果不易量读，可采用增加送气次数的方法，被测气体的浓度 = 检定管上读数/送气次数。例如用二型 CO 检定管进行测定，按送气量为 50 mL，送气时间为 100 s，连续送 5 次气样，检定管上显示的数值为 0.002%，这时被测气体中 CO 的浓度为：$0.002/5 = 0.0004\%$。

(二) CJG10 光干涉甲烷测定器

CJG10 光干涉甲烷测定器主要用于煤矿井下测量甲烷、二氧化碳等气体浓度，可用于煤矿井下存在可燃性气体混合物的易燃、易爆工作环境中。

1. 主要技术参数

工作温度：$-10 \sim 40\,℃$。

相对湿度：≤96%。

大气压力：86 ~ 110 kPa。

测量范围：$0 \sim 10\%\ CH_4$。

目镜分划板最小分划值：$0.5\%\ CH_4$。

测微刻度盘分划范围：$0 \sim 1\%\ CH_4$。

测微刻度盘最小分划值：$0.02\%\ CH_4$。

灯泡：1.35 V、0.3 A。

2. 结构

光干涉甲烷测定器结构如图 13-19 所示，主要由测定仪、干燥管组和吸气球组三部分组成。

(1) 测定仪：由装配在机壳内的光学系统和装配在机壳上的瓦斯进入嘴、瓦斯抽出嘴、目镜、目镜护罩、刻度盘窗口、测微手轮、开关组、护盖、调零手轮、电池盖等构成。

(2) 干燥管组：由干燥管和两端的带气嘴螺盖构成。

(3) 吸气球组：由气球、排气阀、吸气阀、连接胶管构成。

3. 工作原理

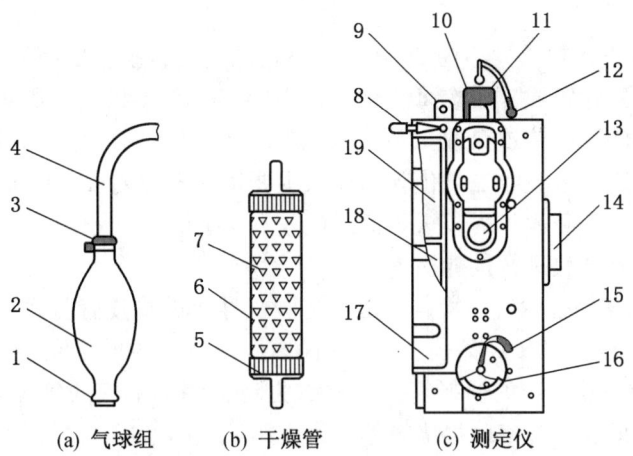

1—排气阀；2—气球；3—吸气阀；4—连接胶管；5—带气嘴螺帽；6—干燥管；7—钠石灰；
8—瓦斯进入嘴；9—瓦斯抽出嘴；10—目镜；11—目镜护罩；12—刻度盘窗口；13—测微手轮；
14—开关组；15—护盖；16—调零手轮；17—电池盖；18—电池座；19—吸收管

图 13-19　光干涉甲烷测定器结构图

光干涉甲烷测定器工作原理如图 13-20 所示。光源发出的散射光经聚光镜聚焦后到达平面镜，其中一部分光束通过平面镜反射，经空气室到达折光棱镜，折光棱镜将其折射到另一侧的空气室后，回到平面镜并折射到后表面的反射膜上，通过反射膜反射到反射棱镜后，经偏折进入望远镜系统。另一部分光束折射入平面镜后，在其后表面反射膜反射，穿过气室的甲烷室经折光棱镜反射又回经甲烷室到平面镜，经平面镜的反射后与上述部分光束一同进入反射棱镜，经偏折进入望远镜系统。由于光程差的结果，在物镜的焦平面上产生干涉条纹，通过目镜即能观察到干涉条纹。当甲烷室与空气室都充满相同的气体（例如空气）时，干涉条纹位置不移动，但当甲烷抽进甲烷室，由于光束通过的介质发生改变，干涉条纹相对原位置移动一段距离。测量这个位移量，便可知甲烷的含量。

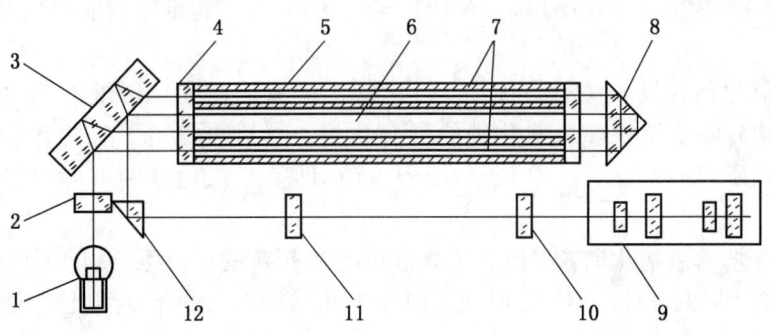

1—光源；2—聚光镜；3—平面镜；4—平行玻璃；5—气室；6—甲烷室；7—空气室；
8—折光棱镜；9—望远镜（目镜）系统；10—测微玻璃；11—物镜；12—反射棱镜

图 13-20　光干涉式甲烷测定器

4. 使用前的准备

（1）装药：首先将颗粒大小为 2~3 mm 的氯化钙或硅胶，4~5 mm 钠石灰等药品装入吸收管内，其中氯化钙或硅胶按海绵垫→花垫片→药品（装至一半处）→圆垫片→药品→花垫片→海绵垫的顺序依次装配（在短吸收管内装氯化钙或硅胶，用来吸收湿气；在干燥管内装钠石灰，用来吸收二氧化碳。如果主要用于甲烷测量，且湿气较大时，最好在干燥管内装钠石灰，在吸收管内装氯化钙或硅胶）。检查测定仪性能时，必须将吸收管接入气路中，方可对测定仪进行性能检查。

（2）检查吸气球是否漏气。检查方法：将吸气球上的橡皮管打弯捏紧后压扁吸气球，当松开被压扁的气球时，气球膨胀还原时间不少于 3 min，说明不漏气。

（3）检查甲烷气路系统的通畅情况。检查方法：用不漏气的气球接入甲烷气路系统中，压扁气球后立即放开，气球很快鼓起来，说明该气路畅通。

（4）检查甲烷气路的漏气情况。检查方法：将气路接入 700 mm 水柱高度的压力计中，历时 1 min，如水柱不下降，说明该气路不漏气。

（5）用新鲜空气清洗气室。使用以前必须在和使用地区温度相接近（相差不超过 5 ℃）的新鲜空气中清洗甲烷室。这样可以减少由于温度的变化引起调好零位的条纹移动。

（6）干涉条纹的零位调整。旋开套在调零手轮上的护盖，按开关，转动测微手轮，使刻度盘的零位与指示线重合。按下开关，转动调零手轮，取下目镜护套，从目镜中观察，把干涉条纹中第一条或第二条黑条纹中的任一条纹与分划板上的零位线对准，并记住所对应的黑条纹，旋上护盖。

5. 测定方法

（1）甲烷含量的测定：测定时，把连接甲烷室的橡胶管伸入测定地点，然后握压吸气球五六次，待被测气体进入甲烷室，由目镜中观察干涉条纹移动量。先读出干涉条纹在分划板上移动的整数，如条纹移动 2%~3% CH_4 之间，可读为 2% CH_4，然后转动测微手轮，把对零位时所对应的黑条纹移动到 2% CH_4 的刻度线上，然后按下测微照明电路的开关，读出刻度盘上的读数为小数。如果在 0.24%~0.26% CH_4 之间，可读为 0.25% CH_4。这时所测定的结果是：2% CH_4 + 0.25% CH_4 = 2.25% CH_4；测定完后应把刻度盘转到零位位置。

（2）二氧化碳含量的测定：测定二氧化碳，或者是在测定甲烷的同时又测定二氧化碳，就必须先测定甲烷和二氧化碳的混合含量，然后再测定甲烷的含量，把两次测得的结果相减所得的差数乘以 Q 值（$Q = 0.95$）即是二氧化碳的实际含量。操作方式如下：

① 在短吸收管装氯化钙或硅胶，干燥管内装钠石灰的情况下，将干燥管取下直接与取样胶管连接并抽取气样，由于装吸收二氧化碳药品钠石灰的干燥管此时脱离取样气路，所测的气样为混合气体。

② 将取样胶管与干燥管连接并抽取气样，由于气样通过了装吸收二氧化碳药品钠石灰的干燥管，所测的气样为甲烷。

把两次测得的结果相减所得的差乘以 Q 值即是二氧化碳的实际含量。例如，测得混合含量为4% CO_2，甲烷的含量为2% CO_2，则二氧化碳的含量为：(4% CO_2 - 2% CO_2) × 0.95 = 1.9% CO_2。

6. 维护保养

(1) 光干涉甲烷测定器属于精密光学测定仪，使用时必须注意防震、防潮、防尘，避免因振动、冲击、潮气、灰尘等影响测定仪的性能和精度。

(2) 经常对吸收管内的药品进行检查、更换，以防药品受潮失效。

(3) 测定仪长时间不使用时，应将电池取出，以防电池漏液损坏测定仪。

7. 注意事项

(1) 在使用过程严禁拆开仪器。

(2) 测定仪在携带中要防止猛烈碰撞摔打并注意保持测定仪清洁及保护皮套的完好。

(3) 测定仪的检修、标校要定期进行，一般每半年进行一次，以确保准确性。

(4) 不得改变本安电路和与本安电路有关的元器件的型号、规格和参数。

(5) 更换电池规格须符合要求。

(三) X-am 5600 便携式多种气体检测仪

X-am 5600 便携式多种气体检测仪适用于具有气体爆炸危险性区域内的气体检测，通过选配红外传感器和电化学传感器，能够实现甲烷、氢气、氧气、一氧化碳、二氧化碳、硫化氢、二氧化硫、氨气等1~6种气体的检测。

1. 性能参数

工作温度：-20~50 ℃。

相对湿度：10%~95%。

大气压力：70~130 kPa。

氧气测量范围：0~25%。

甲烷测量范围：0~100%。

一氧化碳测量范围：0~10000 ppm。

二氧化碳测量范围：0~5%。

光报警可视范围：360°。

报警声音：>90 dB(30 cm 处)。

外壳防护等级：IP 67。

2. 构造

X-am 5600 便携式多种气体检测仪结构如图 13-21 所示。

3. 使用方法

(1) 开机：按住"OK"-键3 s，屏幕显示倒数 3-2-1，LED 灯闪烁，声音和振动报警启动，自动检测并显示软件版本、气体报警级别设置、TWA 和 STEL 报警设置、下次标定日期。

(2) 关机：同时按住"+"导航键和"OK"确认键超过 3 s，LED 灯闪烁并鸣音，仪器关机。

(3) 照明显示：按下任何键，屏幕照明都会打开 30 s，报警时屏幕照明会自动打开。

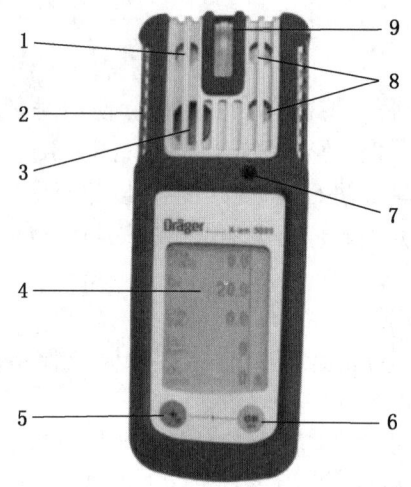

1、8—xxs 传感器槽口；2—侧视觉报警指示灯；3—红外传感器槽口；4—显示屏；5—"+"导航键；
6—"OK"确认键；7—声音报警；9—视觉报警指示灯

图 13-21　X-am 5600 便携式多种气体检测仪结构图

（4）新鲜空气标定：按下"+"导航键三次，显示 ✹ 图标，按下"OK"确认键并选择新鲜空气标定菜单，显示真实浓度值，再次按下"OK"确认键，屏幕上显示 OK，完成新鲜空气标定。

（5）确认气体浓度报警：屏幕交替显示"A1"和气体浓度，检测仪以声音、光和振动形式进行报警；A1 报警（除了 O_2）可以通过按下"OK"确认键，解除声音和振动报警；A2 气体浓度报警不能被解除。

（6）低电量报警：▯ 图标闪烁，检测仪以声、光和振动进行报警；A1 低电量报警可以通过按下"OK"确认键，解除声音和振动报警；A2 低电量报警不能解除。检测仪倒数 10 s 后自动关机。

（7）超限值报警：屏幕交替显示 ▸▸ 和 A1，且声、光和振动报警周期重复出现，检测气体浓度超过传感器测量上、下限值。超限值报警，不能被解除。

4. 外置泵自检操作方法

（1）打开气体检测仪并插入泵内。检测仪固定在泵内。

（2）LED 灯短时闪现绿/红灯，并发出滴的一声。

（3）外置泵自动开启并启动流量测试：①流量 LED 灯闪烁黄灯，发出鸣音；②堵住进气口 2 s，流量 LED 灯闪烁红灯，发出持续鸣音；③松开进气口，流量 LED 灯闪烁绿灯，仪器状态完好。

5. 外置泵使用方法

（1）将德尔格取样管或者德尔格探枪与外置泵进气口连接。

（2）用空气冲洗德尔格取样管或取样探枪（冲洗时间为 3 s/m）。

（3）完成清洗后进行测量。

(4) 完成测量后,按下松开键,等待 LED 灯闪烁绿/红灯,发出短暂鸣音,外置泵自动关闭。

6. 注意事项

(1) 严禁在爆炸气体环境中进行充电。

(2) 定期对传感器进行标定。

(四) CYH25 氧气测定器

CYH25 氧气测定器主要用于氧气检测和报警用。

1. 主要性能参数

工作温度:0~40 ℃。

相对湿度:≤98%(+25 ℃时)。

大气压力:80~116 kPa。

风速:≤8 m/s。

环境噪声:60 dB(A)。

测量范围:0~25% O_2。

报警点:在 0~25% O_2 范围内任意设定,出厂默认设在 18% O_2 处。

报警方式:声、光报警。

效果:离声源轴向距离 1 m 远处声强不小于 75 dB(A);光信号在暗处能见度不小于 20 m。

分辨率:0.1% O_2。

响应时间:≤35 s。

连续工作时间:电池正常充电后,其工作时间应不小于 10 h。

电池的最高开路电压:≤4.2 V。

电池的最大输出电流:≤1.2 A。

2. 结构

CYH25 氧气测定器结构如图 13-22 所示。

3. 工作原理

CYH25 氧气测定器由机壳、传感器、线路板、电池等组成,空气中的氧气气体通过传感器转换成对应的电信号,电信号经过放大滤波,经微控制器处理后,通过数字形式显示出对应的空气中所含氧气的浓度;如氧气浓度超过其设置的报警点时,报警电路发出声光报警信号,以示浓度超限。

4. 使用方法

(1) 测定器下井使用之前,应先在地面上用配置的充电器把电池充满。

(2) 开机:在关机状态下按开关键,测定器开机,进入氧气检测状态。

(3) 工作:测定器数码管实时显示空气中的氧气浓度值,当氧气浓度小于或等于报警点时,发出声光报警;当氧气浓度大于 25.0% 时,显示器数字锁定 25.0% 不变。

(4) 关机:在开机状态下按开关键,测定器关机。

(5) 充电:将充电器插头插入 220 V 交流电源,充电器红色电源指示灯点亮,把测定器关机后插入充电器插座,确保测定器充电柱与充电器充电触片接触良好,充电器绿色指

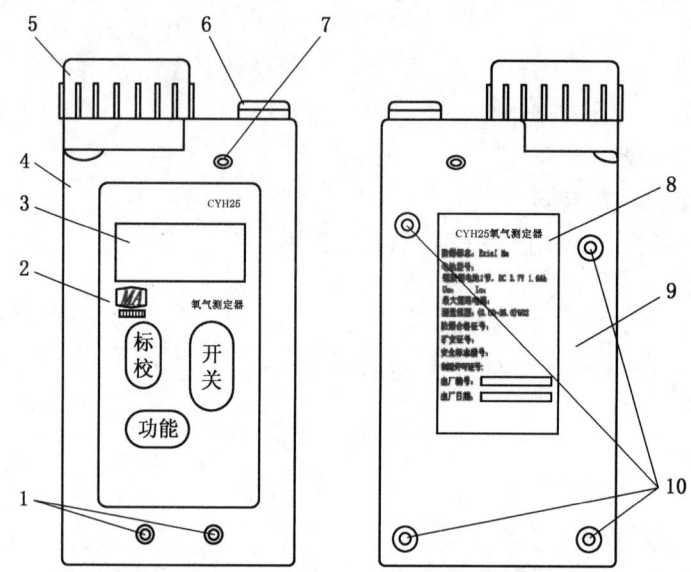

1—充电电极；2—面膜按键；3—显示窗；4—前盖；5—氧气探头；6—报警灯；
7—蜂鸣器；8—铭牌；9—后盖；10—禁锢螺丝

图 13-22 CYH25 氧气测定器结构图

示灯点亮，充电器对测定器充电，测定器的报警灯一亮一熄闪烁指示电池正被充电。当测定器的报警灯一直点亮时，电池电量充满。

5. 使用注意事项

（1）欠压提示：蜂鸣器周期性地发出"嘀、嘀"声音提示。

（2）按下面膜开关键，测定器会发出相应的按键音。如按下按键无按键音，则表示按键失效。

（3）在调校状态下，当按键连续 60 s 没有按下时，测定器退出调校状态，返回到氧气检测状态。

6. 维护保养

（1）定期用标准气体对测定器进行标定。

（2）测定器断电维修或断电更换部件后，须用标准气体对测定器进行重新标定后方可使用。

（3）测定器应由专业技术人员进行维护和修理。当出现故障时，请与生产厂商的售后维修部门联系。

（4）测定器工作一个月后，请用软毛刷轻轻清洗电化学氧气传感器和壳体内主板表面的灰尘。

（5）测定器应存放在通风、干燥、周围无腐蚀性气体的环境中。

（6）测定器禁止浸入水中。如测定器不慎掉入水中，请立即把测定器擦干后放在阴凉处自然晾干。

(7) 测定器在存放时,应每月对测定器充放电工作三个来回,以激活电池组,保持电池组的特性。

(8) 测定器严禁在危险场所开盖。电池的充电必须在地面安全场所进行,严禁在煤矿井下对电池充电。

(9) 不得改变本安电路和与本安电路有关的元器件的电气参数、规格和型号。

二、测温仪

YRH700 矿用本质安全型红外热成像仪主要用于煤矿的热成像和测温。可在具有爆炸危险环境下进行热成像和温度测试,可寻找高温区域,实时温差成像,适用于通风工区寻找煤层自燃发火区域和救援队在黑暗条件搜寻遇险人员。

1. 主要性能参数

工作温度:0~+40 ℃。

相对湿度:≤95%(+25 ℃)。

大气压力:80~110 kPa。

测量温度范围:0~700 ℃。

显示屏:3.5 寸彩色 TFT LCD。

数据传输方式:USB 和 SD 卡(严禁井下使用)。

热成像仪的发射功率:≤50 mW。

2. 结构组成

YRH700 矿用本质安全型红外热成像仪的结构组成如图 13-23 所示。

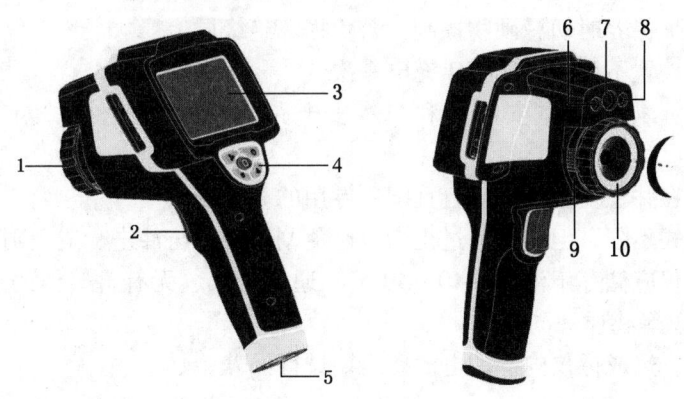

1—红外镜头;2—扳机;3—液晶显示屏;4—控制按键;5—电池;6—LED 照明灯;
7—可见光摄像头;8—指示灯;9—红外镜头锁;10—红外镜头

图 13-23 YRH700 矿用本质安全型红外热成像仪结构图

3. 工作原理

YRH700 矿用本质安全型红外热成像仪是利用红外探测器、光学成像物镜(目前先进的焦平面技术)将接收到的被测目标的红外辐射能量分布图形反映到红外探测器的光敏元件上，在光学系统和红外探测器之间，对被测物体的红外热像进行扫描，并聚焦在单元或分光探测器上，由探测器将红外辐射能转换成电信号，经放大处理、转换为视频信号，通过显示屏显示红外热像图。

4. 使用方法

（1）开关机：按电源键 ⏻ 3 s 开机和关机，开机后按电源键 ⏻ 可以关闭和开启显示屏电源。

（2）测温模式设置：在主菜单下，选中测量图标，弹出测温菜单，测温菜单包含有点测温、线测温、区域测温，以及测温参数设置选项。

① 点测温：测量选定点的温度，可以自由选择屏幕上的任何点。

② 线测温：以曲线的形式直观地显示了被测目标一条线上的温度分析，并且可以自由移动光标获取线上每点的温度值。

③ 区域测温：测量区域内最高温度、最低温度、平均温度。

（3）对焦：热成像仪有手动红外光学对焦，可以顺时针或逆时针调节红外镜头。当物体往焦距靠近时，热成像仪显示越来越清晰的图像，反之得到模糊的图像。

（4）校正：当改变测量对象或者一段时间没有操作热成像仪后，红外图像变得模糊时，需要重新校正热成像仪。热成像仪有两种模式校正：手动和自动。手动模式时，按挡片键，热成像仪将进行校正；自动模式时，热成像仪会在设定的时间周期自动校正。

5. 维护保养及注意事项

（1）热成像仪通过感应物体表面的红外能量来计算物体温度。当物体的红外发射率 ≥0.90 时，易于得到相对的精确温度。当物体的红外发射率＜0.6 时，需要调整仪器辐射率，以提高温度测量精度。

（2）日常维护保养时切忌硬物擦刮，避免损坏绝缘层。

（3）长时间放置不用时间隔半年充电一次。

（4）维修时不得改变本安电路和与本安电路有关的元器件的电气参数、规格和型号。

（5）充电应在井上安全场所进行且配用专用的充电器。

（6）运输方式不限，但在运输过程中应避免剧烈振动与冲击，避免雨雪直接淋袭。

（7）热成像仪应储存于温度 -10~40 ℃，通风干燥、无有害气体的室内，且不能与化学药品、酸、碱等物质一同存放。

（8）存放时，热成像仪内部的电池要定期进行保养。

第六节　其他救援装备的使用、保养和操作演练

一、YSF40 矿用雷达生命探测仪

YSF40 矿用雷达生命探测仪是一种微波生命探测设备，适用于自由空间和穿透非金属介质进行生命探测，主要用来对被掩埋在倒塌建筑物、废墟、土壤中的人类幸存者或对烟、雾等环境中的人类生命体进行探测搜寻。

（一）YSF40 矿用雷达生命探测仪主要性能参数及其工作原理

1. 主要技术参数

探测模式：二维定位，多目标探测。

探测张角：水平探测张角≥120°，俯仰探测张角≥90°。

工作温度：$-20 \sim 60$ ℃。

存储温度：$-40 \sim 70$ ℃。

防护等级：≥IP68。

2. 工作原理

YSF40 矿用雷达生命探测仪，基于超宽带冲激雷达原理，使用心跳信号与呼吸信号作为人体生命参数的特征，直接获取生命体的二维坐标，实现对掩埋在矿井或废墟下的运动或静止生命体的探测，并显示生命体的位置。

（二）YSF40 矿用雷达生命探测仪结构组成

YSF40 矿用雷达生命探测仪主要由矿用本安型显控终端、控制管理平台、矿用本安型雷达主机、雷达主机充电器等 4 部分构成。

1. 显示终端

显示终端包括控制系统、触摸屏、显示屏，是系统控制软件和核心处理的硬件平台。显控终端接收雷达主机探测的生命体二维坐标，并通过系统控制软件界面显示。

2. 控制管理平台

控制管理平台是系统的软件操作模块，可实现对雷达主机的控制和管理。平台具有目标显示、参数设置、模式选择、数据存储、设备自检、设备管理、结果回放、三维显示等功能。

3. 矿用本安型雷达主机

雷达主机包括雷达收发天线、控制模块、信处模块、无线链路、供电模块、充电模块等部分，是系统的核心单元，能将雷达探测结果和探测的数据发送至显控终端。雷达主机能探测并显示目标的二维坐标，并通过两次探测实现三维定位。

4. 雷达主机充电器

雷达主机充电器包括适配器和充电接口，适配器输出 15 V/6 A 直流电源，对雷达主机内部电池充电模块进行供电。

（三）YSF40 矿用雷达生命探测仪使用方法

1. 安装前准备

检查主机，确保主机完整、配件齐全完好，电池电量充足。

2. 安装方法

（1）探测时，将雷达主机平放在探测废墟中心位置。

（2）运行显控终端探测程序。

3. 操作使用

（1）网络连接。将探测仪主机开机后，打开手持终端，点击桌面上的"YSF40"程序图标，进入系统主界面。默认情况下手持终端会自动连接探测仪主机。

（2）设置。在主界面左上角单击"设置"图标，进入设置界面，设置界面主要包括：

右侧的回放、删除记录、显示、连接、帮助、关于功能子菜单和中间的相应子菜单内容显示窗口,以及左边的详细信息显示窗口。

(3) 目标探测。目标探测界面主要是控制探测仪主机的运行和停止,接收并显示雷达的目标信息。通过雷达探测仪进行目标的二维定位,并将目标的距离和方位信息显示在探测界面。

① 参数设置:在进行目标探测之前,根据实际探测要求和环境设置参数。

② 探测模式选择:在进行目标探测之前,要根据实际环境选择探测模式。探测模式有:空气模式探测、穿墙模式探测、废墟模拟探测。

(4) 启动与停止。在雷达主机开机并与显示终端连接的状态下:点击"启动"按钮,生命探测仪开始进行探测;点击"停止"按钮,生命探测仪停止探测,并显示本次探测结果。

(四) YSF40 矿用雷达生命探测仪使用注意事项

(1) 使用雷达生命探测仪时,应根据实际的探测环境设置探测参数(灵敏度、深度、探测时间等),以提高系统定位的准确性。

(2) 使用雷达生命探测仪时,要注意排查日光灯高频辐射、高压线辐射谐波等干扰源,并进行排除。

(3) 使用雷达生命探测仪时,操作者与雷达主机的距离应大于雷达探测的门限距离,避免操作者在原地微动和呼吸运动对雷达产生的干扰。

(4) 使用雷达生命探测仪时,应尽量减少雷达周围的人员数量,避免走动、晃动等对雷达产生的干扰,防止雷达生命探测仪错误判断。

(5) 显控终端、控制主机在格式化或正在进行文件的上传下载时,防止突然断开连接,避免程序出错。

二、CFQ5230TPS6DS 大流量排水抢险车

大流量排水抢险车主要用于应急救援排水,具有排水作业半径大、下探作业范围大、管道旋转换向灵活、平稳性好等特点。

(一) CFQ5230TPS6DS 大流量排水抢险车主要性能参数

汽车发动机功率:257 kW。

主水泵液压系统最大压力:30 MPa。

主水泵最大流量:3000 m^3/h。

主水泵最大扬程:≥20 m。

机器人液压最大压力:25 MPa。

机器人水泵最大流量:1500 m^3/h。

机器人水泵最大扬程:≥25 m。

排水介质:市政雨水、生活污水、生产废水。

排水 pH 值范围:6~9。

作业环境温度:-20~60 ℃。

(二) CFQ5230TPS6DS 大流量排水抢险车构成

CFQ5230TPS6DS 大流量排水抢险车是在重汽二类专用底盘基础上进行设计改造的,

主要由防护装置、电控系统、液压系统、支撑装置、主水路装置、潜排水机器人装置、绞盘装置、副发装置等构成。

1. 防护装置

防护装置包括侧防护和后防护。侧防护由裙围组成，部分位置的侧防护为活动连接；后防护采用螺栓与底盘车架连接。

2. 电控系统

电控系统根据液压机理不同，分为底盘取力电控系统、全功率取力电控系统（潜排水机器人控制系统）、副发电控系统及附属装置电控系统。

3. 液压系统

整车液压系统根据机理不同，可分为三部分，底盘取力器液压系统、全功率取力器液压系统、副发驱动的闭式液压系统。

4. 支撑装置

支撑装置包括前、后支撑总成，主要由内外套管及附属部件组成。当主水路装置需进行吊装机器人或主臂旋转抽水作业时，支撑装置外伸导向臂，然后油缸支撑下伸，调节至整车基本处于水平状态，并使整车轮胎脱离地面，确保主水路装置作业时，整车的稳定性。车辆行驶时，支撑装置须处于收回到位状态。

5. 主水路装置

主水路装置是排水抢险车的主体部分，主要包括混流泵总成、主水管、三通座、支水管、排水管及支撑座等部件。主水路装置布置于旋转平台上，由副发装置提供动力，通过大流量混流泵抽水，经主水路和附加水路软管，进行近距离输送。

6. 潜排水机器人装置

潜排水机器人装置主要包括潜排水机器人、混流泵总成、水路软管及支撑座等部件组成。装置通过大流量混流泵抽水，经附加水路软管，进行远距离输送，达到远距离排水目的。

7. 绞盘装置

绞盘装置用于对附属的胶管及水带进行收/放作业。

8. 副发装置

副发装置为主水路装置提供动力，主要包括副发动机总成、发动机罩、消音系统等。

（三）CFQ5230TPS6DS 大流量排水抢险车操作使用

1. 使用前准备工作

（1）车辆行驶前检查底盘发动机及副发动机的机油及冷却液。

（2）检查双泵液压油箱和主泵液压油箱油位是否在规定范围内。

（3）检查各开关接头是否松动或脱落，油管是否破损、油管接头是否有渗漏油现象，如果有必须维修处理后方可进行下一步的工作。

（4）确认底盘储气筒的压力是否大于 7 kg，如果没有达到，需空转底盘发动机充气，出现泄压排气声音即可。

（5）根据排水现场情况，选择好适合进行排水的场地、停好车辆。

2. 操作使用

(1) 按下仪表板上总电源翘板开关，此时即接通整车的电源。选择好抽、排水区域，把车辆停放到合适的作业地点。将变速箱挂到空挡位置，拉起驻车制动器手柄，确保底盘气压表均超过 5 kg。

(2) 打开液压油箱出油开关。

(3) 底盘发动机处于怠速状态，挡位处于空挡位置，踩下离合器踏板，按下变速器取力开关，慢慢抬起离合器踏板，即接合变速器取力装置，液压系统压力已调好（压力 18 MPa），可对支腿、回转机构、泵头油缸、绞盘等进行操作。

(4) 打开控制柜门，按下面板上的电源开关，3~4 s 后触摸控制屏进入工作状态。

(5) 支腿收放。分别按下触摸控制屏（或遥控器）上的前、后支腿伸（收）及前、后支腿上、下，尽可能调整车辆处于水平状态。支腿伸出前确认伸缩行程范围无障碍物，支腿下撑地面尽可能处于硬实地面，如果地面不实，需再加枕木。

(6) 主车主泵排水管路布置。
① 按下泵头升按钮，将泵头及排水管路抬起，离开泵头支座至适当高度。
② 根据排水现场情况，按下旋转平台正（反）按钮，此时平台缓慢地旋转，至适当位置。
③ 按下油缸伸按钮，缓慢伸出泵头至合适状态。
④ 按下泵头降按钮，缓慢下降泵头至合适位置，将泵头插入水下。
⑤ 打开排水口处的闷盖，接上水带，准备开始排水工作。

(7) 主车水泵工作步骤：
① 打开副发动机旁柱塞泵和齿轮泵液压油开关。
② 打开副发动机边上电源开关。
③ 转动主水泵开启停止开关至运行位置。
④ 逐步旋转主泵流量旋钮，至仪表指针指示在 20~25 MPa 以内，此时水泵即开始进行排水工作。最大工作压力 35 MPa。
⑤ 将压力减至 "0 MPa" 后，如果变速器取力装置已停止工作，此时按上述启动变速器取力，建立压力，先举起排水管路，泵头离开水面至合适位置，收起泵头；旋转排水管路平台至车辆放置位置，缓慢放下排水管路，将两侧排水管路放置支撑架，再次伸出泵头油缸，将水泵放置泵头支架，用绑带绑好即可。

(8) 潜排水机器人工作步骤：
① 可通过折叠排水管路，将机器人吊下主车。
② 分别将机器人液压油管、电源一端接入主车后端的快速接头处，另一端接在机器人的接口处，将机器人线控电缆接在机器人的接口处。
③ 在驾驶室内，挂上空挡，启动底盘发动机，底盘储气压力大于 7 kPa，此时脚踩下离合器踏板，按下仪表板上的全功率取力器开关，慢慢抬起脚，此时机器人液压系统开始工作。
④ 调整机器人液压系统压力至 7~10 MPa 左右，在此压力下即可将机器人开到合适的场地。
⑤ 根据所需排水场所的水位，利用遥控器调整水泵进水口至水面的距离，拆下水泵出口闷盖，接入水带。

⑥ 将触摸屏的界面切换至主界面状态，逐步旋转远程油门旋钮，此时发动机的转速逐步提高，提高至 1200～1500 rad/min。

⑦ 旋转机器人液压系统压力旋钮，根据排水工况要求，将液压系统压力提升至不大于 25 MPa。

⑧ 将触摸屏切换至按钮控制界面，点击便携泵启动按钮，此时智能潜排水机器人开始进行排水工作。

⑨ 潜排水机器人收至车辆。用钢丝绳通过主车排水管路上的吊钩，将机器人吊装到车辆固定位置，每台机器人前后两边用拉钩固定牢靠在车辆上。

（四）CFQ5230TPS6DS 大流量排水抢险车保养事项

1. 使用后保养

（1）清洁车身内外及各总成部件的外观。

（2）检查和疏通主水泵及小履带车泵头进水口格栅。

（3）启动主发动机后，听其运转是否正常，查看灯光、仪表指示、制动系统、转向系统、取力系统是否正常，查看专用工作装置传动、电控、仪表指示是否正常。

（4）启动主发动机后，听其运转是否正常，查看专用工作装置传动、电控、仪表指示是否正常。

（5）检查各主要连接部件的螺栓、螺母及销轴的固定是否松动。

（6）检查轮胎外观及气压是否异样。

（7）检查主发及副发机油、冷却液是否处于标准位置。

（8）检查工作装置的液压油是否处于标准位置。

（9）检查整车有无"三漏"（漏油、漏水、漏气）现象。

2. 一级保养

每作业 50 h 进行的保养，以润滑、紧固为重点，除执行例行保养外，还需增加如下内容：

（1）检查主发动机和副发动机的机油和冷却液液面，必要时及时补充。

（2）检查各个关节部位润滑情况，对不足的润滑脂进行及时补充。

（3）检查各主要连接部件，如传动轴、取力器、泵的连接，必要时及时紧固。

（4）按二类底盘使用说明书中的规定的一级保养内容施行。

3. 二级保养

每作业 250 h 进行的保养，以检查、调整为重点。主要包括以下内容：

（1）执行一级保养的全部内容。

（2）检查水泵技术状态。

（3）检查各管路的接头及卡箍的是否密封。

（4）按二类底盘使用说明书的规定的二级保养内容施行。

4. 三级保养

每作业 1000 h 进行的保养，以部分总成解体、清洗、检查、调整和消除隐患为重点。并执行一级保养和二级保养的全部项目。